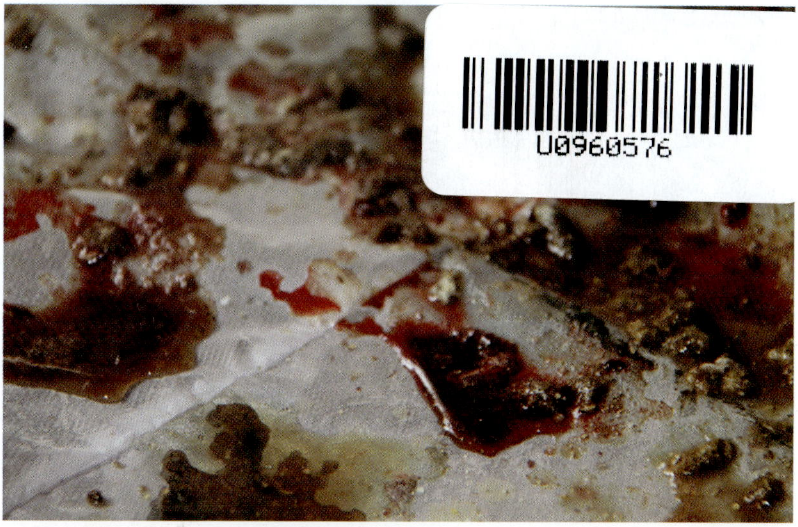

图 1　急性鸡球虫病引起的血便（潘保良 供图）

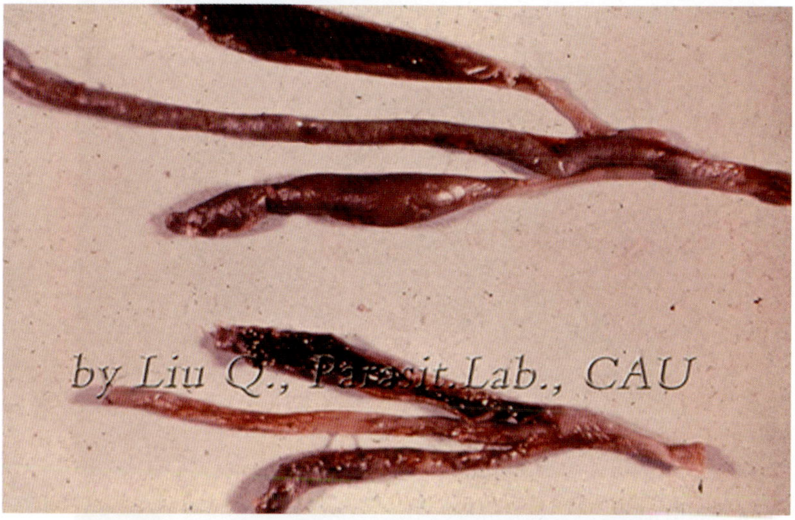

图 2　柔嫩艾美耳球虫病变——盲肠肿胀、出血（刘群 供图）

图 3　存在于山羊盲肠上的鞭虫（潘保良 供图）

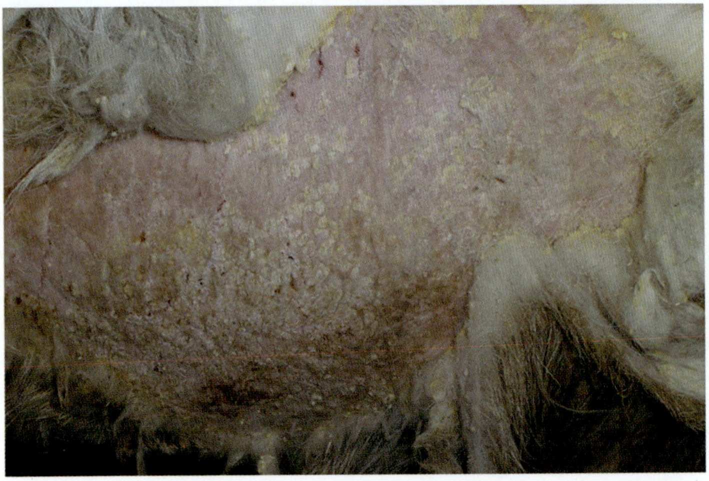

图 4　绵羊痒螨病引起的皮肤病变（潘保良 供图）

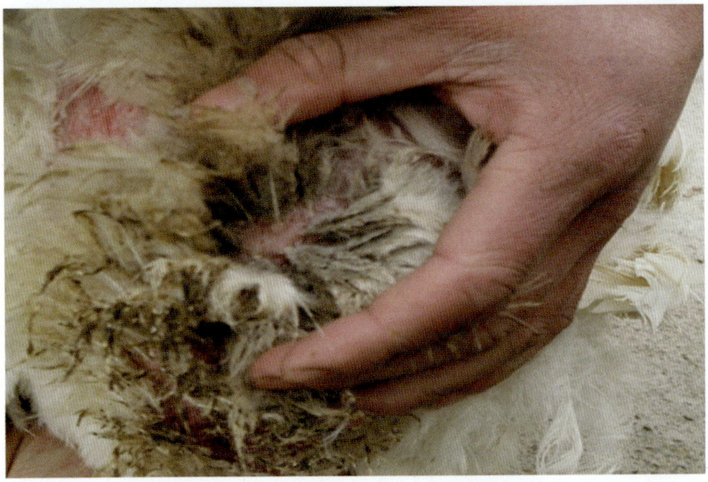

图 5　北方羽螨引起临床症状（潘保良 供图）

图 6　鸡舍中的皮刺螨（箭头所指方向，潘保良 供图）

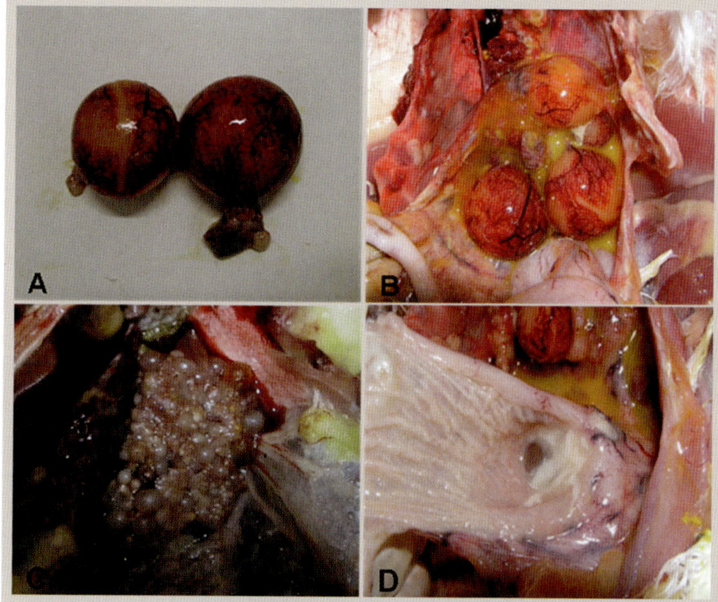

图 7　H5N1 亚型禽流感病毒感染（张国中 供图）

A. 卵泡充血；
B. 卵泡液化、坏死；
C. 卵泡萎缩；
D. 输卵管积白色黏稠液体

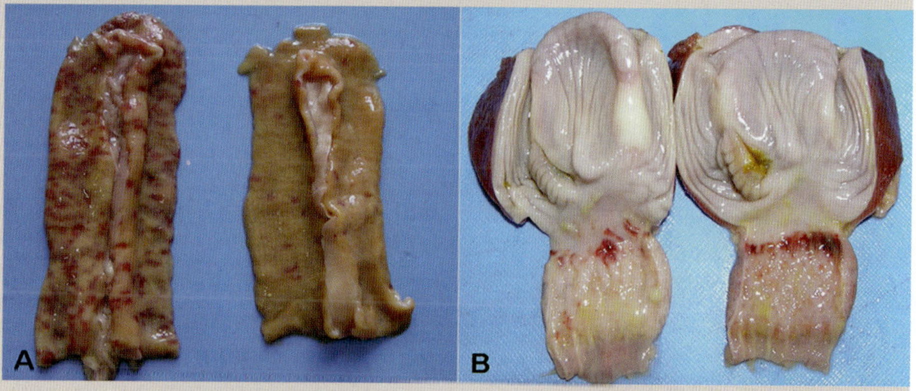

图 8　鸡新城疫病毒（NDV）感染 SPF 鸡（张国中 供图）
A. 十二指肠点状、弥漫性出血；B. 腺胃肌胃交界处出血

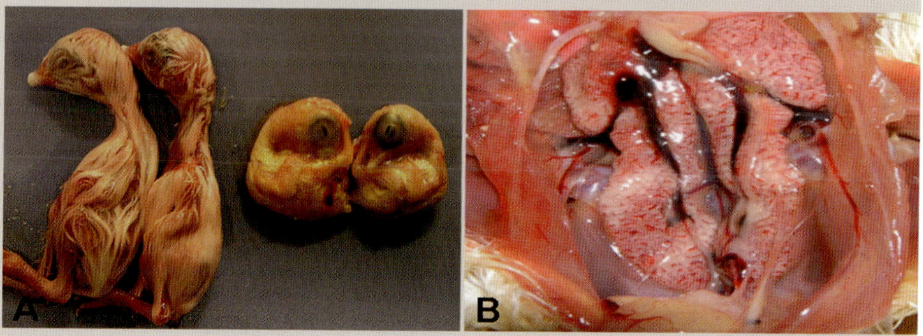

图 9 鸡传染性支气管炎病毒（IBV）感染（张国中 供图）
A. 感染鸡胚导致鸡胚发育受阻，鸡胚卷缩或侏儒化（左为对照）；
B. 感染鸡导致的肾脏变化——花斑肾、尿酸盐沉积

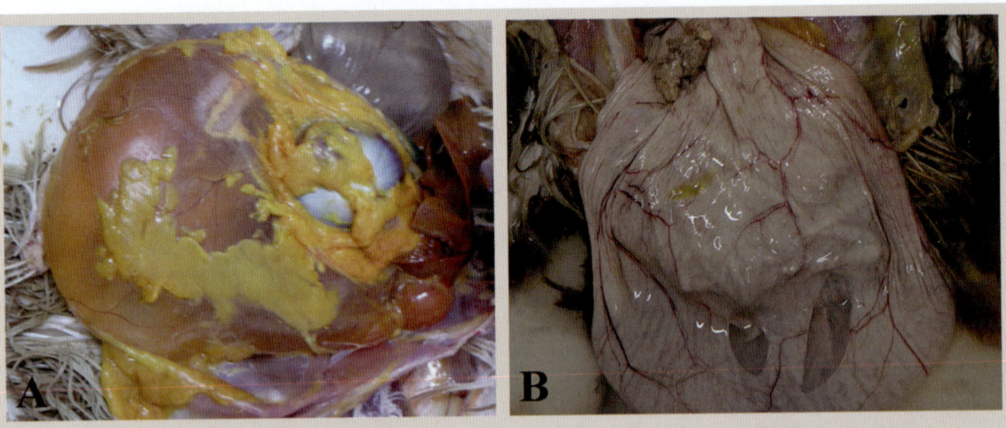

图 10 鸡传染性支气管炎病毒（IBV）感染（张国中 供图）

A. 早期感染导致产蛋期输卵管积液，出现所谓“水铃铛”鸡；
B. 释放积聚液体可见输卵管明显膨大、壁变薄

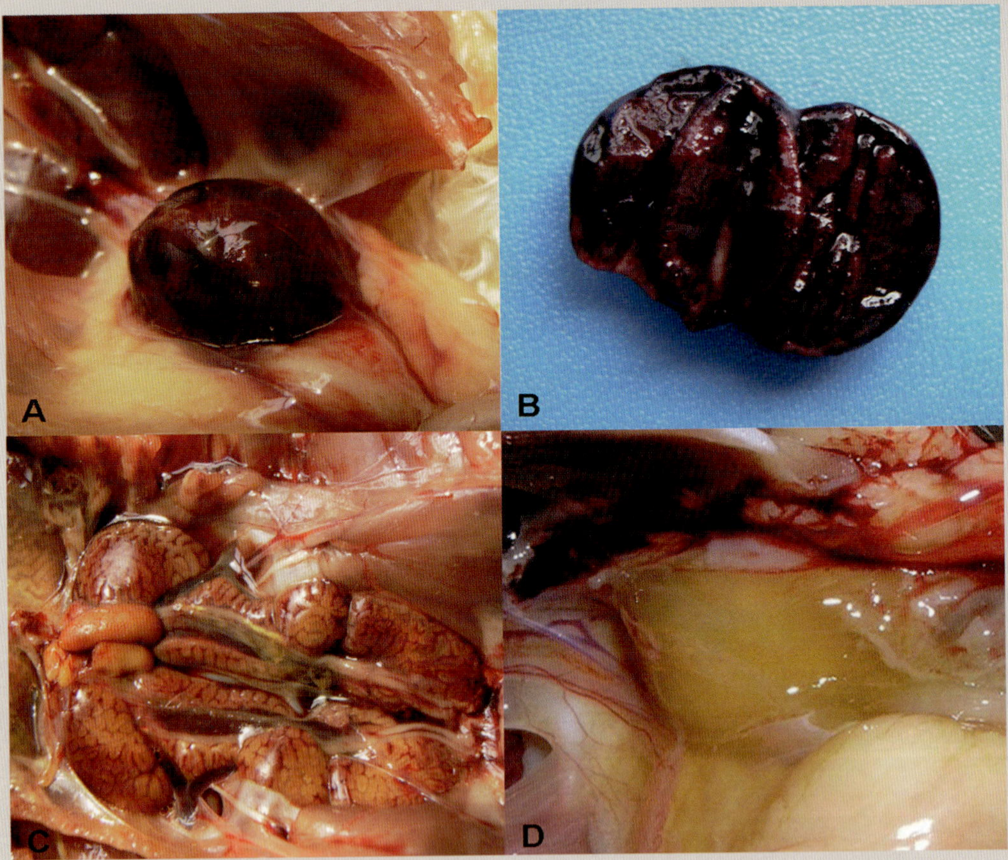

图 11 鸡传染性法氏囊病毒（IBDV）感染（张国中 供图）

A 和 B. 感染 SPF 鸡导致法氏囊出血；C. 感染 SPF 鸡导致肾脏轻微肿胀；
D. 感染商品肉鸡导致法氏囊黄色胶冻样渗出

普通高等教育"十一五"国家级规划教材

兽医学概论

汪　明　主编
佘锐萍　副主编

中国农业大学出版社
·北京·

内容简介

本书系统地介绍了兽医学的基本知识，主要包括疾病与诊断、病理学基础、药理与常用药物、畜禽传染病、寄生虫病和中毒与营养代谢病。

图书在版编目(CIP)数据

兽医学概论/汪明主编. —北京:中国农业大学出版社,2011(2019.10 重印)
ISBN 978-7-5655-0217-0

Ⅰ.①兽…　Ⅱ.①汪…　Ⅲ.①兽医学-概论　Ⅳ.①S85

中国版本图书馆 CIP 数据核字(2011)第 014821 号

书　　名　兽医学概论
作　　者　汪　明　主编　　佘锐萍　副主编

策划编辑　冯雪梅　　**责任编辑**　莫显红
封面设计　郑　川　　**责任校对**　陈　莹　王晓凤
出版发行　中国农业大学出版社
社　　址　北京市海淀区圆明园西路 2 号　　**邮政编码**　100193
电　　话　发行部 010-62818525,8625　　读者服务部 010-62732336
编辑部 010-62732617,2618　　出　版　部 010-62733440
网　　址　http://www.cau.edu.cn/caup　　**E-mail** cbsszs @ cau.edu.cn
经　　销　新华书店
印　　刷　北京时代华都印刷有限公司
版　　次　2011 年 2 月第 1 版　　2019 年 10 月第 3 次印刷
规　　格　787×980　16 开本　23.25 印张　427 千字　彩插 2
定　　价　46.00 元

主　编　汪　明
副主编　佘锐萍
编者(按姓氏笔画为序)
于咏兰　江海洋
张国中　汪　明
佘锐萍　胡艳欣
潘保良

前　言

《兽医学概论》是为非兽医专业的学生编撰的教材。本书适用于大学本科、畜牧专科及水产养殖专业的学生学习，也可作为对兽医知识感兴趣的读者学习兽医学的入门教材。

随着我国经济、社会的发展，兽医学的内涵与外延不断地拓展，与国民经济的发展和人民生活休戚相关。兽医学在畜牧业可持续发展、保障动物性食品安全、畜禽疫病防控、伴侣动物与宠物疾病诊疗、动物保护与动物福利、公共卫生和人畜共患病防制、实验动物与比较医学研究等诸多方面发挥着不可替代的作用。因此，除了执业兽医以外，其他相关行业的从业人员均需要一些兽医学的基本知识，编者愿呈本书，以飨读者。

本书共分为六章，包括疾病与诊断、病理学基础、药理与常用药物、畜禽传染病、寄生虫病、中毒与营养代谢病。

本书在系统介绍兽医学基本知识的基础上，重点介绍影响畜禽养殖业健康发展的群发病，如传染病、寄生虫病、中毒与营养代谢病。在本书的编写过程中，力求结构简洁、条理清晰、概念准确、言简意赅，使本书有较强的可读性。

参加本书编写的人员均为中国农业大学动物医学院的青年学者，都具有博士学位，活跃在教学科研岗位。胡艳欣编写第一、二章；江海洋编写第三章；张国中编写第四章；潘保良编写第五章；于咏兰编写第六章。

由于水平所限，难免存在不足之处，敬请读者指正。

汪　明

2010 年 11 月 28 日

目 录

第一章　疾病与诊断

第一节　疾病概论

一、疾病的概念

疾病是相对健康而言，是一种复杂的客观现象。目前一般认为，疾病是在一定条件下致病原因与机体相互作用而产生的一个损伤与抗损伤的复杂斗争过程。在疾病过程中机体表现出各种机能、代谢和形态结构的异常变化，以及各种相应的症状、体征和行为异常。当患疾病时，机体各器官系统之间及机体与外环境之间的协调平衡关系发生改变，动物的生命活动能力、生产性能和经济价值均降低。疾病是完整机体的复杂反应，其发生、发展和转归有一定的规律性。动物疾病包括以下基本特征：

(1)任何疾病的发生都有其相应的病因，没有病因的疾病是不存在的。

(2)任何疾病都是完整统一机体的反应，尽管其表现形式可能不同，但其本质都是机体与外界环境的统一和体内各器官系统之间的动态平衡发生紊乱，呈现一定的机能、代谢和形态结构的变化，这是疾病时产生各种症状和体征的内在基础。

(3)任何疾病都包括损伤与抗损伤的斗争和转化，是一种矛盾斗争的过程。

(4)疾病是一个有规律的发展过程，在发展的不同阶段，有其不同的变化和一定的因果转化关系。

(5)疾病时不仅动物的生命活动能力减弱，而且其生产性能，特别是经济价值降低，例如产蛋、产奶、繁殖等能力的下降，这是动物疾病的重要特征。

二、疾病发生的原因和条件

病因学是研究疾病发生的原因与条件的科学。

(一)疾病发生的原因

疾病发生的原因，简称病因，是指引起某一疾病必不可少的并决定疾病特异性的致病因素。引起疾病的原因种类很多，大致可分为外因和内因两大类。

1.疾病发生的外因

(1)生物性因素:主要指各种病原微生物(如细菌、病毒、支原体、衣原体、螺旋体、霉菌)和寄生虫(如原虫、蠕虫等)。这类病因引起各种感染性疾病,其致病力取决于病原体侵入机体的数量、毒力及侵袭力,同时也与机体的防御与抵抗力有关。生物性致病因素是畜禽等动物疾病中最常见的致病因素。

(2)化学性因素:包括强酸、强碱;有机毒物(如氯仿、乙醚、氰化物、有机磷、有机氯等);生物性毒物(如蛇毒);军用毒物(如双光气、芥子气等)。致病性主要取决于致病因素本身的作用强度、部位及持续时间等,与机体的反应性不大。一定剂量的毒物被摄入机体后即可引起中毒和死亡。毒性极强的毒物即使剂量很小,也可导致严重的损伤和死亡。由于毒物对组织的亲和力不同,因而对机体的损害也具有选择性,如四氯化碳主要损害肝脏。

(3)物理性因素:包括温度(高温或寒冷)、电流(电击伤)、光、机械力、电离辐射、噪声、紫外线、大气压等。如暴力、爆炸、冲击可引起创伤、震荡、骨折、脱臼;重物撞击;体内的肿瘤、异物、结石、脓肿也可导致疾病的发生等。

(4)营养性因素:只有充足合理的营养物质保障才能维持机体的正常生命活动,如果机体必需营养物质摄入不足或过剩,都会引起疾病。如糖、脂肪、蛋白质等摄入不足或消化吸收不良时会引起各种营养缺乏症。胆固醇摄入过多可引起动脉粥样硬化。另外,有些物质如水、钠、铁、氟、硒、锌及维生素等摄入过多,均可引起中毒。铁含量不足可引起缺铁性贫血,过量吸收可引起肝纤维化。

2.疾病发生的内因　一般是指机体防御机能的降低,遗传免疫特性的改变以及机体对致病因素的易感性等。

(1)机体防御机能:

①屏障机能:健全的皮肤、黏膜是阻止病原体侵入的重要屏障,血脑屏障可以有效阻止病原微生物、毒素及有些大分子物质进入脑组织,胎盘屏障可以阻止母畜体内病原微生物和有毒物质对胎儿的侵害,若是这些屏障功能发生障碍,则有利于病原微生物的入侵,容易发生某些疾病。

②吞噬及杀菌作用:机体内的单核巨噬细胞系统(如肝脏枯否氏细胞、肺泡尘细胞、中枢神经的小胶质细胞等)能够吞噬、酶解和杀灭病原菌,血液中的中性粒细胞也具有相似的吞噬功能,在动物的分泌物(唾液、泪液、汗液等)中都含有可以杀灭病原微生物的物质。当机体吞噬作用和杀菌能力减弱时,则容易发生感染性疾病。

③解毒机能:肝脏是机体的重要解毒器官,通过生物转化过程(氧化、还原等)将毒性物质转变为无毒或低毒的物质,经肾排出体外。肾细胞也可通过脱氨基、结

合等方式进行解毒。当肝肾功能发生障碍时，机体容易发生中毒性疾病。

④排除机能：呼吸道黏膜上皮的纤毛运动、胃肠道发生的呕吐或腹泻、咳嗽、打喷嚏和肾泌尿等均有排除各种异物及有害物质的能力。当这些排除机能受损时，可促进相应疾病的发生。

⑤免疫系统功能障碍：当免疫系统对自身抗原发生免疫反应会导致自身免疫性疾病，免疫反应过程中炎症会导致超敏反应，或对环境中常见抗原的失去免疫耐受而会导致过敏反应，再有就是免疫系统因先天或后天因素造成的功能紊乱或功能不全会导致免疫缺陷，这些免疫系统的功能障碍都可能使得机体反复发生且难以控制的各种微生物感染。

(2)机体的反应性：机体的反应性不同，对外界致病因素的抵抗力和感受性也不同。

①种属：种属不同对同一致病因素的反应性是不同的，如雏鸭对黄曲霉素非常敏感，但羊却有较强的抵抗力；猪瘟病毒只感染猪发病，而不引起其他种属动物发病。

②品种或品系：同类动物的不同品种或不同品系，对同一致病因素的反应性也可能不同。如鸡腹水症主要侵害肉鸡，而很少侵害蛋鸡。

③个体差异：同种动物的不同个体由于其营养状况和抵抗力的差异而对同一致病因素的反应性不同。

④年龄：同种动物不同年龄的动物，由于其结构和生理状况的不同而对同一疾病反应性不同。例如：幼龄动物易患消化道和呼吸道疾病，主要由于其屏障结构和免疫机能未发育健全造成；而老龄动物由于全身个组织器官机能衰退而抵抗力下降，易患各种疾病。

⑤性别：不同性别动物感染某些疾病的情况也不尽相同。如牛和人的白血病，雌性发病高于雄性。

(3)机体的免疫特性：免疫反应过强、免疫缺陷或自身免疫反应等免疫特性均可对机体造成影响。

(4)遗传因素：遗传性因素在某些疾病中的发生过程中起关键作用，因为遗传物质的改变(基因突变或染色质畸变)可以直接引起遗传性疾病。遗传因素的改变可使机体获得对疾病的遗传易感性，在一定的环境因素的作用下使机体发生相应的疾病。

(5)先天性因素：先天性因素是指影响胎儿发育的有害因素。某些先天性因素可以遗传，但大多数先天性因素属于获得性因素，不会遗传。

(二)疾病发生的条件

疾病发生条件是指能影响(促进或减缓)疾病发生的某种机体状态或自然环

境。条件对于疾病并不是必不可少的,但条件可以影响病因对机体的作用。

1. 自然条件　包括季节、气候、地理位置、环境等,虽不能直接引发疾病,但影响疾病的发生。例如,冬季多发呼吸系统疾病,夏季多发消化系统疾病,日益污染的环境也成为多种畜禽疾病的诱因。

2. 社会条件　包括饲养管理、防疫制度、生产水平、人员管理、环境控制及疫情报告体系等,对畜禽健康和疫病流行具有重要影响。

三、疾病发生、发展规律

研究疾病发生、发展及转归的普遍规律和机制的科学称为发病学。

(一)疾病发生发展的基本规律

1. 损伤与抗损伤　损伤与抗损伤斗争贯穿于疾病的始终,两者相互联系又相互斗争,对方力量的对比决定疾病的发展方向。疾病中损伤与抗损伤作用常常同时出现,不断变化。

2. 因果转化　又称因果交替,是疾病发生发展过程中的基本规律之一,是疾病发展的重要形式。即在疾病发生发展过程中,原因和结果可以相互交替和相互转化,即由原始病因引起的后果,又可作为新的病因引起新的结果。

3. 局部与整体　生物机体是一个相互联系的整体。任何疾病都是完整统一机体的复杂反应,这种反应可表现为全身性的病理变化,又可表现为局部的病理变化,局部的病变可引起全身性反应,而全身性疾病又可表现为局部变化,二者有不可分割的内在联系。

(二)疾病发生的一般机制

致病因素对机体的损伤作用,一般通过对组织的直接损伤,或通过神经系统机能状态的改变,或体液因素的变化来实现。随着医学基础理论和各种先进的实验技术的发展,对疾病机制的研究从系统水平、器官水平深入到了细胞水平和分子水平。

1. 细胞机制　致病因素作用机体后可直接或间接作用于组织细胞,造成这些细胞的形态变化和功能代谢障碍,造成细胞自稳调节紊乱而导致疾病的发生。

2. 神经体液机制　致病因素可以直接损害神经组织造成神经系统调节机能障碍而导致疾病的发生;致病因素可以引起体液的质和量的改变而破坏机体内环境的稳定,从而导致疾病的发生。同时神经机制和体液机制是密切联系的,常偶联在一起共同参与疾病的发生发展。在很多疾病中存在体液调节紊乱,这主要是通过内分泌激素起作用的,而内分泌腺的功能活动是受神经机制调节的。

3. 分子机制　各种不同的致病因素通过不同的途径引起疾病,但无论是哪种情况，致病因子在疾病过程中均会引起细胞内和细胞表面的分子的异常。从分子水平研究疾病发生的机制对揭示疾病的本质具有重要的意义。

四、疾病的经过和转归

疾病从发生发展到结束的过程，局称为疾病的经过（病程）。在这个过程中，具有一定的阶段性，可分为以下四个基本阶段：

1. 潜伏期　又称隐蔽期。指从病因作用于机体开始到疾病的最初症状出现时为止。潜伏期与病因的特点和机体本身状况有关，长短不一。如狂犬病的潜伏期最长可达1年以上，而炭疽病多为1～3天。在潜伏期，机体动员各种防御机能与致病因素进行损伤与抗损伤斗争，如果防御机能克服致病因素的损害，则在出现症状之前疾病就会停止。

2. 前驱期　从疾病出现最初症状到典型症状开始出现为止。在这一阶段中，机体的改变主要以出现某些非特异性症状为主，称为前驱症状。如发热、精神沉郁、食欲减退、心脏活动及呼吸机能发生改变和劳役或生产力降低等。

3. 临床经过期　又称症状明显期，在这一阶段，疾病的特征性症状充分表现出来。疾病的特异性和机体的反应性不同，所表现症状的特征和持续的时间也有所不同。在这一阶段中，机体充分发挥其抗损伤功能，而产生的损伤未能得到修复，所以表现出明显症状。这一症状对正确诊断和治疗疾病很有价值。

4. 终结期　又称转归期，指疾病过程的发展趋向和结局，一般可分为完全痊愈、不完全痊愈和死亡三种形式。

（1）完全痊愈：当致病因素作用停止或消失后，机体的机能恢复正常，损伤的组织也修补康复，疾病症状全部消除，病理性调节为生理性调节所取代，畜禽的生产能力也恢复正常，此称为“完全痊愈”。

（2）不完全痊愈：患病动物的主要症状虽然消除，但受损器官的机能和形态结构未完全恢复，而是通过其他器官的代偿来维持生命活动。甚至遗留有疾病的某些残迹或持久性的变化（后遗症），称为“不完全痊愈”。

（3）死亡：指机体作为一个整体的功能永久性停止，即生命终结或生命有机体完整性的解体。在疾病过程中，由于损伤作用过强，机体的调节机能不足，不能适应生存条件的要求，其抵抗能力耗竭，不能继续生存，便可发生死亡。根据死亡的进程不同，动物机体的死亡过程可分为濒死期、临床死亡期和生物学死亡期（真死）三个阶段，在濒死期和临床死亡期如能得到合理的抢救，机体还有生还的可能。

第二节　疾病的诊断

一、疾病诊断概述

诊断是以鉴别不同的疾病为目的对病因和发病机理所作的结论。疾病诊断主要包括临床检查、病理剖检、组织学检查和病原学检查等基本过程。随着近代科学的发展，应用于临床实际的检查方法十分复杂繁多，特别是实验室的检查方法、X射线诊断法、机能实验法以及心电描记、超声检查、放射线同位素的应用等新技术得到普遍应用。

二、临床检查

基本的临床检查方法主要包括问诊、视诊、触诊、叩诊、听诊和嗅诊。这些方法简单易操作，对任何动物，在任何场所均可实施，并可较直接的判断疾病发展经过，是临床检查的基本方法。

通过问诊了解患病动物的临床表现，要做到心中有数，有的放矢。主要了解临床情况，发病表现，饲养管理情况等。包括畜禽的类别、品种、年龄、性别、营养状况、畜禽的用途、发病时间、发病地点、病程、症状、临床诊断治疗情况、临床发病部位及表现等，对于考虑疾病的性质，可指引方向，是病理诊断所必需的参考资料。视诊是通过视觉观察病畜全身或局部的表现，为进一步诊断提供线索，主要观察外貌、精神状态、姿势与步态、表被组织及生理活动等。触诊是检查者用手或借助于探管、探针等对被检部位组织、器官进行触压和感觉，以判断其有无病理变化。通过触诊可以了解病畜的体表状态（如温度、湿度及皮肤弹性）、某些器官的活动情况（如心搏动）和胃肠的状态等。叩诊是指叩击体表某一部位，使之发生振动并产生声音，根据所产生声响的特性来推断被检组织、器官的状态及病变性质。主要用于检查体腔状态、含气器官的状态及推断某些器官的位置、大小和形状等。听诊是利用听觉来判断体内某些器官机能活动所产生的异常声音与疾病的关系。主要用于检查心血管系统、呼吸系统和消化系统。嗅诊是通过嗅觉判断病畜呼出气、口腔、分泌物、排泄物及病理产物的异常气味与疾病的关系。

临床检查的程序包括病例登记、病史调查和现场临床检查。

1. 病例登记　病例登记是病理剖检诊断的第一步，它是将送诊病畜的特征系统地记录下来，以便了解病畜的个体特征，同时为诊断工作提供某些参考性资料。病畜登记的内容包括种类（品种）、性别、年龄，因为不同品种、年龄、性别的动物，其常发病、多发病也不同。此外对于作为个体特征标志的畜号、毛色、特征等也应作登记。

2.病史调查　是诊断疾病的一个重要内容。包括群体病史调查和个体病畜病史调查两方面，主要是通过详细询问饲养管理人员来获得情况。

群体病史调查内容包括：发病后，本场（村）及附近场（村）有否类似的疾病发生，是群发还是单发，是同时发生还是相继发生，发病率、死亡率等，以帮助判断是传染病还是普通病。第二方面应了解防疫制度和措施的执行情况，如预防接种、疫苗的使用，有无从疫区引进动物及人员往来等等。第三方面应了解本场（村）周围的环境情况，如周围有无厂矿企业的有毒废气、废水污染，饲料有无霉变或调制不当，农药的保管使用情况，有无在沼泽地放牧（与寄生虫病有关）等等。

个体病史调查的内容包括发病时间、病程长短、病后表现。病死动物的日常和病前的饲料种类、饲料品质、饲料制度等。还有临床诊治情况，如病后是否进行过治疗，治疗措施和效果如何等等，以供剖检诊断时参考。

3.现场临床检查　必要时应深入养殖场现场进行实地调研。

三、病理剖检

对于诊断疾病而言，其中最基本和首要的是大体病理剖检观察，它是病理学观察的第一步，其他病理学观察方法是根据需要而定。大体病理剖检观察，可以指示病变的原发器官组织，对于判断疾病的性质具有重要意义。一般在剖检中可能会看到多种病理变化，对于每一变化的特殊性大小和各个变化的相互关系，要作恰如其分的估价。通过全面的分析，找出相关疾病的特征性病变。根据特征性的病变及其彼此的相互关系，找出病变群，并以此做出初步的诊断。

（一）病理剖检的主要步骤

1.体表及皮下组织检查　首先检查天然孔和外露黏膜，如口、鼻、肛门及生殖道有无分泌物或排泄物。天然孔黏膜的颜色对诊断有重要参考意义，黏膜苍白提示可能有内出血或骨髓及造血器官发生病变，黏膜呈紫色时应注意循环和呼吸系统的疾患，黏膜呈黄色时应对肝、胆囊、胆管及十二指肠黏膜上胆管开口的情况作详细检查。

体表检查时，可先通过被毛的光泽、肌肉的丰满度及皮下脂肪蓄积状况对病畜的营养状况作出判断，分为良好、中等或不良三等。在观察营养状况的同时，应注意观察体表皮肤有无充血、出血、溃疡、外伤、脓肿和肿瘤，以及皮下有无水肿和气肿变化。体表检查结束后，对体表淋巴结进行检查，观察其有否充血肿大，切面有无水肿、出血、坏死等病变，同时还应检查公畜的阴囊、母畜的乳房有无变异。

2.腹腔器官的剖检　主要对胃肠、肝胆、胰腺及肾进行检查。切开腹腔后，检查内脏的位置、浆膜的色泽，观察有无粘连、腹水以及其他异常。胃及十二指肠检查时，应检查胃的容积大小、质度，浆膜是否光滑，胃内容物的性状，黏膜有无脱落溃疡。肝脏的检查应注意观察其形态、颜色、边缘状态，表面是否光滑，有无增厚，胆管有无增粗，肝小叶结构、颜色及质度，胆管、血管断段的性状，血液含量，胆囊状态，胆汁性状，浆膜及黏膜情况等。胰腺的检查应注意其颜色、质度、小叶结构，表面及切面情况，有无寄生虫等。脾脏的检查应注意其形态、大小、边缘状态，包膜及实质中有无异常。肾脏的检查应注意其形状、大小、颜色；然后沿其凸面切开，检查包膜是否容易剥离，肾表面是否光滑，切面是否隆起，皮质、髓质的颜色、质度、比例、结构是否清楚，肾盂黏膜及肾盂内有无异常。肾上腺的检查应注意其大小、形态，皮质、髓质的颜色、质度，结构是否清楚，有无其他病变。在检查上述各器官的同时，均应注意检查各器官的淋巴结的变化。如果须由肝、脾、肾采取病料作病原学检查或取胃肠内容物进行化学检查，应在腹腔剖开后，内脏摘除前按要求采集。

3.胸腔器官的剖检　主要检查心、肺、口腔及颈部器官。剖开胸腔后，首先观察心、肺外观有无异常，胸腔内各器官之间有无发生粘连，各器官与胸膜有无发生粘连，肺与肋膜有无粘连，胸腔内有无积液。观察心包是否积液、粘连，心外膜是否光滑，颜色、气味是否正常。心外脂肪及冠状血管是否正常。测量心脏大小是从心底至心尖量取心的纵径，从心底最宽处量取心的周径。

(1)检查心脏：检查各心腔的体积，心腔内血液的性状是否正常。心内膜、心瓣膜是否光滑，心肌的色泽、质度以及心壁的厚薄。

(2)检查肺脏：首先检查肺脏颜色、体积、形状是否正常。表面是否光滑，肺小叶间质是否明显，肺内有无充气或积液。切开肺脏，检查切面是否正常，如异常，则检查病变的范围、色泽、质度、湿度及结构状态，病变部支气管及血管情况。质度检查时剪下小块病变组织投入水中，观察浮沉及其程度。

(3)检查口腔及颈部器官：主要进行喉头、气管、食道的检查，观察喉头、气管黏膜的色泽，黏膜是否光滑，喉室状态，管腔内有无异常分泌物。检查唇、颊、舌、咽、食道黏膜、扁桃体是否肿胀，颜色有无改变，咽背淋巴结、唾液腺的状态有无异常；以及甲状腺、胸腺有无异常。

4.盆腔器官的剖检　主要包括膀胱和生殖器官的检查。观察盆腔内有无异物，浆膜是否光滑，膀胱和尿道是否有异常。若欲检查尿液，可用无菌注射器直接从膀胱内进行抽取。公畜检查阴茎、包皮、龟头黏膜状态、睾丸及副性腺有无异常，母畜检查子宫、阴道有无异常，卵巢的形状，卵泡、黄体的发育情况，输卵管是否扩张等，若怀孕还应检查胎儿及胎盘情况。

5. 脑、脊髓的剖检　主要检查大脑、小脑及脊髓有无异常。脊髓的检查一般选取颈部、胸部和腰部脊髓三部分进行大体和实验室检查。若要取脑脊液，可在切开前用注射器刺入蛛网膜下腔抽取。

6. 鼻腔的检查　观察两侧鼻甲骨是否对称，有无萎缩，同时检查黏膜状态，有无异常分泌物即有无疤痕。

7. 骨、关节及肌肉的剖检　检查骨的大小、形状、骨膜状态、骨的硬度及骨髓色泽等。检查关节时，除检查关节的外形，还应检查囊中液体性状、数量，关节面有无磨损、粘连，滑膜是否增厚，关节韧带是否完整等。肌肉的检查应注意观察肌束的大小、颜色、质度，肌束间有无出血、充气、积液及结缔组织增生或其他异常变化。

(二)剖检过程中病料的采集

1. 病理组织材料的采集　为避免死后发生的变化影响组织学观察结果，病理组织材料应及时固定。采集病料时，同一块组织中应包括病灶和正常组织两个部分。遇病因不明的病例时，应尽量多选取组织，以免遗漏病变。选取病理材料时，切勿挤压或损伤组织，如需冲洗粪便等污物，只可以用生理盐水轻轻冲洗。为使组织固定液穿透组织，选取的组织材料，厚度不应超过 4 mm。为避免材料的挤压和扭转，装盛容器最好用广口瓶。固定液的用量要充足，最好要用 10 倍于该组织体积的固定液。

2. 细菌学检查材料的采集　采集细菌学检查用的病料，要求无菌操作，以避免污染。在实际工作中不能做到时，最好取新鲜的整个器官或大块的组织及时送检。在剖检时，器官表面常污染，故在采集病料之前，应先清洁及杀灭器官表面之杂菌。在切开皮肤之前，局部皮肤应先用来苏儿消毒；采取内脏时，不要触及其他器官。

(1)心血、胸腹水、心囊液、关节液及脑脊髓液：以无菌注射器吸取后注入经过消毒的容器中。脓汁和渗出物用无菌棉棒采取后，置于消毒的试管中运送。血清采取时应待血液完全凝固后置于离心机中 3 000 r/ min 离心 10 min 后抽取上清液即可。

(2)实质脏器：应用无菌解剖剪采取大小适当的组织块放十火菌的试管或平皿中，不同脏器应分别装于不同的器皿中，避免相互污染。

3. 病毒学检查材料的采集　采集需要检查病毒的材料(组织、血液脊髓液等)时，应考虑到不同病毒的致病特性，选择各种病毒侵害的组织。采集过程中，避免细菌的污染，置于灭菌的玻璃瓶中，冷藏在冰筒内送检。

四、组织学检查

多数疾病在经过临床检查和病理剖检后并不能完全确诊，尚需进行组织病理学（包括组织和细胞化学）观察、甚至超微病理学观察后方可做出病理诊断。

组织学检查主要包括一般组织检查、活体组织检查及其他新技术检查方法。

一般组织检查是通过观察器官的组织病理学变化，对疾病做出诊断。如巴氏杆菌病、沙门氏菌病、结核病、肿瘤等。采取病变组织制成病理组织切片或将脱落细胞制成涂片，经不同方法染色后，在光学显微镜下进行观察，分析、归纳组织细胞形态结构变化，诊断疾病及判定其类型及阶段等。由于分辨率比肉眼增加了数百倍，加深了对病变的认识，因而显著地提高了诊断的准确性。到目前为止，传统的组织学观察方法仍然是病理学研究和诊断的无可替代的最基本的方法。

活体组织检查简称活检，即用局部切取、细针吸取、钳取、搔刮和手术摘取等方法，从患病动物活体获取病变组织进行病理检查等。活体组织检查的优点是材料新鲜保持活组织状态，可以在疾病的各个阶段取材。缺点是不能在活动物身上任意取材，不能做全面系统的检查，取材有局限性。此方法在人医临床上是非常常用的病理诊断方法，尤其是肿瘤病的诊断。在兽医临床上，国外也已应用很普遍，国内也已开始应用。如在动物医院宠物的肿瘤病、皮肤病、某些消化道疾病的诊断中；还有在畜禽的某些群发病诊断中，也可用活体组织检查法，如口蹄疫或水疱病的生前诊断取水疱液作检查。对珍稀动物的疾病诊断（如大熊猫等），活体组织检查可能更具优势。

细胞学检查即对从患病动物体内收集来的细胞进行细胞学检查，又称脱落细胞学或涂抹细胞学检查，是通过采取病变处脱落的细胞，涂片染色后进行细胞学检查。细胞的来源可以是应用各种采集器在生殖道、食道、鼻咽部等病变部位直接采集的脱落细胞，也可以是自然分泌物渗出物及排泄物（如尿）中的细胞或用细针直接穿刺病变部位所吸取的细胞。如取血液制作成血细胞涂片，取口腔分泌物、消化道排泄物等等作涂/抹片，直接或经染色后在显微镜下观察。方法简易，病体痛苦小。缺点是取材受限、脱落细胞常有变性，细胞分散，没有组织结构等，使诊断受到一定限制。

五、病原学检查

（一）样品的采集和运输

正确的采集、储存和运送样品是病原学检查的关键步骤。任何一个环节处理不好，都会影响检测结果的准确性。通常进行病原学检查时要在发病初期（或临床症状明显时)进行样品采集,采集的样品种类要根据检测病原体的不同选择不同的组织器官,因为不同的病原体亲嗜的靶器官不同(即不同组织病原体含量不同)。如果不选择合适的组织,病原体的检出率就会大大降低。样品的采集最好在无菌的条件下进行,尽量减少污染。采集的样品要进行详细的标记,如果具有较高的传染性还要设置生物安全警示标志。原则上病料采集后应立即安排送往实验室进行检查,如果几个小时内可以运送到实验室,只需将病料密封后加冰袋低温运送即可,否则要将病料冷冻(至少－20℃)后再低温运输至实验室。如果不能立刻送往实验室则应采取适宜的方式进行储存,通常需将病料置－20℃或以下的冰箱冷冻保存。

(二)常用的病原学检查方法

1.直接显微镜检查　直接显微镜检查是病原体检查中的基本方法之一,包括不染色标本检查法和染色标本检查法。不染色标本直接镜检法,主要用于检查生活状态下细菌的动力及运动状况,常用的方法有压滴法和悬滴法,在不染色状态下借助暗视野显微镜或相差显微镜观察病原菌的生长、运动方式、螺旋体的形态和运动。染色法标本检查法是将标本直接涂片或抹片、干燥、固定后染色置光学显微镜下观察细菌的形态、染色性或观察宿主细胞内包含体的特征。

2.特异性抗原检查　主要是利用已知特异性抗体检测样本中的病原体抗原,最常用的是各种血清学方法,例如琼脂免疫扩散实验(AGP)、血凝抑制试验(HI)、中和试验(NT)、平板凝集实验(SPA)、酶联免疫吸附试验(ELISA)以及免疫荧光抗体技术等。蛋白质芯片(protein chips)是近年来随着蛋白质组学的发展而出现的蛋白质及多肽分析的新技术,利用该技术可以同时对多种病原体特异性抗原进行检测,目前在兽医学上也正逐步得到应用。

3.病原体核酸检查　目前常用的病原体核酸检测方法主要有聚合酶链式反应(PCR)或反转录-聚合酶链式反应(RT-PCR)、实时荧光定量PCR(real-time PCR)技术、核酸探针杂交技术以及基因芯片技术等。PCR(RT-PCR)技术是一种体外基因扩增技术,是利用DNA聚合酶介导一系列循环反应对DNA(或反转录生成的cDNA)的信号进行放大,然后对扩增的基因片段进行特异性鉴定,借助检测目的基因而达到检测病原体的目的。利用这一技术,可在短时间内对标本中病原体的基因扩增至几百万倍,检出极其微量的病原体DNA,具有很高的敏感性和特异性。目前PCR技术在兽医生产中的应用较为广泛。实时荧光定量PCR(real-time PCR)技术是通过对PCR扩增反应中每一个循环产物荧光信号的实时检测从而实现对起始模板定量及定性的分析,目前也已经应用于临床多种病原体的快速检测。

核酸探针杂交技术的基本原理是利用碱基互补配对原则,利用带有标记物的已知序列的核酸片段检测与其互补的核酸片段。每一种病原体都具有独特的核酸片段,通过分离和标记这些片段就可制备出探针,用于不同疾病病原体的检测。

基因芯片技术(gene chip 或 DNA microarray)是将大量核酸片段(寡核苷酸、cDNA、基因组 DNA)以预先设计的方式固定在载玻片、尼龙膜和纤维素膜等载体上组成密集分子阵列,与荧光素或其他方式标记的样品进行杂交,通过检测杂交信号的强弱进而判断样品中靶分子的有无和数量,达到对病原体检测的目的。

4.病原体的分离鉴定

(1)细菌分离培养:主要是选择适当的培养基进行不同细菌的培养,细菌培养物可以通过染色镜检或生化试验进行进一步鉴定。有时也可接种实验动物通过观察其致病性对分离的细菌进行鉴定。

(2)病毒分离鉴定:病料采集处理后通常采用鸡胚接种、组织细胞接种或动物接种进行病毒的分离培养,其中鸡胚接种和组织细胞接种是最常用的病毒分离方法。

①鸡胚接种:鸡胚是正在发育中的有机体、组织分化程度低、细胞幼嫩,适于多种病毒的生长与繁殖。通常应采用无特定病原体(SPF)鸡胚进行病毒的分离,根据接种目的和分离病毒的特性不同,接种日龄通常选择在5～11日龄之间,接种途径有尿囊腔接种、卵黄囊接种、绒毛尿囊膜接种和羊膜腔接种等方法。待检病料经无菌处理后,选择合适的接种途径进行接种,接种后每日照蛋2～3次,记录鸡胚死亡情况。要分离的病毒不同,培养时间不一样,通常3～7天。观察期结束后无菌收获鸡胚材料(如尿囊液、绒毛尿囊膜、羊水、胚体等)进行检查,根据胚体病变情况、绒毛尿囊膜病变情况以及尿囊液是否具有血凝性等初步确定是否分离到病毒。初步分离物再利用血清学试验(如 HI 试验、AGP 试验、VN 试验等)或其他方法(如 PCR 检测)进一步进行鉴定。

②组织细胞培养:根据组织细胞来源与特点可将培养的细胞分为原代细胞和传代细胞系等。原代细胞是由动物组织制备的初代单层细胞,这种细胞保留有较多的原组织特性,对病毒比较敏感,适于病毒的分离培养,例如鸡胚成纤维细胞(CEF)、鸡胚肾细胞(CK)等。传代细胞系是指在体外可以持续生存、具有无限繁殖能力的细胞系,如犬肾细胞系(MDCK)、绿猴肾细胞系(VERO)等。不同病毒适于生长的细胞不同,无菌受检材料接种合适的细胞后,根据致细胞病变效应(CPE)、电子显微镜观察法、红细胞凝集法及抗原性测定法等方法确定是否有病毒增值。其中 CPE 是病毒增殖最常见的特征,不同种类病毒产生 CPE 的时间不同,快的24～48 h 即可见到明显的 CPE。电子显微镜观察是一种快速有效的鉴别病毒的方法,电镜下能看见病毒粒子的形态结构和大小,可初步确定病毒的种类。红

细胞吸附法可检测正黏病毒(如禽流感病毒)和副黏病毒(如新城疫病毒)感染的细胞,接毒细胞培养物如果能够凝集鸡的红血球,就说明有病毒增殖,进一步可通过红细胞凝集抑制试验(HI)进行鉴定。抗原性测定法的依据是接种细胞如有病毒增殖,其培养物中就会含有特异性病毒抗原,可以应用血清学方法或其他方法(如PCR)检测到这些抗原,以此判断病毒的增殖情况,血清学方法亦能鉴定病毒的种类。

③实验动物接种:实验动物接种也可用于病毒的分离和培养。受检无菌材料接种合适的实验动物后严格隔离饲养并定期观察,可以通过采血检验或剖检观察其特征性病变以确定是否分离到病毒。

六、血清学检查

(一)血清样品的采集和运输

通常利用真空采血管或注射器由翅静脉(禽类)或耳静脉(前腔静脉、颈静脉)(猪、牛、羊)采血(不加抗凝剂)。血液采集后,应尽快将自然析出的血清或经离心分离出的血清吸出至离心管内并做好标记。血清样品短期储藏可以放在4℃,长期应当放置在-70℃以下冷冻保存并避免样品重复冷冻和解冻。短途运输(12 h内)可以将血清放在密闭泡沫盒内加冰袋冷藏运输,超过12 h以上最好将血清冷冻后再加冰袋冷藏运输至实验室。

(二)常用的血清学检测方法

常用的血清学检测方法有凝集试验(包括直接凝集试验和间接凝集试验)、沉淀试验(包括琼脂扩散试验、絮状沉淀试验等)、血凝抑制试验、补体结合试验、免疫荧光技术、酶联免疫吸附试验等。

1. 凝集试验　凝集试验是指颗粒性抗原(如细菌、红细胞等)或表面载有抗原的颗粒状物质(如聚苯乙烯胶乳、红细胞等),与相应抗体在电解质存在下,结合出现肉眼可见的凝集(agglutination)现象的试验。凝集试验是一个定性的检测方法,根据凝集现象的出现与否判定结果阳性或阴性;也可以进行半定量检测,即将样品作一系列倍比稀释后进行反应,以出现阳性反应的最高稀释度作为滴度值。凝集反应可分为直接凝集反应和间接凝集反应两大类。

(1)直接凝集反应:细菌、螺旋体和红细胞等颗粒抗原,在适当电解质参与下可直接与相应抗体结合出现凝集,称为直接凝集反应(direct agglutination)。凝集反应中的抗原称为凝集原(agglutinogen),抗体称为凝集素(agglutinin)。直接凝集试验可分为玻片法、平板法以及试管法等。临床上常用于支原体、沙门氏菌等的检测。

(2)间接凝集反应:将可溶性抗原(或抗体)先吸附于适当大小的颗粒性载体的表面,然后与相应抗体(或抗原)作用,在适宜的电解质存在的条件下,出现特异性凝集现象,称间接凝集反应(indirect agglutination)或被动凝集反应(passive agglutination)。这种反应适用于各种抗体和可溶性抗原的检测。在间接凝集反应中,可用作载体的颗粒种类很多,常用的有动物或人红细胞、细菌和多种惰性颗粒如聚苯乙烯胶乳(polystyrenelatex)、活性炭、皂土(bentonite)、脂质体等,根据所用载体不同,间接凝集试验又可称为间接血凝试验、胶乳凝集试验、炭凝集试验、皂土凝集试验、脂质体凝集试验等。其中最常用的是间接血凝试验和胶乳凝集试验,生产中常用于口蹄疫、猪瘟、猪伪狂犬病以及弓形体病等的检测。

2. 沉淀试验　是利用可溶性抗原与抗体结合形成肉眼可见的沉淀的一类血清学免疫反应,称为沉淀反应,与之相关的试验称为沉淀试验。抗原可以是细菌内毒素、外毒素、菌体裂解物,病毒悬液、病毒的可溶性抗原以及组织浸出液等。沉淀试验包括絮状沉淀试验、琼脂扩散试验、免疫电泳等。其中琼脂扩散试验是兽医临床检测中的一种常用方法。

琼脂扩散试验是利用抗原抗体能在琼脂凝胶中自由扩散,并在琼脂中结合,在一定比例处凝聚形成沉淀线,从而对抗原或抗体进行测定。琼脂扩散试验分为四种类型:单向单扩散、单向双扩散、双向单扩散、双向双扩散。其中应用最广的是双向双扩散(简称双扩散),即抗原抗体在琼脂中相互扩散,各自产生一个扩大的环,两环相遇时,在比例适当处,产生一条致密的白色沉淀线。根据所用试剂及检测对象的不同,双扩散又分为两类,一类利用已知抗原检测抗体,如禽痘、腺病毒、蓝舌病、口蹄疫、马传贫等,另一类是利用已知抗体检测抗原,如马立克羽髓抗原的检测。

3. 血凝抑制试验　某些病毒含有血凝素(HA),能够凝集人或动物红细胞,称之为血凝现象,血凝现象能被相应的特异性抗体抑制称为血凝抑制试验(HI)。其基本原理是相应抗体与病毒结合后,阻止病毒表面 HA 与红细胞结合,从而抑制血凝现象的出现。临床上常用于正黏病毒(如禽流感病毒)和副黏病毒(如新城疫病毒)等的检测。

4. 补体结合试验　补体可与大多数抗原抗体复合物结合而被激活,从而产生溶解细胞效应。补体的作用无特异性,据此特性而建立的补体结合试验可用来检测血清中的未知抗原(或抗体)。其基本原理是以已知抗原(或抗体)和待检抗体(或抗原)作为待检系统,以绵羊红细胞(SRBC)与相应抗体(溶血素)组成指示系统。在试验过程中,补体先与待检系统反应,如果待检系统中抗原与抗体相对应,则结合形成免疫复合物,可优先结合补体,这样补体就不再与指示系统中的致敏红细胞反应，所以不发生溶血；反之，若待检系统中抗原与抗体不相对应，则发生溶血现象。据此可以根据溶血的出现与否，定性或定量检测抗体或抗原。临床常用于布鲁氏菌病、结核病等的检测。

5.免疫荧光技术　免疫荧光技术(immunofluorescence technique)是用荧光素标记的抗体(或抗原)检测抗原或抗体的免疫学标记技术，又称荧光抗体技术。其基本原理是根据抗原抗体的特异性结合反应，先将已知的抗原或抗体标记上荧光素(目前常用异硫氰基荧光黄，FITC)，再用这种荧光抗体(或抗原)作为分子探针检查细胞或组织内的相应抗原(或抗体)。在细胞或组织中形成的抗原抗体复合物上含有荧光素，利用荧光显微镜观察标本，荧光素受激发光的照射而发出明亮的荧光(黄绿色或橘红色)，从而确定是否存在相应的抗原或抗体以及对其进行定位。通常有直接免疫荧光技术(direct immunofluorescent technique)和间接免疫荧光技术(indirect immunofluorescent technique)两种。

6.酶联免疫吸附试验(ELISA)　酶联免疫吸附试验(ELISA)是酶免疫测定(enzyme immunoassay，EIA)中固相免疫测定法的代表，也是EIA测定中应用最广的技术。其基本原理是将抗原(或抗体)结合在固相载体表面(保持其免疫学活性)，固定的抗原(或抗体)与受检样品中抗体(或抗原)发生特异性反应，接下来加入的酶标抗原或抗体(保持抗体或抗原的免疫活性和酶的生物学活性)也通过反应而结合在固相载体上。此时固相上的酶量与样品中受检物质的量成一定的比例。加入酶反应的底物后，底物被酶催化成为有色产物，产物的量与标本中受检物质的量直接相关，故可根据呈色的深浅进行定性或定量分析。由于酶的催化效率很高，间接地放大了免疫反应的结果，使测定方法达到很高的敏感度。根据试剂的来源和标本的情况以及检测的具体条件，可设计出各种不同类型的ELISA检测方法。常用于动物疫病检测的ELISA主要有间接法(测抗体)、双抗体夹心法(测抗原或抗体)、竞争法(测抗原或抗体)等。目前绝大部分动物疫病都有相应的ELISA检测方法，并且很多ELISA检测试剂已经实现商品化和标准化。

第二章　病理学基础

第一节　基础病理

一、组织细胞的损伤与修复

动物机体是由细胞、间质和体液组成的统一整体。在各种致病因素的作用下，组成机体的细胞和组织会发生形态、代谢和功能的应答反应，当组织细胞无法适应这些致病因素的作用后，就会发生损伤，出现一系列的形态结构、代谢和功能的变化。

造成组织细胞损伤的原因很多。按致病因素的性质、作用强弱和持续时间，以及受害组织细胞的代谢与结构特性，可以将细胞损伤分为可复性损伤和不可复性损伤。致病因素主要包括以下几种：

1. 缺氧　是细胞损伤的重要原因，可分为局部性和全身性缺氧。缺氧可影响细胞线粒体内的氧化磷酸化过程，使 ATP 产生减少甚至停止，从而引起一系列的变化。缺氧既是某些特殊环境（如高原、高空）所特有的医学问题，也是临床多种疾病共有的病理过程，是许多疾病引起死亡的重要原因。

2. 化学因素　多种化学物质如有毒物等都可引起细胞不同程度的损伤。某些化学试剂使用不当也会造成细胞损伤。

3. 物理因素　环境中许多物理因素可造成细胞损伤。高温可使细胞蛋白质变性或炭化，低温可使组织缺血或冻伤；机械性损伤可使细胞破坏或组织断裂等；电离辐射可使生物大分子受损或使细胞发生水电离产生自由基。

4. 生物因素　包括各种细菌、病毒、寄生虫、支原体以及真菌、衣原体、立克次体和螺旋体等。上述因素主要通过自身或产生的毒素、代谢产物引起变态反应等引起组织细胞损伤。

5. 变态反应　如系统性红斑狼疮和抗原抗体复合物在组织中的沉积造成的肾小球肾炎、关节炎及脉管炎等。

此外，遗传因素和营养不良等也是造成组织细胞损伤的重要因素。

(一)变性

变性是指细胞或细胞间质内出现异常物质或正常物质的数量显著增多，并伴有不同程度的功能障碍。一般而言，变性是可复性损伤，当病因消除后，细胞结构和功能仍可恢复。但严重的变性则往往不能恢复而进一步发展为坏死。变性大致分为二大类，即细胞内含水量异常和细胞及间质内物质的异常沉积。常见的细胞变性有以下几种。

1. 细胞肿胀　细胞肿胀是指细胞内水分增多而胞体增大，胞浆内出现微细颗粒或大小不等的水泡。是常见的一种细胞变性，是细胞对损伤的一种最普遍的反应。缺氧、中毒、感染和发热等均可引起细胞肿胀，故常见于急性病理过程。上述因素可使线粒体内氧化磷酸化过程发生障碍，ATP 生成减少，细胞膜钠泵功能降低，或细胞膜等生物膜结构与渗透性改变，因此钠离子和水分大量进入细胞，导致细胞肿胀和线粒体及内质网的改变。

(1)病理变化：发生细胞肿胀的器官眼观体积增大，边缘变钝，被膜紧张，色泽变淡，混浊无光泽，质地脆软，切面隆起，边缘外翻。据显微镜下的病变特点不同又可分为颗粒变性和空泡变性。前者是具有细胞肿胀的病变特征的早期细胞肿胀，是组织细胞最轻微且最常见的细胞变性。空泡变性又名水变性，主要见于急性病理过程的一种细胞肿胀形成。胞浆内出现水泡为特征的细胞肿胀又称为水泡变性。严重时细胞明显肿胀，胞浆疏松呈蜂窝状或空网状或透明状，胞核悬浮于中央或被挤于一侧，核内也出现空泡，此时变性的细胞显著肿大，胞浆空白，外形如气球状，故称为气球样变。

(2)结局和对机体的影响：细胞肿胀是一种较轻的病理变化，是可复性损伤，在病因消除后，细胞的结构和功能即可恢复正常。但若病因持续作用或作用加强，可使细胞损伤加剧，相应组织和器官降低。若病程进一步发展，则能导致细胞死亡。

2. 脂肪变性　正常情况下，除脂肪细胞外，其他细胞在光镜下一般不见脂滴或仅见少量脂滴，如果这些细胞胞浆中出现脂滴或脂滴增多，称为脂肪变性，简称脂变。脂滴的主要成分为中性脂肪(甘油三酯)，也可有磷脂及胆固醇等。

脂肪变性是一种常见于急性病理过程的细胞变性，是细胞内脂肪代谢障碍时的形态表现。如在急性发热性传染病、中毒、败血症以及各种可以导致缺氧的病理过程(如贫血)，都可出现脂肪变性。变性常发生于代谢旺盛耗氧多的器官，如肝、肾、心等。由于肝是脂肪代谢的重要场所，所以肝脏发生脂肪变性最为常见。

(1)病理变化：发生脂肪变性的器官外观与发生细胞肿胀时较相似，但色泽呈不同程度的发黄。严重时切面有油腻感。光镜下观察可见实质细胞胞浆内有大量大小不一的圆形空泡，边缘较清晰。由于这种空泡与水泡变性不易区别，因此可通过制作冰冻切片作苏丹Ⅲ或锇酸染色来加以区别。

(2)结局和对机体的影响：脂肪变性是一种可复性的病理过程，当病因消除，物质代谢恢复正常后，胞浆内的脂肪滴可以消失，细胞结构能完全恢复。严重的脂肪变性则可进一步导致细胞死亡。由于发生原因、变性程度及损伤器官程度不同，脂肪变性所造成的影响也不一致。有些只引起轻微的障碍，有些可导致严重的后果。如肝脏的脂肪变性，可导致肝糖原合成和解毒机能降低；心肌的脂肪变性，则可引起全身血液循环障碍和缺氧等一系列机能障碍。

3.玻璃样变性　玻璃样变性又称透明变性或透明化，简称玻璃样变，是指在细胞内或细胞间(如血管壁和纤维结缔组织)出现一种均质、无结构的嗜伊红蛋白样物质，即透明蛋白或透明素。这里所说的透明蛋白是多种蛋白质变性后的一种物理性状，并不是某一蛋白质的专有名词。根据病因及发生部位不同，玻璃样变性可分为以下三种类型：

(1)细胞内玻璃样变性：亦称为细胞内透明滴样变，是指在变性的细胞浆中出现大小不一、均质红染的玻璃样圆形小滴，是由细胞从周围液体中吸收的或自身产生的过量蛋白质所形成的。这种病变常见于肾小球肾炎时，或其他疾病而伴有明显的蛋白尿时，肾小管上皮细胞内可出现多个大小不等的红色蛋白滴。当变性上皮细胞被破坏时，透明蛋白即游离在肾小管腔内，相互融合凝集成透明管型。

此外，被覆上皮的角化也为透明变性。在慢性炎灶的浆细胞内，常可见一种均匀无结构的透明蛋白样物质，H-E染色呈鲜红色，称为复红小体，系由浆细胞产生的免疫球蛋白凝集而成。在发生酒精中毒时，肝细胞核周围胞浆内亦可出现不规则的红染玻璃样物质。

(2)血管壁玻璃样变性：主要见于小动脉壁，光镜下可见小动脉内皮下出现均质、无结构的红染物质，严重时小动脉中膜的结构破坏，平滑肌纤维变性溶解和原纤维结构消失，加上大量的血浆蛋白的沉积，使中膜变成致密的无定形透明蛋白，呈均匀一致的无定形红染结构，此时管壁增厚，管腔狭窄甚至闭塞，导致该器官缺血。

血管壁玻璃样变性常发生于脾、心、肾等器官的小动脉管壁，表现为急性和慢性变化两种。急性变化的特征是管壁坏死和血浆蛋白渗出，浸润在血管壁内。慢性变化为急性变化的修复过程，最后导致动脉硬化。家畜临诊上常见的是急性变化，慢性变化仅见于狗的慢性肾炎。血管壁玻璃样变的原因很多，最常见的是炎症性病变，例如马病毒性动脉炎、牛恶性卡他热、鸡新城疫、鸭瘟等有动脉炎存在的疾病。有些化学药品和毒素，细菌内毒素、生物碱及丙烯胺等，对血管内皮细胞具有毒性作用，可使肌性动脉的中膜发生急性坏死和引起玻璃样变。该病变的发病机理一般认为是血管内皮屏障受到损伤，导致血管内膜通透性增高，血浆蛋白渗入中膜。另一方面，由于血管内皮受损，引起中膜营养不良，导致中膜的平滑肌纤维发生变性。

(3)纤维结缔组织玻璃样变：常见于慢性炎症、瘢痕组织、包囊、纤维化的肾小球、动脉粥样硬化的纤维性瘢块、增厚的器官被膜和硬性纤维瘤等。眼观发生玻璃样变的结缔组织为灰白半透明，质地坚实，缺乏弹性。光镜下可见结缔组织中纤维细胞明显减少，胶原纤维增粗融合成为均质无结构红染的梁状、带状或片状结构。其发生机理尚不甚清楚，有人认为在纤维瘢痕老化过程中，原胶原蛋白分子之间的交联增多，胶原原纤维也相互融合，其间并有较多的糖蛋白积聚，形成所谓玻璃样物质；也有人认为可能由于缺氧、炎症等原因，造成局部 pH 或温度升高，致使原胶原蛋白分子变性成明胶并相互融合所致。

结局和对机体的影响：轻度的透明变性可以吸收，组织可以恢复，如肾小管上皮细胞的玻璃滴状物可通过溶酶体酶的溶解而消失；但变性严重时，不能被完全吸收，变性组织易发生钙盐沉积，引起组织硬化。小动脉发生玻璃样变时，管壁增厚变硬，管腔变狭窄或完全闭塞，可导致局部组织缺血和坏死，如猪瘟脾脏的贫血性梗死。如果血管硬化发生在一些生命重要器官（如脑和心脏），则可造成严重的后果。

4.淀粉样变性　淀粉样变性也称淀粉样物质沉积症，简称淀粉样变。是指在某些组织的网状纤维、血管壁基底膜下或间质内出现淀粉样物质沉着的一种病变。淀粉样物质化学性质上属糖蛋白，不是淀粉，由于具有遇碘时被染成棕褐色，再滴加 1%硫酸溶液后则呈紫蓝色，故传统称之为淀粉样物质。

(1)病理变化：淀粉样变性多发生于肝、脾、肾和淋巴结等器官。

①肝淀粉样变性：眼观肝脏肿大，呈灰黄或棕黄色，质脆易碎，常见有出血斑点，切面结构模糊似橡皮样。镜下可见淀粉样物质主要沉着在肝细胞索和窦状隙之间的网状纤维上，形成粗细不等的粉红色均质的条索或毛刷状。严重时，肝细胞受压萎缩甚至整个肝小叶全部被淀粉样物质取代，残存少数变性或坏死的肝细胞。

②脾脏淀粉样变性：可呈局灶型和弥漫型。前者淀粉样物质沉着于淋巴滤泡的周边部分、中央动脉壁的平滑肌和外膜之间及红髓的细胞间，其中以淋巴滤泡周边的量最多。弥漫型淀粉样物质大量弥漫地沉着于脾髓细胞之间和网状纤维上，呈不规则形的团块或条索，淀粉样物质沉着部的淋巴组织萎缩消失。眼观脾脏体积增大，质地稍硬，切面干燥。

③肾脏淀粉样变性：眼观肾脏体积增大，色泽变黄，表面光滑，被膜易剥离、质脆、不易察觉淀粉样变。镜下可见淀粉样物质主要沉着在肾小球毛细血管基膜上，

在毛细血管的管壁间出现淀粉样物质。有时肾小球囊腔基膜和肾小管基膜上也有沉着。

④淋巴结淀粉样变性：眼观淋巴结肿大，呈灰黄色，质地较坚实，易碎裂，切面呈油脂样。镜下可见淀粉样物质沉着于淋巴结滤泡和淋巴窦的网状纤维上。

(2)结局和对机体的影响：淀粉样变在初期是可以恢复的，但淀粉样变是一个进行性过程，单核巨噬细胞系统不能有效地将淀粉样物质清除掉。当肾小球淀粉样变时，可使血浆蛋白大量外漏，最终造成肾小球闭塞而滤过减少，引起尿毒症。肝脏发生淀粉样变时，可引起肝功能下降，严重时可引起肝破裂。

5. 黏液样变性　黏液样变性又称黏液样变。是指组织间质内发生黏液物质(黏多糖和黏蛋白)蓄积的一种病理变化。

(1)病理变化：眼观黏膜表面覆盖大量混浊、黏稠、灰白或灰黄色黏液。结缔组织发生黏液样变性时，失去原来的组织结构，变成透明、黏稠的同质化的黏液样物质。镜下观察上皮性黏液变性可见黏膜上皮的杯状细胞显著增多，上皮细胞胞浆内含有很多黏液小滴。随着黏液物质的不断增多，细胞体积逐渐增大，胞核和胞浆被挤向细胞的基底部，最后细胞破裂，黏液从细胞内排出并游离于黏膜表面。黏液物质中混有大量变性、坏死、脱落的上皮细胞、细胞核碎裂屑及渗出的白细胞等。结缔组织发生黏液样变性时，可见结缔组织纤维溶解，间质变疏松，充以大量染成淡蓝色的胶状液体，其中散在一些多角形、星芒状细胞，并以突起互相连缀，与间叶组织的黏液瘤很相似，所以，又称结缔组织黏液样变性为黏液瘤样变性。

(2)结局和对机体的影响：黏液样变性是可复性过程，在病因消除后，组织结构可以恢复正常，黏膜上皮可通过再生进行修复。结缔组织发生黏液样变性时，则可能引起纤维组织增生，从而导致组织硬化。

6. 纤维素样变性　纤维素样变性又称纤维蛋白样变性，是发生于间质胶原纤维及小血管管壁的一种病理变化。其病变特点是变性部位的组织结构破坏，变为形态和染色性与纤维素相似的物质，故称此改变为纤维素样变性。其实是组织坏死的一种表现，因而也称为纤维素样坏死或纤维蛋白样坏死。

7. 糖原浸润和糖原贮积症　糖原浸润是指细胞的胞浆内有大量糖原蓄积。而与糖代谢有关的某种酶发生遗传性缺乏或缺损时可使糖原蓄积于肝、心肌、横纹肌和肾等部位，称为糖原贮积症。

糖原浸润组织一般无眼观变化，光镜下观察细胞浆中有透明空泡。

糖原贮积症又称遗传性糖原病，是由于碳水化合物代谢酶的缺乏或缺损所引起的遗传性疾病。糖原或其他分支的多糖积聚，使细胞产生大量泡沫状细胞浆。神经元、肝细胞、肾细胞和白细胞特别容易发生，通常可引起临床疾病。

8. 脂质沉着和脂质贮能症 脂质沉着是脂质在细胞胞浆内大量蓄积。沉着的脂质不是中性脂肪而是各种类脂，如糖脂，磷脂，胆固醇酯等。脂质贮积症是由于脂质代谢的某种酶发生遗传性缺乏或缺损造成脂质代谢障碍而沉积在某些脏器或单核吞噬细胞中，故又称为遗传性脂质沉积症。易感细胞多见于脑神经细胞、单核吞噬细胞系统的细胞，也可见于其他实质细胞和上皮细胞。受损的细胞呈泡沫状。

9. 病理性色素沉着 组织中的有色物质称为色素。某些正常组织中就含有色素，如眼球虹膜的黑色素等。组织中色素增多或原来不含色素的组织中有色素的异常沉着称为病理性色素沉着。沉着的色素可来源于机体自身，称为内源性色素，如含铁血黄素、胆红素、卟啉、黑色素、脂褐素；有的则从外界进入体内，称为外源性色素，如炭末、铁末、硅末、铅末以及其他无机和有机的有色物质等。

10. 病理性钙化 正常动物体内只有骨和牙齿含有固态的钙盐，如果在骨和牙齿以外的组织内有固态钙盐沉积称为病理性钙化。沉积的钙盐主要是磷酸钙，其次为碳酸钙。病理性钙化可分为营养不良性钙化和转移性钙化两种类型。前者是继发于局部变性、坏死组织和物理产物的异常钙盐沉积。这种钙化并无血钙含量升高，即没有全身性钙磷代谢障碍，而仅是钙盐在局部组织的析出和沉积。后者是由于全身性钙盐代谢障碍，血钙和（或）血磷升高，使钙盐在机体多处健康组织上沉积所致。

病理性钙化的结局和对机体的影响，视其具体情况而定。少量的钙化物，有时可被溶解吸收，如小鼻疽结节和寄生虫结节的钙化。若钙化灶较大或钙化物较稳定时，则难完全溶解吸收。

一般来说，营养不良性钙化是机体的一种防御适应性反应，可能有不利和有利两方面的影响，如结核病灶的钙化则有可能使其中的结核菌逐渐失去活力，促进病灶愈合，减少复发的危险。然后结核菌在钙化灶中经常可以继续存活很长时间，一旦机体抵抗能力下降，则有可能引起复发。但钙化严重时易造成组织器官硬化，机能降低。转移性钙化常给机体带来不良的影响。如血管壁的硬化，能使血管壁弹性减弱变脆，影响血流甚至导致血管破裂出血。

11. 尿酸盐沉着 尿酸盐沉着即痛风，是指体内嘌呤代谢障碍，血液中尿酸增高，伴有尿酸盐结晶沉着在某些器官组织而引起的疾病。痛风可发生于人及多种动物，但以家禽尤其是鸡最为多见。尿酸盐结晶易于沉着在关节间隙、腱鞘、软骨、肾脏、输尿管及内脏器官的浆膜上。而根据该病可分为原发性和继发性两种，原发性痛风又称特发性痛风，是先天性嘌呤代谢障碍（尿酸生成过多）或肾小管分泌尿酸的遗传性缺陷所致。继发性痛风则是以核酸分解增多或肾脏的获得性缺陷为特征的疾病。上述表现均可单独或联合存在。

(1)发病原因和病理变化:痛风的发生原因和机理很复杂,还不完全清楚。一般认为蛋白质特别是核蛋白的摄入过多、肾脏的损害及饲养管理不良等因素可诱发痛风的发生。

根据尿酸盐在体内沉着的部位不同,痛风可分为内脏型和关节型。肉眼观察病变部位有白色粉末样物质沉着。镜下观察可见均质、粉红色、大小不等的痛风结石。在经酒精固定的组织切片上,可见针尖或棱形尿酸盐结晶,局部组织细胞变性、坏死,其周围与巨噬细胞和炎性细胞浸润,时间久者有结缔组织增生。

(2)结局和对机体的影响:轻度尿酸盐沉着可因病原的改善而逐渐消失,但尿酸盐大量沉着常常可引起永久性病变并可导致严重的后果,如关节痛风带来的运动障碍;肾脏的尿酸盐沉着引起慢性肾炎,或因急性肾机能衰竭而导致死亡。

(二)坏死

坏死是指活体局部组织、细胞的病理性死亡。坏死组织和细胞的物质代谢停止,功能丧失,形态结构明显破坏,是一种不可逆的病理损伤。坏死可由强烈致病因子(如强酸、强碱)作用而迅速发生,但大多数坏死是由各种变性逐渐发展而来,是一个由量变到质变的渐进过程,故称为渐进性坏死。一般组织细胞在死亡后数分钟内,胞浆内的溶酶体释放出水解酶,很快分解胞内物质,包括各种细胞器及其他膜系统,这种细胞的自身消化过程称为自溶,发生急性坏死时,初期是看不到坏死细胞的形态改变,往往要在自溶过程出现后才能看到。

根据坏死组织的病变特点和机制,坏死可分为以下几种类型:

1.凝固性坏死　又称为干性坏死,是指坏死组织由于水分减少和蛋白质凝固而变成灰白或黄白、干燥无光泽的凝固状。肉眼观察凝固性坏死组织肿胀,质地坚实干燥而无光泽,坏死区界限清晰,呈灰白或黄白色,周围常有暗红色的充血和出血。镜下坏死组织仍保持原来的结构轮廓,但实质细胞的精细结构已消失,胞核完全崩解消失,或有部分核碎片残留,胞浆崩解融合为一片淡红色均质无结构的颗粒状物质。凝固性坏死常见有贫血性梗死、干酪样坏死、蜡样坏死。

2.液化性坏死　又称为湿性坏死,是指坏死组织由于酶分解而变为液态常见于富含脂质(如脑)和蛋白分解酶(如胰腺、胃肠道)的组织。

3.脂肪坏死　主要有酶解性脂肪坏死和外伤性脂肪坏死两种。前者常见于胰腺炎或胰腺导管损伤时,此时胰腺组织受损,胰酶外逸并被激活,引起胰腺自身及其周围器官的脂肪组织分解为甘油与脂肪酸,前者可被吸收,后者与组织中的钙结合形成不溶性的钙皂,常呈灰白色斑点或斑块。外伤性脂肪坏死是因外伤引起脂肪细胞破裂,脂肪外溢,引起巨噬细胞和异物巨细胞吞噬脂质反应,局部形成肿块。

4.坏疽　是指继发有腐败菌感染和其他因素影响的大块坏死而呈现灰褐色或

黑色等特殊形态改变。主要是血红蛋白分解产生的铁与组织蛋白分解产生的硫化氢结合成硫化铁，使坏死组织呈黑色。坏疽可分为干性坏疽、湿性坏疽和气性坏疽。

(1)发病原因及机理：在疾病过程中，任何致病因素只要达到一定强度或持续一定的时间，都能引起坏死。常见的原因有：

①缺氧：主要作用于细胞的有氧呼吸，影响氧化磷酸化造成 ATP 合成障碍，引起细胞坏死。

②生物性因素：各种病原微生物及其毒素，可破坏细胞内酶系统，影响细胞代谢过程和膜系统，或通过变态反应引起组织细胞的坏死。

③免疫反应：免疫系统在机体防御生物性致病因素中起极重要的作用，但异常免疫反应也能引起细胞的损伤和坏死。

④化学性因素：强酸、强碱及其他有毒化合物均可引起坏死。可直接损伤组织细胞，使蛋白质变性，破坏细胞内酶的活性而引起组织坏死。

⑤物理性因素：机械性、温度和射线等可直接损伤细胞引起坏死，机械力的直接作用可引起组织断裂和细胞破裂；高温可使细胞内蛋白质变性凝固；低温可使细胞内水分结冰，破坏细胞浆的胶体结构和酶活性；放射线能破坏细胞的 DNA 及有关的酶系统，导致细胞坏死。

⑥神经营养因素：当神经系统发生损伤时，相应部位的组织细胞因缺乏神经的兴奋性冲动而引起细胞萎缩、变性和坏死。

(2)病理变化：细胞损伤过程中的可复性改变与不可复性改变之间并无截然的界限。在光镜下，通常要在细胞死亡后数小时至 30 h 以上才能辨别。

①细胞核的变化：细胞核的改变是细胞坏死的主要形态学标志，胞核一般依序表现为核浓缩、核碎裂和核溶解。

②细胞浆的变化：坏死细胞浆内常可见蛋白颗粒、脂滴和空泡。

③间质的变化：坏死时细胞间质的基质发生解聚，纤维成分(胶原纤维、弹力纤维和网状纤维)肿胀、崩解、断裂和液化，失去纤维结构。

(3)结局及其对机体的影响：坏死组织作为机体内的异物，和其他异物一样刺激机体发生防御性反应，机体对坏死组织通过多种方式加以处理和消除。如反应性炎症、溶解吸收、腐离脱落、机化和包囊形成以及钙化。

坏死对机体的影响取决于其发生部位和范围大小，如心、脑等重要器官的坏死，常导致动物死亡，而坏死范围越大则对机体的影响也增大。一般器官的小范围坏死通常可通过相应健康组织的机能代偿而不致产生严重影响。坏死组织中有毒分解产物大量吸收后可导致机体自身中毒。

(三)代偿

代偿是指机体在致病因素作用下,某些器官的结构遭到破坏并出现功能及代谢障碍,机体通过神经体液调节,利用原组织器官的正常部分或别的组织器官的代谢改变、功能加强或形态结构变化使受损组织得到代替补偿的过程。它是机体在进化过程中,受环境条件长期作用而逐渐形成和发展起来的一种重要抗病能力,是机体重要的适应性反应。代偿通常有代谢性代偿、功能性代偿和结构性代偿三种形式,分别通过物质代谢的改变,功能活动的增强及形态结构的改变来实现代偿。

由于中枢神经系统具有完善的调节功能及机体各器官具有强大的贮备力量,因此机体的代偿能力是相当大的。然而如果某器官的功能障碍超过了机体的代偿能力,代偿已不能克服功能障碍所引起的后果,新建立起来的器官间的平衡关系又被打破,出现各种障碍,就发生代偿失调或称失代偿。如心功能不全、呼吸功能不全、肾功能不全等均是失代偿的结果。

代偿作为机体重要的适应性反应,对机体产生有利作用的同时也会产生不利影响,它可掩盖疾病的真相,造成患病动物处于"健康"状态的假象,从而延误疾病的诊断和治疗,使原来不太严重的功能障碍继续发展下去,从而导致代偿失调。

(四)组织和器官的适应

机体在慢性致病因素作用、环境改变、器官损伤或功能变化时,往往通过改变自身的代谢、功能和结构来加以协调,满足致病因素或环境改变等的需要,此过程称为适应。适应在形态上可表现为萎缩、肥大、增生和化生。

1. 萎缩　已发育成熟的器官、组织或细胞发生体积缩小的过程,称为萎缩。器官、组织的萎缩通常是由实质细胞体积缩小或数目减少所致。

组织和器官发生萎缩的原因不尽相同。根据病因,可将萎缩分为生理性萎缩和病理性萎缩。前者是在生理情况下,动物体的许多组织和器官随着机体的生长发育到一定阶段时逐渐萎缩的现象。如老龄动物的动脉导管和脐带血管的退化、动物性成熟后胸腺、法氏囊的退化。而病理性萎缩是指组织、器官受某些致病因素作用而发生的萎缩,它与机体的生理代谢和年龄无直接关系。

根据萎缩波及的范围,病理性萎缩可分为全身性萎缩和局部性萎缩。在某些致病因子作用下,动物机体发生全身性物质代谢障碍,以致全身各组织器官普遍发生萎缩。全身性萎缩是畜禽常发生的一种病理过程,多见于长期营养不良、维生素缺乏和某些慢性消化道疾病所致营养物质吸收障碍(营养不良性萎缩)、长期饲料不足(不全饥饿)和消化道梗阻(饥饿性萎缩)、严重的消耗性疾病(恶病质性萎缩)。局部性萎缩是在某些局部致病因子作用下发生的局部组织和器官的萎缩。如由于器官功能降低或失用后所致的废用性萎缩;组织和器官等长期受压迫而发生的压迫性萎缩；神经受损后导致其所支配的效应器官发生的神经性萎缩；当局部小动脉不全阻塞时，由于血液供应不足，引起相应部位的组织发生的缺血性或血管性萎缩；还有由于内分泌功能紊乱（主要为功能低下）引起相应靶器官的内分泌性萎缩。

（1）病理变化：

①全身性萎缩：机体各组织器官都发生萎缩，但其程度并不完全一致。一般脂肪组织的萎缩发生最早且最严重，其次是肌肉组织，再次是肝、肾、脾、淋巴结、胃、肠等器官；而心、脑、内分泌器官（如肾上腺、垂体、甲状腺等）等生命重要器官则较少或不发生萎缩。萎缩的器官一般表现为体积均匀性缩小，原有形状基本保存，边缘锐薄，被膜增厚皱缩，重量减轻，质地变硬，色泽稍淡或变深。镜下可见萎缩器官的实质细胞体积缩小，胞浆减少，显得致密，染色较深，胞核皱缩浓染，间质增生或相对较多。电镜下可见，萎缩细胞的细胞器数量减少和体积缩小，而自噬体增多。

②局部性萎缩：局部性萎缩的形态变化与全身性萎缩时基本相同，所不同的是，除可看到上述的病变外，还常看到引起萎缩的原始病变。在实质器官，局部实质发生萎缩时，邻近健康的组织可发生代偿性肥大，间质发生增生。

（2）结局和对机体的影响：萎缩是一种可复性病变过程，病因消除之后，萎缩的器官、组织、细胞均可恢复其形态和机能。但病因不能及时消除，病变继续发展，则萎缩的细胞可最后消失。全身性萎缩是伴发于不全饥饿或严重消耗性疾病的一种全身性病理过程，而体内各器官、组织的萎缩又会对原发性疾病产生不良的影响，但其结局主要取决于原发病的发展。局部性萎缩的后果取决于发生的部位和萎缩的程度。如果发生在生命重要器官（如脑），就可引起严重后果；如发生于一般器官，特别是程度较轻时，通常可由健康部分的机能代偿而不产生明显的影响。

2. 肥大　组织、器官因其实质细胞体积增大而使整个组织器官体积增大，称为肥大。肥大在生理及病理情况下均可发生，可分为生理性肥大和病理性肥大两种。

（1）生理性肥大：指机体为适应生理机能需求或受激素刺激所引起的组织器官的肥大。主要表现在肥大的组织器官不仅体积增大，机能增强，而且具有更大的贮备力。如经常锻炼和使役的马，肌腱发达，心肌和骨骼肌的肥大等。

（2）病理性肥大：指在疾病过程中，为了实现某些功能代偿而引起的肥大。又可分为真性肥大和假性肥大。前者是指组织、器官的实质细胞体积增大和数量增多，同时伴有机能增强的一种变化。而假性肥大是指组织、器官因间质增生所发生的肥大，而实质细胞周围受增生间质的压迫而萎缩。假性肥大实际上是一种萎缩过程，它虽然使组织、器官的外形呈体积增大，但其机能却降低。

3. 增生　增生是指实质细胞数量增多并常伴有组织器官体积增大。增生可分为生理性增生和病理性增生两种。前者是指在生理条件下，组织器官由于生理机能增强而发生的增生，如在妊娠后期与泌乳期，由于受雌激素和孕酮的刺激引起的子宫平滑肌和乳腺上皮的增生。病理性增生是指在致病因素作用下引起的组织器官的增生。如过量雌激素刺激引起的子宫内膜的增生。

由于生理性增生和病理性增生主要是受刺激所引起，是为了适应机体需求在机体控制下所发生的一种局部细胞有限分裂增殖现象，所以一旦刺激消除，则增生停止。这与肿瘤性增生存在很大的区别。

4. 化生　为了适应环境变化，一种分化成熟组织转化为同一胚层另一种相似性质的分化成熟组织的过程称为化生。化生主要发生于上皮细胞，也可见于间叶细胞，而且通常只发生于同源性细胞之间，即上皮细胞之间和间叶细胞之间。如上皮细胞不能转化为结缔组织细胞，反之亦然。多种原因都可引起化生，如细胞生活条件的改变、慢性炎症、机械性刺激、激素作用、化学物质作用、维生素A缺乏及肿瘤等。

根据化生的方式可分为直接化生和间接化生两种。

(1)直接化生：是指一种组织不经过细胞的分裂增殖而直接转变为另一种类型的组织。如结缔组织的骨化生，就是通过胶原纤维融合成为类骨基质、纤维细胞直接转变为骨细胞的方式经钙化而形成骨组织。这种方式的化生比较少见。

(2)间接化生：是指一种组织通过新生的幼稚细胞而转变为另一种类型组织的化生。如肾盂、膀胱结石时引起的变移上皮的鳞化；鸡维生素A缺乏所引起的食管腺由单层柱状上皮转变为角化性复层鳞状上皮等均采取这种方式。这种化生比较多见。

一般化生对机体来说既有利又有害。以呼吸道黏膜纤毛柱状上皮的鳞化为例，化生的鳞状上皮一定程度地强化了局部抗御环境因子刺激的能力，但却减弱了黏膜的自净机制和分泌黏液的功能，而且还有可能在此基础上发生鳞状上皮癌。某些化生完全没有适应意义，仅是一种病理表现，如维生素A缺乏引起的支气管黏膜的鳞化。

(五)损伤的修复

当组织细胞出现“耗损”时，机体进行吸收清除，并以实质细胞再生和成纤维结缔组织增生的方式加以修补恢复的过程，称为修复。修复的形式有多种，主要包括再生、纤维性修复、创伤愈合、机化和组织改建等。

1. 再生　再生是指组织器官的一部分遭受损伤后，由损伤部周围的健康组织或细胞分裂、增生来修复损伤组织的过程。机体再生的能力与生物学的种系进化、个体发育和年龄息息相关。一般规律是低等动物组织的再生能力高于高等动物；分化程度低的组织的再生能力强于分化程度高的组织；幼龄动物的再生能力高于成年动物;平时易遭损伤的组织以及在生理条件下经常更新的组织有较强的再生能力。

再生可分为生理性再生与病理性再生。

(1)生理性再生:在生理情况下,有些细胞和组织不断老化凋亡,由新生的同种细胞和组织不断补充,从而保持原有的结构和功能,此称为生理性再生。如表皮的表层角化细胞经常脱落,而表皮的基底细胞不断地增生分化,予以补充。生理性再生可以保持原有组织的构造和功能,属于完全再生。

(2)病理性再生:在病理状态下,细胞和组织缺损后所发生的再生称为病理性再生。病理性再生可以表现为完全再生和不完全再生,前者主要发生于再生能力较强的组织,而且损伤程度较轻的条件下,如皮肤和黏膜上皮的损伤。后者是指缺损的组织不能完全由结构和功能相同的组织修补,而由肉芽组织来代替最后形成瘢痕。主要见于较大范围的组织缺损以及缺乏再生能力的心肌、中枢神经系统损伤。

2.纤维性修复　又称不完全性修复,是指在组织细胞不能进行再生性修复的情况下,由损伤局部的间质新生出的肉芽组织溶解吸收异物并填补缺损,继之肉芽组织逐渐成熟,转变为瘢痕组织,使缺损得到修复。

(1)肉芽组织:指新生的富含毛细血管和成纤维细胞并伴有炎性细胞浸润的幼稚结缔组织。由定义可以看出肉芽组织主要是由幼稚纤维细胞、新生毛细血管、少量的胶原纤维及一定量的炎性细胞等组成。眼观肉芽组织的表面柔软湿润,呈鲜红色,指压易出血而无痛觉,形似嫩肉。镜下观察可见肉芽组织表面常覆盖一层炎性渗出物及坏死组织,最下层往往有一层由纤维细胞、大量胶原纤维和少量小血管构成的成熟纤维结缔组织。肉芽组织位于这两层之间,主要由新生的毛细血管、成纤维细胞和炎性细胞等组成。肉芽组织内不含神经纤维,故无疼痛。

发生在组织器官内部的纤维性修复,往往也是通过肉芽组织增生来吸收和取代坏死、血栓、炎性渗出物等异物,不同的是肉芽组织从四周向异物中心增生推进。

肉芽组织在组织损伤修复过程中可以起到抗感染、填补创口及其他组织缺损、机化或包裹坏死、血栓、炎性渗出物及其他异物。

(2)瘢痕组织:是肉芽组织逐渐纤维化而形成的纤维结缔组织。眼观发现组织局部呈收缩状态,颜色苍白或灰白色半透明、质硬并缺乏弹性。镜下观察可见组织内有大量平行或交错分布的胶原纤维束,呈均质红染,纤维细胞和血管稀少。

瘢痕组织能把损伤的创口或其他缺损长期地填补并连接起来,可保持组织器官的完整性,同时由于瘢痕组织含大量胶原纤维,可使组织器官保持其坚固性。但是有些情况下瘢痕组织对机体不利,如瘢痕收缩,特别是发生于关节附近时,常常引起关节萎缩或活动受限；瘢痕性粘连，特别是在各器官之间或器官与体腔壁之间发生的纤维（瘢痕）性粘连，常常不同程度地影响其功能；器官严重损伤导致广泛纤维化玻璃样变，可引起器官硬化；瘢痕组织增生过度，如果这种肥大性瘢痕突出于皮肤表面并向周围不规则地扩延，则形成瘢痕疙瘩，临床上又常称为“蟹足肿”。

3. 创伤愈合　是指机体遭受外力作用，皮肤等组织出现离断或缺损后，由损伤周围的健康组织进行修复的过程。基本过程以炎症和组织再生为基础，主要以产生肉芽组织来修复创口。

最轻度的创伤仅限于皮肤表皮层，可通过上皮再生愈合；稍重者有皮肤和皮下组织断裂并出现伤口；严重的创伤可有肌肉、肌腱、神经的断裂及骨折。创伤愈合的基本过程可简单概括为伤口止血、创腔净化与炎症反应、伤口收缩、肉芽组织增生、瘢痕形成和表皮及其他组织再生。

根据组织损伤程度及有无感染，创伤愈合可分为以下三种类型。

（1）一期愈合：又称直接愈合，多见于组织损伤少、创缘整齐、无感染的新鲜创，经粘合或缝合后创面对合严密的伤口，例如无菌手术切口。这种伤口中只有少量血凝块，炎症反应轻微，一般创伤后1～2天内表皮再生便可完成。第3天就开始有肉芽组织从伤口边缘长出并很快将伤口填满。5～7天后两侧出现胶原纤维连接，新生的肉芽组织便成为纤维性结缔组织，此时即可拆除逢线。经2～3周后，完全愈合。

（2）二期愈合：又称间接愈合，是开放性创伤的愈合方式。多见于组织缺损较大、创缘不整齐、哆开、无法对合，或伴有感染的伤口，往往需要清创后才能愈合。其愈合过程与一期愈合基本相同。

（3）痂下愈合：指伤口表面的血液、渗出物及坏死组织干燥后形成坚硬的褐色厚痂，在痂下进行直接或间接愈合。待上皮再生完成后，痂皮即脱落。

4. 机化　机体对疾病过程中体内所出现的各种病理产物（如渗出物、组织坏死灶）或异物（如寄生虫及其卵）等不能被炎性细胞吞噬、吸收，而被新生结缔组织清除、取代或包围的过程，称为机化。

（1）纤维素性渗出物的机化：炎症过程中渗出在浆膜面的纤维素性渗出物被机化时，可使浆膜面呈结缔组织性肥厚，有的呈绒毛状或灰白色不透明的斑块状分布于浆膜面上；如果浆膜的壁层与脏层之间充满纤维素性渗出物，机化后可使两层浆膜间出现粘连，甚至闭塞。

（2）坏死组织的机化：组织内的坏死物质与异物等可刺激周围健康组织诱发炎症反应，少量坏死组织或异物可被细胞吞噬和酶作用，溶解、吸收而清除。大量坏死组织可周围有新生的肉芽组织形成纤维性结缔组织进行包裹。

(3)异物的机化:组织内出现异物(如铁钉、弹片、缝线、寄生虫等),则在其周围肉芽组织增生将其包裹。较小的异物可由肉芽组织中的异物性巨细胞,将它吞噬、溶解和吸收。较大而坚硬的异物,则由结缔组织性包裹,使异物和周围组织完全隔离开来。

机化是机体的一种具有适应意义的修复性反应。但是在某些情况下却会给机体带来不利的影响。如纤维素性胸膜肺炎时,由于机化而造成肋胸膜与肺胸膜粘连,可造成持久性的呼吸障碍。

5. 影响修复的因素　受损组织修复的完好程度,不但取决于受损伤组织细胞本身的再生能力,同时也受许多细胞因子及其他因素的调控,如生长因子、细胞外基质等。

损伤的程度及组织的再生能力决定修复的方式、愈合的时间及瘢痕的大小。影响再生修复的因素有全身因素和局部因素两方面。前者主要包括年龄、营养、激素和神经系统的状态等;后者主要有感染与异物、局部血液循环、神经支配、损伤的部位和程度以及电离辐射等。

二、血液循环障碍

健全的血液循环是机体正常新陈代谢的保障,血液循环向全身的组织器官输送氧气和营养物质的同时清除二氧化碳和代谢产物。当心脏、血管系统受到损伤或血容量、血液性状发生改变时,血液运行发生异常,并且引起机体相应部位一系列病理变化的过程,称为血液循环障碍。血液循环障碍是机体各种疾病过程中常伴发的一种病理变化,可引起组织器官的物质代谢紊乱及生理机能障碍,有的以全身表现为主,有的则以局部表现为主。本节主要阐述局部血液循环障碍,其主要表现形式有:充血、缺血、出血、血栓形成、栓塞和梗死。

(一)充血

充血是指局部器官或组织的血管内血液含量增多的现象,可分为动脉性充血和静脉性充血。

1. 动脉性充血　由于小动脉及毛细血管扩张,导致局部组织或器官内含血量的增多的现象称为动脉性充血,简称充血。

(1)原因及分类:凡是能引起细动脉扩张的任何原因,都可引起局部器官和组织充血,主要有机械性、物理性、化学性和生物性等因素等。根据其发生的原因通常可分为生理性充血和病理性充血两种。

①生理性充血:在生理情况下,为适应器官和组织的代谢增强而发生的充血,如进食后的胃肠黏膜充血,剧烈活动或劳役时肌肉组织充血,妊娠时子宫充血等。

②病理性充血:在各种致病因素的作用下发生的充血,如炎症早期或急性炎症发生的充血,组织器官受到摩擦、温热、酸碱等物理或化学因素刺激后充血,贫血后充血,神经性充血,侧支性充血等。

(2)病理变化:充血局部小动脉和毛细血管扩张、温度升高、色泽鲜红、机能增强、充血的组织器官体积稍肿大。由于充血组织色泽鲜红,皮肤和黏膜充血时候常称之为"潮红"。

(3)对机体的影响:一方面,由于充血时血液量的增加和血流速度的加快,局部组织可以得到更多氧、营养物质和抗体等,同时清除病理代谢产物的速度都随之加快,所以短时间轻度充血对机体往往是有利的。临床上常用的理疗、热敷以及涂擦刺激剂等疗法均是利用了这一原理,从而达到治疗疾病的目的。另一方面,严重的或持久性的充血可引起局部血管过度扩张或麻痹甚至血管破裂,导致淤血、水肿和出血等不良后果,如果充血发生在脑部,常可引起颅内压升高而使动物出现神经机能障碍,昏迷甚至死亡。

2. 静脉性充血　局部器官或组织由于静脉血液回流受阻,血液淤积在小静脉及毛细血管中,导致局部器官或组织含血量增多的现象称为静脉性充血,简称淤血。

(1)原因及分类:根据淤血的发生原因可分为局部性淤血和全身性淤血两种。局部性淤血常因为静脉受压而管腔闭塞或变窄,或者由于静脉内发生血栓、栓塞或因静脉内膜发炎而导致管腔狭窄,使得血液回流受阻形成局部淤血;全身性淤血常发生于心脏机能障碍、胸膜及肺脏疾病时,静脉血液不能充分回到心脏而致使各器官发生淤血。

(2)病理变化:淤血的器官组织呈暗红色或蓝紫色,体积肿大,机能减退,体表淤血时皮温降低。显微镜下观察,淤血区小静脉和毛细血管扩张,充满红细胞,有时可伴有水肿,严重时可见有淤血性出血。若淤血发生在可视黏膜,淤血组织呈暗红色甚至蓝紫色,称为发绀。现将临床剖检时常见组织器官淤血病理变化分述如下:

①肺淤血:肺淤血多见于左心衰竭,剖检可见肺脏体积肿大,边缘钝圆,被膜紧张光滑,呈暗红色或紫红色,质地变实,挤压时可从切面血管断端流出暗红色不易凝固的血液。显微镜下观察,可见肺泡壁增厚,毛细血管和小静脉高度扩张充满红细胞,肺泡腔内水肿液、红细胞及巨噬细胞浸润。在慢性肺淤血时,可见肺泡腔有吞噬了红细胞或含铁血黄素的巨噬细胞,由于这种巨噬细胞多在心脏衰竭时出现,因此又称为心力衰竭细胞。长期肺淤血时,间质结缔组织增生,常伴有大量含铁血黄素在肺泡腔和肺间质沉积,使肺组织呈棕褐色,称为肺褐色硬化。

②肝淤血：多见于右心衰竭，剖检时可见肝体积肿大，被膜紧张，边缘钝圆，重量增加，质度变软，呈暗紫红色，肝组织切面上暗红色的淤血区和黄色的脂肪变性区互相交错，形成状似中药槟榔断面的斑纹，故有"槟榔肝"之称。显微镜下，肝小叶中心部的窦状隙和中央静脉扩张，充满红细胞，肝小叶中央区肝细胞萎缩或消失，周边区的肝细胞发生脂肪变性。

(3)结局和对机体的影响：淤血对机体的影响取决于淤血的范围、淤血的器官、淤血的程度、淤血发生的速度以及能否建立有效的侧支循环。一般短时间的轻度淤血，原因消除后，即可完全恢复。如发生长时间严重淤血，侧支循环没有很好建立的情况下，就会引起淤血组织水肿、出血实质细胞发生萎缩、变性和坏死，间质结缔组织增生和纤维化。此外，淤血的组织器官由于代谢和机能活动减退，抵抗力降低，容易继发感染，发生炎症和坏死。

(二)出血

血液流出血管或心脏之外，称为出血。血液流出体外，称为外出血；血液流入组织间隙或体腔内称为内出血。

1.原因及分类　根据血管破损的不同，可分为破裂性出血和渗出性出血两种类型。

(1)破裂性出血：是由血管破裂而引起的出血，常见于外伤、炎症和肿瘤的侵蚀，或在血管发生动脉瘤、动脉硬化、静脉曲张等病变的基础上、血压突然升高，导致血管破裂。

(2)渗出性出血：只发生于毛细血管、微动脉和微静脉，引起渗出性出血的常见原因有淤血和缺氧、急性炎症性疾病和急性热性传染病、化学及物理性损伤等。

2.病理变化　外出血主要特征是血液流出体外，例如外伤出血、呕血或吐血、便血、咳血、尿血、血便。内出血主要特征是血液蓄积于体腔或组织间隙，如胸腔积血、心包积血、皮下血肿等。由于渗出性出血的原因和部位不同，常见病变形态包括点状出血、斑状出血和出血性浸润。

3.对机体的影响　出血对机体的影响，可因出血发生的原因、出血量、时间、部位不同而异。少量短时间的出血，又发生于非生命重要器官，对机体影响不大。但皮肤、黏膜、浆膜及实质器官的点状和斑状出血，虽然出血量不多，却表明有败血症或毒血症，提示疾病的严重性。如果出血发生于脑、心脏，即使是少量出血也会造成严重后果。长期持续的少量出血，可导致全身性贫血。在发生急性大失血时，如失血量达总血量的1/3以上，机体将难以代偿适应，可发生失血性休克而危及生命。

(三)血栓形成

在活体的心脏或血管内，血液成分析出、发生凝集或凝固的过程，称为血栓形成，所形成的固体物质称为血栓。

1.原因　血液中存在凝血系统和抗凝血系统，在生理状态下，血液中凝血系统和纤维蛋白溶解系统的动态平衡保证了血液的流动状态。当在某些致病因素的作用下这种平衡被打破，凝血系统在心血管内被不适当地激活，则造成血栓形成。

2.血栓形成的条件和机制

(1)心血管内膜的损伤：血管内膜损伤，内皮细胞变性坏死脱落，内皮下的胶原纤维裸露，血小板易于黏附在粗糙的胶原纤维上，同时裸露的胶原纤维激活Ⅻ因子以及损伤的内皮细胞释出组织因子，启动了内源性和外源性凝血过程，从而引起血液凝固，导致血栓形成。引起心血管内皮损伤的原因有细菌、立克次体、病毒感染、内毒素、酸中毒、免疫复合物、理化因素等。临床上血栓形成多见于静脉内膜炎、结节性动脉炎、动脉粥样硬化斑块或其溃疡处、风湿性和感染性心内膜炎时的心瓣膜、心肌梗死灶的心内膜面等。

(2)血流状态的改变：主要指血流缓慢，停滞或形成漩涡等，这是静脉血栓形成的重要原因。血液正常流动时，血液中的血小板和血细胞位于血流的中央部形成轴流，血浆在周边部形成边流，这样血小板不易和血管内膜接触。但当血流缓慢或出现漩涡时，轴流与边流的界限消失，血小板逐渐地析出而进入边流增加了和血管内膜接触的机会，同时凝血因子也容易在局部堆积和活化而加速血栓的形成。此外，血流缓慢还可使已形成的血栓容易固着在血管壁上而不断地扩大。

(3)血液凝固性增高：血液凝固性增高是指血液中血小板和凝血因子增多，或纤溶系统的活性降低，导致血液的高凝状态。在严重创伤，大手术后或产后等大失血时，血中补充大量幼稚的血小板，这种血小板黏性大，易于黏集，大失血时纤维蛋白原、凝血酶原及其他凝血因子(Ⅵ、Ⅶ)的含量也增多，加之血液浓缩，故易形成血栓。某些肿瘤(如肺、肾、胰腺等处的癌肿)，可因该处的组织严重破坏，大量的组织因子释放入血进而激活外源性凝血系统而发生多发性静脉血栓的形成。

上述血栓形成的三个基本条件，在每一血栓形成过程中常同时存在并相互影响，但在血栓形成的不同阶段，也可以是某一条件起主要作用。

3.血栓的形态特征　根据血栓形成过程和形态特点，可将其分为以下四种类型。

(1)白色血栓：为血栓的头部，主要由血小板、白细胞和不同数量的纤维蛋白组成。通常见于心脏和动脉系统。眼观血栓呈灰白色，质地较坚实。白色血栓的形态常随发生的部位不同而异，例如，在心瓣膜上的常为疣状；在动脉内膜上的多呈块状、球状或小结节状。

(2)混合血栓:它是继白色血栓之后而形成的,构成血栓体部,多见于静脉,主要由血小板梁、纤维蛋白网和多量红细胞构成。眼观,血栓红白相间,表面干燥;经时较久者,由于血栓内的纤维蛋白发生收缩而使表面呈波纹状。

(3)红色血栓:为血栓的尾部,主要由红细胞和纤维蛋白组成,也多见于静脉。眼观呈红色,故称红色血栓。新鲜的红色血栓较湿润,并有一定的弹性,与血凝块无异。经一定时间后,由于水分被吸收而失去弹性,变得干燥易碎,并容易脱落而造成血栓栓塞。

(4)透明血栓:发生于全身微循环小血管内,只能在显微镜下见到,故又称微血栓。主要由纤维蛋白构成。在一些败血性疾病、中毒、休克以及弥散性血管内凝血等病程中均可见到。

4. 血栓的结局

(1)软化、溶解、吸收:较小的血栓在纤维蛋白溶解酶和蛋白水解酶的作用下可被完全软化、溶解,进而被吸收。较大的血栓在软化过程中可部分地发生脱落,形成栓子,随血液流动而阻塞相应的血管,造成栓塞。

(2)机化与再通:不易被溶解吸收的较大血栓,形成肉芽组织,血栓被肉芽组织吸收替代的过程,称为血栓机化。血栓在机化过程中,由于血栓的收缩,使其与血管壁之间出现裂隙,由新生的内皮细胞被覆于表面形成新的血管,并彼此吻合沟通,使已被阻塞的血管部分地恢复血流的过程,称为血栓的再通。

(3)钙化:没有完全软化或机化的血栓,可被钙盐逐渐沉着而发生钙化,使血栓形成质硬如石的物质,称为动脉石或静脉石。

5. 对机体的影响 血栓形成在一定条件下对机体具有积极的防御意义,能对破裂的血管起堵塞裂口和阻止出血的作用。如小血管破裂处形成血栓,可起到及时止血的作用;炎灶周围小血管内的血栓形成,有防止病原菌蔓延扩散的作用等。但在多数情况下血栓形成对机体不利的影响较大,其危害程度取决于血栓的大小,血栓形成的部位和形成的速度。在动脉血栓形成后会阻塞血管,引起组织器官缺血、梗死;静脉血栓形成后,若未建立有效的侧支循环,则引起局部组织淤血、水肿、出血,甚至坏死;血栓在软化过程中,部分脱落成为栓子,随血流运行,引起栓塞。

(四)栓塞

栓塞是指活体心血管内的异常物质,随血液流动阻塞某处管腔的过程,造成栓塞的异物称为栓子。栓子可以是固体、液体或气体,常见的栓子有脱落的血栓、空气、脂肪、瘤细胞、细菌团块和寄生虫等。

(1)血栓性栓塞:由血栓或血栓的一部分脱落引起的栓塞称为血栓栓塞,是栓塞中最为常见的一种,约占栓塞的99%。

①肺动脉栓塞:体静脉和右心的血栓性栓子,可导致不同的肺动脉分支的栓塞。肺动脉栓塞的后果取决于栓子的大小、数量和心肺功能状况。肺具有肺动脉和支气管动脉双重血液供应,一般情况下肺动脉小分支的栓塞不会引起明显的后果。若栓塞前已有左心衰竭和肺淤血,此时肺静脉压明显升高,单一支气管动脉不能克服其阻力而供血,因此造成肺组织缺血而发生出血性梗死。若栓子巨大,栓塞在肺动脉主干或其大分支内,或肺动脉分支有广泛的栓塞时,则可造成机体突然发生呼吸困难、发绀、休克甚至突然死亡。

②体循环动脉栓塞:栓子大多来自左心的血栓,少数来自动脉粥样硬化和动脉瘤内膜表面的血栓。这种栓塞多发生于肝、脾、肾、脑和后肢等处,当栓塞的动脉缺乏有效的侧支循环时常发生栓塞,但如果发生于肝脏和肠管等器官的某些血管,因其吻合枝较多故很少发生梗死。心、脑等重要器官的栓塞,即使小范围内的也常可危及生命。

(2)空气性栓塞:当空气和其他气体进入血流,在循环血液中形成气泡并阻塞血管时,称为空气性栓塞。多见于大静脉破损时,由于静脉的破裂口处于负压状态,外界空气容易经损伤的血管而入血。一般迅速进入血液的气体在100 mL左右,即可导致心力衰竭。少量气体入血,可溶解在血液内,不致引起严重后果。

(3)脂肪性栓塞:当脂肪滴进入血流并阻塞血管时,称为脂肪性栓塞。多见于长骨骨折、严重脂肪组织挫伤或脂肪肝受挤压伤时,脂肪细胞破裂,游离出的脂滴经破裂的小静脉进入血流。脂肪栓塞主要影响肺和神经系统。若进入肺内脂滴量多,广泛阻塞肺微血管。肺动脉脂肪栓塞常常觉察不到,只有当肺毛细血管堵塞达2/3以上时才显现,可引起肺功能不全并多以死亡告终。

(4)组织性栓塞:是指组织碎片或细胞团块进入血流而引起的栓塞。当发生组织外伤、坏死和恶性肿瘤时,脱落的组织碎片或细胞团块进入血流引起组织性栓塞。瘤细胞性栓塞还可导致肿瘤转移。

(5)细菌性栓塞:在某些感染性病变如:脓毒败血症时,病变组织中的细菌集落;细菌性心内膜炎时瓣膜上含菌的赘生物脱落等,除可引起栓塞外,还可造成细菌感染的扩散,甚至引起脓毒败血症。

(6)寄生虫性栓塞:当某些寄生虫虫体或虫卵进入血流时,可引起寄生虫性栓塞,如血吸虫病高发区的牛和羊等动物经常发生血吸虫栓塞;棘球虫和蛔虫的幼虫栓塞经常发生于肺小动脉。

（五）梗死

由于动脉血流供应中断，侧支循环不能代偿，而引起局部组织缺血性坏死，称为梗死，此坏死过程称之为梗死形成。

1. 原因　任何可以引起血管腔闭塞并导致局部缺血的原因都可以导致梗死。动脉血栓形成和动脉栓塞，血管受到机械性压迫或者是各种原因（低温、化学物质和创伤）所致的动脉持续痉挛均可能导致血管堵塞，最终形成局部组织梗死。

2. 类型与病理变化　根据梗死灶的性质和特点，可将之分为贫血性梗死、出血性梗死和败血性梗死。

（1）贫血性梗死：贫血性梗死常发生于结构致密、侧支循环不丰富的器官组织，如心、肾、脑等。这种梗死由于局部组织因缺血诱发，梗死灶呈灰白色或黄白色，故又称为白色梗死。梗死灶的形态与阻塞血管所分布的区域相一致。如肾脏的贫血性梗死灶多呈锥体形，其锥底为肾表面，锥尖指向血管堵塞的部位，心肌和肠道的梗死灶形状不规则，脑组织梗死多呈液化性坏死。梗死灶一般微突于器官表面，干燥、硬固，周围由于充血和炎性细胞浸润而形成炎性反应带。病程稍久后，因梗死组织被逐渐吸收和机化，使局部组织凹陷。显微镜下观察，梗死组织的实质细胞肿胀，胞浆呈颗粒状，胞核崩解消失，但组织轮廓尚能辨认。

（2）出血性梗死：出血性梗死多见于组织结构疏松、富有血管吻合枝的组织器官，如肺、脾、肠管等。梗死灶呈暗红色，故又称为红色梗死。可见梗死区肿大，硬固，切面湿润，与周围组织界限清楚。显微镜下观察，梗死组织结构模糊，弥散着大量红细胞，组织细胞坏死崩解，血管扩张充满血液。

（3）败血性梗死：梗死灶如果同时伴有细菌感染，则称之为败血性梗死。此类梗死多由细菌性栓塞阻塞血管所致，常发生于肺脏内，并常发展成为多发性化脓灶（脓肿）。

3. 结局和对机体的影响　梗死的结局和对机体的影响主要与其发生部位、范围大小、有无病原微生物感染有关。发生在一般器官的小梗死灶，可以发生自溶、软化而被吸收；稍大的梗死灶可由新生的结缔组织取代形成疤痕或发生钙化。发生心、脑等重要器官的梗死，无论大小都可能引起严重的机能障碍，甚至造成动物死亡。如果梗死灶内有病原菌感染，无论梗死灶的大小和发生部位，都可能发生化脓或腐败溶解。

三、炎症

炎症是动物疾病中最常见的基本病理过程，是构成疾病的病理基础，例如肺炎、脑炎、肾炎、关节炎等等，都是以炎症过程为基础的疾病，所以常有“十病九炎”

的说法。

炎症是活机体对各种致炎因子及局部损伤所产生的以血管渗出为中心的以防御为主的应答性反应,基本病理变化是局部组织的变质、渗出和增生。临床上,炎症局部可有红、肿、热、痛及功能障碍,并伴有不同程度的全身反应。

炎症是致炎因子对机体的损伤与抗损伤反应的矛盾斗争过程。一般来说,炎症过程中的变质、代谢障碍、血流停滞、发炎器官和组织的机能障碍,都属于不利于机体的损伤性反应;而充血、代谢增强、渗出、白细胞的吞噬作用、发热、外周血液中白细胞增多、抗体生成增强等在本质上是属于机体抗损伤的防御性反应。在一定条件下两者可以互相转化。局部炎症反应的同时,常有不同程度的全身反应,局部与整体的反应是密切相关的。

(一)炎症的原因

任何能够引起组织损伤并诱发炎症反应的外源性和内源性因素均称为致炎因子。当这些致炎因子达到一定的强度时,机体的防御能力又不足以抵抗时,均可引起炎症反应。致炎因子种类繁多,可归纳为以下几类:

1.生物性因素　最为常见且最为重要的因素,主要包括细菌、病毒、支原体、真菌、立克次体、螺旋体和寄生虫等,尤以细菌、病毒最为常见。

2.机体免疫反应　各种类型的变态反应以及免疫复合物沉着等均可导致炎症的发生。

3.化学性因素　外源性化学物质(如强酸、强碱等腐蚀性物质及松节油、芥子气等)和内源性化学毒性物质(如尿素、胆酸盐、尿酸等)可直接引起炎症反应或造成组织损伤后引发炎症反应。

4.物理性因素　低温、高温、射线、机械性创伤(切割、撞击、挤压)等均可引起炎症反应。

5.病理产物　某些病理产物如坏死组织、出血、血栓形成,癌组织分解产物等也可导致炎症的发生。

6.分泌物、排泄物或内容物　某些正常的分泌物、排泄物或内容物进入异位组织,也可诱发炎症反应。

(二)炎症局部的临床表现和全身反应

1.炎症局部的临床表现　炎症局部的临床表现包括红、肿、热、痛和机能障碍五大症状。这些症状在急性体表炎症时较明显,而内脏炎症和慢性炎症则多不明显。

(1)红:是由于炎症局部血管扩张,病灶内充血所致。最初由于动脉充血,局部氧合血红蛋白增多,故呈鲜红色。后期随着炎症的发展,由动脉充血转为为静脉淤血，血流缓慢，甚至停滞，氧合血红蛋白减少，还原血红蛋白增多，局部组织变为暗红色。

(2)肿：主要是由于局部血管扩张充血，炎性渗出物聚积，特别是炎性水肿所致。慢性炎症时局部肿胀，主要是由于局部组织增生所致。

(3)热：体表炎症时，炎症灶的温度较周围组织的温度高，这是由局部动脉性充血，血流量增多，血流加快，组织分解代谢增强和产热增强所致。但内脏器官发炎时，发炎组织的温度与正常组织温度相比，则无明显变化。

(4)痛：炎症时局部疼痛与多种因素有关。炎症局部分解代谢增强，钾离子、氢离子积聚刺激神经末梢引起疼痛；炎症渗出引起组织肿胀，张力 升高，压迫或牵拉神经末梢引起疼痛。此外，也可由代谢产物、血管活性胺、缓激肽等炎症介质的刺激而引起疼痛。

(5)机能障碍：炎症时局部组织损伤或结构改变，实质细胞变性坏死，代谢功能异常，炎性渗出拖把所造成的压迫或机械阻塞，都可引起发炎器官的功能障碍。如肝炎引起肝功下降；肾炎导致泌尿功能下降；肺炎导致呼吸功能下降。

2. *炎症的全身反应*　炎症病变主要在局部，但局部病变不是孤立的，它既受整体的影响，同时又影响整体，两者是相互联系和制约的。在比较严重的炎症性疾病，特别是当病原微生物在机体内蔓延、扩散时，常可出现明显的全身反应，炎症时常见的全身反应有以下几种。

(1)发热：炎症反应严重时，因为组织分解产物的吸收，或某些生物性病原因子的作用引起致热原释放，影响体温调节中枢的功能，导致体温升高。一定程度的体温升高，能使机体代谢增强促进抗体形成，增强吞噬细胞的吞噬功能和肝的解毒功能，从而提高机体的防御能力。

(2)血液的变化：炎症时血液最主要变化的是白细胞数目增多。增多的白细胞类型，因所感染病原体的不同而不同。在大多数细菌感染、急性炎症的早期和发生化脓性炎症时，以中性粒细胞为主；在传染性单核细胞增多症、慢性炎症(百日咳)或病毒感染(腮腺炎、风疹)时，常以淋巴细胞增多为主；在过敏性炎症和寄生虫感染时，则以嗜酸性粒细胞增多为主。

(3)单核巨噬细胞系统的变化：许多炎症可引起单核巨噬细胞系统细胞增生和机能亢进，加强机体防御功能。主要表现为淋巴结、脾、肝、骨髓等器官的网状细胞和血窦、淋巴窦的内皮细胞增生，淋巴组织中的 T 淋巴细胞和 B 淋巴细胞也增生，同时释放淋巴因子和分泌抗体的功能增强。单核巨噬细胞系统和淋巴组织的细胞增生是机体防御反应增强的表现。

(4)实质器官的病变：炎症发生严重时，全身的实质器官的实质细胞发生变性坏死，物质代谢障碍，器官功能低下。如心、肝、肾等器官的实质细胞可发生不同程度的变性、坏死和功能障碍。例如肝炎时，肝细胞的变性坏死，鸡白痢和禽霍乱时的肝脏小点坏死，白喉病人的心肌坏死，伤寒病人腹壁肌的蜡样变性，口蹄疫时心肌发生脂肪变性等。

(三)炎症局部的基本病理变化

炎症局部的基本病理变化基本过程均表现为不同程度的组织变质、血管反应即渗出和局部组织的增生性反应。这些病理变化按照一定的顺序先后发生，又常常是综合出现。炎症过程中，核心是血管反应所带来的血浆成分和细胞的渗出变化。一般炎症早期以变质和渗出变化为主，后期以增生为主。

1. 变质　变质是指炎症局部（即炎灶）组织、细胞发生变性至坏死的全过程。在致病因素作用下，或者在局部血流十分缓慢以后，组织、细胞代谢障碍，组织的实质细胞或间质组织就出现变性、坏死。在组织破坏过程中，产生的一些胺或多肽类物质能使小血管扩张或者使血管壁的通透性增高。

2. 渗出　炎症局部血管内的液体和细胞成分，通过血管壁进入组织间隙、体腔、黏膜表面和体表的过程称为渗出。渗出的液体和细胞成分，称为炎性渗出物或渗出液。渗出的全过程包括血管反应和血液流变学改变、血浆成分渗出和白细胞游出三部分。

(1)血管反应及血液流变学改变：局部组织在致炎因子的作用下，通过神经反射，小动脉毛细血管立即发生数秒钟的短暂痉挛，使组织血流减少。在小动脉毛细血管发生数秒钟的短暂痉挛性收缩后，瞬即通过轴突反射使血管运动神经胆碱能神经纤维兴奋，引起血管扩张，血流加快，使流入组织内的血液增多，即炎性充血。随着致炎因子持续作用，炎灶毛细血管出现淤血，导致局部缺氧，血管壁通透性升高，血浆外渗，导致小血管内血液浓缩，红细胞粘集，血液黏稠度增加，进而出现白细胞边集。

(2)血浆成分渗出：由于血管壁通透性升高，微循环血管内的流体静压增加和局部组织渗透压升高，使血液成分透过血管壁进入到炎症局部组织，分为液体渗出和细胞成分渗出。

炎症过程中血管内液体成分通过血管壁进入到血管外的过程称为液体渗出，这种液体渗出物称为渗出液或炎性渗出液。渗出液主要由水、盐类和不同分子量的蛋白质等。渗出液的成分可因致炎因子、炎症部位和血管壁受损伤程度的不同而有所差异。液体成分的渗出首先渗出的是水分子、无机盐，随着血管壁的通透性升高，血浆中各种成分相继渗出，依次为白蛋白→血红蛋白→β球蛋白→γ-球蛋白→α-球蛋白→β-脂蛋白→纤维蛋白原。血管壁受损轻微时，渗出液中主要为水、盐类和分子较小的白蛋白；血管壁受损严重时，分子较大的球蛋白甚至纤维蛋白原也能渗出。渗出的纤维蛋白原在坏死组织释放的组织因子等的作用下，形成纤维蛋白即纤维素。当有纤维蛋白原渗出时，说明毛细血管的通透性已经非常大了。由于上述血浆成分的相继渗出，导致局部组织间隙内液体增多，引起炎性水肿。

渗出液的意义：①渗出液中可带有抗体、补体、溶菌酶和药物，能稀释、抑制和杀灭炎症局部组织内的生物性病原体，中和毒素有害物质，减轻毒素对组织的损伤。②纤维蛋白原在组织中可转化为纤维蛋白，交织成网状结构，网罗病菌，可限制病菌的扩散，有利于炎症的局限化。③渗出液虽可经血管和淋巴管吸收回流，但如液体渗出过多，可压迫周围组织脏器，加剧局部血液循环障碍，引起不良后果。体腔积液过多，可影响器官的功能，如心包腔大量积液可压迫、限制心脏的搏动而造成血液循环障碍。渗出液中如含纤维素过多，不能完全吸收时，可发生机化，造成粘连，给机体带来不利的影响。

(3)白细胞游出：炎症过程中，除了血浆液体成分渗出外，还有各种白细胞的渗(游)出。白细胞穿过血管壁游出到血管外的过程即为白细胞渗出。

炎症时，由于血流缓慢，血液的轴流变宽或消失，白细胞从轴流逐渐进入边流，靠近血管壁，即白细胞边集并黏附于血管壁上，此称为白细胞附壁粘着。随后白细胞伸出伪足穿过血管内皮细胞间隙，依靠它的阿米巴样运动，使整个胞体穿出血管，这一过程即为白细胞游出。游出的白细胞最初围绕在血管周围，以后则沿组织间隙向炎灶中心集中。这种炎性细胞侵入到炎症的组织间隙内的现象即为炎性细胞浸润。具有吞噬能力的白细胞游出后，能将病原体和组织崩解碎片吞噬并进行消化，此称为白细胞的吞噬作用，它是炎症防御过程的主要组成部分。白细胞的渗出是一个主动运动过程，经过边集附壁、粘着、游出和趋化等步骤到达炎症局部病灶，发挥重要的防御作用。

3.增生　在致炎因子、组织崩解产物或某些理化因素的刺激下，炎症局部的实质细胞、间质细胞、炎性细胞(主要是巨噬细胞、淋巴细胞和浆细胞)等发生增殖，细胞数目增多，称为炎性增生。增生可以帮助清除致炎因子和病理产物并防止炎症蔓延，有利于修复，但过度的增生则会使组织原有的结构发生改变导致器官的功能受到影响。增生贯穿于整个炎症过程，但一般情况下，炎症早期，细胞增生不明显，随着病程的增长增生逐渐明显，在炎症后期增生占主导地位。

(四)炎性细胞的种类及功能

炎性细胞浸润是炎症的重要标志和形态学基础，是探讨疾病的发病机理、进行病理学诊断的重要依据。炎灶内浸润的炎性细胞多数由血液渗出而来，如中性粒细胞、单核细胞、淋巴细胞和嗜酸性粒细胞等；有的是来自组织内增生的细胞，如浆细胞以及由巨噬细胞转化而来的上皮样细胞、多核巨细胞等。

1. 嗜中性粒细胞　又称小吞噬细胞，是炎症反应中最活跃的一种细胞。细胞直径10～12 μm，胞核呈肾形、杆状或分叶状，胞浆微嗜碱性。核染色质呈块状，着色深。功能：嗜中性粒细胞不仅具有很强的趋化性和活跃的游走能力，而且对细菌、组织碎片及抗原抗体复合物等细小颗粒具有极强的吞噬功能；在受到细菌产物、抗原抗体复合物等刺激时，还可将其细胞中的颗粒内容物通过脱颗粒、胞吐等多种方式向细胞外释放，同时也可以介导或直接造成组织损伤；通过抗体依赖性细胞介导细胞毒作用及其吞噬作用杀伤抑制入侵的寄生虫。

2. 嗜酸性粒细胞　直径8～20 μm，成熟细胞核多分为两叶，胞浆内含有丰富粗大的鲜红色嗜酸性颗粒，内含芳基硫酸酯酶、酸性磷酸酶、过氧化物酶、组胺酶、磷脂酶D、磷脂酶B、血纤维蛋白酯酶和碱性蛋白等，但不含溶菌酶和吞噬素。嗜酸性粒细胞中的特异性颗粒是其发挥吞噬或杀伤病原微生物、寄生虫和病理产物（如抗原抗体复合物）以及抗过敏作用的形态学基础。但由于不含中性粒细胞中所含的吞菌素和溶菌酶等，故吞噬能力低于嗜中性粒细胞。

3. 淋巴细胞　淋巴细胞从形态上可分为小、中、大三类。小淋巴细胞为成熟的淋巴细胞，直径6～9 μm，核大染色质致密，核仁不清，呈圆形或卵圆形；中淋巴细胞即浆母细胞为浆细胞的前体细胞，呈球形，直径9～12 μm，形态与小淋巴细胞相同，胞浆比小淋巴细胞丰富。大淋巴细胞即免疫母细胞成淋巴细胞，直径12～15 μm，胞浆嗜碱性，胞浆中高尔基体、线粒体发达，核大，核质疏松，核内有数个核仁和分散的空泡。中淋巴细胞和大淋巴细是未成熟的或处于转化中的淋巴细胞。根据来源、功能和淋巴细胞膜表面标志的不同，淋巴细胞可分为T、B、K、NK等几大类，T淋巴细胞和B淋巴细胞又可分为若干个亚群。

4. 浆细胞　呈圆形或卵圆形，大小不等，直径8～20 μm，胞浆丰富，嗜碱性，核被挤于一侧，核染色颗粒粗大、致密，呈辐射状或车轮状排列。浆细胞是B细胞受到抗原刺激后，经过一系列的转化过程而来，即由免疫母细胞→淋巴样浆细胞→幼浆细胞→过渡型浆细胞→浆细胞。浆细胞一般无运动及吞噬能力，参与免疫反应，产生抗体，可与相应的抗原结合。

5. 嗜碱性粒细胞　来源于血液，胞体大小不等，直径6～30 μm，呈卵圆形或圆形。胞浆着色浅，胞浆内充满大小不等的嗜碱性异染颗粒。胞核较小而圆，分叶不清，胞核常呈S形或T形。当机体受到致炎因子刺激或发生过敏反应时，嗜碱性粒细胞可以脱颗粒，并释放其中的血管活性物质发挥相应的生物学功能。

6. 肥大细胞　肥大细胞来源于血液中的嗜碱性粒细胞或由间叶细胞演变而来，广泛分布于疏松结缔组织和血管周围。肥大细胞在形态上和分布上虽与嗜碱性粒细胞有所不同，但他们所含的颗粒物质和功能都十分相似。肥大细胞可参与急性和持续性炎症反应，是速发型过敏反应的主要细胞。美国科学家近年来发现肥大细胞在机体的免疫系统中起着抗菌的作用。

7. 单核巨噬细胞　又称大吞噬细胞，体积较大，直径 25 μm 左右，呈多形性，常有伪足样突起，细胞核呈肾形或折叠弯曲的不规则形，染色体颗粒纤细而疏松，着色较浅。胞浆较丰富，内有大小、致密度、形态和功能状态均不一致的溶酶体，富含酸性磷酸酶和过氧化物酶。

巨噬细胞不仅具有中性粒细胞所具有的吞噬功能，还能吞噬中性粒细胞不能吞噬的某些病原微生物（如结核杆菌、伤寒杆菌、寄生虫及其虫卵等）和较大的组织碎片、异物及变质的细胞等。巨噬细胞还能分泌和释放多种酶和炎症介质，如溶酶体酶，补体、前列腺素、纤溶酶原激活物、内源性致热原等，有利于吞噬和杀伤病原微生物，但生物活性物质过多可导致组织损伤和加重组织纤维化。巨噬细胞还具有抗原递呈作用，活化的巨噬细胞可以产生或分泌对组织和细胞具有毒性作用的物质，直接杀伤靶细胞，此功能对肿瘤细胞的杀伤及大而不能吞噬的原虫有重要意义。

8. 上皮样细胞　来源于炎症局部的巨噬细胞或血液中渗出的单核细胞，呈多角形或扁平形，核椭圆形，染色淡，胞浆丰富。上皮样细胞多见于肉芽肿性炎症，是特异性增生性炎症的标志。上皮样细胞的主要功能的是围歼所包绕的病原微生物，限制其向周围扩散，不具吞噬功能。

9. 多核巨细胞　也称巨细胞，由巨噬细胞和上皮样细胞融合或分裂而成。巨细胞体积很大，直径可达 40～50 μm 或更大，胞浆十分丰富，在一个细胞中常含有数个形态大小相似的胞核。根据胞核的排列，可分为朗罕氏巨细胞和异物巨细胞两种类型。多核巨细胞具有强大的吞噬功能，常出现在肉芽肿性炎症，尤其是结核病、放线菌病、曲霉菌病的病灶中。

（五）炎症介质

炎症介质是指在致炎因子作用下，由局部组织或血液产生和释放的一类参与或引起炎症反应的化学活性物质，故亦称化学介质。炎症介质有外源性（细菌、及其内毒素）和内源性两种。内源性炎症介质又可分为血浆源性和细胞源性两大类。

1. 血浆源性炎症介质　在致炎因子的作用下，局部组织损伤可激活并启动激肽系统、补体系统、凝血系统及纤溶系统，而产生许多具有活性的炎症介质。主要包括：激肽、激肽原、激肽释放酶、活化补体成分、纤维蛋白及其降解产物等，这些炎症介质主要发挥增强血管通透性、趋化白细胞游走以及调节其他炎症介质合成的作用。

2. 细胞释放的炎症介质　在致炎因子的作用下，肥大细胞、巨噬细胞、组织细胞等炎性细胞和体内多种细胞均可生成并释放各种细胞源性炎症介质(表 2-1)。

表 2-1　细胞源性主要炎症介质

类别	主要炎症介质
血管活性胺	组胺、5-羟色胺
花生四烯酸的代谢产物	前列腺素、白细胞三烯、脂毒素
白细胞产物	溶酶体成分、氧自由基
细胞因子	白细胞介素、集落刺激因子、趋化因子家族、干扰素、肿瘤坏死因子、转化生长因子-β超家族、生长因子、细胞黏附分子
趋化因子	CXC 亚族(IL-8、GRG 蛋白、ENA-78、GCP-2、NAP-2、IP-10、MIG、SDF-1)、CC 亚族(MCP、RANTES)、C 亚族(淋巴细胞趋化蛋白)、CX3C 亚族
急性期蛋白	C-反应蛋白(CRP)、血清淀粉样蛋白 A(SAA)、溶菌酶、纤维连接蛋白(FN)
其他炎症介质	细胞裂解产物、慢反应物质(SRS-A)、过敏性嗜酸性白细胞趋化因子(ECF-A)、血小板激活因子(PAF)

(六)炎症的分类

在具体炎症过程中，变质、渗出和增生这三种基本病变表现并非均等，常常是以其中一种病变表现比较突出，占优势地位，并决定炎症的基本性质。按炎症过程的本质来分类，以炎症过程的三种基本变化为依据，把炎症分为变质性炎、渗出性炎及增生性炎三大类。

1. 变质性炎　变质性炎主要特征是炎灶内以组织变质、营养不良或渐进性坏死的变化为主，同时伴以炎性渗出和增生，但渗出和增生性反应较弱。这种炎症常见于心、肝、肾、脑等实质性器官，常是某些重症感染、中毒的结果。主要病变为组织器官的实质细胞的各种变性和坏死。此时，虽有炎症细胞的浸润和炎性渗出，或同时存在少量细胞的增生，但仍然以变质过程为主，脏器的功能不同程度地受到损害，严重时可危及生命。

2. 渗出性炎症　渗出性炎症是以渗出性变化为主，变质、增生反应较轻的炎症，以在炎症灶内形成大量渗出物为其特征。此时往往伴有一定程度的组织细胞变性和坏死，而增生性变化则一般较轻。根据炎症发生的部位、渗出物的性质或主要成分及病变特点的不同，一般将渗出性炎症分为浆液性炎、纤维蛋白性炎、卡他性炎、化脓性炎和出血性炎等五种类型。

(1)浆液性炎：是以渗出大量的浆液(血清)为特征的炎症。渗出的主要成分为浆液，呈淡黄色半透明的液体，其中混有少量炎性细胞和纤维蛋白。此类炎症常发生于黏膜、浆膜、皮肤、肺、淋巴结等组织疏松部位。组织病理学观察可见由于渗出液弥漫浸润，组织间隙扩大，其间散在少量白细胞，血管充血明显。浆液性炎一般较轻，易于消退，但有时因浆液渗出过多可导致严重后果。如胸腔和心包腔内有大量浆液时，可影响呼吸和心脏功能。

(2)卡他性炎：卡他性炎是指发生于黏膜的急性渗出性炎症。以在黏膜表面有大量渗出物流出为特征，常伴有黏膜腺分泌亢进。组织病理学变化呈现炎症时血液循环障碍与血管变化的特征：黏膜上皮破坏、脱落，固有层中毛细血管扩张，充血，甚至出血，水肿及白细胞浸润；黏液分泌增强. 由于渗出物性质不同，卡他性炎又可分为浆液性、黏液性、纤维蛋白性、脓性及血性卡他等等。浆液性炎的结局一般较好，及时消除病因，浆液性渗出物较易吸收，所以可因消病除。但若发生于心包腔或胸膜腔则很严重，应认真尽快处理。

(3)纤维素性炎：纤维素性炎以渗出物中含大量纤维蛋白为特征的炎症。常发生于浆膜、黏膜和肺等组织。根据病变特征不同，纤维素性炎又分为浮膜性炎和固膜性炎。浮膜性炎发生于黏膜和浆膜上，其特点是渗出的纤维蛋白凝固而形成一层淡黄色，有弹性的膜状物(称假膜)，被覆于炎灶的表面。固膜性炎又称纤维素性坏死性炎，特征是黏膜发炎时渗出的纤维蛋白形成一层与深层组织牢固结合的纤维蛋白膜(痂)，不易剥离，若强行剥离，则在黏膜面上留下溃疡病灶，出血。

(4)化脓性炎症：化脓性炎是以中性粒细胞大量渗出，并伴有不同程度的组织坏死和脓液形成为特征的炎症。化脓性炎是临床上常见的一种炎症，多由葡萄球菌、链球菌、肺炎双球菌、大肠杆菌等化脓菌引起，亦可因某些化学物质(如松节油)和机体坏死组织所致。表现形式：

①脓性卡他：指黏膜表面的化脓性炎。

②脓性浸润：深部组织化脓时，脓性渗出物能使局部组织溶解，细胞分离，脓液弥漫渗透在组织间隙中，称为脓性浸润，是化脓性炎的早期的特点。

③积脓(蓄脓)：浆膜发生化脓性炎时，脓性渗出物大量蓄积于体腔内，称为积脓。

④脓肿：组织内局限性化脓性炎，主要特征为组织发生坏死溶解，形成充满脓液的腔，称为脓肿。

⑤蜂窝织炎：疏松结缔组织内发生的弥漫性化脓性炎，称为蜂窝织炎。见于皮下、肌肉及肠壁(如人的阑尾)等处，范围常较大，与健康组织无明显界限，脓性渗出

物弥漫地浸润于组织之间。炎症灶内除充血、水肿外，尚有大量中性粒细胞呈弥漫性浸润，与正常组织分界不清，炎症灶内组织坏死不明显。

3. 增生性炎症　炎症过程中，组织细胞的增生比较明显，而变质、渗出较轻微的一类炎症。可分为非特异性增生性炎和特异性增生性炎两大类。

(1)非特异性增生性炎：包括急性增生性炎症和慢性增生性炎症两种类型。

①急性增生性炎：病程呈急性经过，病变特征是以组织细胞的增生为主，变质、渗出较轻微的增生性炎症。例如急性肾小球肾炎，肾小球毛细血管内皮与球囊上皮的显著增生；镜下可见：肾小球细胞数量明显增多，肾小球毛细管内腔缩小可见点状的中性白细胞的痕迹。又如仔猪副伤寒、鸡沙门氏菌病时，肝脏上形成副伤寒结节，此结节是由于肝细胞局灶性点状坏死网状细胞（由枯否氏细胞转化而来）增生而形成的细胞性副伤寒结节。

②慢性增生性炎：是以结缔组织细胞增生为主，并伴有少量组织细胞、淋巴细胞、浆细胞和肥大细胞等浸润的炎症，增生的结缔组织包含有成纤维细胞、血管和纤维等成分。组织增生是慢性炎症的主要特征。因此，各器官组织的炎症若表现为慢性经过时，都会出现组织增生。此时，主要是间质中纤维结缔组织的增生，其中也常合并有淋巴细胞和浆细胞的增生浸润。

(2)特异性增生性炎：特异性增生性炎又称肉芽肿性炎症，是由某些病原微生物（鼻疽杆菌、结核杆菌等）引起的以特异性肉芽组织增生为特征的炎症过程。它是由于致炎因子长期持续性刺激或所致迟发型变态反应，在炎症局部形成的具有特殊的细胞和特殊的细胞排列方式，形成的界限清楚的结节状病灶为特征的慢性炎症。之所以称为特异性增生性炎是与普通增生性炎增生的结缔组织形态对比而言。特异性增生性炎主要成分为巨噬细胞，它可能变成类上皮细胞和多核巨细胞，四周围绕纤维组织，并有淋巴细胞和浆细胞浸润，如结核杆菌、麻风杆菌、霉菌等引起的炎症，在病理形态上常表现为肉芽肿。

(七)炎症的结局

炎症的结局主要取决于机体的抵抗力和反应性。致炎因子的性质，刺激强度，作用时间的长短等因素也有影响。在炎症过程中，致炎因子引起的损害与机体抗损伤反应的斗争贯穿于整个炎症过程的始终，决定着炎症的发生、发展、经过和结局。若损伤占优势，则炎症加重，并向全身扩散；如果抗损伤占优势，则炎症逐渐趋向痊愈。炎症的结局，可有下列三种情况。

1. 痊愈

(1)完全痊愈：多数情况下，由于机体抵抗力较强或经过适当的治疗，病原微生物被消灭，炎症灶内坏死组织及渗出物被溶解吸收，通过周围健康细胞的再生修复，最后完全恢复其正常的结构和功能。

(2)不完全痊愈：少数情况下，由于机体抵抗力较弱，炎灶坏死范围较大，周围组织细胞再生能力有限或渗出的纤维蛋白较多，不容易完全被溶解吸收，则通过肉芽组织增生机化形成瘢痕或纤维性粘连即瘢痕性修复，不能完全恢复其正常的结构和功能。

2. 迁延不愈/转为慢性　由于治疗不及时、不彻底或机体抵抗力低下，致炎因子持续作用，造成局部炎症过程迁延不愈，时好时坏，反复发作，最后转为慢性炎症，例如急性病毒性肝炎转变为慢性迁延性肝炎。

3. 蔓延扩散　在机体抵抗力低下，或病原微生物毒力强、数量多的情况下，如脓性浸润，蜂窝织炎时病原微生物在局部大量繁殖，向周围组织蔓延或经淋巴道、血道扩散而引起严重后果，如果治疗不及时，可引起死亡。

四、发热

哺乳动物都属于恒温动物，具有相对稳定的体温，它是机体进行新陈代谢和正常生命活动的必要条件。发热是恒温动物在致热源作用下，使体温调节中枢的调定点上移，引起以体温升高为主要表现的全身性病理过程。它是一种最常见的病理过程，是机体发病的灵敏信号。发热是许多疾病尤其是传染病、炎症性疾病、外伤性疾病和免疫性疾病等常见的病症。

(一)原因

凡是能引起机体发热的物质称为发热激活物或致热源。致热源根据其性质不同可分为外生性致热源和内生性致热源。

1. 外生性致热源　一般指来自体外的能引起感染性发热的生物病原体或其产物，又称传染性致热源。如细菌及其毒素、病毒、支原体、螺旋体、立克次体、霉菌以及各种寄生虫。在兽医临床中外生性致热源引起的发热可占 50%～60%，其中细菌感染引起的发热约占 43%。

2. 内生性致热源　主要指动物体内产生的非生物因子。如无菌性炎症中白细胞释放的致热源、抗原抗体复合物、化学物质(尿酸结晶、咖啡因、二硝基酚)、激素和肿瘤组织产物等。

(二)发热的发展过程

发热的整个发展过程，其临床经过可分为三个时期，即增热期、高热期、退热期。

1. 增热期　发热的早期，又称体温上升期。此期因体温调定点上移，产热增多，散热减少，体温上升。主要临床表现患畜呈皮温降低，畏冷寒颤，被毛蓬乱。

2. 高热期　又叫热极期。当体温调节到与新的调定点水平相适应的高度，产热和散热在较高水平上保持相对平衡。主要的临床特征患畜皮温升高，体表血管扩张，可视黏膜潮红等。

3. 退热期　发热的后期，又叫体温下降期。由于病因消除、致热源作用减弱，上升的体温调定点回降到正常水平，体温回降至正常范围。本期临床特点可见大量出汗，体表血管扩张，尿量增多。但体温消退的速度由于不同的病情而有快有慢，经数日恢复到常温，称为热渐退。体温在几小时或 24 h 降至正常，称为热骤退，热骤退常是预后不良的先兆。

（三）热型

将病畜的体温按一定时间记录，并绘成热曲线图，体温曲线的形态称为热型。根据体温曲线的动态变化特点，临床常见热型有：

1. 稽留热　其特点是体温数日较稳定地持续在较高水平，一昼夜间的体温变动范围不超过 1℃。见于传染性胸膜炎、犊牛副伤寒及猪瘟、犬温热等传染病。

2. 弛张热　其特点是体温升高后一昼夜间的摆动幅度超过 1℃ 以上，而其低点没有达到正常水平。见于败血症、卡他性肺炎、化脓性炎症等。

3. 间歇热　其特点是发热期和无热期较有规律地相互交替，但间歇时间较短并重复出现的一种热型，体温下降可达到正常水平甚至低于正常水平，并呈现每日或隔日重复出现的现象，见于锥虫病、焦虫病、马传染性贫血等。

4. 回归热　其特点是发热期和无热期间隔的时间较长，并且发热期与无热期的出现时间大致相等，见于亚急性和慢性马传染性贫血。

（四）发热时机体的主要病理变化

1. 生理功能变化　发热病畜可表现不同程度的中枢神经系统功能障碍（兴奋不安或精神沉郁），心率加快，呼吸加深加快，胃肠蠕动减慢，食欲减退。

2. 代谢变化　无论传染病、炎症或创伤，在急性期反应或发热反应初期，常有耗氧量和基础代谢率增高；糖代谢加强，肝糖原和肌糖原分解增多，血糖因而增多，糖原储备减少，由于脂肪分解加强和氧化不全，故患畜有时出现酮血症和酮尿症；组织蛋白质分解代谢明显增加，机体衰竭；机体的分解代谢加强，氧化不全产物蓄积，患畜排尿减少，可致水、钠和氯在体内潴留。

3. 免疫功能变化　发热疾病的适度体温升高能激活免疫功能，提高机体的抵抗力。尤其是肝急性期蛋白合成等，对抵抗广谱传染构成一道重要防线，对疾病的转归和预后发生重要影响。但是，过高或过于持久的发热，则可损害生命重要器官活动和破坏免疫功能，给病畜生命活动造成损害。

(五)发热的生物学意义

一般来说,短时间的中度发热对机体是有益的。因为适度的体温升高能引起神经内分泌反应和免疫激活,一方面抑制体内病原微生物的活性,另一方面还可增强单核吞噬细胞系统的机能,提高机体对致热源的消除能力。此外,还可使肝脏氧化过程加速,提高其解毒能力。适度的体温升高,负调控作用加强,可限制体温升高的程度。但持久过高的发热对机体是不利的,可损害机体重要器官功能和免疫功能,使机体呈负营养平衡状态等。因为持续高热既可使机体的分解代谢加强,营养物质消耗过多,消化机能紊乱,导致病畜消瘦和机体抵抗力降低。又能使中枢神经系统和血液循环系统发生损伤,导致病畜精神沉郁以至昏迷,或心肌变性而发生心力衰竭,这就更加加重了病情。从本质来说,急性期反应(包括发热反应)是许多疾病发病初期以防御反应为主的一群全身性反应。

五、休克

休克是指机体受到各种有害因素侵袭引起急性循环障碍,使组织有效血液灌流量急剧减少,特别是微循环血液灌流量不足导致重要生命器官发生严重机能代谢障碍和结构损害,严重危及生命活动的全身性病理过程。休克可在多种疾病中发生,是临床常见的危症。如果发生休克后未及时给予治疗,病畜全身组织器官会发生不可逆损伤而死亡。

(一)休克的原因

引起休克的原因很多,常见的有严重创伤、大面积烧伤、大出血、脱水、感染、心脏疾病、过敏及强烈的神经刺激等。

1.失血 常见于创伤、胃溃疡、食管静脉曲张破裂出血、宫外孕、产后大出血或DIC等。

2.失液 常见于剧烈呕吐、腹泻、肠梗阻和大汗淋漓等。

3.烧伤 大面积烧伤可造成大量血浆、体液丢失,结合疼痛引发休克。也可因继发感染而引起脓毒性休克。

4.创伤 严重创伤引发的疼痛、失血和组织坏死而引起休克。

5.感染 细菌、病毒、真菌和立克次体等病原微生物的严重感染可引发休克。感染主要指微生物侵入正常组织,并在体内定植和产生炎性病灶。

6.心力衰竭 大面积急性心肌梗死、急性心肌炎、心包炎、严重的心律紊乱和心脏破裂等急性心力衰竭或慢性心力衰竭失代偿后均可引发休克。

7.过敏 常见于注射某些药物(如青霉素)、血清制剂或疫苗等。

8.强烈的神经刺激 常见于剧烈疼痛、高位脊髓麻醉或损伤、严重的脑部损伤等强烈的神经刺激。

尽管引起休克的病因很多,但大多数休克都具有有效循环血量减少的共同特点。有效循环血量的维持由三个重要的环节决定:足够的循环血量、正常的血管舒缩功能和正常的心泵功能。各种病因通过作用其中的个别或多个环节来影响有效循环血量,从而引发休克。

(二)休克的分类

休克的种类较多,分类也不统一。

1.按休克发生的原因分类 按目前临床上常用的分类方法,可将休克分为以下几类:

(1)失血性休克:机体发生大量失血时可引起失血性休克,常见于创伤、产后大出血等。一般机体在15 min内失血少于全血量的10%时,机体可通过代偿使血压和组织灌流量保持稳定。若快速失血时出血量超过全血量20%时,即可发生休克,超过全血量50%则往往导致迅速死亡。

(2)失液性休克:剧烈呕吐、腹泻、肠梗阻或大汗淋漓导致机体失液。体液丢失也可引起有效循环血量的锐减,有人称之为虚脱,由于虚脱和失血性休克的本质和表现很相似,因此认为均与低血容量休克有关。

(3)损伤性休克:当机体有严重创伤或大面积烧伤时,常伴有血浆的大量丢失,可引起创伤性休克或烧伤性休克。休克的发生与组织损伤、疼痛和低血容量有关。以上三种休克主要是由于机体有效循环血量急剧减少,导致低血容量性休克的发生。

(4)感染性休克:机体发生严重细菌感染时,常可发生感染性休克或败血症性休克。休克的发生常与细菌及其产生的内毒素有关。

(5)过敏性休克:常见于注射某些药物或血清制剂时,部分机体对该物质出现过敏反应而发生,属于Ⅰ型变态反应。外源性物质初次进入机体后使机体产生抗体IgE,与嗜碱性粒细胞和肥大细胞表面受体结合,当外源性物质再次进入机体后,可直接与结合在细胞表面的IgE结合发生抗原抗体反应,活化嗜碱性粒细胞和肥大细胞,释放组胺等活性物质,致血管扩张和通透性增加,回心血量减少而发生休克。

(6)神经源性休克:常见于剧烈疼痛、严重的脑部或脊髓损伤、麻醉或强烈的神经刺激等。以上三种休克主要是由于外周血管扩张,引起外周阻力下降、血管床容量增加,大量血液淤积在外周微血管中而使回心血量急剧减少。

(7)心源性休克:由于心功能不全或心肌炎、心包炎及大面积急性心肌梗死,引起心泵功能衰竭,心输出量急剧减少,使有效循环血量和微循环灌流量下降所引起的休克。

2. 将病因和导致有效循环血量减少的起始环节结合起来进行分类 此分类更有利于认识休克的发病学特点，有利于休克的诊断和治疗。

(1)低血容量性休克：机体全血容量减少引起的休克，见于失血、失液、烧伤等情况。大量体液丧失和血管通透性增加使全血量急剧减少，导致静脉回流不足，心输出量减少和血压下降，使压力感受器的负反馈调节冲动减弱，引起交感神经兴奋，外周血管收缩，组织灌流量减少。临床常表现为三低一高，即中心静脉压、心输出量及动脉血压下降，而外周阻力增加。

(2)血管源性休克：指外周血管扩张、血管容量扩大导致大量的血液淤滞在扩张的小血管内，使有效循环血量减少而引起的休克，其血容量和心泵功能可能正常。见于过敏性休克及感染性休克和部分的创伤性休克。

(3)心源性休克：由于心泵功能衰竭，心输出量急剧减少，使有效循环血量和微循环灌流量显著下降所引起的休克，见于严重的心脏疾病。

(4)神经源性休克：由于严重的脑部或脊髓损伤、麻醉等抑制了交感缩血管功能，不能维持动静脉血管张力，引起一过性的血管扩张，静脉血管容量增加和血压下降。其血管变化与血管源性休克相似，但发病机制有明显的区别。

3. 其他分类 休克按血液动力学特点可分为低排高阻型休克(高动力型休克)和高排低阻型休克(低动力型休克)。前者临床较常见，其血液动力学特点是心脏排出量低，外周阻力增高，皮肤血管收缩，血流减少使皮肤温度降低，又名冷休克。高排低阻型休克的血液动力学特点是外周阻力低，心脏排出量高，皮肤血管扩张，血流增多使皮肤温度升高，又名暖休克。部分感染性休克属于此类型休克。

六、败血症

机体受到病原微生物感染后，其抵抗力不能抵御病原微生物的侵袭，病原微生物迅速突破机体的防御系统，在体内增殖并大量向血液中释放，血液内持续存在病原微生物及其毒性产物，造成广泛的组织损伤，临诊上出现严重的全身反应，这种全身性病例过程称为败血症。

败血症过程中常伴有菌血症、病毒血症、虫血症或毒血症，是许多传染病或非传染病中常见的临床症状，是引起动物死亡的一个重要原因。

(一)原因和类型

病原体侵入机体的部位称为传入门户或感染门户，病原体常在传入门户增殖并引起炎症，如果机体以局部炎症形式不能控制或消灭病原微生物，病原体则可沿着淋巴管或血管扩散，引起相应部位的淋巴管炎或静脉炎以及淋巴结的病变，由此可查明感染门户。如果机体的防御能力显著降低，往往不经过局部炎症过程，就直接进入循环血液内，引起败血症。根据病原微生物的不同，败血症可以分为非传染型和传染型两类。

1. 非传染型败血症　又称感染创型败血症，其特点是不具有传染性。引起非传染型败血症的病原菌包括非传染性病原菌（葡萄球菌、链球菌、大肠杆菌、绿脓杆菌等）和部分传染性病原菌（坏死杆菌、气肿疽梭菌及恶性水肿梭菌）。这些病原菌首先引起局部感染病灶，然后由局部性病灶扩散到全身，最终形成败血症。

2. 传染型败血症　指由某些传染性病原体引起的败血症。引起传染型败血症的病原体包括细菌（炭疽杆菌、巴氏杆菌等）、病毒（马传染性贫血、新城疫、禽流感等）和少数原虫（牛泰勒虫、弓形虫等），通常在感染后直接发展为败血症。

（二）病理变化

不同病原微生物引起的败血症病理变化特点相似。各种败血症死后剖检均具有如下共同特点：

1. 尸僵不全　由于死于败血症的动物，在病原微生物和毒素的作用下，尸体很易发生变性、自溶和腐败，尤其是肌肉很快发生变性，所以往往呈现尸僵不完全或尸僵不明显。

2. 血凝不良　血液呈紫黑色黏稠状，凝固不良呈酱样；很多病例发生溶血，大血管和心脏的内膜被染成污红色。黏膜和皮下组织可呈现黄疸色。

3. 全身出血、水肿　剖检时可见全身皮肤、浆膜与黏膜上多发性出血点或出血斑，如猪瘟、猪肺疫、鸡新城疫、禽流感、兔瘟等。由于血管壁损伤，出现水肿，皮下组织呈胶冻样浸润，有的可见浆膜下、黏膜下和皮下结缔组织中大量浆液性或浆液出血性浸润。

4. 免疫器官发生急性炎症变化　败血症时全身淋巴结肿大、充血或出血，呈现急性淋巴结炎的病变。扁桃体、肠系膜淋巴结和肠相关淋巴组织也呈现轻重不同的水肿、充血、出血、变性或坏死等急性炎症病变；有的出现增生性炎的变化。脾脏呈急性脾炎的变化，依病原不同，其体积可肿大数倍（如败血型炭疽、急性猪丹毒、猪肺疫等）或肉眼不见肿大但可见有出血性梗死（如猪瘟等）。

5. 内脏器官肿胀变质　实质器官（心、肝、肺、肾）外观明显淤血肿大，实质细胞发生不同程度的颗粒变性、空泡变性、透明变性或（和）脂肪变性等退行性变化。心肌变性、弹性降低，心腔中常有凝固不良的血液；肝肿大、土黄色、呈槟榔肝样；肺常常发生明显的淤血、水肿或伴发出血性支气管炎的变化；肾肿大、质地松软，皮质部呈土黄色，皮质和髓质交界处由于淤血而呈紫红色。

6. 神经内分泌系统水肿变性　败血症时中枢神经系统常无明显的肉眼可见病

变，组织病理学观察常可见明显的充血、水肿变化。神经细胞发生不同程度的变性。常见局灶性出血，胶质细胞普遍增生。严重者神经细胞发生坏死，出现卫星现象或形成胶质细胞结节。肾上腺呈明显的病变，类脂质消失，皮质呈浅红色，并且出血。

(三)结局

1. 死亡　在机体与病原体斗争中，败血症的出现是机体抵抗力不足，病原体攻击力占明显优势的表现，如果治疗不及时，常因出现败血性休克或重要器官机能衰竭而引起死亡。

2. 治愈　败血症出现后，如能通过流行病学、临床诊断及实验室检查查明引起败血症的病原体，及时抢救，用药合理，也有治愈的可能。

第二节　物质代谢病理

一、物质代谢障碍

物质代谢是机体生命活动的基础。机体内物质代谢是在神经体液的调节和酶的催化下进行的，并要求机体内环境稳定和供应必要的水、氧和各种营养物质，当其中任何一个环节发生异常时，均可引起物质代谢障碍，使机体的生长发育异常、机能活动改变导致疾病的发生。

(一)糖代谢障碍

糖代谢是动物有机体各种生命活动过程中的基本供能形式，糖代谢障碍包括消化、吸收、调节等过程的紊乱。

1. 消化吸收障碍　小肠是糖消化吸收的主要器官，其中胰淀粉酶是主要的消化酶。此外在口腔中依靠唾液淀粉酶的作用也可对糖进行消化。因此，当唾液淀粉酶和胰淀粉酶缺乏都可造成糖的消化障碍。

多糖经消化为单糖后在小肠上部吸收后进入血液循环，此过程是一个消耗能量的主动吸收过程，并依赖肠黏膜上皮细胞纹状缘上的载体蛋白的转运作用，因此，消化酶缺乏或主动转运过程障碍及影响前胃微生物的各种因素均可引起糖的吸收障碍。

2. 葡萄糖分解障碍

(1)无氧酵解障碍：糖的酵解作用主要在骨骼肌和红细胞内进行，其他组织也能进行糖的酵解，但量很少。在激烈运动或进入高原初期时，肌肉等组织细胞相对缺氧，因而糖酵解增强，以供给机体能量需要。而在休克、严重缺氧等病理情况下，由于组织供氧不足，机体的各组织都进行糖酵解而生成大量乳酸，最终导致机体乳酸性酸中毒。当正常糖酵解过程中的酶缺乏时就会造成糖的无氧酵解障碍。

(2)有氧酵解障碍：机体所需能力主要由糖氧化分解供给。而有氧分解是能产生大量能量，是糖氧化分解的主要方式。该过程有多种酶和辅酶参与，如丙酮酸脱羧酶、黄嘌呤二核苷酸等，如果酶或组成成分缺乏都会引起糖的有氧分解障碍，机体供能受阻，同时还有大量丙酮酸在组织和血液中聚集，导致丙酮酸血症和乳酸血症，进一步会引起严重病理变化。

(3)磷酸戊糖通路障碍：除有氧分解和酵解外，在肝脏等组织细胞内还有磷酸戊糖旁路途径进行糖代谢。此过程不经酵解途径和三磷酸循环而使糖氧化分解，同样有很多酶的参与。酶缺乏或活性降低时都会发生障碍。

3. 糖原代谢障碍　糖原是动物细胞贮存糖的主要形式，机体通过糖原的合成和分解来维持血糖水平，为各种生命活动提供能量。因此，合成或分解过程受阻都会引起血糖水平和能量供应障碍，引起一定的病理形态学变化。

糖原合成和分解障碍主要表现为糖原累积症和乳酸血症。前者是与糖原代谢有关酶特别是糖原分解的先天性缺陷有关，导致肝、心、肾、骨骼肌及网状内皮系统中出现糖原的异常沉积、糖原分子异常和低血糖症。

4. 血糖调节障碍　血糖主要是指血液中的葡萄糖。在正常情况下，糖的合成和代谢保持动态平衡，故血糖浓度保持相对恒定。当糖代谢调解障碍时，可发生高血糖症、糖尿病或低血糖症。

(二)脂类代谢障碍

脂类是脂肪和类脂质的总称，是构成机体的主要成分之一。主要功能是为机体提供能量，此外，还有防震、保温的作用，并有助于脂溶性维生素的吸收。

1. 脂肪代谢障碍　脂肪由甘油三酯或低级脂肪酸经消化吸收合成，也可由糖和蛋白质转化而来。吸收入血的脂肪运送至各组织器官进行贮存、氧化利用或转变为类脂质。机体各组织器官的脂肪在神经体液的调节下不断地进行交换并保持动态平衡。脂肪代谢障碍时主要表现为脂肪的消化吸收障碍和中间代谢障碍。

引起脂肪消化吸收障碍的原因很多。当胆汁分泌不足、胆囊炎、胆道阻塞及其他引起胆汁分泌减少时，进入肠道的胆汁减少或缺乏，首先影响脂肪的乳化过程。慢性胰腺炎、胰导管结石、肿瘤压迫等过程中，由于胰液分泌或进入肠道受阻，都可影响脂肪的消化吸收。小肠炎症、毒物作用或其他原因引起肠蠕动加强时，由于肠黏膜上细胞的主动转运过程障碍或饲料不能充分消化和停留时间缩短，可影响脂肪的消化吸收。此外维生素 A 和维生素 B 缺乏时，肠黏膜细胞机能降低，脂肪的吸收受阻。

脂肪的中间代谢障碍主要是脂肪酸的氧化不完全，常生成丙酮等中间产物，统称为酮体。由于组织缺乏利用酮体的酶类，因此引起血液中酮体含量升高，引起酮血症。

2. 类脂质代谢障碍

(1)磷脂代谢障碍：磷脂与甘油三酯、胆固醇和蛋白质结合成脂蛋白，增加甘油三酯的水溶性，协助脂肪运转，并有稳定胆固醇的作用。体内磷脂除极少部分来自小肠吸收外，均靠体内合成。机体内的所有组织都能合成磷脂，并充分利用自身合成的磷脂。肝脏在磷脂代谢中起着特别重要的作用，当发生疾病时磷脂合成代谢障碍会加重恶化疾病。

(2)胆固醇代谢障碍：胆固醇来源于食物，机体各组织细胞均含胆固醇，是细胞各种膜结构及神经髓鞘的主要成分，又参与血浆脂蛋白的合成，还可转化为胆汁酸盐、肾上腺皮质激素、性激素和维生素 D_3 等。胆固醇分为游离胆固醇和胆固醇脂，进入肠腔后与胆汁和少量内源性游离胆固醇混合，胆固醇脂经酶水解。游离的胆固醇溶解在胆酸盐溶液中，在小肠上段以被动扩散的方式吸收。体内各组织器官几乎都可合成自身需要的胆固醇，肝脏是合成胆固醇的主要器官。胆固醇代谢障碍主要表现为血液胆固醇的含量变化和胆固醇醇型与酯型比例的改变。

(三)蛋白质代谢障碍

正常情况下，动物不断地从饲料中摄取蛋白质，以氨基酸的形式经肠吸收入血，与来自组织代谢形成的氨基酸一起参与体内蛋白质代谢，合成各种组织蛋白、酶类、激素及其他含氮化合物，多余的氨基酸则在肝脏内进行分解转化，形成终末产物经肾排出。

1. 蛋白质消化吸收障碍　饲料中的蛋白质在消化道内经胰酶和肠酶的作用，逐步分解后经小肠吸收进入血液。多种原因可引起酶分泌减少和肠吸收功能障碍，造成蛋白质消化吸收障碍。

2. 蛋白质中间代谢障碍　主要是组织蛋白分解障碍、氨基酸脱氨基障碍和氨基酸脱羧基障碍。组织蛋白分解障碍可导致各种肽类物质在体内蓄积并进入血液，使血管扩张，通透性增加。氨基酸脱氨基障碍时造成血液中氨基酸含量增多，引起氨基酸血症。氨基酸脱羧基障碍主要表现为脱羧基作用增强，胺类生成增多，而胺类氧化酶活性降低，引起体内胺类含量增多，引起胺中毒。

3. 蛋白质终末代谢障碍　主要表现为代谢终末产物的形成和排泄发生障碍。前者包括尿素形成障碍、黑色素形成障碍、肌酸和肌酐代谢障碍以及尿酸生成增多等，后者发生排泄障碍时可引起肾性氮质血症和肾外性氮质血症。

(四)核苷酸代谢障碍

核苷酸是组成核酸的基本单位,核苷酸代谢异常,常导致核酸的结构功能改变。核苷酸代谢障碍主要包括嘌呤核苷酸代谢障碍和嘧啶核苷酸代谢障碍。常引发家禽的痛风病及乳清酸尿症等。

二、水盐代谢及酸碱平衡紊乱

水和电解质是体液的主要成分,广泛分布于组织细胞内外,构成机体内环境。动物的新陈代谢是在内环境中进行的,因此为了保证新陈代谢的正常进行和各种生理功能的发挥,维持内环境相对稳定是必要的。

疾病和外环境的剧烈变化常会引起水和电解质平衡紊乱,导致水的容量和分布异常,电解质浓度变化,如得不到及时纠正,常引起严重后果,甚至危及生命。

(一)水钠代谢障碍

动物体内水和钠代谢关系十分密切,其代谢障碍主要根据细胞外液容量和血钠浓度的变化进行分类。

1.脱水　由于细胞外液容量减少,伴有或不伴有血钠浓度的变化。

(1)低容量性低钠血症:特点是失钠多于失水,细胞外液容量和渗透压均降低,也称为低渗性脱水。常见原因是肾内或肾外丢失大量液体后处理不当,如只给水而未给钠。常见于慢性间质性肾疾患和大量失血、呕吐、腹泻、大面积烧伤后补充水而未补氯化钠的情况。

细胞外液容量减少和渗透压降低是低容量性低钠血症的两大特点。细胞外液容量减少,同时由于细胞外液的低渗,使水分从细胞外液向渗透压相对较高的细胞内转移,从而使本来已减少的细胞外液进一步下降,严重者导致外周循环衰竭,患畜出现血压下降、四肢厥冷、脉搏细速等症状,如水分进入脑细胞内,引起脑细胞水肿,可出现神经症状;血浆渗透压降低,一般无渴觉,饮水减少,故机体虽缺水,但却难以经口补充液体。同时,抑制渗透压感受器,使抗利尿激素分泌量减少,肾远曲小管和集合管对水的重吸收也相应减少,导致多尿,排水量增多;血浆容量减少和渗透压降低,可使单位体积中红细胞数量增加、血红蛋白量增多,红细胞压积显著增大。血容量减少,组织间液向血管内转移,使组织间液减少更明显,出现明显的失水体症,如皮肤弹性减退,眼球凹陷等;经肾失钠的患畜,尿钠含量增多,如是肾外原因所致,则因低血容量所致的肾血流量减少而激活肾素-血管紧张素-醛固酮系统,使肾小管重吸收钠增多,结果导致尿钠含量减少。

(2)低容量性高钠血症:特点是失水多于失钠。细胞外液容量减少、渗透压升高,又称高渗性脱水。原因是进水不足和失水过多,如呕吐、腹泻、发热时的大出汗等。

细胞外液渗透压升高是低容量性高钠血症的关键。高渗性脱水可引起细胞内液向细胞外转移，由于细胞外高渗，使细胞内液向细胞外转移，细胞外液得到部分恢复，但同时也引起细胞脱水，严重者发生脑细胞脱水，出现神经症状，如步态不稳、肌肉抽搐、嗜睡、甚至昏迷；口渴和ADH分泌增加，细胞外液容量减少和渗透压增高，可通过渗透压感受器和渴中枢引起动物口渴，ADH分泌增加，使水的进入增多、尿量减少，尿钠浓度增高；血液学变化，血钠和血浆蛋白浓度增高，单位体积中红细胞数增加，血红蛋白含量增高，但红细胞压积通常变化不大；细胞外液容量减少，使皮肤水分蒸发减少，影响散热；细胞内脱水可引起分解代谢的增强，以增加内生性水，但同时也使产热增加，发生脱水热。

(3)低容量血症：是指体液中的钠与水按血浆中的比例丢失，其特点是细胞外液容量降低，渗透压不变，又称等渗性脱水。

低容量血症在动物临床上极为普遍。呕吐腹泻时大量消化液的丢失是最常见的原因，另外软组织损伤、大面积烧伤等也可丢失大量等渗性体液。

低容量血症常引起细胞外液容量减少使回心血量下降，心输出量降低，严重者可引起血压降低，甚至休克；细胞外液容量减少而细胞内液量变化不大，使血液浓缩，单位体积红细胞数增加，血红蛋白含量增高，红细胞压积增大；细胞外液容量减少可引起ADH和醛固酮的分泌，促进肾脏重吸收水和钠，使细胞外液量有所增加。

2.水中毒　又称高容量性低钠血症，是由水过量引起的，故为稀释性低钠血症，又称水中毒，特点是细胞外液量增多，血钠浓度降低，细胞外液低渗。

正常动物不会因摄入水过多而引起水中毒，因为机体可通过调节排出过多的水分。但某些情况下，可发生水中毒。如应激状态下输液过多(大量输葡萄糖溶液)；肾功能不全，肾的稀释功能受到损伤，排水能力降低；肾上腺皮质功能减退，糖皮质激素对下丘脑分泌ADH有抑制作用，缺乏糖皮质激素则ADH分泌增加，如摄水(或输水)过量易发生水中毒。

细胞外液容量增多和渗透压下降是水中毒的关键。常引起细胞内水肿，细胞外液低渗，水自细胞外转入细胞内，造成细胞内水肿，可引起细胞水肿和颅内压增高，出现中枢神经系统功能紊乱，如动物定向障碍，呕吐，甚至出现反射消失和昏迷；血液学变化，表现为稀血症，血浆蛋白和血红蛋白浓度降低，单位体积中红细胞数减少，红细胞压积通常降低，但红细胞体积增大，严重的急性水中毒，可发生溶血；水中毒早期尿量增加(肾功能障碍除外)，尿比重下降。

3.水肿　水肿是指过多的液体在组织间隙或体腔中积聚。按水肿发生的部位分为全身性水肿和局部性水肿。按水肿发生的原因分为心性水肿、肾性水肿、肝性水肿、炎性水肿、淋巴性水肿等。水肿液主要是指组织间隙中能自由移动的水,它不包括组织间隙中被胶体网状物(如透明质酸、胶原、黏多糖等)吸附的水。水肿液来自血浆,除蛋白含量外,其余与血浆相同,其蛋白质含量主要取决于毛细血管壁的通透性和淋巴回流。

(1)发生原因:正常动物组织间液容量是相对恒定的,主要依赖于血管内外液体交换的平衡,一旦平衡失调,就可能导致水肿。

①血管内外液体交换平衡失调-组织液生成大于回流:正常动物组织液生成和回流之间保持着动态平衡,即在毛细血管动脉端不断有组织液生成,而在静脉端又不断回流,不能回流的部分则由毛细淋巴管汇集,再进入血液循环。引起组织液生成增多的原因有毛细血管流体静压增高、有效胶体渗透压降低、微血管壁通透性增高和淋巴回流受阻。

②体内外液体交换平衡失调-钠、水潴留:动物对钠、水的摄入量和排出量通常保持动态平衡,从而保持体液量的相对恒定。这种平衡的维持是通过神经-体液的调节而实现的,其中肾脏的作用尤为重要。肾脏通过肾小球的滤过和肾小管的重吸收作用而维持钠、水的平衡(称肾小球-肾小管平衡或球-管平衡)。一旦球-管平衡失调,将可导致钠、水潴留,成为水肿发生的基础。球-管失衡通常表现为:肾小球滤过降低,肾小管重吸收不变;肾小球滤过正常,肾小管重吸收增多;肾小球滤过减少同时伴有肾小管重吸收增多。

(2)常见水肿及其发生机理:包括心性水肿、肾性水肿、肝性水肿、炎性水肿、营养不良性水肿。

①心性水肿:心衰可引起水肿,通常左心衰竭引起肺水肿,而右心衰竭可引起全身水肿。左心衰竭时,肺脏回心血量受阻,使肺毛细血管流体静压增高,引起肺水肿;左心衰竭,心输出量降低,反射性地引起交感神经兴奋,使血液转移到肺内,肺血容量增多;由于肺水肿的形成,影响肺泡毛细血管氧气供应,使毛细血管壁通透性增高,导致水肿液中蛋白含量增加。右心衰竭时,全身回心血受阻,使体静脉压增高,毛细血管流体静压增高。事实上,右心衰竭时,水肿首先出现在毛细血管流体静压最高的下垂部,这也充分说明了体静脉压增高与水肿形成有直接关系。右心衰竭,由于回心血量减少,使心输出量减少,有效循环血量下降,肾小球滤过率降低;另一方面,肾血流量的减少,使肾素-血管紧张素-醛固酮分泌增多,导致钠、水重吸收增加。

②肾性水肿:肾性水肿发生的中心环节是低蛋白血症。血浆胶体渗透压降低,如肾小球肾炎,肾病综合征,肾机能不全等肾脏疾病时,常因大量蛋白质(主要是白

蛋白)从病变的肾小球滤出,而肾小管又不能全部重吸收,从而出现蛋白尿,大量蛋白质经肾丢失,造成低蛋白血症,导致血浆胶体渗透压下降。另外,肾脏疾病时,因肾血流量减少,导致肾小球滤过减少;另外,由于血浆胶体渗透压的下降,引起肾小球滤过下降,造成钠、水潴留。

③肝性水肿:肝脏疾病尤其是肝硬变可引起水肿,主要表现为腹水,其发生机理是多因素的,原发因素是血液动力学变化。肝性水肿也是全身性水肿,但以腹水形成为主要特点。

④炎性水肿:炎性水肿发生的主要机理是毛细血管流体静压增高、微血管壁通透性增高、组织胶体渗透压增高。炎性水肿是局部水肿,水肿液蛋白质含量较高,通常称为"渗出液",同时伴有红、热及疼痛。

⑤营养不良性水肿:又称恶病质性水肿,多见于动物的慢性消耗性疾病和营养不良(蛋白质饲料或其他物质的缺乏)。发生机理是血浆胶体渗透压降低。一般认为,低蛋白血症导致的血浆胶体渗透压降低是营养性水肿发生的主要成因。除有低蛋白血症外,可能尚有其他营养物质(如硫胺素等)的缺乏,也参与营养不良性水肿的发生。

(3)对机体的影响:炎性水肿的水肿液有稀释毒素,运送抗体等抗损伤作用。肾性水肿的形成对减轻血液循环的负担起着弃卒保车的作用。心性水肿液的生成可降低静脉压,改善心肌收缩功能等。

水肿对机体的不利影响,取决于水肿发生的部位、程度、发生速度及持续时间。如器官机能障碍,水肿对器官组织功能活动的影响,取决于水肿发生的速度和程度。急性水肿比慢性水肿影响大。若为生命活动的重要器官,可造成严重后果,如心包积水妨碍心脏的泵血机能;喉头水肿可引起气道阻塞,严重者窒息死亡;细胞营养障碍,水肿可引起组织内压增高,尤其是受骨壳坚实的包膜限制的器官和组织,发生水肿时,使血液供应减少。此外,因水肿液的存在,使细胞与毛细血管间的距离增大,增加了营养物质在细胞间交换的距离。

(二)钾代谢障碍

钾是细胞中的主要阳离子,体内98%的钾存在于细胞内液。正常动物机体对钾平衡的调节主要依靠两大机制,即肾的调节和钾的跨细胞转移。

钾的主要生理功能包括维持细胞新陈代谢、维持细胞静息电位和调节细胞内外渗透压和酸碱平衡。

钾代谢障碍通常表现为高钾血症和低钾血症。

1.低钾血症　是指血清钾浓度低于正常范围。缺钾则是指体内总钾量不足,二者是不同的概念。低钾血症和缺钾可同时发生,也可分别发生。

(1)发生原因:钾摄入不足,动物饲料中一般不会缺钾,尤其是草食动物,但在吞咽困难,长期饥饿,消化吸收障碍等情况下,可引起缺钾;钾丢失过多,这是造成动物机体缺钾和低钾血症的主要病因。如经消化道、肾脏和汗液丢失。

(2)对机体的影响:低钾血症对机体影响在不同的个体差异很大,临床症状取决于血钾降低的速度和程度。一般来说,血钾浓度越低对机体的影响越大。慢性失钾,临床症状可不明显。低钾血症对机体的主要影响是神经和肌肉的功能障碍。对神经系统的影响主要是动物表现为淡漠、定向力弱、嗜睡甚至昏迷。对肌肉的影响是急性低钾血症常引起肌肉无力,甚至麻痹;消化道平滑肌则常发生运动减弱、便秘、腹胀,严重的发生麻痹性肠梗阻。其发生机理为低钾血症引起消化道平滑肌细胞超极化阻滞,ATP的产生和利用发生障碍,从而导致收缩力下降。低钾血症对心脏的影响是对心肌细胞的兴奋性、自律性、传导性和收缩性均有影响。可引起心律失常,易发生异位节律。心电图的特征性表现是T波后出现明显U波,S-T段压低。另外,低钾血症时,肾脏对尿的浓缩功能降低,表现为多尿和尿比重降低。严重的低钾血症容易诱发代谢性碱中毒,表现为“反常性酸性尿”。

2.高钾血症　指血钾浓度高于正常范围。血钾浓度高不一定反应体内钾含量高。此外还需注意排除假性高钾血症。

(1)发生原因:高钾血症的主要原因是钾排出受阻和细胞内钾外移,而由于钾摄入过多引起的高钾血症则极为罕见。

①肾排钾障碍:在急性肾功能不全的少尿、无尿期,或慢性肾功能不全的后期,因肾小球滤过率下降或肾小管排钾功能障碍,往往发生高钾血症;肾上腺皮质功能下降 醛固酮合成障碍或某些药物和疾病引起继发性醛固酮不足(如间质性肾炎),使钾的排出减少。

②细胞内钾外移:大量溶血和组织坏死,如严重创伤、烧伤等导致细胞内的钾大量释出,超过肾代偿能力,血钾浓度升高。组织缺氧,ATP生成不足,细胞膜Na^+-K^+-ATP酶功能障碍,细胞外的钾不能进入细胞,而且细胞内的钾还大量外流,引起高钾血症。

(2)对机体的影响:高钾血症对机体的影响主要表现在因膜电位异常而发生的障碍,典型的表现在骨骼肌和心肌。对骨骼肌的影响是轻度高钾血症时细胞外液钾浓度的增高,使细胞内外钾浓度差减小,膜电位降低,兴奋所需的阈刺激减小,肌肉的兴奋性增强,临床上可出现肌肉震颤。重度高钾血症时骨骼肌细胞膜电位过小,等于或低于阈电位,快钠离子通道失活,难以形成动作电位,肌肉细胞不易被兴奋,兴奋扩布困难。临床上可出现四肢软弱无力、腱反射消失甚至出现麻痹。肌肉症状首先出现于四肢,然后向躯干发展。对心脏的影响主要是高钾血症可使心肌的兴奋性、自律性、传导性和收缩性降低，导致心律失常，甚至心搏骤停。另外高钾血症常伴发代谢性酸中毒。

(三)钙磷代谢障碍

1. 钙磷的正常代谢及生理功能　钙在体内99%以上是以骨盐的形式存在于骨骼和牙齿中，血液中的钙还不到0.1%。血液中的钙有三种常存在形式，包括非扩散蛋白结合钙、可扩散结合钙及可扩散游离钙。细胞外钙离子浓度要比细胞内高10 000倍，这种浓度差的维持依赖于钙通道和钙泵。细胞质中的钙离子通常稳定，但在接受刺激后能迅速升高，而后又快速恢复，这依赖于钙开启和关闭机制。钙的生理功能主要有成骨，在骨中与磷形成羟磷灰石结晶，对其起支持和保护作用，同时作为钙库，调节细胞外钙离子浓度；信使作用，主要见于突出传递和骨骼肌兴奋-收缩偶联；凝血作用，可作为凝血因子参与凝血过程；调节酶活性。此外，还可降低毛细血管壁通透性，防止渗出、控制炎症和水肿的发生，并参与补体的激活。

磷在体内85%以上存在于细胞内液，细胞外液的磷量很少。磷在生命活动中十分重要，首先是构成生命重要物质，如核酸、磷脂和磷蛋白；参与机体能量代谢；成骨和凝血。还可参与酸碱平衡的调节等。

2. 钙磷代谢障碍　动物钙磷代谢障碍常见于饲料中钙磷配比不当，并引起一系列临床症状。

(1)低钙血症：指血清离子钙浓度低于正常值。发生原因主要是饲料中钙磷配比不当、维生素D代谢障碍、肾功能障碍以及其他因素，如甲状腺机能减退等。

慢性低血钙对机体无明显影响，但血清钙离子迅速而严重的下降，可致明显症状。主要是对神经肌肉的影响，可引起四肢抽搐，惊厥，并出现腹痛腹泻等；对骨代谢的影响主要是可以引起幼畜的佝偻病和成年动物骨软症等，此外对心肌和平滑肌也有一定的影响。

(2)高钙血症：指血清钙浓度高于正常值。发病原因主要是骨质溶解增加及与维生素D代谢有关的疾病而引起。

高钙血症可以引起肾组织损伤、神经肌肉兴奋性下降，心肌细胞兴奋性、传导性降低，另外，还可影响其他电解质，出现低钾低镁血症等。

(3)低磷血症：血磷浓度低于正常值。主要原因是摄入不足、丢失过度和磷酸盐转移入细胞。

低磷血症可以引起ATP生成不足，造成中枢神经系统障碍、心肌收缩无力、骨骼肌和胃肠平滑肌收缩力减弱；还可引起红细胞中2,3-二磷酸甘油酸减少造成组织缺氧，并可影响白细胞的趋化、吞噬功能。

(4)高磷血症：血磷浓度高于正常值。主要原因是肾功能衰竭、磷从细胞内释出和维生素D中毒。

高磷血症，尤其是急性发病时主要影响是产生溶解度极小的磷酸钙，引起低钙血症并导致转移性钙化，从而出现低钙血症的各种临床表现和相应的组织钙化。

（四）镁代谢障碍

1. 镁的正常代谢和生理机能　镁在动物体内含量仅次于钠、钾、钙，镁参与体内多种酶促反应，具有广泛的生理功能。

动物体内50%～60%的镁存在于骨骼中，作为保持正常细胞外镁浓度的储备。细胞外镁约占总镁量的1%。细胞内镁主要存在于细胞器中，多以结合形式存在。体内镁的平衡主要依靠镁的吸收和排泄，以及有关激素进行调节。

镁参与多种酶的活化，特别是与ATP结合的有关酶类。主要生理功能包括参与物质代谢；抑制或兴奋神经肌肉；稳定细胞内DNA、RNA的作用，调节RNA合成酶，影响蛋白质代谢；影响钠、钾、钙的转运和浓度；此外对心血管系统、中枢神经系统和神经-肌肉接头等均有影响。

2. 镁代谢障碍

（1）低镁血症：血清镁含量低于正常范围。主要是由于摄入不足、排出增多及镁分布异常等引起。

低镁血症可以造成神经-肌肉兴奋性增高，出现四肢肌肉震颤、强直、抽搐等；可以引起心律失常，还可引起低钾和低钙血症。

（2）高镁血症：血清镁浓度高于正常范围。主要是由于肾排镁减少、镁分布异常及过量应用镁制剂等引起。

高镁可使神经-肌肉接头处释放的神经递质减少，抑制神经-肌肉兴奋性传递，表现为骨骼肌迟缓性麻痹，严重者可发生随意肌和呼吸肌麻痹；高镁降低心肌的兴奋性，延长窦房结、房室结传导，出现传导阻滞和心动过缓等；抑制自主神经递质释放，并抑制胃肠道平滑肌运动，表现为便秘、呕吐等；高镁可使呼吸中枢兴奋性降低和呼吸肌麻痹，导致呼吸停止。

（五）酸碱平衡紊乱

动物机体的组织、细胞必须处于具有适宜的酸碱度的体液环境中，才能进行正常的生命活动。机体在代谢过程中不断生成酸性或碱性物质，也经常摄取一些酸性或碱性食物，但是依靠体液的缓冲系统以及肺和肾的调节功能，血浆pH仍然稳定在正常范围内。这种生理情况下，维持体液酸碱度的相对稳定性称为酸碱平衡。

尽管机体对酸碱负荷具有强大的缓冲和有效的调节能力，但有许多原因可引起酸碱超量负荷或调节机制障碍而导致体液环境酸碱度稳定性破坏，形成酸碱平衡障碍。这是临床各科均十分常见的重要课题。

1. 概述　酸碱平衡障碍实质上就是氢离子(H^+)代谢障碍。体内H^+的来源主要是呼吸性H^+和代谢性H^+。由碳酸释出的氢离子称呼吸性H^+，它由糖、蛋白质、脂肪氧化产生CO_2和H_2O，并结合而成碳酸，经离解而形成H^+。代谢性H^+主要来自含硫氨基酸中硫原子的氧化，形成硫酸(一个硫原子氧化产生一个SO_4^{2-}和两个H^+)；还有来自含磷的有机化合物(如核苷酸、磷蛋白、磷脂等)，经分解而产生磷酸；嘌呤类化合物氧化分解产生尿酸。以上的酸性物质是在代谢中产生的，故称"代谢性H^+"，也称"固定酸"或"非挥发性酸"，可通过肾脏排出。

糖和脂肪在分解代谢过程中亦能产生多种酸性物质，如糖酵解过程生成甘油酸、丙酮酸及乳酸；糖氧化过程中生成各种三羧酸；脂肪代谢产生β-羟丁酸和乙酰乙酸等。这些有机酸是物质代谢过程中的正常中间产物，最终氧化成CO_2和H_2O而被排出体外并不影响体液的酸碱状态。

草食动物的饲料经代谢后多产生呼吸性H^+(可通过肺排出)，而产生的代谢性H＋则要比肉食动物少得多。因此，草食动物的尿为碱性而肉食动物的尿为酸性。

2. 酸碱平衡的调节　家畜在代谢过程中不断地产生酸性或碱性物质，这些物质会改变体液的pH值，如不进行调节，便会引起酸碱平衡障碍。机体主要通过以下途径来调节pH的恒定。

(1)细胞外液的缓冲作用：缓冲作用是指向溶液中加入酸或碱时具有防止H^+浓度发生显著变动，即减轻pH变动程度的作用。缓冲系统有碳酸氢盐缓冲系统和非碳酸氢盐缓冲系统。碳酸氢盐缓冲系统由重碳酸盐和碳酸构成(HCO_3^-/H_2CO_3)，可以缓冲本系统以外的各种酸类和碱类。非碳酸氢盐缓冲系统包括：磷酸盐缓冲对(Na_2HPO_4/NaH_2PO_4)、血浆蛋白缓冲对(Na蛋白质/H蛋白质)、氧合血红蛋白缓冲对($KHbO_2$/HH-BO_2)和血红蛋白缓冲对(KHb/HHb)等。

(2)肺在酸碱平衡调节中的作用：肺在酸碱平衡调节中的作用是通过改变肺泡通气量控制CO_2的排出量，使血浆中HCO_3^-与H_2CO_3的浓度比值维持正常，以保持血液pH值的相对恒定。

(3)肾在酸碱平衡调节中的作用：肾在酸碱平衡调节中的作用在于通过改变排酸或保碱的量来维持血浆HCO_3^-浓度在正常范围内，以保持血浆pH值不变。在正常动物，体内酸性物质的产生量远远超过碱性物质，因此肾主要是针对固定酸负荷进行调节。这种调节作用由两个方面构成，每天排出代谢过程中生成的H^+和重吸收经肾小球滤出的HCO_3^-。

体液缓冲系统、肺和肾三者共同维持体液酸碱度的相对稳定性，它们在作用时间和程度上又各有特点，相互配合与补充，以保持HCO_3^-/H_2CO_3的浓度比为

20∶1。血液缓冲系统的反应最为迅速，一旦有酸性或碱性物质入血，缓冲物质就立即与其反应，将强酸或强碱中和转变成弱酸或弱碱，同时缓冲系统自身被消耗，故缓冲作用不易持久；肺的调节在几分钟内开始，通过改变肺泡通气量来控制血浆 HCO_3^- 浓度的高低，但仅对 CO_2 有调节作用，不能缓冲固定酸；细胞内液的缓冲作用强于细胞外液，在 3～4 h 开始发挥调节作用，通过细胞内外离子的转移来维持酸碱平衡，但常可引起血钾浓度的改变；肾的调节作用比较缓慢，常在酸碱平衡紊乱发生后数小时开始发挥作用，但持续时间较久，特别是固定酸的排出和 HCO_3^- 含量的恢复。

3. 汉-哈二氏方程式及酸碱平衡障碍的分型

(1)汉-哈二氏方程式：血液 pH 值可用汉-哈二氏方程式(Henderson Hasselbalch equation)计算：

$$pH = pK_a + \lg[HCO_3^-]/[H_2CO_3]$$

其中 pK_a 是碳酸电离常数的负对数，在 37℃时为 6.1。因此 3 个参数中只要测定 2 个参数，则第 3 个参数就可计算出来了。如家畜正常重碳酸盐的量为 24 mmol/L，碳酸为 1.2 mmol/L，代入汉-哈二氏方程式，

则　$pH=6.1+\lg 24/1.2=6.1+\lg 20=6.1+1.301=7.40$

由上可见，血液 pH 值主要取决于$[HCO_3^-]$与$[H_2CO_3]$之比值，正常比为 20∶1，则 pH 值为 7.4。但 pH 值为 7.4 并不等于酸碱平衡正常，因为$[HCO_3^-]$和$[H_2CO_3]$的绝对值都按比例增高(或降低)，则比值仍为 20∶1，这时可能存在酸碱平衡障碍，即可能发生代偿性代谢性碱中毒或代偿性呼吸性酸中毒，也可能是代谢性碱中毒合并呼吸性酸中毒。

(2)酸碱平衡障碍的分型：血浆中碳酸氢盐缓冲对在维持血液酸碱平衡中起重要作用，其值常作为临床上判定酸碱平衡障碍的客观指标。如果血液 pH 值的变动是由血浆碳酸原发性的增多或减少引起，则前者称呼吸性酸中毒，而后者称呼吸性碱中毒。如果血液 pH 的变化起源于碳酸氢盐原发性的增加或减少，则前者称代谢性碱中毒，而后者称代谢性酸中毒。把酸碱平衡障碍分为呼吸性和代谢性是不妥当的，因为产生碳酸的 CO_2 本身也是代谢的产物，而所谓代谢性酸中毒时，有的酸也不一定是代谢产生的，可能是吃进去的，如水杨酸。

根据机体的代偿程度，酸碱平衡障碍可分为三种情况：

未经代偿的酸碱平衡障碍：指代偿性成分还没有发生改变形成的酸碱平衡障碍。如代谢性酸中毒时血浆 HCO_3^- 原发性降低，而动脉血 CO_2 分压仍在正常范围。如为呼吸性酸中毒时，则 HCO_3^- 为其代偿性成分，其值仍在正常范围。由于

未经代偿,血液 pH 值异常。

部分代偿的酸碱平衡障碍:代偿性成分相继发生改变,但不足以维持[HCO_3^-]/[H_2CO_3]的正常比值,血液 pH 值异常酸碱平衡障碍。如在代谢性酸中毒时,血液 p_{aCO_2} 虽然也降低,但下降的幅度低于 HCO_3^-,故比值小于 20∶1,血液 pH 值低于正常,称为"部分代偿的代谢性酸中毒。

代偿的酸碱平衡障碍:代偿性成分发生改变,[HCO_3^-]/[H_2CO_3]比值和 pH 值都在正常范围,即比值基本接近 20∶1 的酸碱平衡障碍。如酸中毒时 pH 值为它的下限,碱中毒时为上限。

4.反映血液酸碱平衡状况的常用指标

(1)H^+ 浓度和 pH:pH 的变化反映酸碱平衡紊乱的性质及严重程度。血液的酸度也可直接用[H^+]表示。[H^+]与 pH 比较有鲜明的量的关系。

(2)动脉血 CO_2 分压:它是血浆中呈物理溶解状态的 CO_2 分子产生的张力。动脉血 CO_2 分压是反映酸碱平衡呼吸性因素的重要指标,高于正常值时表示肺泡通气不足,有 CO_2 潴留,见于呼吸性酸中毒或代偿后的代谢性碱中毒;动脉血 CO_2 分压降低时表示肺泡通气过度,CO_2 呼出过多,见于呼吸性碱中毒或代偿后的代谢性酸中毒。

(3)标准碳酸氢盐和实际碳酸氢盐:标准碳酸氢盐是全血在标准条件下(即在 38℃,血红蛋白氧饱和度为 100%,用动脉血 CO_2 分压为 5.32 kPa 的气体平衡)所测得的血浆 HCO_3^- 含量。因为已排除了呼吸性因素的影响,故 SB 是反映酸碱平衡代谢性因素的指标。实际碳酸氢盐是隔绝空气的血液标本,在实际动脉血 CO_2 分压和血氧饱和条件下测得的血浆 HCO_3^- 含量。

(4)缓冲碱和碱剩余:缓冲碱是指血液中一切具有缓冲作用的负离子的总和,包括 HCO_3^-、Hb^- 和 Pr^- 等,通常以氧饱和的全血测定。缓冲碱数值是反映代谢性因素的指标,动脉血 CO_2 分压的高低对 BB 无明显影响。代谢性酸中毒时,BB 值减少;代谢性碱中毒时,BB 值增加。碱剩余是指在 38℃、动脉血 CO_2 分压 5.32 kPa、血红蛋白完全氧合条件下,将 1 L 全血或血浆滴定 pH 值至 7.40 时所需的酸或碱的量。如需用酸滴定,说明受测血样碱过剩,此时用正值表示,见于代谢性碱中毒;如需用碱滴定,说明受测血样碱缺失,此时用负值表示,见于代谢性酸中毒。

(5)二氧化碳结合力:是指血浆 HCO_3^- 中的 CO_2 含量,亦即结合状态的 CO_2。一般所谓的碱储备就是以 CO_2CP 来表示的。CO_2CP 增高可能是代谢性碱中毒,或代偿后的呼吸性酸中毒;CO_2CP 降低可能是代谢性酸中毒,或代偿性呼吸性碱中毒。

(6)阴离子间隙:系指血浆中未测定阴离于与未测定阳离子的差值。

5.代谢性酸中毒　代谢性酸中毒是酸碱平衡障碍中最常见的一种，是血浆[HCO_3^-]原发性减少为特征的一种 H^+ 代谢紊乱。可由固定酸生成过多或 HCO_3^- 丢失过多引起。

(1)发病原因：

①固定酸生成过多：剧烈的肌肉活动，各种原因引起的缺氧（如休克、肺部疾病等），由于葡萄糖有氧氧化不全，糖酵解加强，使乳酸在体内蓄积过多产生乳酸酸中毒。此外，动物长期饥饿、持续高热和糖尿病等由于体内糖的贮备耗尽、大量体脂被动员作为能源，产生过多的酮体（如乙酰乙酸和 β-羟丁酸均为酸性物质），可引起酮症酸中毒（酮体产生过多，超过了肝外组织利用能力）。

②酸性物质进入体内过多：如服用氯化铵、水杨酸制剂（阿司匹林）等药物可引起酸中毒。反刍动物急性食入过量糖类饲料，可在瘤胃中产生大量乳酸，经吸收而引起酸中毒。此外，在治疗碱中毒时应用过量的酸性物质也可引起代谢性酸中毒。

③肾脏排酸功能障碍：见于肾机能不全，因肾小球滤过率降低，使一些酸性物质（硫酸和磷酸等）不能经肾排出而蓄积在体内。此外，肾小管上皮细胞分泌 H^+ 障碍，影响肾小管内 HCO_3^- 的重吸收，引起代谢性酸中毒。

④碱性物质丢失过多：常见于腹泻、小肠内容物的蓄积（特别是马）、过度丢失唾液等都可引起机体丢失大量的 HCO_3^-。

⑤其他：如高血钾症也可引起代谢性酸中毒。此外，大量输注生理盐水可使 HCO_3^- 被稀释而引起稀释性酸中毒。

在酸中毒时机体的代偿包括血浆和细胞的缓冲，以及呼吸和肾脏的代偿。

(2)对机体的影响：代谢性酸中毒主要是引起心血管系统和中枢神经系统的功能障碍。

①对心血管功能的影响：严重代谢性酸中毒能产生致死性室性节律失常、心收缩力降低以及心血管对儿茶酚胺的反应性降低。

②中枢神经系统：代谢性酸中率时中枢神经系统功能障碍的主要表现是抑制，严重者可有嗜睡、昏迷。

③对骨系统的影响：在慢性酸中毒（如慢性肾功能不全）时，由于骨不断释放出钙盐，可引起纤维性骨炎、佝偻病和骨质软化病（成年）。

6.呼吸性酸中毒　是指血浆 H_2CO_3 浓度呈原发性增高，由肺泡通气功能不足或 CO_2 吸入过多所致。

(1)发病原因：

①呼吸中枢抑制：由颅脑损伤、脑炎、麻醉剂过量和颅内压增高等引起。

②呼吸肌麻痹：如有机磷中毒、重症肌无力、严重缺钾和高位脊髓损伤等。

③胸廓疾患：如胸部创伤、严重气胸和胸胶积液等。

④气道阻塞或不畅：咽、喉水肿或肿瘤，异物阻塞等。

⑤肺疾病：是引起呼吸性酸中毒的主要原因，如肺水肿、气肿、大面积肺萎缩、肺炎等，可因通气和换气功能障碍而引起呼吸性酸中毒。此外，室内通气不良，空气中 CO_2 增多也可引起。

(2)对机体的影响：

①中枢神经系统功能变化：与代谢性酸中毒相似，主要表现为抑制，但呼吸性酸中毒时脑脊液 pH 下降更快、更显著。这是因为：a. CO_2 通过血脑屏障要比 HCO_3^- 快得多；b. 脑脊液内缓冲物质比血液少，前者没有红细胞，蛋白质成分也少；c. 动脉血 CO_2 分压增高可引起中枢神经系统麻醉。此外，动脉血 CO_2 分压增高还引起脑血管扩张，发生脑充血、水肿、颅内压上升而导致一系列的神经症状。

②心血管系统功能变化：与代谢性酸中毒相似，呼吸性酸中毒时也可由于血浆 H^+ 浓度增加和高钾血症而引起心律失常，心收缩力减弱及末梢血管扩张。

7. 代谢性碱中毒　因碱性物质摄入(注射)太多或大量固定酸丢失使血浆 HCO_3^- 浓度原发性增高的一种病理过程。

(1)发病原因：

①酸性物质丢失过多：见于酸性胃液大量丢失(如呕吐、高位肠梗阻、真胃移位和扭转等)。

②错误的治疗：如输入碳酸氢盐过多(特别是肾机能不全时)。

③血钾降低：低血钾症常可引起代谢性碱中毒。

④醛固酮分泌过多：可增强肾小管重吸收 Na^+ 和排出 H^+ 及 K^+，引起代谢性碱中毒和低钾血症。

代谢性碱中毒时机体主要通过缓冲作用，肺和肾脏来进行代偿调节。

(2)对机体的影响：

代谢性碱中毒患者通常无症状，但是，严重的代谢性碱中毒则可出现许多功能代谢变化。

①中枢神经系统功能改变：严重代谢性碱中毒患畜常有烦躁不安、意识障碍等中枢神经系统兴奋症状。

②血红蛋白氧离曲线左移：血液 pH 升高可使血红蛋白与 O_2 的亲和力增强，以致相同氧分压下血氧饱和度可以增加，血红蛋白氧离曲线左移，血红蛋白不易将结合的 O_2 释出而造成组织供氧不足。

③对神经肌肉的影响：严重的急性碱中毒时，神经肌肉的应激性增高，可出现面部和肢体肌肉的抽动和惊厥等症状。

④低钾血症:代谢性碱中毒时常伴有低钾血症。这是由于碱中毒时,细胞外 H^+ 浓度降低,细胞内 H^+ 逸出而细胞外 K^+ 向细胞内移动;同时,由于肾小管上皮细胞排 H^+ 减少,故 H^+-Na^+ 交换降低而 K^+-Na^+ 交换增强,故排 K^+ 增多导致低钾血症。低钾血症除可导致神经肌肉症状外,严重时还可以引起心律失常。

8.呼吸性碱中毒　由于肺换气过度致使 CO_2 排出过多而引起血浆碳酸原发性减少的情况称为呼吸性碱中毒。

(1)发病原因:可因过度通气引起。如气温过高、高热、疼痛、全身麻醉时的过度人工呼吸、某些药物中毒(水杨酸盐直接刺激呼吸中枢)和低氧血症等情况都可引起呼吸性碱中毒。

此时机体通过非碳酸氢盐缓冲系统的酸进行缓冲,使血液 pH 有所降低。动脉血 CO_2 分压下降时可抑制呼吸,从而使动脉血 CO_2 分压有所回升。此外,在慢性呼吸性碱中毒时肾通过排 H^+、NH_3 减少和减少 HCO_3^- 的重吸收使血浆 HCO_3^- 降低。

(2)对机体的影响:血 Cl^- 增高、血 K^+ 降低和血 Ca^{2+} 降低(总钙量可不降低)。血 Ca^{2+} 下降引起神经、肌肉的症状参见代谢性碱中毒。此外,机体还可出现缺氧(pH 增高时,血红蛋白氧离曲线左移)。

9.混合型酸碱平衡障碍　是指同一病畜有两种或两种以上的单纯性酸碱平衡紊乱同时存在。如果代谢性和呼吸性异常皆为酸中毒或碱中毒,则称之为相加性混合型酸碱平衡紊乱。如呼吸性缺氧,并发心力衰竭、休克时,可因 CO_2 蓄积引起呼吸性酸中毒,同时伴有有机酸产生增多而发生代谢性酸中毒。

如果代谢性和呼吸性异常呈现相反方向变化,则称之为相消性混合型酸碱平衡紊乱。如动物呕吐并伴有肺部疾病(通气不足)时可发生代谢性碱中毒合并呼吸性酸中毒;又如动物发热(通气过度)合并肾病时可引起呼吸性碱中毒合并代谢性酸中毒。同一病畜不可能同时发生 CO_2 又过多又过少,因此呼吸性酸中毒和呼吸性碱中毒不会同时存在。

三、缺氧

(一)概述

1.缺氧的概念　氧为生命活动所必需。当组织(细胞)氧供应不足(绝对不足或相对不足)或由于细胞氧化过程障碍而不能利用氧时,组织的代谢、功能,甚至形态结构都可能发生异常变化,这一病理过程称为缺氧。缺氧既是某些特殊环境(如高原)所特有的医学问题,也是多种疾病的共同的病理过程。机体在缺氧时会发生一系列的变化,有的对生命活动有利,如血液循环的改变,呼吸加强和红细胞生成加速等；有的则有害于机体，如缺氧引起细胞功能障碍或死亡。

家畜临床上缺氧极为常见，循环、呼吸、血液系统的疾病以及某些化学物质的中毒都可引起缺氧，是家畜死亡的直接原因之一。

2. 常用的血氧指标　氧的获得和利用是个复杂的过程，包括外呼吸、气体的运输和内呼吸。血氧是反映组织的供氧量与耗氧量的重要指标。常用的血氧指标有：氧分压，为溶解于血液的氧所产生的张力；氧容量，为 100 mL 血液中血红蛋白为氧充分饱和时的最大携氧量；氧含量，为 100 mL 血液实际的带氧量，主要是血红蛋白实际结合的氧和极小量溶解于血浆的氧；氧饱和度，是指血红蛋白的氧饱和度。

(二)缺氧的原因和分类

氧的供应和利用包括大气中的氧分压、肺通气、气体在肺泡和肺毛细血管之间的交换、氧在血液中的运输和组织对氧的利用等五个环节。其中一个或几个环节出现问题都可能引起缺氧。因此缺氧的原因主要是供氧不足和用氧障碍所引起。根据缺氧的原因和血氧变化的特点，缺氧一般可分为以下几种。

1. 低张性缺氧　低张性低氧血症又称乏氧性缺氧，主要特点为动脉血氧分压降低，血氧含量减少，造成组织供氧不足。

引起低张性低氧血症的原因主要有大气中氧分压降低、呼吸机能不全及通气与血流的不一致。

低张性缺氧时，动脉血的氧分压，氧含量和血红蛋白的氧饱和度均降低。由于氧分压在 8 kPa(60 mmHg)以上时氧合血红蛋白解离曲线近似水平线，在 8 kPa 以下曲线斜率较大，所以动脉血氧分压降至 8 kPa 以下才会使动脉血氧饱和度及动脉血氧含量显著减少，才可能引起组织缺氧。血液中的氧弥散入细胞被线粒体用于生物氧化过程，弥散的速度取决于血液与细胞线粒体部位的氧分压差。细胞内氧分压正常值为 0.8～5.33 kPa(6～40 mmHg)。若动脉血氧分压与动脉血氧含量过低使氧弥散速度减慢，可引起细胞缺氧。通常 100 mL 血液流经组织时约有 5 mL 氧被利用，即动-静脉血氧含量差约为 5 mL/dL。低张性缺氧时，由同量血液弥散给组织利用的氧量减少，故动-静脉血氧含量差一般是减少的。如慢性缺氧使组织利用氧的能力代偿性增强，则动-静脉血氧含量差变化不显著。

2. 等张性缺氧　又称血液性缺氧，指因血氧容量降低而致动脉血氧含量低于正常水平。此类缺氧是由于血红蛋白数量减少或性质改变(如一氧化碳中毒、高铁血红蛋白血症)，导致血氧含量降低或血红蛋白与氧亲和力异常增强而不易释放所引起的组织缺氧。主要是动脉血氧含量降低而氧分压正常，故为等张性低氧血症。

血液性缺氧时，由于外呼吸功能正常，故动脉血氧分压及血氧饱和度正常，但因血红蛋白数量减少或性质改变，使血氧容量降低，因而血氧含量也减少。

一氧化碳中毒的病畜血液中一定有大量的 HbCO，能结合 O_2 的 Hb 必然减少，因而体内的血氧容量应该是降低的。

毛细血管中氧弥散至组织的动力是血液与组织、细胞之间的氧分压梯度，在毛细血管动脉端血氧分压高，故 O_2 向血管外弥散速度快。血液由动脉端流向静脉端时，血氧含量逐渐减少，血氧分压逐步下降，氧弥散至组织的速度也逐步减慢，故组织获得的氧量取决于毛细血管中的平均氧分压与组织细胞的氧分压差。贫血的病畜虽然动脉血氧分压正常，其毛细血管床中平均血氧分压却低于正常，故使组织缺氧。

3. 低血流性缺氧　又称循环性缺氧，指因组织血流量减少所引起的缺氧。又可分为缺血性缺氧和淤血性缺氧两种情况，前者为动脉血流入组织不足所致，后者为静脉血回流受阻所致。

血流量减少可为全身性的，也可为局部的。全身性循环性缺氧常见于休克和心力衰竭。休克病畜心输出量的减少比心力衰竭者更严重，全身性缺氧也更严重，病畜可死于因心、脑、肾等重要器官严重缺氧而发生的功能衰竭。局部性循环性缺氧常见于栓塞、血管病变如动脉粥样硬化或脉管炎与血栓形成等。局部血液循环障碍的后果主要取决于发生部位，心肌梗塞和脑血管意外是常见的致死原因。

单纯性循环性缺氧时，动脉血的氧分压、氧饱和度和氧含量是正常的。全身性循环障碍累及肺时，如左心衰竭引起肺水肿，则可合并有呼吸性缺氧，使动脉血氧分压与氧含量低于正常。

另外，由于血流缓慢，血液流经毛细血管的时间延长，从单位容量血液弥散给组织的氧量较多，静脉血氧含量降低，致使动-静脉氧含量差大于正常；但是单位时间内流过毛细血管的血量减少，故弥散到组织、细胞的氧量减少，导致组织缺氧。

由于静脉血的氧含量和氧分压较低，毛细血管中平均脱氧血红蛋白可超过 5 g/dL，因而可引起发绀。

循环性缺氧由于血流不畅，可导致代谢产物不能及时排出，进一步损害细胞的功能。

4. 组织性缺氧　指由组织、细胞利用氧异常所引起的缺氧。常见诱因包括组织中毒、细胞损伤、呼吸酶合成障碍及组织需氧过多。

组织性缺氧时动脉血氧分压、氧饱和度和氧含量一般均正常。由于内呼吸障碍使组织不能充分利用氧，故静脉血氧含量和氧分压较高，动-静脉血氧含量差小于正常。但是，由组织需氧过多引起缺氧时，组织耗氧量是增加的，静脉血氧含量与氧分压较低，使动-静脉血氧含量差增大。

(三)缺氧对机体的影响

缺氧对机体的影响包括功能、代谢的代偿适应性反应和由缺氧引起的代谢与功能障碍。其影响程度和结果取决于缺氧的原因,缺氧发生的速度、程度、部位、持续时间以及机体的功能代谢状态。

轻度缺氧主要引起机体代偿性反应,严重缺氧而机体代偿不全时,出现的变化以代谢功能障碍为主,甚至引起局部组织的坏死或机体死亡。机体在急性缺氧时与慢性缺氧时的代偿反应有区别。急性缺氧时由于机体来不及代偿而较易发生代谢功能障碍。各种类型的缺氧所引起的变化既有相似之处,又各具特点。以下主要以低张性缺氧为例说明缺氧对机体的影响。

1. 缺氧对呼吸系统的影响

(1)代偿适应性反应:血液血氧分压、血二氧化碳分压和 pH 的变化都可影响呼吸运动,而且在不同类型的缺氧中血 CO_2 分压可以增高、不变或降低,pH 也可以正常或异常,因此很难用简单的公式来回答。

缺氧的信号通过外周化学感受器(主动脉体和颈动脉体)的兴奋而反射性地促进呼吸运动加强。低张性低氧血症发展到一定程度时可引起肺通气量增加,而等张性低氧血症通常不发生呼吸增强。此外,缺氧引起呼吸的改变还受血液 CO_2 浓度所制约,因为呼吸加强可使肺排出过多的 CO_2,使血二氧化碳分压下降,引起呼吸性碱中毒,在一定程度上抵消了缺氧对呼吸的增强作用。只有当缺氧伴有血液 pH 值降低时才有明显的呼吸增强反应。

(2)呼吸功能障碍:严重的缺氧可抑制呼吸中枢的活动,引起周期性呼吸,甚至呼吸停止。

急性低张性缺氧,如人快速登上 4 000 m 以上的高原时,可在 1～4 天内发生肺水肿,表现为呼吸困难、咳嗽、血性泡沫痰、肺部有湿性啰音、皮肤黏膜发绀等。因为肺水肿与肺动脉高压呈正相关,毛细血管压力增高。可能缺氧所致外周血管收缩使回心血量增加和肺血量增多,加上缺氧性肺血管收缩反应使肺血流阻力增加,导致肺动脉高压。

2. 缺氧对循环系统的影响

(1)代偿适应性反应:包括心输出量增加,主要由于心率加快、心肌收缩性增强和静脉回流量增加所致;血流分布改变;肺血管收缩;毛细血管增生。

(2)循环系统功能障碍:严重的全身性缺氧时,心脏可受累积,如高原性心脏病、肺源性心脏病、贫血性心脏病等,甚至发生心力衰竭。

3. 缺氧对血液系统的影响

(1)红细胞增多:缺氧可引起血液中红细胞增加。

(2)氧合血红蛋白解离曲线右移：缺氧时，红细胞内 2,3-DPG 增加，导致氧离曲线右移，即血红蛋白与氧的亲和力降低，易于将结合的氧释出供组织利用。

(3)发绀：缺氧时家畜黏膜和皮肤(薄皮处)可呈现青紫色，这一现象称为"发绀"。它是兽医临床上判定缺氧的一个重要指标。发绀有全身的和局部的两种。局部发绀多发生在局部血流缓慢或停滞处(低血流性缺氧)，一般认为毛细血管内血红蛋白超过 5%时即呈现发绀。因此，严重的贫血病畜，虽缺氧也不出现发绀；反之，红细胞增多的病畜容易出现发绀，但并不一定表示缺氧。皮肤、黏膜血管收缩时，由于血量很少，虽有严重缺氧，发绀也不明显。

4. 缺氧时组织细胞的适应及缺氧性细胞损伤

(1)组织细胞的适应：在供氧不足的情况下，组织、细胞可通过增强利用氧的能力和增强无氧酵解过程以获取维持生命活动所必需的能量。

(2)缺氧性细胞损伤：严重缺氧时，组织、细胞可发生严重的缺氧性损伤，器官可发生功能障碍甚而功能衰竭。缺氧性细胞损伤主要为细胞膜、线粒体及溶酶体的变化。如细胞膜通透性增加，线粒体出现肿胀、嵴崩解、外膜破裂和基质外溢等病变，溶酶体肿胀、破裂和大量溶酶体酶释出，导致细胞及周围组织溶解坏死。

5. 中枢神经系统的变化　急性缺氧可引起头痛、情绪激动、思维能力、记忆力、判断力降低或丧失以及运动不协调等。慢性缺氧者则有易疲劳、嗜睡、注意力不集中及精神抑郁等症状。严重缺氧可导致烦躁不安、惊厥、昏迷，甚而死亡。缺氧引起脑组织的形态学变化主要是脑细胞肿胀、变性、坏死及脑间质水肿。

有的动物在严重缺氧时常引起骨骼肌痉挛，称为"缺氧抽搐"或"高空抽搐"。但有的动物(豚鼠、大鼠)虽死于缺氧，但死前并不出现缺氧痉挛。

第三节　免疫病理学

一、变态反应

变态反应又称超敏反应，是指机体受到抗原初次刺激处于致敏状态，再次接触相同抗原时引起的一种以机体功能紊乱或组织细胞损伤为主的特异性免疫应答。此类免疫反应伴有炎症和组织损伤。凡是能引起机体产生变态反应的物质称为变应原，包括完全抗原，半抗原和自身物质。由变态反应引起的疾病称为变态反应性疾病。变态反应可以表现为全身性的也可以表现为局部性的。

由于机体的免疫状态和变应原的性质不同，变态反应可以表现为多种形式。

根据免疫机理的不同，变态反应可以分为Ⅰ型（速发型）、Ⅱ型（细胞毒型）、Ⅲ型（免疫复合物型）和Ⅳ型（迟发型）。

（一）Ⅰ型变态反应

又称为过敏反应，是最常见的一种变态反应。该型的变应原主要是外源性的，如异种蛋白质（如生物毒液、异种动物血清、疫苗、寄生虫等）和非蛋白性物质（如各种抗菌素及药物等）。参与此型反应的抗体主要是特异性 IgE 抗体，但在不同动物种属中，还有其他种类的免疫球蛋白参与此型反应，如家兔、狗、豚鼠、小鼠的 IgG，大鼠还有 IgA 参与。

此型变态反应的发生过程主要分为致敏阶段（抗体与细胞结合）、发敏阶段（抗原抗体在细胞表面相互作用活化细胞释放生物活性物质）和效应阶段（活性物质作用于效应组织器官）。参与的活性物质主要有组胺、5-羟色胺、激肽、白细胞三烯、前列腺素 D 和血小板活化因子等。

Ⅰ型变态反应有全身性的，也有局部性的。如注射青霉素引起的全身性过敏反应及花粉、烟曲霉等引起的吸入性过敏反应。Ⅰ型变态反应的特点主要是发生及消失迅速；补体不参与反应，机体出现功能紊乱而组织细胞损伤较轻；个体差异明显，当全身性反应严重时，可因休克而死。

（二）Ⅱ型变态反应

又称细胞毒反应，是机体产生对细胞本身成分或固着于细胞表面的抗体，与相应的抗原发生反应，有补体参与而发生细胞溶解或组织损伤。正常组织细胞、改变的自身组织细胞和被抗原或抗原表位结合修饰的自身组织细胞，均可成为Ⅱ型变态反应中被攻击杀伤的靶细胞。参与此型的抗体主要是 IgG 或 IgM 类。

常见的Ⅱ型变态反应有同族免疫反应如输血反应和新生动物免疫溶血病、自身免疫性溶血性贫血、药物过敏性血细胞减少症。此外，禽伤寒时伤寒菌 O 抗原（脂多糖）和牛锥虫病时释放出的锥虫抗原等均可吸附在红细胞上，刺激机体产生相应抗体，呈现免疫反应，引起红细胞溶解，发生溶血性贫血，也属于Ⅱ型变态反应。

Ⅱ型变态反应的特点是不释放介质，而是抗体与再次出现的抗原结合，形成抗原抗体复合物，粘附于血细胞上，在补体或吞噬细胞等的参与下使靶细胞破坏，从而引起病理变化。

（三）Ⅲ型变态反应

又称免疫复合物反应或血管炎型。变应原主要包括病原微生物、异种血清、变性免疫球蛋白等。此型反应产生的抗体为沉淀性抗体（如 IgG、IgM），与抗原相互结合形成抗原抗体复合物，即免疫复合物。正常情况下，免疫复合物的形成是机体对特定抗原刺激所产生的正常免疫反应的组成部分，可被单核吞噬细胞系统和白细胞消除。但在某些情况下，免疫复合物的形成却成为机体的致病因素，造成组织损伤。

形成的免疫复合物可以沉积于组织，经传统途径激活补体系统产生过敏毒素和趋化因子，引发白细胞和肥大细胞等释放血管活性胺类（如组胺等）和溶酶体酶类（如蛋白水解酶等），引起组织损伤。此外，还可以使血小板活化，合成和释放 5-HT 等，引起血管扩张，通透性增强，产生充血和水肿；同时可使血小板聚集并激活凝血系统而形成微血栓，造成局部组织缺血，以至出血，从而加重组织细胞的损害。

常见Ⅲ型变态反应有 Arthus 反应、肾小球肾炎及血清病。此型变态反应特点是抗体不与细胞膜结合，而是游离于血液中，可与抗原结合形成免疫复合物，沉积于某些部位，如血管壁、肾小球基底膜、关节滑膜等处，激活补体，引起组织细胞损伤。

（四）Ⅳ型变态反应

是细胞免疫介导的变态反应，没有抗体和补体参与，因其反应发生较慢，故又称为迟发型变态反应。变应原主要有胞内寄生菌、某些病毒、寄生虫以及与体内蛋白质结合的化学物质等。参与此型反应的是致敏淋巴细胞，而不是体液抗体，该型反应常发生于局部。

Ⅳ型变态反应的发生，首先变应原经抗原递呈细胞加工处理后，以 MHC-Ⅱ/Ⅰ类分子复合物的形式结合于 APC 表面，进而使具有相应抗原受体的 $CD4^+$ 和 $CD8^+$ T 细胞活化，活化的 T 细胞在 IL-2 和 IFN-γ 等细胞因子作用下，增殖分化为效应 T 细胞，少数细胞成为记忆 T 细胞。

Ⅳ型变态反应发生迟缓，通常在抗原与致敏淋巴细胞接触后 24～72 h 出现明显反应。致敏的 $CD4^+$ 主要介导迟发型超敏反应，活化的 T 细胞通过自分泌、旁分泌和内分泌的方式释放各种淋巴因子参与免疫反应。致敏 $CD8^+$ T 细胞介导细胞毒反应，通过表面的特异受体识别靶细胞表面的相应抗原，结合活化，最终靶细胞胞膜溶解和细胞坏死。

常见的Ⅳ型变态反应有传染性变态反应如结核杆菌感染，还有接触性皮炎如皮肤接触苦味酸等。此型变态反应的特点是致敏淋巴细胞参与反应，与体液抗体无关；局部病灶中淋巴细胞和单核细胞占优势；反应发生迟缓，持续时间长。

二、抗感染免疫

环境中的致病微生物可以突破机体防御屏障，侵入机体后并在其中生长繁殖，由此引起局部或全身性的病理反应。机体在抵抗感染时主要通过非特异性和特异性的免疫应答来发挥效应，抗感染免疫主要与病原微生物的致病性和机体免疫系统的功能状态有关。

(一)抗细菌感染免疫

1. 细菌的致病性　细菌在机体内寄生、增殖并引起疾病的特性称为细菌的致病性。细菌的致病性主要与细菌的毒力、侵入机体的数量和侵入途径有关。

(1)细菌的毒力：主要包括侵袭力和毒素。前者包括细菌的表面结构(如黏附因子及荚膜)、侵袭性酶(如血浆凝固酶)和细菌质粒。毒素按来源、性质和作用不同主要分为外毒素和内毒素。

(2)细菌感染数量和侵袭途径：病原微生物在引发感染时除了细菌毒力因素外，还要有一定的数量和适当的侵袭途径才会侵入机体，并在其中生长繁殖。

2. 细菌感染的免疫应答　由于病原菌的生物学特性不同，因此侵入机体也分为胞外菌感染和胞内菌感染。

(1)胞外寄生菌抗感染免疫：主要以体液免疫应答为主，抗体可与细菌结合，凝集和鞭毛制动影响细菌活力。也可抑制细菌的重要酶系统或代谢途径来抑制细菌的生长；抗体还可在补体和溶菌酶的参与下溶解某些细菌，阻止细菌对细胞的吸附；抗体可与病原菌形成免疫复合物，在补体等的参与下溶解细菌；抗体还可与补体一起调理吞噬细胞的吞噬作用，有利于强化细胞内的杀菌作用。

(2)胞内寄生菌抗感染免疫：主要依靠细胞免疫发挥抗感染免疫应答。病原菌被吞噬后并不能被有效地清除，可随巨噬细胞在体内扩散、蔓延而造成全身感染。机体在病原菌的刺激下初次形成细胞免疫，通过致敏淋巴细胞产生各种淋巴因子，激活吞噬细胞，增强其吞噬消化能力，抑制病原菌在细胞内生存。

(二)抗病毒感染免疫

病毒侵入机体后是否会引起发病取决于病毒的致病力和机体的抵抗力。

1. 病毒的致病作用　病毒的致病作用主要是通过侵入易感细胞或靶细胞，改变细胞的正常代谢和功能而造成损伤。病毒对细胞的致病作用主要与病毒的复制有关。

(1)感染细胞的方式：细胞性感染是指病毒在细胞内增殖的过程中可以阻断细胞自身的合成代谢，并在子代病毒释出时使细胞发生裂解；稳定性感染指有囊膜的病毒在增殖过程中，不影响细胞的合成代谢和溶酶体膜的通透性，不发生细胞溶解死亡；整合感染指某些 DNA 病毒将全部或部分 DNA 以及反转录病毒的 cDNA 整合到宿主细胞基因组中，导致细胞遗传物质的改变；细胞增生指病毒感染细胞后，不仅不会抑制细胞 DNA 合成，反而会促进其合成；细胞转化指某些病毒感染细胞后，其 DNA 整合到细胞基因组中，不能生产完整的病毒粒子，仅能转录一部分

mRNA和蛋白质，破坏细胞正常生长的控制原理。

(2)感染细胞结局：包括细胞死亡、包含体形成、细胞融合、炎症反应及免疫病理损伤。

2.病毒感染免疫应答　细胞外感染的病毒通常以体液免疫为主，细胞内的病毒感染则以细胞免疫为主。

(1)体液免疫：以中和抗体和非中和抗体来发挥作用，结合病毒表面抗原阻止病毒吸附穿入宿主细胞或结合后易被识别吞噬清除，还可通过激活补体，促使病毒感染细胞溶解。

(2)细胞免疫：主要包括细胞毒型T淋巴细胞的抗病毒作用和细胞因子的抗病毒作用。NK细胞和巨噬细胞虽具有杀伤靶细胞的作用，但是破坏病毒感染的靶细胞主要依靠CTL来完成。多种细胞因子均可参与抗病毒作用，研究证实干扰素在机体抗病毒免疫中是极为重要的效应分子。

(二)抗寄生虫感染免疫

抗寄生虫感染免疫与寄生虫病的致病机理和宿主的易感性及抵抗力有关。

1.寄生虫的致病作用　寄生虫的种类较多，生物学特性和寄生部位存在很大不同，致病作用也存在很大差异。主要包括夺取宿主营养、机械性损伤及毒性作用，另外还可作为抗原使宿主致敏引发变态反应。

2.寄生虫感染免疫应答　由于寄生虫往往具有较复杂的发育过程，因此宿主对寄生虫的免疫表现为多种免疫活性细胞和免疫分子的参与过程。

(1)体液免疫：抗体可直接作用寄生虫，使其丧失入侵细胞的能力。也可与虫体表面抗原结合，在补体参与下溶解寄生虫等等。

(2)细胞免疫：部分免疫细胞可直接杀伤寄生虫，也可通过释放多种活性因子趋化和激活免疫细胞，增强细胞的吞噬和杀伤寄生虫。

(3)体液和细胞免疫协同作用：在寄生虫感染中，有抗体依赖和细胞介导的细胞毒型(ADCC)产生的免疫反应。在ADCC过程中，特异性抗体结合于虫体表面，效应细胞可通过Fc受体结合抗体，协同作用杀伤寄生虫。

三、免疫缺陷

动物机体因免疫系统发育不全或免疫性损伤导致免疫机能呈现严重不足或缺乏的状态，称为免疫缺陷。发生免疫缺陷时，动物有机体对各种感染的易感性增高，患病动物可出现反复的、持续的严重感染。

按免疫缺陷发生原因可分为原发性(先天性)免疫缺陷和继发性(获得性)免疫缺陷。

(一)原发性免疫缺陷

由于遗传因素(如基因突变)和先天性因素(如胚胎期感染、母体的影响等)的作用,使免疫系统的不同部分受损而引起的免疫缺陷。根据所累及的免疫细胞或免疫分子,原发性免疫缺陷进一步分为原发性B细胞免疫缺陷、原发性T细胞免疫缺陷、原发性B细胞和T细胞联合免疫缺陷、吞噬细胞缺陷和补体系统缺陷。

由原发性免疫缺陷而引发的一系列疾病称为原发性免疫缺陷病。

1. 特异性免疫缺陷病

(1)细胞免疫缺陷病:由于胸腺缺乏或发育不全,T细胞显著减少,致使细胞免疫机能明显下降或障碍,表现为血液中淋巴细胞数量减少,容易发生病毒、真菌及细胞内寄生菌感染,不呈现迟发型变态反应,并易发生恶性肿瘤。如牛的先天性胸腺发育不全,淋巴细胞减少性免疫缺陷等。

(2)体液免疫缺陷病:由于B细胞缺乏或缺陷,血液中免疫球蛋白含量明显减少或缺乏,机体容易频发细菌感染,但细胞免疫正常。如新生驹的无丙种球蛋白血症等。

(3)混合性免疫缺陷病:由于干细胞不能分化为T细胞和B细胞,故细胞免疫和体液免疫均呈现缺陷,表现为血液中淋巴细胞及免疫球蛋白均减少,胸腺和全身淋巴组织发育不全,动物机体易发生微生物感染。如新生驹的重症混合性免疫缺乏症。

2. 非特异性免疫缺陷病

(1)吞噬细胞缺陷病:由于吞噬细胞数量减少,或缺乏杀灭病原微生物的酶,或游走机能障碍,动物机体容易反复发生细菌感染。如犬的嗜中性粒细胞减少症等。

(2)补体缺陷病:补体系统中的所有成分都可以发生缺陷。其临床主要表现为反复化脓性感染及自身免疫病。

(二)继发性免疫缺陷

由于出生后免疫系统受到致病因素的损害或继发于其他某些疾病而引起的免疫机能低下或缺乏,称为继发性免疫缺陷。动物的继发性免疫缺陷比原发性免疫缺陷病更为常见。继发性免疫缺陷可以是暂时性的,当病因消除后可恢复正常,也可以是持久性的。常见的引起继发性免疫缺陷的因素可归纳为感染性因素(病毒、寄生虫或细菌感染)和非感染因素(营养不良、药物或肿瘤)。

由继发性免疫缺陷而引发的一系列疾病称为继发性免疫缺陷病或称为免疫抑制病。

1. 感染性免疫抑制

(1)病毒感染:多种病毒具有免疫抑制作用,如牛腹泻病毒、马传染性贫血病毒、非洲猪瘟病毒、猴艾滋病病毒、猫和鸡白血病病毒、猫泛粒细胞减少症病毒、狂犬病病毒、鸡传染性法氏囊病病毒等等。

(2)细菌和支原体感染:细菌本身及其毒素可引发免疫抑制,同时还可产生分泌一些免疫抑制物,干扰和抑制免疫反应。支原体产生的分泌物可以造成免疫细胞减少和免疫抑制。

(3)寄生虫感染:许多原虫和蠕虫都可引起免疫抑制。如弓形虫、锥虫、旋毛虫、曼氏吸虫、肝片吸虫、焦虫、捻转血矛线虫、蠕形螨等。

2.非感染性免疫抑制

(1)恶性肿瘤:恶性肿瘤特别是淋巴组织的恶性肿瘤常可进行性地抑制患病动物的免疫机能。

(2)营养不良:是引起继发性免疫缺陷的常见因素之一。蛋白质、脂肪、维生素(如A、E)和微量元素(如锌、硒、铜)摄入不足可影响免疫细胞的成熟,降低机体对微生物的免疫应答。

(3)免疫抑制剂和抗生素:免疫抑制剂(激素、环孢菌素A)、抗肿瘤药物等可杀死或灭活淋巴细胞。

(4)应激:动物因环境因素改变或受强烈刺激而发生应激时,通过自主神经系统、下丘脑-垂体-肾上腺轴,神经肽和神经介质以及神经免疫介质等途径,可影响免疫系统机能发生改变,对免疫的影响主要呈抑制性。

第四节 应　　激

一、应激概述

(一)概念

应激是指机体在受到各种强烈因素(即应激原)刺激时所出现的以交感神经兴奋和垂体-肾上腺皮质分泌增多为主的一系列神经内分泌反应,以及由此引起的各种机能和代谢的改变。任何刺激只要达到一定的强度,都可以成为应激原,如创伤、烧伤、感染、中毒、炎热、寒冷、运输、缺氧、饥饿、噪声、焦虑、断奶和拥挤等。

尽管文献对应激的表达方式有多种,但就应激定义的基本点包括应激是由应激原引起的、应激是机体对应激原的非特异性反应及机体总是处于一定的应激状态。根据应激反应对机体的影响强度,应激可分为生理性应激和病理性应激。前者指应激原不十分强烈且作用时间较短的应激,后者指应激原强烈且作用时间持久的应激。

(二)应激的分期

如果机体受到短时间且强度不大的应激原刺激,在应激原消除之后,机体可在短时间内趋于平静;但如果应激原持续作用于机体,机体会出现一系列的神经内分泌变化,这下变化具有一定的适应代偿意义,但是也可导致机体多方面紊乱与损害,表现为全身适应性综合征,主要分为三个阶段:

1. 警觉期　或称紧急动员期,是机体防御机制的快速动员期。动物在应激原的刺激下,一方面出现各种损伤现象;另一方面进行抗损伤反应的动员,但主要表现为损伤现象。例如神经系统抑制、血压与体温下降、肌肉松弛、毛细血管壁通透性增高、胃肠黏膜溃疡、组织分解代谢加强,以及酸性粒细胞和淋巴细胞减少等。同时机体也出现抗损伤反应,如肾上腺活动加强、皮质肥大、血压上升、循环血量增加、血糖升高以及中性粒细胞增多等。如抵抗力降低,有的可发生休克死亡。大多数很快地过渡到抵抗期。

2. 抵抗期　经警觉期后,机体对应激原已获得最大适应。损伤现象消失或减轻。此时机体对引起应激反应的应激原抵抗力增强,而对其他应激原的抵抗力有时也会增强,称为交叉抵抗力;有时抵抗力反而会下降,称为反交叉致敏。如果机体适应能力良好,则代谢加强,进入恢复期;反之,则过渡到衰竭期。

3. 衰竭期　由于应激原过强或作用时间持久,前期产生的抵抗力和适应性最后被耗竭,而又出现警觉期的各种表现。此时机体代偿和防御机制走向衰竭,导致内环境严重失调,出现一个或多个器官功能不全甚至衰竭死亡。

二、应激的表现

(一)应激的神经-内分泌反应

1. 交感-肾上腺髓质系统　应激原的神经冲动从大脑皮层到下丘脑,并刺激植物神经系统,使交感神经兴奋,其结果为:

(1)在交感神经末梢释放去甲肾上腺素,其中一部分进入血液循环;

(2)神经冲动到达肾上腺髓质,加强肾上腺素和去甲肾上腺素(总称儿茶酚胺)释放到循环血液中。这样,就会引起惊恐反应。这时,动物心跳加快、呼吸加深加快、血糖和血压升高、瞳孔扩大。通过这些变化可以动员机体的潜在力量,应对等环境的急剧变化,以保持内环境的相对恒定。

2. 下丘脑-垂体-肾上腺皮质系统

(1)糖皮质激素的变化:应激时几乎无例外的出现血浆糖皮质激素的浓度升高,而且反应迅速、升高的幅度大。同时,肾上腺皮质细胞的类脂质和维生素 C 含量减少;肾上腺肥大。应激时糖皮质激素的分泌加强是通过下丘脑-垂体前叶-肾上腺皮质相互作用而实现的。

(2)肾上腺皮质激素的变化:如果应激原继续对机体作用,则动物下丘脑分泌促肾上腺皮质激素释放激素(CRH),通过垂体门静脉系统转运到垂体前叶,使垂体前叶分泌促肾上腺皮质激素(ACTH)增多。ACTH增多时,可刺激肾上腺皮质束状带细胞,分泌产生皮质激素,以更快的速度释放到血液循环中,皮质醇可提高机体对应激原刺激的抵抗力。同时,早期分泌的肾上腺素也可刺激垂体前叶释放ACTH。整个过程受负反馈系统控制。当应激原不再起作用时,上述过程即中断。

3.胰岛的激素

(1)胰高血糖素　应激时血液中胰高血糖素逐渐增加,进一步使血液中血糖和游离脂肪酸浓度增高,以供组织氧化利用需要。它可以和胰岛素相互促进,维持体内能量的平衡。

(2)胰岛素　应激初期,胰岛素在血液中浓度较低,有利于血糖升高和糖原异生等代谢反应。应激时血液胰岛素水平高低不定,可能和血糖水平等因素有关。血糖过高时,可以促使胰岛素分泌,而血糖下降时,胰岛素分泌受到抑制。

4.其他

(1)β-内啡肽　许多应激原可引起血浆中β-内啡肽的明显增多,β-内啡肽可能作为一种"损害因子"而引起应激性溃疡。

(2)生长激素的变化　生长激素是垂体前叶的一种激素,应激反应时在血浆中很快升高,几小时后可达高峰,并维持在高水平达数天。它能促进脂肪分解和动员,促进甘油和丙酮酸合成为葡萄糖,抑制细胞对葡萄糖的利用,使血糖升高和游离脂肪酸增多,为能量消耗提供有效的能源。还可以促进氨基酸合成蛋白质,对抗皮质醇对蛋白质的分解,保护机体组织。

(3)抗利尿激素的变化　应激时血液中抗利尿激素明显升高,使尿量减少和比重增高,还可使小血管收缩、血压升高,但微循环灌流量减少。

(二)物质代谢的变化

1.蛋白质、脂肪和糖代谢　蛋白质分解代谢加强,尿氮排出增多,出现负氮平衡和体重减轻;脂肪在激素作用下分解加强,血中游离脂肪酸和酮体增多,同时机体对脂肪酸的利用加强;应激时血糖升高,有时还有糖尿和高乳酸血症。

2.电解质和酸碱平衡障碍　应激时醛固酮和抗利尿激素分泌增多,促进钠和水的重吸收,使体内钠水潴留,尿量减少。由于肾上腺皮质激素分泌增多,蛋白质分解加强,细胞内释出,肾脏排K^+(或H^+)保Na^+的作用加强,使血液中$NaHCO_3$增多,引起代谢产物蓄积;同时由于尿少不能充分排出,又可产生代谢性酸中毒。

(三)机体机能的变化

1. 心血管系统的变化　应激时交感神经兴奋和儿茶酚胺释放增多,可使心跳加快、心脏收缩力增强、外周小血管收缩,而脑和冠状血管扩张,使脑和冠状动脉血液增加,以保障心脑等重要器官的血液供应。但应激可促使心肌耗氧量增多,同时可引起心肌坏死。

2. 消化系统的变化　应激时胃肠黏膜急性出血、糜烂或溃疡是主要特征之一。其机理很可能是由于肾上腺皮质激素分泌过多,皮质醇加强迷走神经对胃酸分泌的促进作用,可能还有少许刺激胃蛋白酶生成的作用,同时减少黏液分泌,加速黏膜表面上皮细胞脱落,并因抑制蛋白质合成而降低上皮细胞的更新,胃肠黏膜的上皮细胞再生能力下降,屏障机能减弱,使胃黏膜变薄、容易损伤。严重应激时,微循环缺血,可以使胃肠黏膜上皮细胞变性,甚至坏死,并易受胃酸和蛋白酶的消化而引起出血、糜烂以致溃疡。

3. 泌尿系统的变化　应激时泌尿机能的主要变化是尿少、尿比重升高;水和钠排出减少,这主要是由于应激时交感神经兴奋,肾素-血管紧张素系统增强,肾小球小动脉明显收缩,肾血流量减少,肾小球滤过率减少;应激时醛固酮分泌增多,肾小管钠、水重吸收增加,排出减少,尿钠浓度降低;应激时抗利尿激素分泌增加,使肾远曲小管和集合管对水的通透性增高,水的重吸收增加,而尿量减少且比重升高。

4. 免疫系统的变化　肾上腺皮质的皮质类固醇如果长时期增多,对身体能起破坏作用。例如某些皮质类固醇除了能升高血压和血糖外,还能逐渐减慢抗体的产生;激素还会损伤胸腺及淋巴结,使机体的免疫系统功能下降。因而,机体防御病毒等的能力降低,易发生流感、癌症等疾病。

5. 血液的变化

(1)外周血相变化:应激时皮质醇分泌增多使胸腺和淋巴结释放淋巴细胞数量减少。应激初期就可发现外周血液中嗜酸性粒细胞、淋巴细胞减少和嗜中性粒细胞增多。

(2)血小板变化:应激时儿茶酚胺释放增多直接引起血小板的第一相聚集(血小板相互聚集成团);同时还能促进 ADP 的释放,引起第二相聚集(即第一相聚集时,在胶原、凝血酶的作用下,血小板内颗粒向中央集中,将其内容物释放入血,而释出的 ADP 又使更多的血小板聚集成团,叫做血小板第二相聚集)。

(3)溶纤活性变化:有时应激可使血液中溶纤活性增高,如大手术后、外伤、过激的肌肉运动、情绪激动和暴露于过热的环境等。这种现象很可能是由于儿茶酚胺分泌增多,作用于血管内皮细胞,使其释放出纤维蛋白溶酶原致活物,使纤维蛋白溶酶的活性增高所致。

(四)急性期反应和热休克反应

1. 急性期反应　在感染、炎症、组织损伤等应激原作用于机体后的短时间内(数小时到数日),即可出现血清成分的某些变化,称为急性期反应,参与急性期反应的物质称为急性期反应物,急性期反应物大多是蛋白质,称为急性期蛋白。急性反应期血浆中增加的急性期蛋白种类繁多,具有抑制酶作用、凝血和纤溶、清除异物和坏死组织、清除自由基的作用,有的急性期蛋白(如:血清淀粉样物质A)具有促使损伤细胞修复的作用。急性期蛋白作为应激的一种重要变化,虽然是非特异性的,但却具有广泛的防御意义。

2. 热休克反应　对果蝇进行热应激时发现,热应激可以诱导一些蛋白质的合成,并将其命名为热休克蛋白(heat shock protein,HSP)。除热应激之外,其他许多因素如创伤、缺氧、化学毒物、氧自由基和细胞因子都能诱导HSP,因此HSP又被广泛称为应激蛋白(stress protein)。

HSP广泛见于从植物到动物、从原核生物到人的整个生物界。HSP作为细胞内某些机能蛋白的"分子伴侣",在肽链的折叠和伸展、聚合和解聚、变性蛋白的降解和清除中起到重要的作用,因此目前认为HSP具有维持细胞蛋白自稳的作用。当细胞处于不利条件时,HSP的诱导对于生命的维持是必不可少的,热应激反应是发生在基因水平上的非特异性防御反应。

三、应激与疾病

(一)应激与疾病

应激反应是机体的一种重要防御机制,机体通过各种应激反应来适应随时变动的内外环境;但如果应激原过分强烈,超出机体的适应能力或机体的应激反应发生异常,则可造成内环境紊乱,诱发疾病或加重疾病发展、恶化。

由于应激原种类较多,应激反应较泛化,受损终末器官原有机能状态的不同,以及明显的个体差异等诸多因素都影响应激性疾病和应激相关疾病的发生发展,因此目前尚无一个较完善的理论全面论述应激与疾病的内在联系。目前普遍认为应激可引起神经系统和神经内分泌系统的一系列变化,这些变化将重新调整机体的内环境平衡状态,以对抗适应应激原的作用;但内环境变化常常以增加器官机能的负荷或自身防御机制的消耗为代价,因此过于强烈或长时间的应激状态会破坏机体适应能力或耗竭适应潜能,最终导致疾病的发生或发展。

(二)应激相关疾病

1. 猪应激综合征　多见于应激敏感猪,主要是运输应激、热应激、拥挤应激等造成。早期症状表现为肌肉震颤、抖尾,继之发生呼吸困难、心悸、皮肤出现红斑或紫斑，体温上升，可视黏膜发绀，最后衰竭死亡。死后尸僵快，尸体酸度高。肉质发生变化，如水猪肉、暗猪肉、背最长肌坏死等。

2. 猪应激性胃溃疡　是在严重应激反应中所发生的急性胃、十二指肠黏膜溃疡。事前无慢性溃疡的典型临床症状，常见猪在斗架、运输、严重疾病中突然死亡。应激性溃疡是一种急性胃肠黏膜的病变，剖检可见胃或(和)十二指肠黏膜有细小、散在的点状出血；线状或斑块状的浅表糜烂；或浅表呈多发性圆形溃疡，边缘不整，但不隆起，深度一般达黏膜下层，也可深达肌层，甚至造成胃肠壁穿孔。

3. 消化道菌群失调　猪在突然更换饲料或饲喂方法、市场交易、转圈混群等应激状态下，消化道的正常微生物菌群遭到破坏，致使大肠杆菌、沙门氏菌等致病菌大量繁殖，由于应激造成胃肠道黏膜损伤，从而引起细菌性肠炎或更为严重的细菌性败血症。

4. 牛运输热　是牛在应激状态下发生的多种病原微生物感染，临床上表现为发热与支气管肺炎症状。表现呼吸、脉搏加快，体温高达 42～43℃为，精神沉郁，全身颤抖有时发生呕吐，体重减轻，肉质下降。

5. 马的应激性疾病　普遍认为马疝痛性疾病、结肠炎、马急性出血性盲结肠炎、马急性腹泻等胃肠道疾病与应激有关，因为这些疾病虽然也能找到某些致病因素，但需有应激原存在(如天气变化、水及饲料供应不足或饲料变化、运输等)才能被激发，所以属于应激性疾病。

6. 鸡的应激性疾病　鸡在应激状态下，生产力(产蛋率、蛋的质量、受精率、增重等)及健康状况会明显降低，鸡的免疫生物学指数显著下降，许多疾病随之发生，例如肉仔鸡猝死症、鸡大肠杆菌病、鸡慢性呼吸道病、沙门氏菌病、传染性法氏囊病、传染性支气管炎及新城疫等疾病，应激因素均是它们发生的诱因。

第三章 药理与常用药物

第一节 概 述

一、药物的基础知识

(一)药物定义和范围

药物是人类用来与疾病作斗争的物质,用来预防、治疗和诊断疾病的。兽药是指用于预防、治疗、诊断动物疾病,或者有目的地调节动物生理机能的物质。兽药的使用对象为家畜、家禽、宠物、野生动物、水产动物、蜂、蚕等。俗话说,是药三分毒,药物超过一定剂量或用法不当,对动物机体产生毒害作用,这种能致机体毒害或死亡的物质,称为毒物。药物与毒物没有严格的界线,本质均是化学物质,在临床应用时必须加以注意,严格把握剂量等。

(二)药物的来源

药物种类繁多,按其来源可以分为天然药物、化学合成药物和生物技术药物。天然药物是指未经加工或经过简单加工的物质,包括植物药、动物药、矿物药和微生物发酵产生的抗生素等。化学合成药物是指用化学方法合成的药物,这类药物品种很多,结构较复杂。此外,许多人工合成药是在天然药物的化学结构上加以改造合成的,这些药物通称为半合成药物,其在疗效上,化学性能上及安全性上往往要比天然药物强。生物技术药物是指通过细胞工程、基因工程、酶工程和发酵工程等新技术生产的药物,如疫苗、生长激素、抗毒素、酶制剂等。

(三)制剂与剂型

按《中华人民共和国兽药典》和《兽药质量标准》将药物制成一定规格的药剂或药物制品,称兽药的制剂。供配制各种制剂使用的药物原料,称原料药。原料药一般不允许直接用于动物疾病的预防和治疗,必须经适当加工制成安全、稳定和方便应用的形式,称之为药物的剂型。药物制剂,从狭义上来讲,就是药物的剂型,从广义上来讲是药物制剂学,是一门学科。剂型主要分为四大类:即呈液体状态的溶液剂,如注射剂、酊剂、乳剂、流浸膏剂及浸膏剂;呈固体状态的散剂、丸散、片剂;呈半固体状态的舔剂、软膏剂、擦剂及糊剂;呈气体状态的气雾剂等。此外,在兽医临床上，浇泼剂、大丸剂、颈圈、微型胶囊等新剂型也逐渐在应用。先进合理的剂型有利于药物发挥最大药效、降低或避免不良反应、方便储存和运输。

二、药物与动物机体的相互作用

药物作用是指药物小分子与机体细胞之间的初始反应，药理效应是药物作用的结果，表现为机体生理、生化功能的改变。既是药物对机体的作用，也是机体对药物的作用，二者相互渗透、相互影响。

（一）药物对机体的作用

药物到达作用部位达到一定浓度，从而产生一系列生理、生化的变化，所发生的反应称药物的作用。药物能使机体机能活动增强，称兴奋作用；而使机体机能活动减弱，称抑制作用。兴奋作用与抑制作用可以互相转化。兴奋作用过度可转入抑制。药物对有些器官表现兴奋作用，而另有些器官可表现出抑制作用，还有些器官既不兴奋，也不抑制。药物对某些组织表现出明显兴奋作用，或抑制作用，称药物的选择性作用。药物的选择性作用是药物临床应用的依据。药物的选择作用是相对的。

药物对动物既有防治疾病的作用，又有可能损害的作用。这是药物作用的两重性。

1. 治疗作用　凡符合用药的目的，达到防治疾病的作用效果，称药物的治疗作用。

按治疗效果不同，可分为对因治疗与对症治疗。

（1）对因治疗：用药后能消除病因，去除疾病的根本。如抗生素杀灭病原微生物。

（2）对症治疗：用药后改善疾病的症状。如用退烧药仅仅消除各种疾病所致的高热症状。

对因治疗与对症治疗在疾病治疗过程中有相辅相成的作用。临床治疗中通常两种治疗法同时使用，可达到既消除病因，又能消除症状，迅速获得极佳治疗效果。

2. 不良反应　在治疗过程，伴随治疗作用的出现，出现与治疗的目的无关或有害的作用，称不良反应。

（1）副作用：在临床用药的剂量下，伴随药物治疗作用的同时，还出现与治疗目的无关的作用，称为副作用。药物的副作用一般可预料的，客观存在。在治疗中一般的副作用可以不必停药。其产生的原因是药物选择性作用差。为了减少副作用，可以同时给予作用相反的药物加以消除。临床用药时在不影响疗效条件下，选用副作用较少的药物。药物的副作用可以随治疗的目的而改变。原先认为药物的副作用可以被用来作为治疗作用。而通常视为治疗的作用，即成为副作用了。

(2)毒性作用：通常为药物剂量过大，使用时间过长所致的对机体有害的作用，对动物实质器官如肝脏或肾脏的损害或功能的损伤，称为毒性作用。为避免毒性作用，最重要的是不要任意使用超剂量，或随意延长用药时间。急性中毒往往是用药量过大后，立即发生；慢性中毒为长时间连续用药蓄积作用的结果。

(3)过敏反应：过敏反应与用药量无关，难以预料，严重时可导致动物休克，甚至死亡。其产生原因多为遗传因素所致，通称为个体特异质。

(二)机体对药物的作用

药物从给药部位进入动物体内至排出的整个过程，称为药物的体内过程。包括有药物体内吸收、分布、转化(代谢)、排泄等过程。它们可以同时进行，但都影响药物的疗效作用。

1. 药物吸收　药物从用药部位进入血循环的过程，称为药物的吸收。药物直接进入血管如静脉注射，称为无吸收过程。其他各种用药方法均有吸收作用。药物的疗效受吸收数量与速度的影响。从药物方面看，吸收速度与数量取决于给药剂量和途径、给药部位、药物的溶解性与其他理化特性。

(1)胃肠道吸收：内服药物剂型有溶液剂、混悬剂、散剂(拌料剂)及片剂等。药物剂型处方组成与制备工艺影响药物溶解过程，影响药物的吸收速度与数量。内服药物主要吸收部位在小肠。因小肠吸收面积远大于胃。药物的理化性质与吸收环境也影响药物吸收。脂溶性大，分子量小易吸收；分子量大，水溶性强的药物吸收差或不吸收。成年草食动物、反刍动物因瘤胃内容物多，使药物吸收率低而缓慢。成年动物胃酸强，有些药物易失活、吸收差，哺乳期动物胃酸少药物吸收较好；肉食动物及杂食动物，如猫、犬与猪吸收快，也较完全。

胃肠道蠕动速率也影响药物吸收，许多药物在胃肠排空减慢时，因肠道壁不能与药物充分接触而吸收减缓，吸收量减少。胃肠蠕动过快，如腹泻吸收也减少。

直肠内给药，药物直接进入血循环，特别适用于胃肠道中易失活或在肝脏内易代谢失活的药物。

(2)肠道外给药吸收：肠道外给药有注射给药、乳管内灌注、皮肤和黏膜，以及吸入或气雾给药等方式。

①注射给药：注射给药药物吸收快而较完全。尤其适用于口服不吸收的药物或不能口服的患畜。a. 静脉注射：药物进入静脉血管后迅速产生疗效。此法常用于急救、输液中。b. 肌内或皮下注射：药物吸收的速度依赖于制剂的溶解度和给药部位的血流量，肌内组织血流量大，吸收快；皮下注射因其血流量稀少，吸收缓慢。混悬剂或胶体制剂因溶解度比水溶液小而吸收缓慢。c. 腹腔注射：兽医临床

常有腹腔注射给药。腹腔内吸收面积大,药物注射后吸收快,特别适用于不能内服或静脉注射的动物。有刺激性的药物可引起腹膜炎,应严禁注射。

②乳管内灌注给药:将药物经乳管注入乳腺内、有良好局部治疗效果。特别适用于乳牛乳房炎的治疗。

③皮肤与黏膜给药:皮肤给药适用于皮肤局部感染。现在有用透皮剂给药驱杀肠道内寄生虫,是皮肤给药(擦剂)的新剂型。黏膜给药可用于子宫、阴道内给药。主要用于治疗子宫炎、阴道炎等。

④气雾或吸入给药:药物经肺泡进入血管内吸收。因肺泡面积大吸收快而疗效作用快。本法适用于集约化饲养畜禽群的疾病防治。

2.体内分布　药物从吸收部位进入血流后再进入细胞间液和细胞液中,到达作用部位,称药物体内分布。

药物体内分布受血浆蛋白结合、细胞结合、脂肪储集以及屏障作用的影响,而分布不均匀。

(1)药物与血浆蛋白结合:与血浆蛋白结合后,药物不易通过毛细血管壁,因此,血内药物浓度高,细胞外液浓度较低。结合状态的药物与游离状态药物处于交换动态中,在游离状态药物被排泄或代谢血内浓度下降时,结合状态药物可从血浆蛋白中游离出来。可见,药物与血浆蛋白结合也是药物暂时储存的一种方式。结合状态的药物不易经肾脏过滤,也不受肝脏生物转化的影响,有延长药物在体内的存留时间。结合状态的药物没有药理活性,如青霉素与血浆蛋白结合后没有抗菌活性。同时,结合状态的药物的毒性作用也相应的消失。

(2)药物与细胞结合:药物与细胞结合往往是药物对细胞的成分有特别亲和力。如碘在甲状腺中的浓度比其他组织高近万倍,就是典型例子。

(3)脂肪的储集:许多脂溶性药物可储集在脂肪里,在血中药物浓度下降时,它可从脂肪中缓缓释放出来。硫喷妥钠麻醉作用快而短,就是给药后血流充分并有富有类脂质的脑组织极快摄取硫喷妥钠,产生麻醉作用,在血内药物浓度下降时,它又从脑内快速释放出来,储集在体内脂肪组织中,因而作用时间短。

(4)屏障作用:血脑屏障及胎盘屏障是主要屏障,血脑屏障使许多水溶性药物不易进入脑组织中,减少对中枢神经系统的有害作用。胎盘屏障有保护胎儿作用。一般脂溶性强的药物易通过屏障,屏障有炎症时增加屏障的通透性,使药物易通过。

3.药物转化　药物在动物体内发生的化学变化称为药物的转化,或称生物转化或称代谢。药物代谢的产物往往水溶性大,且常常失去药理活性;而且,容易被肾脏迅速排出体外。在这个意义上讲,药物代谢是一个解毒过程。但是有不少药物经代谢后，其代谢产物药理活性或毒性更强，因而不能将药物代谢等同于解毒的过程。

药物的代谢化学反应主要是氧化、还原、水解和结合。药物体内转化的最重要器官是肝脏，因为肝脏细胞内有药物转化酶系统。如氧化酶、水解酶、还原酶与合成酶。如果肌脏机能不良时，容易产生药物中毒。

4. 排泄　肾脏是大多数药物排泄的主要器官。药物在体内发挥作用，后经转化或以原形从体内排出体外称为排泄。肾脏排泄有两个途径，即肾小球滤过与肾小管排泌。经肾小球滤过的药物，在肾小管内有重吸收的过程。由于水在肾小管内重吸收大于药物，所以尿内药物浓度往往高于血浆内的浓度。经过生物转化的药物，常常水溶性大，不易被肾小管重吸收而易排泄。肾小管排泌是一个特殊生理过程。两药排泌过程相同时，合并用药可发生竞争性拮抗作用，其中之一者的排泌量减少而使血中浓度相对提高，延缓疗效作用，同时也会增强其毒性作用。在临床合并用药时应特别注意。肾脏疾患时肾小球滤过率降低，也易造成药物中毒。

尿液中酸碱度(pH 值)影响药物从肾脏的排泄。当尿液偏酸时，碱性药物溶解度增加而有利于药物的排泄；相反，酸性药物溶解度下降，而不利于排泄。很明显，在尿液偏碱时有利于酸性药物增加溶解而促进其排泄。

许多药物也可从胆汁排入肠道，然后随粪便排出。但排入肠道的药物又有可能从肠道内再吸收，形成肝肠循环。肝肠循环的药物往往体内持效时间较长。药物也可从肺、唾液等排泄，但这些排泄途径并不重要。

药物可从乳汁排泄，这些药物在临床应用时，会影响乳品的质量，也会影响哺乳仔畜的健康。

(三)影响药物作用的因素

药物可用于疾病的诊断，预防与治疗。药物用于疾病防治时疗效受诸多因素的影响，因而在临床应用中药物疗效可能会有明显差异。这些因素有药物的剂量、剂型、给药途径、重复给药、联合用药、配伍禁忌、动物机体及病因(包括病原微生物等)诸多方面。

1. 药物的因素　主要来自药物的剂量与剂型。剂量通常指药物的用量。应以《中国兽药典》、《兽药规范》等规定作为依据。在通常条件下，药物的剂量与疗效的关系是剂量愈大，作用愈强，疗效愈显著。超过药物规定剂量，超出机体的耐受限度，能引起中毒，甚至死亡。临床用药时，应根据动物的种类、年龄、性别、体重、病因、病情等在治疗剂量范围内适当增减。在治疗过程中仔细观察动物的反应，调整剂量，充分发挥药物的作用。

药物剂型，它可随给药途径不同而加以选择。即使相同的剂型，可由于不同工艺与操作规范而影响药品质量,也影响药物的疗效。如药品含量相同的片剂,可因片剂的溶解性能不同影响药物的吸收速度与数量,而影响药物的疗效。

2.给药途径　给药途径的选择主要以病情轻重程度为依据,但也与药物理化特性有关。

(1)口服:为最常用的给药途径之一。适用于大多数药物与病例。由于口服吸收较慢,受胃肠内容物的影响较大。在反刍动物瘤胃还可受微生物降解,因而口服疗效不可靠。一般单胃动物、口服是最为方便、经济,比较安全并适用的给药方法。但病情危急,昏迷或呕吐不止不能口服,药物在胃肠道内难吸收或易受到破坏时,均不应口服。同时,口服药物可因制剂不同,而影响其吸收速度与数量。有的因吸收后在肝内易受破坏而失去效应。给药时应以注意。口服给药常见于肠道抗菌药、驱虫药、止泻药等等。

(2)注射:注射给药可以迅速而准确的药量到达有效血药浓度。皮下或肌肉注射给药,吸收一般比口服快而完全,效果可靠,常用于需要收效快,又不宜或不能由静脉注射的疾患,也用于不易从胃肠吸收或被消化液破坏的药物。在某些情况下,如严重休克或心力衰竭,注射部位血流量少而缓慢时,因吸收困难,一般不宜选用皮下、肌肉注射。

静脉注射可使全部药物立即进入血流,作用最快。主要用于病情紧急的患畜。注射速度一般宜缓慢。如注射时出现反应,应立即停药。与口服相比,不够方便、经济与安全。如有大容积药量或有刺激性较强时,应考虑静脉滴注。混悬液或油乳剂不宜静脉给药,常用肌肉注射,吸收缓慢,作用持久。注射给药还可用将药物送到局部组织内发挥作用,如给马关节腔注射。通常注射给药的剂量比口服量小。注射液应严格消毒,不含热原。

兽医临床上有时选用腹腔内注射,吸收快但不能有刺激性,以免引起腹膜炎,其他与静注给药要求一致。

(3)局部给药:如皮肤擦剂、乳房内灌注、子宫或阴道黏膜给药,伤口敷药等利用局部作用发挥药效作用。

(4)吸入给药:气雾吸入给药常用于群防群治。疗效快而省力。

不同给药途径可影响药物的吸收速度与数量,进而影响药物作用速度与强度,甚至影响药物的作用的性质。如硫酸镁口服不吸收而有导泻作用,注射给药时可产生抗惊厥与全身麻醉作用。

3.重复用药　为使药物在一定时间里发挥持效作用,需要维持药物在体内的有效浓度。因此,有些药物常常需要连续用药至一定次数和时间,称此过程为疗程。在一个疗程内,重复给药的间隔时间,应依赖于药物在体内消除(排泄与转化)

的快慢。间隔时间长，消除快于吸收，不能使体内药物维持于有效水平而影响疗效；间隔时间太短，可使药物体内蓄积，以致过量，引起中毒。只有适当给药间隔时间，才能使血药浓度保持相当恒定而有效的治疗水平，以保证无毒害作用。每个疗程的长短则应视病情而定。连续用药 1～2 疗程尚无显著的疗效时，应改用其他药物。

4. 联合用药与药物相互作用　为了治疗上的需要，常常对同一病畜同时或短时间内使用两种或两种以上的药物，称为联合用药或合并用药或配伍用药。合并用药的目的是为了增强疗效、减少不良反应，或是为了治疗不同的症状或合并症。合并用药时药物在体内相互作用，可出现如下情况：

(1)相加作用：两药合用的效应为两药单用的效应的总和。如磺胺合剂的总效应为各自磺胺药效的总和。

(2)增强作用：两药并用时，其总的效应超过各药单用时效应的总和。如磺胺类药与甲氧苄啶并用，其抗菌的效应较单用其中某一种药物时增强几倍至几十倍。

(3)拮抗作用：两药合并应用时，药物的效应反而降低或减弱。

药物的协同作用或拮抗作用均具有重要的实践意义。在临床上，利用协同作用可以获得较高的疗效；利用拮抗作用可以解救药物中毒或减少不良反应的发生。

(4)配伍禁忌：合并用药，除上述在体内发生的药物相互作用外，在体外还可能出现药物理化性状的变化，如沉淀、变色、潮解、变质、失效，甚至产生严重毒性产物。这种配伍用药上的现象称配伍禁忌。注意：有些药物的配伍禁忌并无出现可见物理的外观变化。临床中应特别注意注射剂包括输液和滴注液中的配伍禁忌。

5. 动物机体因素　不同种属动物，不同年龄、性别、不同个体和病理状态，对药物的反应性均有不同特性，在用药时应对动物机体的特性加以认真考虑。

(1)动物种属、年龄、性别及个体差异：不同种属的动物对同一药物的敏感性或不良反应明显不同。这是其解剖结构、生理机能、生化反应的不同。如家禽对敌百虫比其他种属动物敏感。用药时必须注意。草食动物不具有呕吐的机能，对催吐药不起反应，对猪、犬就能催吐。

一般来说幼龄动物和老龄动物对药物的敏感性比成年动物为高。母畜对药物的敏感性比公畜为高。这可能是幼畜、老龄畜体和母畜在体内的药物代谢酶(或肝药酶)的活性比较低之故。因此，用药时应酌情减量。母畜在怀孕期因生理机能与正常时的不同，对某些药的反应性强，因而易导致流产等。遇有致子宫平滑肌收缩的药物在母畜妊娠期不应使用，如毛果芸香碱等拟胆碱药。

同种动物即使体重相同的不同个体，对同一种药物的感受性也有明显差别。常称为个体差异。有些个体对药物即小剂量也可能出现强烈的反应，甚至中毒。

这种现象称为高敏性。有些个体相反，即使超剂量，甚至达到中毒量水平，反应不明显，此现象称为耐受性。耐受性有先天遗传的和后天获得的。后天获得是因反复或长期使用后而产生。临床用药时应注意。

病原微生物对药物的耐受性称为耐药性或抗药性。病原体对药物的抗药性已成为抗菌药临床应用中一个重要问题。据报道，目前临床上已分离到能耐十几种药物的大肠杆菌和金黄色葡萄球菌。其原因主要是用药不合理不科学、不按说明书使用、滥用药物和任意加大给药剂量等。

过敏反应(药物过敏)　某些个体对药物的敏感性比一般个体高，其反应与不过敏者有本质的不同，称为过敏性。过敏性在临床上的表现是用药后不久立即出现的过敏性症状，如哮喘、荨麻疹、血管神经性水肿及休克等；有时在过后的时间里有皮炎、皮疹、发热及肝、肾功能的损伤。发生过敏反应时，应立即停药，采用对症治疗。

(2)动物机能状态与病理因素：动物的营养状态不良，各组织器官的机能状态低下，不仅体重较轻，而且对药物的敏感性也高。很可能是血浆蛋白含量少而致结合状态(型)药物少，或肝药物代谢酶活性较低，脂肪组织储存药量少，而使血浆中游离药物浓度高，毒性反应强的缘故。因此，动物机体对药物毒性反应的耐受性比较差。

动物的病理状态能影响机体各系统功能，肝功能严重不良时，某些在肝脏解毒的药物作用将加强并延长，在肝脏功能活化时则药物作用减弱，毒性减少。抗菌药物治疗时，任何减弱机体抵抗力的因素都会降低药物的疗效。因此，动物营养不良、体质虚弱或劳役过度或应激状态下，动物机体对药物的敏感性增强，不良反应也呈现强烈。因此，在动物疾病防治时应加强饲养管理。

动物器官机能状态也影响药物的作用效果。呼吸中枢处于抑制状态时，兴奋呼吸中枢的药物尼可刹米的作用就十分显著；解热药可使发热的动物体温下降，但对正常的动物体温无降体温作用。

三、兽药管理

兽药是一类特殊商品，既要保证疗效，又要保障安全。现代兽药安全的概念，包括兽药对靶动物，对生产、使用兽药的人，对动物性食品的消费者，以及对环境的安全。对动物性食品消费者的安全，属于兽药残留控制问题。兽药贯穿于动物性食品生产、加工和消费各个环节，因此，要保证食品安全，必须加强兽药管理，主要从法律法规、管理体制、残留监控等方面来着手。美国、欧盟等发达国家在兽药管理方面都有成熟、可靠、完善的监管体系。

(一)兽药管理法规和标准

1.兽药管理条例　我国第一个《兽药管理条例》(以下简称《条例》)是1987年5月21日由国务院发布的,它标志着我国兽药法制化管理的开始。《条例》自1987年发布以来,分别在2001年和2004年经过两次较大的修改。现行的《条例》于2004年3月24日经国务院第45次常务会议通过,以国务院第404号令发布,并于2004年11月1日起实施。为保障条例的实施,与《条例》配套的规章有:兽药注册办法,处方药和非处方药管理办法,生物制品管理办法,兽药进口管理办法,兽药标签和说明书管理办法,兽药广告管理办法,兽药生产质量管理规范,兽药经营质量管理规范,兽药非临床研究质量管理规范和兽药临床试验质量管理规范等。此外,《条例》对兽药的使用做出了具体规定。禁止使用假、伪药以及国务院兽医行政部门规定禁止使用的药品和其他化合物。禁止在饲料和饮水中添加激素类药品和国务院兽医行政部门规定的其他禁用药品。禁止将原料药直接给动物使用;禁止将人用药品用于动物。有休药期规定的兽药用于食品动物时,饲养者必须向购买这和屠宰者提供准确、真是的使用记录,以保证动物及其产品在用药期、休药期内不被用于食品消费。农业部通过公告形式发布了兽药残留限量标准和休药期规定。

2.《中华人民共和国兽药典》　《条例》第四十五条规定,"国家兽药典委员会拟定的、国务院兽医行政管理部门发布的《中华人民共和国兽药典》(以下简称《中国兽药典》)和国务院兽医行政管理部门发布的其他兽药标准为兽药国家标准"。也就是说,兽药只有国家标准,不再有地方标准。

根据《中华人民共和国标准化法实施条例》,兽药国家标准属强制性标准。强制性标准是必须执行的标准。《中国兽药典》是国家为保证兽药产品质量而制定的具有强制约束力的技术法规,是兽药生产、经营、进出口、使用、检验和监督管理部门共同遵守的法定依据。它不仅对我国的兽药生产具有指导作用,而且是兽药监督管理和兽药使用的技术依据,也是保障动物源食品安全的基础。《中国兽药典》先后于1990年、2000年和2005年出版发行三版,2010年第四版已经定稿,即将发布。1990年版《中国兽药典》分为一、二部。一部为化学药品、生物制品,收载品种379个,其中,化学药品343个,生物制品36个;二部为中药,收载品种499个,其中药材418个,成方制剂81个。全书共收载878个品种。2000年版《中国兽药典》仍然分为一、二部。一部收载化学药品、抗生素、生物制品和各类制剂共469个;二部收载中药材、中药成方制剂共656个。全书共收载1 125个品种。此外,一些禁用药物品种,如氯霉素、硝基呋喃类、硝基咪唑类等不再收录入《中国兽药典》。2005年版《中国兽药典》收载品种从历版《中国兽药典》、《兽药规范》、《兽药质量标准》、《兽用生物制品规程》、新批质量标准和地方标准中遴选。为了与国际接轨,进行了改革,兽药典把药物的“作用与用途”、“用法与用量”等内容适当扩充独立编写为《兽药使用指南》以期更好地指导科学、合理用药。2005年版《中国兽药典》分为三部。一部收载化学药品,抗生素、生化药品原料及各类制剂等质量标准448种;二部收载中药材、成分制剂质量标准685种;三部收载生物制品质量标准115种,每部分别有各自的凡例、附录、目录及索引等。《中国兽药典》的颁布和实施,对规范我国兽药的生产、检验及临床应用起到了显著效果。为我国兽药生产的标准化、管理的规范化,提高兽药产品质量,保障动物用药的安全、有效,防治畜禽疾病诸方面都起到了积极的作用,也促进了我国新兽药研制水平的提高,为发展畜牧养殖业提供了有力的保证。

(二)兽药管理体制

1.兽药监督管理机构　兽药监督管理主要包括兽药国家标准的发布、兽药监督检查权的行使、假劣兽药的查处、原料药和处方药的管理、上市兽药不良反应的报告、生产许可证和经营许可证的管理、兽药评审程序以及兽医行政管理部门、兽药检验机构及其工作人员的监督等。根据新《条例》的规定,国务院兽医行政管理部门负责全国的兽药监督管理工作。县级以上地方人民政府兽医行政管理部门负责本行政区域内的兽药监督管理工作。水产养殖动物的兽药使用、兽药残留检测和监督管理以及水产养殖过程中违法用药的行政处罚,由县级以上地方人民政府渔业行政主管部门及其所属的渔政监督管理机构负责。但水产养殖业的兽药研制、生产、经营、进出口仍然由兽医行政管理部门管理。

2.兽药注册制度　兽药注册制度,是指依照法定程序,对拟上市销售的兽药的安全性、有效性、质量可控性等进行系统评价,并作出是否同意进行兽药临床或残留研究、生产兽药或者进口兽药决定的审批过程,包括对申请变更兽药批准证明文件及其附件中载明内容的审批制度。兽药注册包括新兽药注册、进口兽药注册、变更注册和进口兽药再注册。境内申请人按照新兽药注册申请办理,境外申请人按照进口兽药注册和再注册申请办理。新兽药注册申请,是指未曾在中国境内上市销售的兽药的注册申请。进口兽药注册申请,是指在境外生产的兽药在中国上市销售的注册申请。变更注册申请,是指新兽药注册、进口兽药注册经批准后,改变、增加或取消原批准事项或内容的注册申请。

3.标签和说明书要求　对兽药使用者而言,除了《兽药使用指南》以外,产品的标签和说明书也是正确使用兽药必须遵循的有法定意义的文件。《条例》规定了一般兽药和特殊兽药在其包装标签和说明书上的内容。兽药包装必须按照规定印有或者贴有标签并附有说明书,并必须在显著位置注明“兽用”字样,以避免与人用药品混淆。凡在中国境内销售、使用的兽药其包装标签及所附说明书的文字必须以中文为主，提供兽药信息的标志及文字说明应当字迹清晰易辨，标示清楚醒目，不得有印字脱落或粘贴不牢等现象。兽药标签和说明书必须经国务院兽医行政管理部门批准才能使用。兽药标签或者说明书必须载明：①兽药的通用名称，即兽药国家标准中收载的兽药名称。通用名称是药品国际非专利名称的简称，通用名称不能作为商标注册。标签和说明书不得只标注兽药的商品名。按照国务院兽医行政管理部门的有关规定，兽药的通用名称必须用中文显著标示。②兽药的成分及其含量。兽药标签和说明书上应标明兽药的成分和含量，以满足兽医和使用者的知情权。③兽药规格。便于兽医和使用者计算使用剂量。④兽药的生产企业。⑤兽药批准文号（进口兽药注册证号）。⑥产品批号，以便对出现问题的兽药溯源检查。⑦生产日期和有效期。兽药有效期是涉及兽药效能和使用安全的标识，必须按规定在兽药标签和说明书上予以标注。⑧适应证或功能主治、用法、用量、禁忌、不良反应和注意事项等涉及兽药使用须知、保证用药安全有效的事项。特殊兽药的标签必须印有规定的警示标志。为了便于识别，保证用药安全，对麻醉药品、精神药品、剧毒药品、放射性药品、外用药品、非处方兽药，必须在包装、标签的醒目位置和说明书中注明，并印有符合规定的标志。

4. 兽药广告管理　《条例》规定，在全国重点媒体发布兽药广告的，须经国务院兽医行政管理部门审查批准，取得兽药广告审查批准文号。在地方媒体发布兽药广告的，应当经省、自治区、直辖市人民政府兽医行政管理部门审查批准，取得兽药广告审查批准文号。未取得兽药广告审查批准文号的，属于非法兽药广告，不得发布或刊登。《条例》还规定，兽药广告的内容应当与兽药说明书的内容相一致。兽药的说明书包含有关兽药的安全性、有效性等基本科学信息。主要包括：兽药名称、性状、药理毒理、药物动力学、适应证、用法用量、不良反应、禁忌证、注意事项、有效期限、批准文号、生产企业等方面的内容。兽药广告的内容是否真实，对正确地指导养殖者合理用药、安全用药十分重要，直接关系到动物的生命安全和人体健康。因此，兽药广告的内容必须真实、准确、对公众负责，不允许有欺骗、夸大情况。夸大的广告宣传不但会误导经营者和养殖户，而且延误动物疾病的治疗。

（三）兽用处方药与非处方药管理制度

为保障动物用药安全和人的食品安全，《条例》规定，“国家实行兽用处方药和非处方药分类管理制度”，从法律上正式确立了兽药的处方药管理制度。所谓兽用处方药，是指凭兽医师开写处方方可购买和使用的兽药。兽用非处方药，是指由国务院兽医行政管理部门公布的、不需要凭兽医处方就可以自行购买并按照说明书使用的兽药。处方药管理的一个最基本的原则就是兽药要凭兽医的处方方可购买和使用。因此，未经兽医开具处方，任何人不得销售、购买和使用处方兽药。通过兽医开具处方后购买和使用兽药，可以防止滥用兽药尤其抗菌药，避免或减少动物产品中发生兽药残留等问题，达到保障动物用药规范、安全有效的目的。兽用处方药和非处方药分类管理制度包括以下几个方面：①对兽用处方药的标签或者说明书的印制提出特殊要求，规定兽用处方药的标签或者说明书还应当印有国务院兽医行政管理部门规定的警示内容，其中兽用麻醉药品、精神药品、毒性药品和放射性药品还应当印有国务院兽医行政管理部门规定的特殊标志；兽用非处方药的标签或者说明书还应当印有国务院兽医行政管理部门规定的非处方药标志。②兽药经营企业销售兽用处方药的，应当遵守兽用处方药管理办法。③禁止未经兽医开具处方销售、购买和使用国务院兽医行政管理部门规定实行处方药管理的兽药。④开具处方的兽医人员发现可能与兽药使用有关的严重不良反应，有义务立即向所在地人民政府兽医行政管理部门报告。《条例》规定，"兽药经营企业，应当向购买者说明兽药的功能、主治、用法、用量和注意事项。销售兽用处方药的，应当遵守兽用处方药管理办法。"批发销售兽用处方药和兽用非处方药的企业，必须配备兽医师或药师以上药学技术人员，兽药生产企业不得以任何方式直接向动物饲养场（户）推荐、销售兽用处方药。兽用处方药必须凭兽医师或助理兽医师处方销售和购买，兽药批发、零售企业不得采用开架自选销售方式。

（四）不良反应报告制度

不良反应的定义为，在按规定用法与用量正常应用兽药的过程中产生的与用药目的无关或意外的有害作用。有害作用与兽药的应用有因果关系，一般停止使用兽药后即会消失，有的则需要采取一定的处理措施才会消失。《条例》规定，"国家实行兽药不良反应报告制度。兽药生产企业、经营企业、兽药使用单位和开具处方的兽医人员发现可能与兽药使用有关的严重不良反应，应当立即向所在地人民政府兽医行政管理部门报告"。首次以法律的形式规定了不良反应的报告制度。有些兽药在申请注册或者进口注册时，由于科学技术发展的限制或者人们认识水平的限制，当时没有发现对环境或者人类有不良影响，在使用一段时间后，该兽药的有害作用才被发现，这时，就应当立即采取有效措施，防止这种有害作用的扩大或者造成更严重的后果。为了保证兽药的安全、可靠，最终保障人体健康，在使用兽药过程中，发现某种兽药有严重的有害作用，兽药生产企业、经营企业、兽药使用单位和开具处方的兽医师有义务向所在地兽医行政主管部门及时报告。

第二节 常用药物

一、抗微生物药物

(一)青霉素类

青霉素钠

[作用与用途] 本品为窄谱抗生素，主要对多种革兰氏阳性菌和少数革兰氏阴性球菌有作用。适用于猪丹毒、炭疽、气肿疽、恶性水肿、放线菌病、马腺疫、关节炎、坏死杆菌病、肾盂肾炎、钩端螺旋体病及乳腺炎、皮肤软组织感染、子宫炎、肺炎、败血症、破伤风等。治疗破伤风时宜与破伤风抗毒素合用。

[制剂、用法与剂量] 注射用青霉素钠：0.24 g、0.48 g、0.6 g、0.96 g。肌肉注射。一次量：马、牛$(1\sim2)\times10^4$ U/kg；羊、猪、驹、犊$(2\sim3)\times10^4$ U/kg；犬、猫$(3\sim4)\times10^4$ U/kg；禽 5×10^4 U/kg。1 日 2～3 次，连用 2～3 日。

青霉素钾

[作用与用途] 同青霉素钠。

[制剂、用法与剂量] 注射用青霉素钾：0.25 g、0.5 g、0.625 g、1.0 g、2.5 g。同法用量同青霉素钠。

氯唑西林

[作用与用途] 本品抗菌谱与青霉素钠相同，但可口服，且对耐药金葡球菌和肺炎球菌有效。本品抗菌活性不及青霉素钠。因而主要用于治疗耐药金葡球菌感染。

[制剂、用法与剂量]

(1)氯唑西林钠胶囊剂：0.25 g。内服。马、犊 10～25 mg/kg；羊、猪 4～10 mg/kg。每日 2～4 次。

(2)注射用氯唑西林钠：250 mg。肌内注射，注射量与口服同。牛乳房内灌注，每乳室内 0.2 g，挤乳后灌注。

双氯唑西林

[作用与用途] 本品抗菌谱同青霉素，但其对耐药菌的作用比青霉素钠强，对邻氯西林耐药的金葡球菌，本品仍有效。

[制剂、用法与剂量] 与氯唑西林同。

氨苄西林

［作用与用途］本品主要用于大肠杆菌、变形杆菌、流感杆菌、肺炎双球菌所致的消化道、呼吸道的感染；也可用于脑膜炎双球菌所致的脑膜炎，沙门氏菌所致的雏鸡白痢、犊牛腹泻、丹毒杆菌的猪丹毒的治疗，也可用于大肠杆菌、沙门氏菌感染的鸡腹膜炎，输卵管炎等。

［制剂、用法与剂量］

(1)氨苄西林：0.25 g。内服。驹、犊、猪、羊 4～10 mg/kg；家禽 5～20 mg/kg。每日 1～2 次；家禽，每 1 L 水，家禽 1.65 g，连饮 3～4 日。

(2)注射用氨苄西林钠：肌内注射。马、牛、猪、羊 5～10 mg/kg，每日 1 次，严重症状每日 2 次。

阿莫西林

［作用与用途］与氨苄西林同，杀菌作用快且强。口服吸收良好，血药浓度高，体内分布广，尿中浓度也高。临床疗效强于氨苄西林，本品与强的松合用，可治疗母猪乳腺炎-子宫内膜炎-无乳综合征、输卵管炎等。疗效极好。

［制剂、用法与剂量］

(1)阿莫西林片：0.3 g。内服。马、牛、羊、猪 5～15 mg/kg，鸡 25 mg/kg，每日 2 次；犬、猫 10 mg/kg，每日 3 次。

(2)注射用阿莫西林钠：肌内注射。犊牛 15～30 mg/kg，每日 1 次；猪 5～15 mg/kg，每日 2 次。

克拉维酸钾

［作用与用途］本品单独使用无效。常与青霉素类药物联用，以克服细菌产生-内酰胺酶引起耐药性。

［制剂、用法与剂量］

(1)阿莫西林-克拉维酸钾片：0.125 g(阿莫西林 0.1 g 和克拉维酸 0.025 g)。内服。马、牛、羊、猪 10～15 mg/kg，1 日 2 次。

(2)阿莫西林-克拉维酸注射液：50 mL 阿莫西林 7 g 与克拉维酸 1.75 g、100 mL 阿莫西林 14 g 与克拉维酸 3.5 g。肌内或皮下注射。牛、猪、犬、猫 0.05 mL/kg，1 日 1 次，连用 3～5 日。

羧苄西林

［作用与用途］本品主要用于治疗绿脓杆菌、变形杆菌、大肠杆菌所致腹膜炎，骨髓炎、烧伤感染、呼吸道及泌尿道感染。与庆大霉素，多黏菌素合用具有良好的协同作用。

［制剂、用法与剂量］注射用羧苄西林钠，0.5 g。静脉或肌内注射。各种家畜10～30 mg/kg，每日4～6次。

苯唑西林钠

［作用与用途］本品不易被青霉素酶水解，主要用于耐青霉素的葡萄球菌感染。

［制剂、用法与剂量］注射用苯唑西林钠：0.5 g、1.0 g。肌内注射。马、牛、羊、猪10～15 mg/kg；犬、猫15～20 mg/kg。1日2～3次，连用2～3日。

（二）头孢菌素类

噻孢霉素

［作用与用途］本品主要用于耐药金葡球菌和少数革兰氏阴性菌引起的呼吸道、泌尿道等严重感染。内服不吸收，肌内注射吸收良好，可能引起肾脏毒性反应。

［制剂、用法与剂量］注射用噻孢霉素钠：0.5 g。肌内注射。马、牛25 mg/kg，每日3次；家禽10 mg/kg，每日4次。

头孢氨苄

［作用与用途］本品抗菌作用与噻孢霉素同，主要用于敏感菌引起的感染，如金葡球菌、链球菌、放线杆菌、沙门氏菌、大肠杆菌等。

［制剂、用法与剂量］

(1)头孢氨苄片：250 mg。内服。家禽35～50 mg/kg，大家禽6 h 1次，小家禽2～3 h 1次。

(2)头孢氨苄注射液：10 mL∶1 g。肌内注射。一次量，猪10 mg/kg，1日1次，连用2～3次。

头孢拉定

［作用与用途］与头孢氨苄同，临床上可用于猫、犬呼吸道，泌尿道及软组织敏感菌感染。

［制剂、用法与剂量］注射用头孢拉定钠：0.25 g。肌内注射。犬、猫25 mg/kg，每日2～3次。

头孢羟氨苄

［作用与用途］本品与头孢氨苄、头孢拉定同。

［制剂、用法与剂量］注射用头孢羟氨苄钠：0.25 g。肌内注射。犬、猫20 mg/kg，每日1次。

头孢噻呋

[作用与用途] 本品具有广谱杀菌作用，对革兰氏阳性菌、革兰氏阴性菌（包括产 β-内酰胺酶菌）均有效。用于治疗牛的急性呼吸系统感染（如巴氏杆菌引起的支气管肺炎），牛乳腺炎，猪放线杆菌胸膜肺炎等。

[制剂、用法与剂量]

（1）注射用头孢噻呋钠：0.1 g、0.5 g、1.0 g、4.0 g。肌内注射，一次量，猪 3 mg/kg，1 日 1 次，连用 3 日；皮下注射，一日龄雏鸡，每羽 0.1 mg。

（2）盐酸头孢噻呋注射液：100 mL∶5 g、100 mL∶0.5 g。肌内注射。猪 3～5 mg/kg，1 日 1 次，连用 3 天。

头孢喹肟

[作用与用途] 本品具有广谱杀菌作用作用机制，与青霉素相似。主要用于治疗敏感菌引起的牛、猪呼吸系统感染及奶牛乳腺炎。

[制剂、用法与剂量]

硫酸头孢喹肟注射液：50 mL∶1.25 g。肌内注射。牛 1 mg/kg，1 日 1 次，连用 2 日；猪 2～3 mg/kg，1 日 1 次，连用 3 日。

（三）大环内酯类

红霉素

[作用与用途] 本品对革兰氏阳性菌如金葡球菌、链球菌、肺炎球菌、丹毒杆菌等作用强，对霉形体、立克次氏体、钩端螺旋体也有效，对革兰氏阴性菌如巴氏杆菌、布氏杆菌、布氏杆菌等作用弱。

[制剂、用泆与剂量]

（1）红霉素片：0.1 g、0.25 g。内服。犊牛、羔羊、仔猪 10 mg/kg，每日 3～4 次；猫、犬 2～10 mg/kg，每日 2 次；家禽 5 mg/kg，每日 2 次。

（2）注射用乳糖酸红霉素：0.25 g、0.3 g。静脉注射。马、牛、羊、猪 4～8 mg/kg；禽 10～30 mg/kg；猫、犬 2～12 mg/kg；肌内应分点注射。每日 2 次。

（3）硫氰酸红霉素（高力米先）注射液。注射量见乳糖酸红霉素。

（4）高力米先水溶剂。内服。鸡 0.047 g/L。

泰乐菌素

[作用与用途] 本品抗菌作用与红霉素相似，但较弱，对支原体的作用较强。本品曾经用作畜、禽专用的抗生素，被列为牛、羊、猪、禽的饲料添加剂，用于促进动物生长。本品可用于防治畜、禽支原体、猪密螺旋体病（血痢）、肠炎、痢疾及山羊胸膜肺炎的有效治疗药。

［制剂、用法与剂量］

(1)泰乐菌素片:0.2 g、0.3 g。内服。猪 10 mg/kg,每日 2 次,连用 5～7 日。

(2)磷酸泰乐菌素预混剂:100 g∶8.8 g。混饲。每 1 000 kg 饲料,猪 400～800 g,鸡 300～600 g。

(3)磷酸泰乐菌素、磺胺二甲嘧啶预混剂:100 g∶4.4 g(泰乐菌素 2.2 g+磺胺二甲嘧啶 2.2 g)、100 g∶17.6 g(泰乐菌素 8.8 g+磺胺二甲嘧啶 8.8 g)、100 g∶20 g(泰乐菌素 10 g+磺胺二甲嘧啶 10 g)。混饲。每 1 000 kg 饲料,猪 200 g,连用 5～7 日。

(4)酒石酸泰乐菌素注射液:100 mL∶5 g、100 mL∶20 g。肌内注射。5～15 mg/kg,每日 2 次,连用 7 日,宰前 14 日应停药。

(5)酒石酸泰乐菌素可溶性粉。混饮。每 1 L 水,鸡 0.5 g,连饮 7 日。

(6)酒石酸泰乐菌素、盐酸多西环素颗粒:100 g∶15 g(泰乐菌素 12.5 g+多西环素 2.5 g)。混饮。每 1 L 水,猪 0.5 g,禽 2 g,连用 3～5 日。

(7)复方酒石酸泰乐菌素粉:100 g∶112 g(酒石酸泰乐菌素 10 g+磺胺间甲氧嘧啶钠 10 g+甲氧苄啶 2 g)。混饲。每 1 000 kg 饲料,猪、禽 500 g,连用 3～5 日。

(8)酒石酸泰乐菌素、磺胺二甲嘧啶钠可溶性粉:100 g∶4.4 g(泰乐菌素 2.2 g+ 磺胺二甲嘧啶钠 2.2 g)。混饮。每 1 L 水,禽 2～4 g,连用 3～5 日。

吉他霉素(北里霉素)

［作用与用途］本品抗菌谱与红霉素同,对耐药性金葡球菌的效力强于红霉素、四环素类及氯霉素。临床应用与本类抗生素同。

［制剂、用法与剂量］

(1)吉他霉素预混剂:100 g∶吉他霉素 2.2 g(或 11 g、55 g、95 g)。混饲。每吨饲料,促生长,鸡 5.5～11 g,猪 5.5～55 g;防治:鸡 110～330 g,猪 88～330 g。

(2)吉他霉素可溶性粉。混饮。每 1 L 水,鸡 0.25～0.5 g,猪 0.1～0.2 g,连饮 5 日。

(3)注射用吉他霉素:0.2 g。肌内或皮下注射。各种家畜 5～25 mg/kg,家禽 25～50 mg/kg,每日 1 次。

替米考星

［作用与用途］本品抗菌作用与泰乐菌素相似,主要抗革兰氏阳性菌,对少数革兰氏阴性菌和支原体也有效。主要用于防治家畜肺炎(由胸膜肺炎放线杆菌、巴氏杆菌、支原体等感染引起)、禽支原体病及泌乳动物乳腺炎。

［制剂、用法与剂量］

(1)替米考星预混剂：100 g：20 g。混饲。每 1 000 kg 饲料，猪 200～400 g，连用 15 日。

(2)替米考星溶液：50 mL：12.5 g、100 mL：25 g。混饮。每 1 L 水，鸡 75 mg，连用 3 日。

(3)替米考星注射液：10 mL：3 g。皮下注射。牛 10 mg/kg，仅注射 1 次。

酒石酸乙酰异戊酰泰乐菌素

［作用与用途］用于治疗支原体及敏感革兰氏阳性菌引起的感染性疾病，如鸡支原体病、猪气喘病、链球菌性肺炎等。

［制剂、用法与剂量］

(1)酒石酸乙酰异戊酰泰乐菌素粉：25 g：21.25 g。混饮。每 1 L 水，鸡 200～250 mg，连用 3～5 日。

(2)酒石酸乙酰异戊酰泰乐菌素预混剂：1 000 g：50 g、20 kg：1.0 kg。混饲。每 1 000 kg 饲料，猪 50～75 g，鸡 100～300 g，连用 7 日。

(四)氨基苷类

链霉素

［作用与用途］本品主要对多种革兰氏阴性菌，如大肠杆菌、巴氏杆菌、沙门氏菌、布氏杆菌、变形杆菌等有抑杀作用。对结核杆菌有效。本品为结核病的首选药，其次可用于各敏感菌所致急性传染性疾病，如大肠杆菌性肠炎、败血症、子宫炎、膀胱炎、巴氏杆菌病、禽出败、鸡传染性鼻炎、牛放线菌病，牛胎弧菌流产、幼驹脓毒败血症、棒状杆菌性幼驹肺炎等。

［制剂、用法与剂量］

(1)注射用硫酸链霉素：1 g、2 g。肌内注射。马、牛、羊 10 mg/kg，每日 1～2 次；家禽 50～200 mg/只、雏鸡 3～5 mg/只，每日 2 次。

(2)硫酸链霉素片(粉)：内服。驹、犊 1 g，每日 2～3 次；仔猪、羔羊 0.25～0.5 g，每日 2 次。混饮。每 1 L 水 30～120 mg，自由饮用。

卡那霉素

［作用与用途］本品的抗菌谱比链霉素广。对大多数革兰氏阴性菌如大肠杆菌、副大肠杆菌、沙门氏菌、变形杆菌、巴氏杆菌都有强大的抗菌作用，比链霉素强。对金葡球菌、结核杆菌有效。但对青霉素、链霉素、四环素类的耐药菌株，本品仍然有效。本品主要用于肠道感染、尿路感染、肺部感染，家禽霍乱、雏鸡白痢、猪喘气病等。

［制剂、用法与剂量］

(1)硫酸卡那霉素注射液:2 mL∶0.5 g。肌内注射。马、牛等各种家畜5～15 mg/kg,每日2次;鸡、鸽10～20 mg/kg,每日2次;犬、猫5 mg/kg,每日2～3次。

(2)兽用硫酸卡那霉素注射液(猪喘平):10 mL∶1 g。肌内注射。猪10～20 mg/kg,每日2次,连用5日。

(3)硫酸卡那霉素片:0.25 g。内服。马、牛、羊、猪3～6 mg/kg,每日2次;犬、猫5～7 mg/kg,每日3～4次。家禽,混饮,30～120 mg/L,自由饮用。

庆大霉素

［作用与用途］本品为同类中杀菌力强的广谱抗生素,对多种革兰氏阴性菌和阳性菌均有较强作用。特别对绿脓杆菌和金葡球菌(包括耐药金葡球菌)极有效。临床上主要用于耐药金葡球菌、绿脓杆菌、大肠杆菌、变形杆菌、支原体所致的各种严重感染,如呼吸道、肠道、泌尿道感染。对常见胸膜炎、肺炎、腹膜炎、败血症、乳腺炎等均可有效。

［制剂、用法与剂量］

(1)硫酸庆大霉素片:20 mg。内服。驹、犊、仔猪、羔羊3～5 mg/kg,每日3～4次。

(2)硫酸庆大霉素可溶性粉:100 g∶5 g。混饮。禽,2 mg/L,连用3～5日。

(3)硫酸庆大霉素注射液:1 mL∶20 mg、1 mL∶40 mg。肌内或静脉注射。各种家禽1～1.5 mg/kg,每日2次;犬2 mg/kg,每日3次;家禽3 mg/kg,每日2～3次。

新霉素

［作用与用途］本品为抗菌性强的广谱抗生素。对大多数革兰氏阳性菌和革兰氏阴性菌及结核杆菌都有明显抑杀作用。本品对绿脓杆菌、螺旋体、放线菌及阿米巴原虫等也有效。本品内服治疗各种幼畜的大肠杆菌性肠炎,子宫内或乳房内灌注治疗子宫炎、乳腺炎、外用软膏剂可治疗皮肤、创伤、眼与耳局部感染。

［制剂、用法与剂量］

(1)硫酸新霉素片:0.1 g。内服。驹、犊20～30 mg/kg;仔猪、羔羊15～25 mg/kg,犬10～25 mg/kg,分2～3次内服。

(2)硫酸新霉素可溶性粉:100 g∶71.5 g。混饮。鸡,50～75 mg/L,连用3～5日。

(3)硫酸新霉素预混剂:20 kg∶3 080 g。混饲。每1 000 kg饲料,猪、鸡77～154 g。

(4)硫酸新霉素溶液:100 mL∶20 g。混饮。鸡,50～75 mg/L,连用3～5日。

(5)新酸新霉素软膏:每1 g软膏含新霉素不少于5 mg,外用。

(6)新霉素眼药水:每1 mL含新霉素5 mg,点眼。

(7)硫酸新霉素、甲溴东莨菪碱溶液:每1 mL含硫酸新霉素45～60 mg与甲溴东莨菪碱0.225～0.288 mg。内服。一次量,仔猪7 kg以下,1 mL;7～10 kg,2 mL。

大观霉素(壮观霉素)

[作用与用途] 本品对革兰氏阴性菌、阳性菌都有效,如布氏杆菌、肺炎杆菌、变形杆菌、巴氏杆菌、沙门氏菌、金葡球菌、淋球菌、支原体等均有效。

[制剂、用法与剂量]

(1)大观霉素可溶性粉剂:100 g∶大观霉素50 g。内服。犊牛、仔猪每45 kg体重药量1～5 g。混饮。家禽,0.5 g/L,预防,饮用3日,治疗,饮用3～5日。

(2)硫酸大观霉素注射液:1 mL∶大观霉素100 mg。肌内或皮下注射。雏鸡(1～3日龄)5 mg/只,鸡100 mg/只,每日1次,连用3日。

(3)林可霉素-大观霉素可溶性粉:150 g∶林可霉素33.3 g+大观霉素66.7 g。混饮。0.5 g/L;内服,雏鸡(1～4周龄)150 mg/kg;中雏鸡、火鸡(4周龄以上)75 mg/kg;猪10 mg/kg,连用3日。

(4)林可霉素-大观霉素预混剂:100 g∶林可霉素2.2 g+大观霉素2.2 g。混饲。每1 000 kg饲料,猪44 g(林可霉素22 g+大观霉素22 g),连续饲喂1～3周。

硫酸庆大小诺霉素

[作用与用途] 本品为庆大霉素和小诺霉素混合物。用于某些革兰氏阴性和阳性菌感染,如敏感菌引起的败血症、泌尿生殖道感染、呼吸道感染等。

[制剂、用法与剂量] 硫酸庆大小诺霉素注射液:2 mL∶80 mg、5 mL∶200 mg、10 mL∶400 mg。肌内注射。一次量,猪1～2 mg/kg,鸡2～4 mg/kg,一日2次。

安普霉素

[作用与用途] 本品对革兰氏阴性菌和少数革兰氏阳性菌有较强抗菌活性。本品的抗菌机理与本类其他抗生素相同。主要用于防治猪、鸡、牛等畜禽大肠杆菌、沙门氏菌所致的疾病。

[制剂、用法与剂量]

(1)硫酸安普霉素可溶性粉。混饮。家禽,0.25 g/L,连饮3～5日;猪,12.5 mg/kg,连饮7日。混饲。肉仔鸡,每吨料添加5 g,连续饲喂。

(2)硫酸安普霉素预混剂:100 g∶3 g、1 000 g∶165 g。混饲。每1 000 kg饲料,猪80～100 g,连用7日。

(3)硫酸安普霉素注射液:5 mL∶0.5 g、10 mL∶1.0 g、20 mL∶2.0 g。肌肉注射。猪20 mg/kg,一日1次。

(五)四环素类

土霉素

[作用与用途] 本品对革兰氏阳性菌与革兰氏阴性菌均有抑制作用。适用于治疗仔猪副伤寒,牛出败、布鲁氏杆菌病、猪肺疫、猪喘气病、猪痢疾、犊牛及仔猪白痢、禽衣原体病和白痢。

[制剂、用法与剂量]

(1)土霉素片:0.05 g、0.125 g、0.25 g。内服。驹、犊、仔猪、羔羊10～15 mg/kg,每日2～3次。

(2)土霉素粉:混饲。每1 000 kg饲料,猪200～600 g,鸡100～600 g;混饮,每1 L水,猪100～250 mg,鸡60～250 mg。

(3)土霉素预混剂:100 g∶3 g、100 g∶50 g、100 g∶2.5 g。混饲。每100 kg饲料,仔猪20～30 g,育肥猪30～40 g,禽10～30 g。

(4)土霉素注射液:1 mL∶0.1 g、1 mL∶0.2 g。肌内注射。一次量,家畜10～20 mg/kg。

(5)注射用盐酸土霉素:0.2 g、1 g。静脉或肌内注射。5～10 mg/kg,每日2次,连用2～3日。治疗猪喘气病,肌注量:40 mg/kg,连用5日。

(6)土霉素碱油针剂:1 mL∶0.25 g。肌内注射。0.15 mL/kg,每隔3天注射1次,连用3～5次。

(7)长效土霉素注射液:1 mL∶0.2 g。肌内注射。家畜10～20 mg/kg。

(8)长效盐酸土霉素注射液:1 mL∶0.1 g。肌内注射。家畜10～20 mg/kg。

(9)盐酸土霉素、延胡索酸泰妙菌素可溶性粉:100 g∶盐酸土霉素6 g+延胡索酸泰妙菌素2 g。混饮。每1 L水,猪0.75 g,禽3 g。

金霉素

[作用与用途] 本品抗菌谱、抗菌作用、体内过程,临床应用与不良反应等均与土霉素同。本品可用于母牛等的产后子宫内膜炎、乳房炎局部给药。

[制剂、用法与剂量]

(1)注射用盐酸金霉素:0.1 g、0.2 g。静脉注射。马、牛、羊、猪2.5～5 mg/kg,每日2次。

(2)盐酸金霉素预混剂。混饲。每1 000 kg饲料,家禽200～500 g,连用不超过5日。

(3)盐酸金霉素粉:100 g∶20 g。内服。猪10～20 mg/kg,一日2～3次,连用3～5日。混饮。禽1～2 g/L。

四环素

[作用与用途] 与土霉素相同。两者相比,四环素吸收良好,血中浓度高、持效时间长。本品对革兰氏阴性杆菌作用较强。本品不良反应与土霉素相近。

[制剂、用法与剂量]

(1)四环素片:0.05 g、0.125 g、0.25 g。内服量与土霉素同。

(2)注射用盐酸四环素:0.25 g、0.5 g、1 g。肌内或静脉注射量同土霉素。

多西环素

[作用与用途] 本品抗菌谱与土霉素相同,但效力更强。对土霉素、四环素耐药的金葡球菌对本品仍然敏感。

[制剂、用法与剂量]

(1)盐酸多西环素片:0.05 g、0.1 g。内服。一次量,猪、驹、犊、羔3～5 mg,犬、猫5～10 mg/kg,禽15～25 mg/kg,一日1次,连用3～5日。

(2)注射用盐酸多西环素:0.1 g、0.2 g。静脉注射。牛1～2 mg/kg,猪1～3 mg/kg,犬、猫2～4 mg/kg,每日1次。

(六)氯霉素类

甲砜霉素

[作用与用途] 本品的抗菌谱与氯霉素相似,体内过程也相近,但在体内抗菌作用比氯霉素强。疗效也高。临床应用与氯霉素相同,对家畜、禽的沙门氏菌病和大肠杆菌病的疗效好于氯霉素。主要用于畜禽肠道、呼吸道细菌性疾治疗。本品也用于鱼类嗜水汽单胞菌、肠炎菌所致的细菌性败血症、肠炎病及赤皮病等。

[制剂、用法与剂量]

(1)甲砜霉素片:0.025 g、0.1 g。内服。畜禽5～10 mg/kg,每日2次,连用2～3日。

(2)甲砜霉素散:50 g∶甲砜霉素2.5 g。内服。畜禽5～10 mg/kg。拌饵投喂。鱼0.3 g/kg。连用3～4日。预防量减半。

氟苯尼考

[作用与用途] 本品为氯霉素衍生物,抗菌作用与氯霉素相同。临床应用也相近。主要用于防治畜禽的巴氏杆菌病、胸膜肺炎、放线菌病,以及支原体感染。对

猪、鸡、鱼及虾等的敏感性细菌感染均有良好疗效。

[制剂、用法与剂量]

(1)氟苯尼考散:50 g∶氟苯尼考 5 g。内服。猪、鸡 20～30 mg/kg,每日 2 次,连用 3～5 日;鱼 10～15 mg/kg,每日 1 次,连用 3～5 日。

(2)氟苯尼考注射液:2 mL∶0.6 g。肌内注射。猪、鸡 20 mg/kg,每隔 48 小时 1 次。连用 2 次;鱼 0.5～1 mg/kg,每日 1 次。

(3)氟苯尼考溶液:100 mL∶5 g、50 mL∶5 g、100 mL∶10 g。混饮。每 1 L 水,鸡 100 mg,连用 3～5 日。

(4)氟苯尼考预混剂:100 g∶2 g。混饲。每 1 000 kg 饲料,猪 1 000～2 000 g,连用 7 日。

(七)林可胺类

林可霉素(洁霉素)

[作用与用途] 本品对革兰氏阳性菌感染有效。特别对耐青霉素、红霉素的耐药菌有效。临床上适用于仔猪痢疾、支原体及副溶性嗜血杆菌所致的猪肺炎、关节炎及禽的慢性呼吸道病。本品也可用于猪密螺旋体、弓形虫等感染。

[制剂、用法与剂量]

(1)林可霉素预混剂:100 g∶林可霉素 0.88 g(或 11 g)。混饲。每 1 000 kg 饲料,猪 44～77 g,鸡 22～44 g,连续喂饲 1～3 周。

(2)盐酸林可霉素片:0.25 g、0.5 g。内服。马、牛与 10 mg/kg;羊、猪、犬10～15 mg/kg,每日 2～4 次。

(3)盐酸林可霉素注射液:1 mL∶0.3 g。肌内注射。家畜 20 mg/kg。静脉注射。家畜 10～20 mg/kg,每日 1 次。

(4)林可霉素-大观霉素可溶性粉,见大观霉素。

(5)林可霉素-大观霉素预混剂,见大观霉素。

克林霉素(氯林可霉素)

[作用与用途] 本品作用与用途同林可霉素。其疗效高于林可霉素。对林可霉素耐药菌感染仍然有效。本品体内分布广,易渗入各软组织。

[制剂、用法与剂量] 与林可霉素同。

盐酸吡利霉素

[作用与用途] 本品主要用于治疗金黄色葡萄球菌、无乳链球菌、停乳链球菌等引起的奶牛泌乳期临床型乳房炎和隐性乳房炎。

[制剂、用法与剂量] 盐酸吡利霉素乳房灌注剂:乳管注入,泌乳期奶牛,每 1

乳室 50 mg,1 日 1 次,连用 2 日。

(八)多肽类

杆菌肽锌

[作用与用途] 本品为杆菌肽之锌盐,稳定性较杆菌肽强。杆菌肽为多肽混合物。抗菌谱近似于青霉素 G,对革兰氏阳性菌有强大的杀菌作用。细菌不易产生耐药性。本品内服不易吸收。本品适用于各种家禽、家畜及水产鱼类敏感菌所致肠道炎症。也可用于革兰氏阳性菌引起的皮肤与伤口的局部感染。

[制剂、用法与剂量]

(1)杆菌肽锌预混剂。混饲。每 1 000 kg 饲料,犊牛,3 月龄以下,10～100 g,3～6 月龄,4～40 g;猪,4 月龄以下,4～40 g;鸡,16 月龄以下,4～20 g。

(2)注射用杆菌肽锌:5×10^4 U。乳房内灌注。杆菌肽 1 500 U、并加维生素 E 1×10^4 U,于挤乳后灌入,每日 1 次,连用 3 日。

(3)亚甲基水杨酸杆菌肽可溶性粉:100 g∶杆菌肽 50 g。混饮。每 1 L 水,鸡,治疗,50～100 mg,连用 5～7 日。预防。25 mg。

(4)杆菌肽锌、硫酸黏菌素预混剂:100 g∶杆菌肽锌 5 g+黏菌素 1 g。混饲。每 1 000 kg 饲料,猪,2 月龄以下,2～40 g,4 月龄以下,2～20 g;鸡,2～20 g。

硫酸黏菌素

[作用与用途] 本品属于窄谱抗生素,且呈现杀菌作用。对革兰氏阴性杆菌(除变形杆菌外)有强大的抗菌活性。尤对绿脓杆菌最有效。

[制剂、用法与剂量]

(1)硫酸黏菌素可溶性粉:100 g∶2.0 g。混饮。每 1 L 水,猪 40～200 mg,鸡 20～60 mg。

(2)硫酸黏菌素预混剂:100 g∶2.0 g、100 g∶4.0 g、100 g∶10 g。混饲。每 1 000 kg 饲料,犊牛(哺乳期)5～40 g,乳猪(哺乳期)2～40 g,仔猪 2～20 g,鸡 2～20 g。

(3)硫酸黏菌素注射液:2 mL∶50 mg、5 mL∶0.1 g、10 mL∶0.2 g。肌内注射。一次量,猪 2～4 mg/kg,家禽 2～3 mg/kg,1 日 2 次,连用 3～5 日。

恩拉霉素

[作用与用途] 本品对革兰氏阳性菌有显著抑制作用,主要阻碍细菌细胞壁的合成。敏感细菌有金黄色葡萄球菌、表皮葡萄球菌、柠檬酸葡萄球菌、酿脓链球菌等。恩拉霉素主要用作饲料药物添加剂。低浓度长期添加,可促进猪、禽生长。

[制剂、用法与剂量] 恩拉霉素预混剂:100 g∶4 g、100 g∶8 g。混饲。每

1 000 kg 饲料，猪 2.5～20 g；鸡 1～5 g。

维吉尼霉素

［作用与用途］本品对革兰氏阳性菌，包括对其他抗生素耐药的菌株如金黄色葡萄球菌、肠球菌等均有较强的抗菌作用，对支原体亦有作用。

［制剂、用法与剂量］维吉尼霉素预混剂：100 g：50 g。混饲。每 1 000 kg 饲料，猪 10～25 g，鸡 5～20 g。

（九）磺胺类及其增效剂

磺胺噻唑

［作用与用途］本品抗菌作用强，但体内代谢快，持效时间短，副作用较多，仅兽医上有用。对巴氏杆菌、肺炎球菌、大肠杆菌、痢疾杆菌等有效。主要用于禽霍乱、禽出败、传染性鼻炎，以及鸡球虫。

［制剂、用法与剂量］

(1)磺胺噻唑片：0.5 g、1 g。内服。马、牛、羊、猪、兔首次用 0.2 g/kg，维持量 0.1 g/kg，每日 3 次；家禽 0.2～0.3 g/kg，或混饲(0.5%)。

(2)磺胺噻唑钠注射液：5 mL：1 g。静脉注射或肌内注射。马、牛、羊、猪、兔 0.07 g/kg，每日 2 次。

(3)磺胺噻唑软膏。含有 5%磺胺噻唑及 5%氧化锌，外用。

磺胺嘧啶

［作用与用途］本品可用于各种敏感菌感染的全身治疗。抗菌作用比磺胺噻唑强，对葡萄球菌，链球菌(如马腺疫病)作用稍差于磺胺噻唑外，其他疗效均为良好。由于本品与血浆蛋白结合率低，极易进入脑脊液内，特别适用于脑部细菌性感染且常用作首选药。

［制剂、用法与剂量］

(1)磺胺嘧啶片：0.5 g、1 g。内服。马、牛、羊、猪、兔首次 0.2 g/kg。维持量减半，每日 2 次；家禽按 0.5%混饲。

(2)磺胺嘧啶钠注射液：5 mL：1 g、10 mL：1 g。静脉注射或肌内注射。马、牛、羊、猪、兔 0.07 g/kg，每日 2 次。

磺胺二甲嘧啶

［作用与用途］本品作用与磺胺嘧啶相近，排泄缓慢，易进入脑脊液内，但抗菌强度较低，对球虫有抑制作用，其疗效不及磺胺嘧啶。主要用于防治家禽霍乱、伤寒、传染性鼻炎；家禽呼吸道病，消化道病等。

［制剂、用法与剂量］

(1)磺胺二甲嘧啶片：0.5 g、1 g。内服。马、牛、羊、猪、兔首次 0.2 g/kg。维持量减半，每日 2 次，家禽按 0.5%混饲。

(2)磺胺二甲嘧啶钠注射液：5 mL：0.5 g、10 mL：1 g。静脉注射或肌内注射。马、牛、羊、猪、兔 0.07 g/kg，每日 2 次，家禽按 0.2%～0.4%混饮。

磺胺甲噁唑

[作用与用途] 本品抗菌性能比磺胺嘧啶强，可用于泌尿道，呼吸道感染。临床应用时多与增效剂甲氧苄啶配伍，使抗菌强度增强数倍至十数倍，抗菌范围与临床用途增大。

[制剂、用法与剂量]

(1)磺胺甲噁唑片：0.5 g。内服。马、牛、羊、猪、兔首次 0.1 g/kg，维持量 0.07 g/kg，每日 2 次。

(2)磺胺嘧啶钠注射液：5 mL：1 g、10 mL：1 g。静脉注射或肌肉注射。马、牛、羊、猪、兔 0.07 g/kg，每日 2 次。

磺胺二甲氧嘧啶

[作用与用途] 本品抗菌强度及抗菌谱与磺胺嘧啶相近，但对球虫、弓形虫作用稍比磺胺嘧啶强，主要用于猪弓形虫、禽霍乱与球虫、犊牛球虫等的防治。对家畜的呼吸系统、泌尿系统、消化系统的细菌感染也有良好疗效。

[制剂、用法与剂量] 磺胺二甲氧嘧啶片：0.5 g。内服。马、牛、羊、猪、兔等首次 0.1 g/kg，维持量0.07 g/kg，每日 1 次；家禽按 0.05%～0.2%混饲。连用 2～4 日。

磺胺对甲氧嘧啶

[作用与用途] 本品抗菌性能、吸收率、血中浓度持效时间均比磺胺嘧啶好。对猪弓形虫、鸡球虫的疗效较强。本品毒性小，对尿路感染有较好的疗效。与增效剂 TMP 配伍，对金黄色葡萄球菌、大肠杆菌、痢疾杆菌、绿脓杆菌等的抗菌活性能增大 15～30 倍。

[制剂、用法与剂量]

(1)磺胺对甲氧嘧啶片：0.5 g。内服。家畜首次量 0.1 g/kg，维持量 0.07 g/kg，每日 1～2 次，家禽按 0.05%～0.2%混饲。

(2)磺胺对甲氧嘧啶钠注射液：5 mL：1 g。静脉注射或肌内注射。各种动物 0.07 g/kg，每日 1～2 次。

磺胺间甲氧嘧啶

[作用与用途] 本品为磺胺药中抗菌性能最强的药物。临床上适用于各种细菌性疾病，如肠炎、菌痢、尿道感染、呼吸道及肠道各种感染。各种球虫、弓形虫，附

红细胞体及禽住白细胞原虫等感染，对大肠杆菌感染的仔猪水肿病等均有良好的疗效。

［制剂、用法与剂量］

(1)磺胺间甲氧嘧啶片：0.5 g。内服量同磺胺对甲氧嘧啶。

(2)磺胺向甲氧嘧啶钠注射液：10 mL∶1 g。用法与用量同磺胺对甲氧嘧啶。

磺胺氯达嗪钠

［作用与用途］抗菌谱与磺胺间甲氧嘧啶相似，但抗菌作用比磺胺间甲氧嘧啶稍弱。其他作用与磺胺间甲氧嘧啶相似。

［制剂、用法与剂量］复方磺胺氯达嗪钠粉，见甲氧苄啶。

磺胺甲氧达嗪

［作用与用途］本品对链球菌、葡萄球菌、肺炎球菌、大肠杆菌、李氏杆菌等有较强的抗菌作用。

［制剂、用法与剂量］

(1)磺胺甲氧达嗪片：0.5 g、1 g。内服。一次量，家畜首次量 50～100 mg/kg，维持量 25～50 mg/kg，一日 2 次，连用 3～5 日。

(2)磺胺甲氧达嗪钠注射液：10 mL∶1 g、50 mL∶5 g、100 mL∶10 g。静脉或肌内注射。一次量，家畜 70 mg/kg，一日 1 次。

(3)复方磺胺甲氧达嗪钠注射液，见甲氧苄啶。

磺胺脒

［作用与用途］本品抗菌作用较弱，口服后吸收较少，药物在肠道内浓度较高，对肠道菌的作用强。主要用于各种单胃动物肠道内细菌性感染，如肠炎、菌痢、仔猪白痢、黄痢以及各种动物的球虫感染。

［制剂、用法与剂量］磺胺脒片：0.5 g。内服。猪、犊、羔、驹、兔及禽 0.05～0.15 g/kg，每日 2～3 次。

琥珀酰磺胺噻唑

［作用与用途］本品在肠道内水解出磺胺噻唑。主要用于治疗菌痢、禽白痢、肠炎，肠道内消炎药物。

［制剂、用法与剂量］琥珀酰磺胺噻唑片：0.5 g。内服。猪、犊、羔、驹、兔及禽 0.05～0.15 g/kg，每日 2 次。

酞酰磺胺噻唑

［作用与用途］抗菌作用同琥珀酰磺胺噻唑。本品在肠道内水解出磺胺噻唑。

主要用于治疗菌痢、禽白痢、肠炎，肠道内消炎药物。

[制剂、用法与剂量] 同琥珀酰磺胺噻唑。

甲磺灭脓

[作用与用途] 本品抗菌谱广，抗菌作用不受对氨基苯甲酸影响，对化脓、坏死组织的创伤感染也有较好的疗效。尤对绿脓杆菌作用极强。本品刺激性较强，临床多用于烧伤感染的化脓创。

[制剂、用法与剂量] 10%溶液或软膏，外用。

磺胺嘧啶银

[作用与用途] 本品较甲磺灭脓抗菌效能强，对烧伤面绿脓杆菌感染作用更强，并能促进创面干燥，结痂与愈合。

[制剂、用法与剂量] 1%～2%软膏与溶液，外用。

甲氧苄啶

[作用与用途] 本品抗菌谱与磺胺类相似而活性较强。对多种革兰氏阳性菌及阴性菌均有抗菌作用，但绿脓杆菌、结核杆菌、丹毒杆菌、钩端螺旋体等对本品耐药。

[制剂、用法与剂量] 按 1∶5 与磺胺药合用。内服（总量）。各种家畜 0.02～0.025 g/kg，每日 2 次。肌内注射。家畜 0.015～0.02 g/kg（按磺胺药计），每日 2 次。

二甲氧苄啶

[作用与用途] 本品与甲氧苄啶不同点仅在于口服吸收率低。因而临床上常与口服难吸收磺胺药等配伍。用于治疗肠道细菌性疾病或防治雏鸡、仔兔球虫病等。本品与磺胺药配比同甲氧苄啶。

[制剂、用法与剂量] 同甲氧苄啶。

（十）喹诺酮类

萘啶酸

[作用与用途] 本品为最先合成的喹诺酮类药，抗菌性较弱，仅对大肠杆菌、肺炎杆菌、沙门氏菌等有效。对其他多数菌无效。对大肠杆菌等还易产生耐药性。

[制剂、用法与剂量] 萘啶酸片 0.25 g。内服。犊牛、仔猪、猫、犬 10～15 mg/kg，每日 2～3 次，连用 2～3 日。

吡哌酸

[作用与用途] 本品主要用于治疗犊牛、仔猪肠道及泌尿系统的感染。如仔猪

黄痢、白痢，犊牛肠炎及腹泻等。对鸡白痢、肠炎及腹泻有效，但对禽霍乱无效。其疗效高于萘啶酸。

[制剂、用法与剂量] 吡哌酸片：0.25 g。内服。马、牛、驴 1～5 g/次，每日 2～3 次，连用 5 日；猪 0.1 g/kg，每日 2～3 次，连用 3 日；鸡 0.25～0.5 g/kg，每日 2 次，连用 3～5 日。

氟哌酸（诺氟沙星）

[作用与用途] 本品主要用猪、犊牛、羔羊及家禽、猫、犬、鱼等消化道细菌性疾病。对其他系统的传染性病的疗效均不如氟喹诺酮类其他药物，如环丙沙星等。

[制剂、用法与剂量] 氟哌酸粉。内服。犊牛 200～300 mg，仔猪 7.5～10 mg/kg，每日 1～3 次，连用 3～5 日。混饲。每 1 000 kg 饲料，雏鸡 100 g。

环丙沙星（环丙氟哌酸）

[作用与用途] 本品的临床应用范围广，对消化系统、呼吸系统、泌尿系统各种敏感菌感染有效。

[制剂与剂量]

(1)盐酸环丙沙星粉。内服。猪 2.5～5 mg/kg，每日 2～3 次。混饲。每 1 000 kg 饲料，鸡 50～75 g。

(2)环丙沙星注射液。肌内注射。家禽 2.5～5 mg/kg，每日 2～3 次。

恩诺沙星

[作用与用途] 本品为兽医专用药之一。其抗菌强度为环丙沙星 2～3 倍。本品也可用于鱼类疾病的防治，如肠道炎、鳃腺炎等细菌性疾病。

[制剂与剂量]

(1)恩诺沙星粉。内服。鱼 5 mg/kg，每日 2 次，连用 3～5 日。混饮。家禽 50 mg/L。拌饲。每 1 000 kg 饲料，家禽 25～50 g，连用 3 日。

(2)恩诺沙星注射液：10 mL∶250 mg。肌内注射。鸡、猪 2.5～5 mg/kg，每日 2 次，连用 3 日。

洛美沙星

[作用与用途] 与恩诺沙星相同。

[制剂与剂量]

(1)盐酸洛美沙星片：1 mg。内服。畜禽 2.5～5 mg/kg，每日 2 次，连用 3～5 日。混饮。禽 2.5～5 mg/L，每日 1～2 次，连用 3～5 日。

(2)盐酸洛美沙星注射液：5 mL∶50 mg。肌内注射。家禽 2.5～5 mg/kg，每日 2 次。

氧氟沙星

［作用与用途］本品有氧氟沙星与 *L*-氧氟沙星。*L*-氧氟沙星抗菌活性比氧氟沙星强。而抗菌谱两者相近。本品作用与用途同恩诺沙星，对畜禽支原体感染的疗效可能更强。

［制剂与剂量］

(1)氧氟沙星片：5 mg。内服。鸡 10 mg/kg，每日 2 次。混饮。鸡 60～100 mg/L，每日 2 次，连用 3～5 日。

(2)氧氟沙星注射液：10 mL∶0.1 g、10 mL∶0.2 g。肌内或静脉注射。家畜 3～5 mg/kg，每日 2 次，连用 3～5 日。

(3)*L*-氧氟沙星片：5 mg。内服。鸡 5 mg/kg，每日 2 次。混饮。鸡 40～60 mg/L，每日 2 次。连用 3～5 日。

(十一)喹噁啉类

乙酰甲喹

［作用与用途］本品抗菌谱广，对常见的大肠杆菌、巴氏杆菌、猪霍乱沙门氏菌、伤寒沙门氏菌、变形杆菌、李氏杆菌、链球菌、金葡球菌、密螺旋体有抑制作用。

［制剂与剂量］

(1)乙酰甲喹注射液。肌内注射。猪、犊牛 2.5～5 mg/kg；鸡 2.5 mg/kg，每日 2 次，连用 3 日。

(2)乙酰甲喹片：0.1 g、0.5 g。内服。一次量，牛、猪 5～10 mg/kg；禽 10～15 mg/kg，一日 2 次，连用 3 日。

(3)乙酰甲喹可溶性粉：100 g∶5 g、100 g∶10 g。混饮。鸡 50 mg/L。

(4)乙酰甲喹溶液：100 mL∶0.5 g。内服。一次量，牛、猪 5～10 mg/kg；禽 10 mg/kg。

(5)乙酰甲喹搽剂：2 mL∶80 mg、5 mL∶0.2 mg、10 mL∶0.4 mg、20 mL∶0.8 mg。外用。涂擦猪尾根或耳根处，1 日龄至断奶，每头 1～2 mL；断奶后至 20 kg，0.2 mL/kg。

(6)复方乙酰甲喹可溶性粉：100 g∶乙酰甲喹 7.5 g＋地克珠利 0.6 g。混饮。鸡 0.3 g/L，连用 3～4 日。

喹乙醇

［作用与用途］本品为抑菌剂，抑菌范围与乙酰甲喹相似。临床上可用于仔猪腹泻、黄痢、白痢，且对猪密螺旋体所致血痢也有防治作用。禁用于禽、水生动物、体重超过 35 kg 的猪。

[制剂与剂量] 喹乙醇预混剂:100 g∶5 g、500 g∶25 g。混饲。每1 000 kg饲料,猪1 000～2 000 g。

(十二)抗真菌药

制霉菌素

[作用与用途] 本品对白色念珠菌、球孢子菌、隐球菌、新隐球菌等深层感染真菌有抑杀作用。对细菌、原虫和病毒无效。临床上主要用于预防或治疗长期服用广谱抗生素,如四环素类抗菌药所致的肠道真菌性二重感染,常见的肠串珠菌病、烟曲霉菌病、家禽的鹅口疮等。

[制剂、用法与剂量]

(1)制霉菌素片:2.5×10^5 U、5.0×10^5 U。内服。马、牛$(2.5\sim5.0)\times10^6$ U,猪、羊$(5\sim10)\times10^5$ U,犬$(1\sim2)\times10^5$ U,每日4次。混饲。雏鸡5.0×10^5 U/100羽,每日2次,连用3～4日。

(2)制霉菌素软膏剂:1.0×10^5 U/g,外用。

克霉唑

[作用与用途] 本品为化学合成的广谱抗真菌药。对皮肤真菌如癣,深部真菌感染,如念珠菌病,雏鸡曲霉素性肺炎。犊牛真菌性胃炎和牛真菌性子宫炎等均有良好的疗效。且优于制霉菌素。

[制剂、用法与剂量]

(1)克霉唑片:0.25 g、0.5 g。内服。马、牛2.5～5 g,驹、犊、羊、猪0.3～0.7 g,每日2次。混饲。雏鸡1 g/100羽。

(2)克霉唑软膏1%～5%,外用。

益康唑

[作用与用途] 为合成抗真菌药,抗菌谱广,安全、速效。对临床上致病性真菌,本品均有效。且对革兰氏阳性菌球菌也有效。兽医临床上多用于伴侣动物皮肤或黏膜的真菌性感染,如皮肤癣、念珠菌阴道炎等,均有良效。

[制剂、用法与剂量]

(1)益康唑栓剂:50 mg、150 mg,外用。

(2)益康唑酊剂:1%,30 mL/瓶,外用。

(3)益康唑软膏剂:2%,外用。

(十三)抗病毒药

吗啉胍(病毒灵)

[作用与用途] 本品对流感A病毒有作用,能抑制流感病毒增殖周期各个阶段

的生化反应。但对游离病毒颗粒无直接作用。据报道，对鸡痘病毒、疱疹病毒、鸡传染性支气管病毒，以及眼部浅层真菌性感染有一定作用。

［制剂、用法与剂量］

(1)盐酸吗啉胍片：0.1 g。内服。雏鸡 30～50 mg/kg，每日 1～2 次。混饮。雏鸡 1 g/L，连饮 3～5 日。

(2)盐酸吗啉胍注射液：10 mL∶0.5 g。肌内注射。大家畜（50 kg 以上）1～1.25 g，中家畜（25～50 kg）0.5～1 g，小家畜（10～25 kg）0.2～0.5 g，每日 2 次。

金刚烷胺

［作用与用途］本品能阻止病毒侵入宿主细胞。体外试验本品能对流感和风疹病毒有效。能保护流感 A_2 病毒对小鼠的感染，可用于流感 A_2 病毒的预防，减少发病率，减弱对流感感染的血清学反应。本品对发病动物有退热作用。与抗生素配伍对流感、病毒性肺炎的疗效确比单独应用疗效好。本品无直接杀灭病毒的作用。

［制剂、用法与剂量］盐酸金刚烷胺片：0.1 g。内服。猪 5～10 mg/kg，连用 3～5 日。

得巴韦林（病毒唑）

［作用与用途］本品抗病毒谱广、对多种病毒性角膜炎、结膜炎具有较高的疗效。治疗流感时局部吸入给药有较好的疗效。本品可用于鸡传染性支气管炎、猪传染性胃肠炎、鸡痘、猪痘等病毒性传染病的防治，获得减轻症状、减少死亡的疗效。

［制剂、用法与剂量］

(1)利巴韦林片：0.05 g、0.1 g。内服。仔猪、羔羊、犊牛 10～20 mg/kg，鸡 10～15 mg/kg。

(2)利巴韦林注射液：1 mL∶100 mg。肌内注射。猪、羔羊、犊牛 5～10 mg/kg，每日 2～3 次。

(十四)其他

延胡索酸泰妙菌素

［作用与用途］本品抗菌谱与大环内酯类抗生素相似，主要抗革兰氏阳性菌，对金葡菌、链球菌、支原体、猪胸膜炎放线杆菌、猪痢疾密螺旋体等均有较强的抑制作用，对支原体的作用强于大环内酯类。主要用于防治鸡的慢性呼吸道病，猪支原体肺炎、放线菌性胸膜肺炎和密螺旋体性痢疾等。低剂量还可促进生长、提高饲料利用率。

[制剂、用法与剂量]

(1)延胡索酸泰妙菌素可溶性粉:100 g∶45 g。混饮。猪 45～60 mg/L,连用 5 日;鸡 125～250 mg/L,连用 3 日。

(2)延胡索酸泰妙菌素预混剂:100 g∶10 g、100 g∶80 g。混饲。每 1 000 kg 饲料,猪 40～100 g,连用 5～10 日。

(3)延胡索酸泰妙菌素溶液。混饮。猪 45～60 mg/L,连用 5 日;鸡 125～250 mg/L,连用 3 日。

黄霉素

[作用与用途] 本品为多糖类窄谱抗生素,对革兰氏阳性菌如金黄色葡萄球菌、化脓性链球菌作用较强,对革兰氏阴性菌作用极弱。本品对牛、猪、鸡均有促生长、提高饲料转化率的作用。常用做牛、猪、鸡的促生长。

[制剂、用法与剂量] 黄霉素预混剂:100 g∶4 g、100 g∶8 g。混饲。肉牛30～50 mg/头/日;每 1 000 kg 饲料,育肥猪 5 g,仔猪 20～25 g,肉鸡 5 g。

赛地卡霉素

[作用与用途] 本品对多种革兰氏阳性菌和猪痢疾密螺旋体有较强抑制作用,葡萄球菌、链球菌、肺炎球菌、志贺氏菌等对其敏感。对猪痢疾密螺旋体的作用强于林可霉素,但不及泰妙菌素。用于治疗密螺旋体引起的猪痢疾。

[制剂、用法与剂量] 赛地卡霉素预混剂:100 g∶1.0 g、100 g∶2.0 g、100 g∶5.0 g。混饲。每 1 000 kg 饲料,猪 75 g,连用 15 日。

那西肽

[作用与用途] 本品对革兰氏阳性菌的抗菌活性较强,如葡萄球菌、梭状芽孢杆菌对其敏感。为畜禽专用抗生素。对猪、鸡有促进生长、提高饲料转化率的作用。可用做猪、鸡促生长添加剂。

[制剂、用法与剂量] 那西肽预混剂:1 000 g∶5 g。混饲。每 1 000 kg 饲料,鸡 2.5 g。

洛克沙胂

[作用与用途] 本品对多种肠道致病菌有较强的抑制作用,并有促进色素沉积的作用。作为饲料添加剂用于促进生长,与抗球虫药合用可用于预防球虫病。

[制剂、用法与剂量] 洛克沙胂预混剂:100 g∶ 5 g、100 g∶10 g。混饲。每 1 000 kg 饲料,猪、鸡 50 g。

氨苯胂酸

[作用与用途] 本品为一种抗菌促生长剂,对猪的大肠杆菌、弧菌、螺旋体和小

袋虫感染所致下痢有治疗作用，对猪沙门氏菌感染无效。

[制剂、用法与剂量] 氨苯胂酸预混剂：100 g∶10 g、500 g∶50 g、1 000 g∶100 g、25 000 g∶2 500 g。混饲。每 1 000 kg 饲料，猪、鸡 1 000 g。

博落回注射液

[作用与用途] 本品含血根碱和白屈菜红碱，在体外能抑制革兰氏阳性菌生长，对肺炎双球菌、金黄色葡萄球菌和枯草杆菌有较好的抑制作用，其抑菌作用强于黄连素。

[制剂、用法与剂量] 博落回注射液：5 mL∶25 mg。肌内注射。一次量，猪，体重 10 kg 以下，2～5 mL；10～50 kg，5～10 mL，一日 2～3 次。

牛至油溶液

[作用与用途] 本品对革兰氏阳性和阴性菌有一定抑制作用，链球菌、葡萄球菌、大肠杆菌、沙门氏菌、克雷伯氏杆菌和肠球菌对本品较敏感。用于预防及治疗仔猪和鸡大肠杆菌、沙门氏菌所致的下痢。

[制剂、用法与剂量]

(1)牛至油溶液：250 mL。内服。预防：仔猪 2～3 日龄每头 2 mL，8 h 后重复给药一次。治疗：仔猪 10 kg 以下每头 2 mL，10 kg 以上每头 4 mL，用药后 7～8 h 腹泻仍未停止时，重复给药一次。

(2)牛至油预混剂：500 g∶12.5 g。混饲。每 1 000 kg 饲料，预防，猪 500～700 g，鸡 450 g；治疗，猪 1 000～1 300 g，鸡 900 g，连用 7 天；促生长，猪、鸡 50～500 g。

盐酸小檗碱

[作用与用途] 本品具广谱抗菌作用，体外对多种革兰氏阳性菌及革兰氏阴性菌均具抑菌作用，用于敏感菌所致的胃肠炎，细菌性痢疾等肠道感染。

[制剂、用法与剂量]

(1)盐酸小檗碱片：0.1 g、0.5 g。内服。一次量，马 2～4 g；牛 3～5 g；羊、猪 0.5～1 g。

(2)盐酸小檗碱预混剂：2.5%。混饲。每 1 000 kg 饲料，鸭 1 000 g，连用 3 日。

(3)盐酸小檗碱颗粒：10%。混饮。鸡 1 g/L，连用 3～5 日。

硫酸小檗碱

[作用与用途] 本品肌注后可在体内达到有效抑菌浓度，适用于全身性感染的

治疗。

[制剂、用法与剂量] 硫酸小檗碱注射液:5 mL∶0.05 g、10 mL∶0.1 g、5 mL∶0.1 g、10 mL∶0.2 g。肌内注射。一次量,马、牛 0.15～0.4 g;羊、猪 0.05～0.1 g。

乌洛托品

[作用与用途] 乌洛托品在酸性溶液中可分解释放出甲醛和氨,呈杀菌作用。主要用于尿道感染。

[制剂、用法与剂量]

(1)乌洛托品可溶性粉:50%。混饮。禽,每 1 L 水 0.5～1 g,连续用 3～5 日。

(2)乌洛托品注射液:5 mL∶2 g、10 mL∶4 g、20 mL∶8 g、50 mL∶20 g。静脉注射。一次量,马、牛 15～30 g;羊、猪 5～10 g;犬 0.5～2 g。

二、抗寄生虫药物

(一)抗蠕虫药

敌百虫

[作用与用途] 敌百虫为有机磷酸酯类广谱驱虫药,对多种寄生虫均有极强的杀虫效力,常用于内服驱除家畜肠道的寄生虫,如蛔虫、鞭虫、钩虫、胃蝇蛆等;也可用于驱杀体外寄生虫如蚊、蝇、虱、螨、蜱及牛皮蝇等。水产养殖中,也用敌百虫驱除鱼的锚状蠕虫和鳃的吸虫,还可用于治疗水牛的血吸虫病,配与呋喃丙胺以提高后者的疗效。

[制剂、用法与剂量] 敌百虫片:0.5 g、0.3 g。内服。马 30～50 mg/kg(极量 20 g),牛 20～40 mg/kg(极量 15 g),猪 80～100 mg/kg(极量 7 g),绵羊 80～100 mg/kg,山羊 50～70 mg/kg。

左旋咪唑(左咪唑)

[作用与用途] 本品主要用于驱除马、牛、羊、猪、犬、鸡、鸽等胃肠道线虫和肺线虫,也可用于犬心丝虫和猪肾虫的防治。本品可以内服,肌注或混饮给药。对胃肠道线虫、内服的疗效比肌注给药要高。食品动物宰前 7 天停药。

[制剂、用法与剂量]

(1)盐酸(或磷酸)左旋咪唑片:25 mg、50 mg。内服。混饲或混饮投药量,牛、羊、猪、犬 8 mg/kg,鸡、鸽 20 mg/kg。

(2)盐酸左旋咪唑注射液:2 mL∶0.1 g,5 mL∶0.25 g。肌内或皮下注射量。

牛、羊、猪 7.5 mg/kg。

阿苯达唑

[作用与用途] 本品为广谱抗寄生虫药。对常见的畜禽胃肠道线虫、肺线虫、肝片吸虫和绦虫均有效。单独应用可驱虫畜禽体内混合多种寄生虫感染。对牛、羊所有消化道线虫的成虫驱虫效果最好，对猪胃肠道大部线虫有效，尤其是蛔虫、鞭虫效果更佳。对禽类线虫、如鸡蛔虫、吸虫及绦虫等有高效。

[制剂、用法与剂量] 阿苯达唑片：25 mg、50 mg、200 mg。内服。马、羊 20～40 mg/kg，牛、猪 5～40 mg/kg，鸡 20～30 mg/kg，鸽 15～20 mg/kg。

噻嘧啶

[作用与用途] 本品是广谱驱线虫药；对马、牛、猪、羊、骆驼、鸡、犬等多种消化道线虫有良好的驱虫效果。但对马蛲虫、羊肺线虫、猪与犬的鞭虫无效。

[制剂、用法与剂量] 酒石酸噻嘧啶、双羟萘酸噻嘧啶片：0.3 g。口服。马 12.5 mg/kg，牛、羊 25 mg/kg，猪 22 mg/kg，禽类 15 mg/kg。

哌嗪(驱蛔灵)

[作用与用途] 本品主要用于畜禽的蛔虫病。但对猪、羊蛲虫、毛首线虫有效。其他线虫几乎无效。

[制剂、用法与剂量]

(1)磷酸哌嗪片：0.2 g、0.5 g。内服。马、牛 0.20 g/kg，猪、羊 0.25 g/kg，犬 0.08 g/kg，家禽 0.2 g/kg。

(2)枸橼酸哌嗪片：0.2 g、0.5 g。内服。马、牛 0.25 g/kg，猪、羊 0.3 g/kg，犬 0.1 g/kg，家禽 0.25 g/kg。

越霉素 A

[作用与用途] 本品为氨基苷类广谱抗生素，但抗菌活性较弱，对猪蛔虫、结节虫及鞭虫，鸡蛔虫有抑制产卵及驱杀作用，临床上主要用于驱除猪、鸡肠道线虫的饲料添加剂。

[制剂、用法与剂量] 越霉素饲料预混剂：每 1 000 kg 饲料，鸡 8 g，猪 10 g，连续饲喂 8～10 周。

潮霉素 B

[作用与用途] 本品为氨基苷类广谱抗生素，对革兰氏阳性、革兰氏阴性和某些放线菌、抗酸菌均有抗菌作用，但抗菌活性较低，对猪蛔虫、结节虫及鸡蛔虫、盲

肠虫长时间接触时，可抑制其虫体的发育，抑制其产卵。

［制剂、用法与剂量］潮霉素B饲料预混剂：每1 000 kg饲料，猪、鸡6～12 g，连续饲喂8～10周。

甲苯咪唑

［作用与用途］本品为广谱驱线虫，并有驱绦虫作用的高效、低毒抗寄生虫药。本品对马肠道寄生虫，如线虫、蛲虫、蛔虫疗效极佳，并可用于驱肺线虫；对猪的主要线虫，如蛔虫、蛲虫、鞭虫都有效，对犬钩虫、鞭虫、蛔虫等线虫有极好的疗效。

［制剂、用法与剂量］甲苯咪唑片：25 mg、50 mg、200 mg。内服。驱消化道线虫，马6～10 mg/kg，牛、羊、猪10～20 mg/kg，犬、猫20～40 mg/kg；驱绦虫，马20 mg/kg，猪、羊、牛15 mg/kg，猫、犬15 mg/kg，每日1次，连用3～5日。灵长类动物5～10 mg/kg，偶蹄动物15 mg/kg，长鼻动物10 mg/kg，啮齿类与有袋类动物15 mg/kg，每日1次，连用3日。

芬苯达唑

［作用与用途］本品为广谱驱蠕虫药，对畜、禽多数消化道线虫及绦虫有效。同时还可用于肺线虫病的治疗。临床上多用于驱除马、羊、牛线虫及其幼虫，猪、禽的消化道线虫，尤以驱除蛔虫的疗效为佳。对犬、猫的线虫及带状绦虫、禽类的肺线虫的疗效极高。

［制剂、用法与剂量］芬苯达唑片：0.1 g。内服。马、牛、羊、猪5～10 mg/kg，犬22 mg/kg，禽8 mg/kg，每日1次，连用3～6日。

伊维菌素

［作用与用途］本品为天然抗生素阿维菌素加氢后的半合成产品，强效、广谱的肠道驱线虫药，如蛔虫、蛲虫、旋毛虫、钩虫、肾虫及心脏丝虫，肺线虫等均有良好的疗效。

［制剂、用法与剂量］

(1)伊维菌素注射液：1 mL∶10 mg。皮下注射。一次量，牛、羊、犬0.2 mg/kg，猪0.3 mg/kg。

(2)伊维菌素片：5 mg。内服。马0.2～0.5 mg/kg，猪0.3～0.5 mg/kg，牛0.1～0.2 mg/kg，犬0.2 mg/kg。

(3)伊维菌素预混剂：100 g∶0.6 g。混饲。每1 000 kg饲料，猪2 g，连用7日。

阿维菌素

［作用与用途］同伊维菌素。

［制剂、用法与剂量］

(1)阿维菌素片:2 mg、5 mg。用法用量同依维菌素。

(2)阿维菌素粉:50 g∶0.5 g。用法用量同依维菌素。

(3)阿维菌素注射液:1 mL∶10 mg。用法用量同依维菌素。

(4)阿维菌素透皮溶液:2 mL∶10 mg、100 mL∶500 mg、500 mL∶2 500 mg。一次量,0.1 mL(0.5 mg)/kg,牛、猪由肩部向后,沿背中线浇注,犬、兔从两耳耳部内侧涂擦。

乙酰氨基阿维菌素

［作用与用途］同伊维菌素。

［制剂、用法与剂量］乙酰氨基阿维菌素注射液:5 mL∶50 mg、10 mL∶100 mg、30 mL∶0.3 g、50 mL∶0.5 g。皮下注射。一次量,牛 0.2 mg/kg。

多拉菌素

［作用与用途］同伊维菌素。

［制剂、用法与剂量］多拉菌素注射液:50 mL∶0.5 g、200 mL∶2 g、500 mL∶5 g。肌内注射。一次量,猪 0.3 mg/kg。

碘硝酚

［作用与用途］本品为窄谱驱线虫药,对各类犬钩虫和猫管形钩虫有效,但不能驱除组织内幼虫。对蛔虫、鞭虫或肺吸虫的效果差。对羊鼻蝇蛆、螨和蜱的感染,以及野生猫科动物的钩口和颚口线虫感染亦有效。

［制剂、用法与剂量］碘硝酚注射液:10 mL∶0.5 g、20 mL∶1 g、20 mL∶4 g、250 mL∶50 g。皮下注射。一次量,羊 10～20 mg/kg。

硫氯酚

［作用与用途］本品对畜禽的吸虫与绦虫有驱虫作用。主要用于牛、羊肝片吸虫、前后盘吸虫、莫尼兹绦虫、猪姜片吸虫、绦虫及家禽绦虫有效。对成虫肝片吸虫疗效好,童虫无效。本品对猫、犬各种绦虫有高效,马、牛、羊部分绦虫有治疗作用。对鸡及鹅的抗绦虫谱广且有杀灭作用。

［制剂、用法与剂量］硫氯酚片:250 mg、500 mg。内服。一次量,马 10～20 mg/kg;牛 40～60 mg/kg;羊、猪 75～100 mg/kg;犬、猫 200 mg/kg;鸡 100～200 mg/kg;鸭 30～50 mg/kg。

硝氯酚

[作用与用途] 本品对牛、羊肝片吸虫的成虫有很强的杀灭作用，具有高效、低毒、用量少等优点，为反刍兽肝片吸虫较理想的驱虫药，对肝片吸虫的幼虫有疗效，但其剂量要增加而不安全。

[制剂、用法与剂量]

(1)硝氯酚片：0.1 g。内服。黄牛 3～7 mg/kg、水牛 1～3 mg/kg，羊 2～4 mg/kg，乳牛 5～8 mg/kg，鹿 3～7 mg/kg。皮下或肌内注射。牛 0.8～1 mg/kg。皮下注射。羊 1～2 mg/kg。

(2)硝氯酚、伊维菌素片：0.11 g(硝氯酚 100 mg＋伊维菌素 10 mg)。内服。一次量，草原放牧牛、羊 3 mg/kg(按硝氯酚计)。

硫溴酚

[作用与用途] 本品对牛、羊、鹿的肝片吸虫成虫及其幼虫有效；对前后盘吸虫和盲肠吸虫也有驱除疗效。

[制剂、用法与剂量] 硫溴酚片：0.1 g。内服。黄牛 40～50 mg/kg，水牛 30 mg/kg，羊 50～60 mg/kg，山羊 30 mg/kg，鹿 60～100 mg/kg。

溴酚磷

[作用与用途] 本品用于预防与治疗牛、羊肝片吸虫。

[制剂、用法与剂量]

(1)溴酚磷片：0.24 g。内服。牛 12 mg/kg，羊 12～16 mg/kg。

(2)溴酚磷粉：1 g∶0.24 g。内服。牛 12 mg/kg，羊 12～16 mg/kg。

双酰胺氧醚

[作用与用途] 本品对肝片吸虫的童虫期蚴虫具有特别高的活性，随着虫体的日龄增长，其活性下降。

[制剂、用法与剂量] 双酰胺氧醚混悬液：100 mL∶10 g、500 mL∶50 g。内服。一次量，羊 100 mg/kg。

碘醚柳胺

[作用与用途] 本品主要对肝片吸虫和大片形吸虫的成虫具有杀灭作用，对未成熟虫体也有很高的活性。此外，对牛血矛线虫、仰口线虫成虫，对羊的成虫和未成熟虫体和羊鼻蝇蛆的各期寄生幼虫均有很高的有效率。

[制剂、用法与剂量]

(1)碘醚柳胺片：50 mg。内服。一次量，牛、羊 7～12 mg/kg。

(2)碘醚柳胺粉:100 g∶2.5 g。内服。一次量,牛、羊 7～12 mg/kg。

(3)碘醚柳胺混悬液:20 mL∶0.4 g。内服。一次量,牛、羊 7～12 mg/kg。

氯氰碘柳胺钠

[作用与用途] 本品对肝片吸虫、胃肠道线虫及节肢动物的幼虫有驱杀功效。主要用于防治牛、羊肝片吸虫病,胃肠道线虫病和羊狂蝇蛆病等。据报道,对羊疥螨、马鼻蝇、牛皮蝇、猪蛔虫、肾虫、螨虫及血虱、犬疥螨、蠕形螨、钩虫等均有效。也可用于防治猫、兔等动物寄生虫病。

[制剂、用法与剂量]

(1)氯氰碘柳胺钠片:0.5 g。内服。牛 5 mg/kg,羊 10 mg/kg。

(2)氯氰碘柳胺钠粉:100 g∶10 g。同氯氰碘柳胺钠片。

(3)氯氰碘柳胺钠混悬液:1 000 mL∶50 g。同氯氰碘柳胺钠片。

(4)氯氰碘柳胺钠注射液:250 mL∶12.5 g。皮下或肌内注射。一次量,牛 2.5～5 mg/kg;羊 5～10 mg/kg。

硝碘酚腈

[作用与用途] 本品对牛、羊肝片吸虫、大片形吸虫成虫有驱杀效果,但对未成熟虫体效果较差。对阿维菌素类和苯并咪唑类药物有抗性的羊捻转血矛线虫虫株仍然有效。

[制剂、用法与剂量] 硝碘酚腈注射液:100 mL∶25 g。皮下注射。一次量,羊 10 mg/kg。

三氯苯达唑

[作用与用途] 本品为苯并咪唑类中专用于抗片形吸虫的药物,对各种日龄的肝片形吸虫均有明显驱杀效果。对牛、绵羊、山羊等反刍动物肝片吸虫,对牛大片形吸虫、鹿肝片吸虫、鹿大片形吸虫、马肝片吸虫等均有效。

[制剂、用法与剂量]

(1)三氯苯达唑片:0.1 g。内服。一次量,牛 12 mg/kg;羊 10 mg/kg。

(2)三氯苯达唑颗粒:10 g∶1.0 g。内服。一次量,牛 12 mg/kg;羊 10 mg/kg。

(3)三氯苯达唑混悬液:1 000 mL∶100 g。内服。一次量,牛 6～12 mg/kg;羊 5～10 mg/kg。

吡喹酮

[作用与用途] 本品为广谱抗蠕虫药,对血吸虫病具有高效。可口服,副作用较少等优点。在兽医临床上,吡喹酮更被视为高效驱绦虫药。对人、畜和禽多种绦虫,如牛肉绦虫、猪肉绦虫、犬多种绦虫、家兔各种绦虫及多种囊尾蚴都有驱杀

作用。

[制剂、用法与剂量] 吡喹酮片:0.2 g、0.5 g。内服。驱绦虫,犊牛 100 mg/kg、猪 200 mg/kg,1 次内服;猪 50 mg/kg,羔羊 30～50 mg/kg,连服 5 日,犬 2.5～5 mg/kg,鸡、鸭、鹅 10～20 mg/kg。抗血吸虫及吸虫内服。牛 30 mg/kg,羊 60～80 mg/kg,犬 75 mg/kg。

氯硝柳胺

[作用与用途] 本品为一种杀绦虫药,用药后虫体死亡后被消化液消化。对牛、羊、马、鹿的多种绦虫有效。也可用鸡、鱼的绦虫病。

[制剂、用法与剂量]

(1)氯硝柳胺片:0.5 g。内服。一次量,马 80～90 mg/kg,牛、羊 50～70 mg/kg,犬 100 mg/kg,鸡 50～60 mg/kg。

(2)氯硝柳胺哌嗪:0.5 g。内服。一次量,牛 60～65 mg/kg,羊、山羊 75～80 mg/kg,犬 125 mg/kg。

氢溴酸槟榔碱

[作用与用途] 本品对犬的细粒棘球绦虫、豆状带绦虫、泡状带绦虫、绵羊带绦虫和多头绦虫有效。对鸡的赖利绦虫、鸭、鹅剑带绦虫具有较好的驱除效果。

[制剂、用法与剂量] 氢溴酸槟榔碱片:5 mg、10 mg。内服。一次量,犬 2 mg/kg。

硝硫氰胺

[作用与用途] 本品主要用为抗血吸虫药,但对钩虫、蛔虫也有效。本品主要用于牛、羊血吸虫病,对钩虫、姜片虫有效。对猪姜片吸虫的疗效极高。

[制剂、用法与剂量] 硝硫氰胺微粒剂:静脉注射。黄牛 2 mg/kg(体重限量 300 kg);水牛 1.5 mg/kg(体重限量 400 kg)。

乙胺嗪(海群生)

[作用与用途] 本品口服易吸收,对牛、羊肺线虫、犬心丝虫、马、羊脑脊髓丝虫有效。本品适用于牛、羊肺线虫病的初期治疗,也适用于马、羊脑脊髓丝虫病的防治。

[制剂、用法与剂量] 枸橼酸乙胺嗪片:50 mg、100 mg。内服。马 0.1 g/kg,1 次给药(或 2 次给药,第一次 50 mg/kg,第二次 80 mg/kg);牛 50 mg/kg,1 日 1 次,连用 3 日;羊 0.1 g/kg;犬(日量)60 mg/kg,分 3 次内服。连用 20～30 日。预防心丝虫,内服。犬 6.6 mg/kg,在蚊蝇活动季节应连续用药。

(二)抗原虫药

磺胺氯吡嗪钠

[作用与用途] 本品为磺胺类抗球虫药。其作用与磺胺喹噁啉相似,作用峰期是球虫第2代裂殖体,对第1代裂殖体也有一定作用。主要用于禽、兔、羊球虫病,多在球虫病暴发时治疗用。应用本品不影响宿主对球虫产生免疫力。

[制剂、用法与剂量] 磺胺氯吡嗪钠可溶性粉:100 g∶30 g。混饮。每1 L水,肉鸡、火鸡1 g。混饲。每1 000 kg饲料,肉鸡、火鸡2 000 g,连用3日。内服。每1 kg,兔10 m g,连用5~10日;羊1.2 mL(配成10%水溶液),连用3~5日。

莫能菌素钠

[作用与用途] 本品为单价离子载体类抗球虫药,具有广谱抗球虫作用。它对鸡的毒害、柔嫩、巨型、变位、堆型、布氏艾美耳球虫等均有很好的杀灭效果。对火鸡腺艾美耳球虫和火鸡艾美耳球虫、鹌鹑的分散和莱泰艾美耳球虫、羔羊雅氏、阿撒地艾美耳球虫亦有效。

[制剂、用法与剂量] 莫能菌素钠预混剂:100 g∶5 g、100 g∶10 g、100 g∶20 g。混饲。每1 000 kg饲料,鸡90~110 g。

盐霉素钠

[作用与用途] 其抗球虫作用与用途同莫能菌素,对鸡多种艾美耳球虫有效。而对兔球虫特别是肝球虫不及莫能菌素。本品也可用于提高畜的饲料转化率。临床上主要用于防治畜禽球虫病和猪促生长。

[制剂、用法与剂量] 盐霉素钠预混剂:100 g∶10 g、100 g∶12 g、500 g∶50 g。混饲。每1 000 kg饲料,鸡60 g;牛10~30 g,猪25~75 g。

甲基盐霉素钠

[作用与用途] 本品为单价聚醚类离子载体抗球虫药。其抗球虫效应大致与盐霉素钠相同。

[制剂、用法与剂量]

(1)甲基盐霉素南预混剂:100 g∶10 g。混饲。每1 000 kg饲料,鸡60~80 g;猪(体重20 kg以上)15~30 g。

(2)甲基盐霉素、尼卡巴嗪预混剂:100 g∶甲基盐霉素8 g+尼卡巴嗪8 g。混饲。每1 000 kg饲料,鸡500~625 g。

马杜霉素铵

[作用与用途] 本品为一价单糖苷离子载体抗球虫药,抗球虫谱广,其活性较

其他聚醚类抗生素强。对鸡的毒害、巨型、柔嫩、堆型、布氏、变位等艾美耳球虫有高效，而且也能有效控制对其他聚醚类抗球虫药具有耐药性的虫株。

[制剂、用法与剂量] 马杜霉素铵预混剂：100 g∶1 g、500 g∶5 g。混饲。每1 000 kg饲料，鸡500 g。

海南霉素钠

[作用与用途] 本品为单价糖苷聚醚类抗球虫药。具有广谱抗球虫作用，对鸡的柔嫩、毒害、堆型、巨型和缓艾美耳球虫等有高效。

[制剂、用法与剂量] 海南霉素钠预混剂：100 g∶1 g。混饲。每1 000 kg饲料，鸡500～750 g。

赛杜霉素钠

[作用与用途] 本品属单价糖苷聚醚离子载体抗球虫药。预防由柔嫩、毒害、锥型、巨型等常见球虫的感染。

[制剂、用法与剂量] 赛杜霉素钠预混剂：100 g∶5 g。混饲。每吨饲料添加500 g。

拉沙洛西钠

[作用与用途] 本品为二价聚醚类离子载体抗生素。其抗球虫作用机理与莫能菌素相似，但两者对离子的亲和力不同。

[制剂、用法与剂量] 拉沙洛西钠预混剂：100 g∶15 g、100 g∶45 g。混饲。每1 000 kg饲料，鸡75～125 g；肉牛10～30 g(肉牛每头每日100～300 mg，草原放牧牛每头每日60～300 mg)。

二硝托胺(球痢灵)

[作用与用途] 本品对鸡艾美耳多种球虫如柔嫩、毒害、堆型、巨型、布氏球虫及火鸡的球虫等都有效。特别是小肠的毒害和柔嫩球虫的疗效极佳。

[制剂、用法与剂量] 二硝托胺预混剂：100 g∶25 g、500 g∶125 g。混饲。每1 000 kg饲料，鸡500 g。

尼卡巴嗪

[作用与用途] 本品抗球虫谱广对柔嫩、毒害、堆型、巨型与布氏等艾美耳属球虫有预防作用，与其他抗球虫药无交叉耐药性。

[制剂、用法与剂量]

(1)尼卡巴嗪预混剂：100 g∶20 g。混饲。每1 000 kg饲料，鸡500～625 g。

(2)尼卡巴嗪、乙氧酰胺苯甲酯预混剂：100 g∶尼卡巴嗪25 g＋乙氧酰胺苯甲酯 1.6 g。混饲。每 1 000 kg 饲料，鸡 500 g。

盐酸氨丙啉

[作用与用途] 本品对鸡、羔羊、犊牛、犬及火鸡的球虫感染有效。本品的抗球虫机理，在于对抗球虫对维生素 B_1 的利用，如药物浓度过高使动物呈现维生素 B_1 缺乏症时，迅速添加维生素 B_1 可消除不良反应。

[制剂、用法与剂量]

(1)盐酸氨丙啉可溶性粉：30 g：6 g。混饮。每 1 L 水，鸡 0.6 g，连用 5～7 日。

(2)复方盐酸氨丙啉可溶性粉：100 g、1 000 g，盐酸氨丙啉(20%)、磺胺喹噁啉钠(20%)、维生素 K_3(0.38%)。混饮。每 1 L 水，鸡 0.5 g。治疗，连用 3 日，停 2～3 日，再用 2～3 日；预防，连用 2～4 日。

(3)盐酸氨丙啉、乙氧酰胺苯甲酯预混剂：10 g、100 g、500 g，盐酸氨丙啉(25%)、乙氧酰胺苯甲酯(1.6%)。混饲。每 1 000 kg 饲料，鸡 500 g。

(4)盐酸氨丙啉、乙氧酰胺苯甲酯、磺胺喹噁啉预混剂：10 g、100 g、500 g，盐酸氨丙啉(20%)、乙氧酰胺苯甲酯(1%)、磺胺喹噁啉(12%)。混饲。每 1 000 kg 饲料，鸡 500 g。

盐酸氯苯胍

[作用与用途] 本品对鸡的柔嫩、毒害、布氏、巨型、堆型及和缓艾美耳球虫等有良效，且对其他抗球虫药产生耐药性的球虫仍有效。

(1)盐酸氯苯胍片：10 mg。内服。一次量，鸡、兔 10～15 mg/kg。

(2)盐酸氯苯胍预混剂：100 g：10 g、500 g：50 g。混饲。每 1 000 kg 饲料，鸡 300～600 g；兔 1 000～1 500 g。

氯羟吡啶

[作用与用途] 本品对鸡柔嫩、毒害、布氏、巨型、堆型和缓和早熟艾美耳球虫有效，特别是对柔嫩艾美耳球虫作用最强，对兔球虫亦有一定的效果。

[制剂、用法与剂量]

(1)氯羟吡啶预混剂：10 g：2.5 g、100 g：25 g、500 g：125 g。混饲。每 1 000 kg 饲料，鸡 500 g；兔 800 g。

(2)复方氯羟吡啶预混剂：100 g：23 g 复方氯羟吡啶粉(含氯羟吡啶 89% 与苄氧喹甲酯 7.3%)。混饲。每 1 000 kg 饲料，鸡 500 g。

氢溴酸常山酮

[作用与用途] 本品对鸡的柔嫩、毒害、巨型、堆型、布氏艾美耳球虫和火鸡的

小艾美耳球虫、腺艾美耳球虫均有较强的抑制作用。

[制剂、用法与剂量] 氢溴酸常山酮预混剂:1 000 g∶6 g。混饲。每1 000 kg饲料,鸡500 g。

地克珠利

[作用与用途] 本品为三嗪类新型广谱抗球虫药,具有杀球虫作用,对球虫发育的各个阶段均有作用,是目前混饲浓度最低的一种抗球虫药。对鸡的柔嫩、堆型、毒害、布氏、巨型等艾美耳球虫、鸭球虫及兔球虫等均有良好的效果,其效果优于大多数目前常用的抗球虫药。

[制剂、用法与剂量]

(1)地克珠利预混剂:100 g∶0.2 g、100 g∶0.5 g。混饲。每1 000 kg饲料,家禽、兔1 g。

(2)地克珠利溶液:10 mL∶0.05 g、20 mL∶0.1 g、50 mL∶0.25 g、100 mL∶0.5 g。混饮。每1 L水,鸡0.5～1 mg。

托曲珠利

[作用与用途] 本品属三嗪酮类新型广谱抗球虫药。对鸡堆型、布氏、巨型、和缓、毒害、柔嫩艾美耳球虫及火鸡腺状艾美耳球虫、大艾美耳球虫、小艾美耳球虫均有杀灭作用,对其他抗球虫药耐药的虫株亦敏感。

[制剂、用法与剂量] 托曲珠利溶液:100 mL∶2.5 g、1 000 mL∶25 g、5 000 mL∶125 g。混饮。每1 L水,鸡25 mg,连用2日。

癸氧喹酯

[作用与用途] 本品对常见柔嫩、堆型、巨型、毒害、布氏等多种球虫有良好预防作用,但易产生耐药性,应用上受到限制。

[制剂、用法与剂量] 癸氧喹酯预混剂:100 g∶6 g。混饲。每1 000 kg饲料,鸡453 g,连用7～14日。

喹嘧胺

[作用与用途] 本品抑制虫体细胞代谢,抑制虫体分裂。主要用于预防或治疗马媾疫,马锥虫、伊氏锥虫等所致家畜锥虫病。剂量不足时易产生耐药性。

[制剂、用法与剂量] 注射用喹嘧胺:500 mg∶喹嘧氯胺286 mg与甲硫喹嘧胺214 mg。肌内或皮下注射。一次量,马、牛、骆驼4～5 mg/kg。

萘磺苯酰脲

[作用与用途] 本品对马、牛及骆驼的马媾疫、骆驼锥虫病的病原体有杀灭

作用。

[制剂、用法与剂量] 注射用萘磺苯酰脲:1 g。静脉注射。马、牛 10～20 mg/kg,骆驼 20～30 mg/kg。间隔 7～10 日,重复用药一次。

三氮脒

[作用与用途] 本品对家畜梨形虫、锥虫和边缘边虫有效。但对轻症的病畜疗效更佳,一次用药可以治愈。

[制剂、用法与剂量] 注射用三氮脒:1 g。深层肌注。马 3～4 mg/kg,牛 4～7 mg/kg,羊 3～5 mg/kg。

硫酸喹啉脲

[作用与用途] 本品对马、牛、羊、猪、犬的梨形虫病有效。对马巴贝西虫、驽巴贝西虫、牛双芽巴贝西虫、巴贝西虫、羊梨形虫、巴贝斯虫等有效。

[制剂、用法与剂量] 硫酸喹啉脲注射液:5 mL∶50 mg、10 mL∶100 mg。肌内或皮下注射。一次量,马 0.6～1 mg/kg;牛 1 mg/kg,猪 2 mg/kg;犬 0.25 mg/kg。

青蒿琥酯

[作用与用途] 本品具有抗牛、羊泰勒虫及双芽巴贝斯虫的作用,并能杀灭红细胞配子体,减少细胞分裂及虫体代谢产物的致热原作用。主要用于牛、羊泰勒虫病。

[制剂、用法与剂量] 青蒿琥酯片:50 mg。内服。一次量,牛 5 mg/kg,首次量加倍。一日 2 次,连用 2～4 日。

盐酸吖啶黄

[作用与用途] 本品对马巴贝斯虫、驽巴贝斯虫、牛双芽巴贝斯虫、牛巴贝斯虫、羊巴贝斯虫等均有作用,但对泰勒虫和无浆体无效。

[制剂、用法与剂量] 盐酸吖啶黄注射液:10 mL∶50 mg、50 mL∶250 mg、100 mL∶500 mg。常用量静脉注射。一次量,马、牛 3～4 mg/kg;羊、猪 3 mg/kg。极量静脉注射。一次量,马、牛 2 g/kg;羊、猪 0.5 g/kg。

台盼蓝

[作用与用途] 本品对驽巴贝斯虫、牛双芽巴贝斯虫、牛巴贝斯虫等均有作用。

[制剂、用法与剂量] 注射用台盼蓝:0.5 g、1 g。常用量静脉注射。一次量,家畜 5 mg/kg。

(三)杀虫药

二嗪农

[作用与用途] 二嗪农主要作用在于抑制虫体的胆碱酯酶活性,具有触杀、胃毒和熏蒸内吸作用。对各种螨、蝇、虱、蜱等外寄生虫均有良好杀灭效果。

[制剂、用法与剂量]

(1)二嗪农溶液 250、二嗪农溶液 600。药浴。每 1 000 L 水,牛初次浸泡用 625 g,补充药液添加 1 500 g;绵羊初次浸泡用 250 g,补充药液添加 750 g。

(2)二嗪农项圈:100 g∶二嗪农 15 g。犬、猫,每只一次 1 条,使用期 4 个月。

巴胺磷

[作用与用途] 本品主要通过触杀、胃毒起作用,不仅能杀灭家畜体表寄生虫如螨、蜱,还能杀灭卫生害虫如蚊、蝇等。

[制剂、用法与剂量] 巴胺磷溶液:500 mL∶200 g。药浴或喷淋,每 1 000 L 水,羊 500 mL。

蝇毒磷

[作用与用途] 本品外用,对蜱、螨、虱、羊虱蝇、牛皮蝇蛆、伤口蛆及厩舍蚊蝇等均有良好疗效。本品内服,可用于反刍兽胃肠道线虫如牛、羊捻转血矛线虫、古柏线虫等有效。

[制剂、用法与剂量]

(1)蝇毒磷乳油:1 000 mL∶蝇毒磷 160 g。外用。配成 0.025%~0.05%药液,药浴或喷洒。

(2)蝇毒磷乳粉:100 g∶蝇毒磷 20 g。内服。混饲,牛、野牛、羊、鹿 2 mg/kg,连用 6 天。

倍硫磷(百治屠)

[作用与用途] 本品内服或肌注对牛皮蝇幼虫有极佳的疗效,可使幼虫消灭在皮肤穿孔之前,保证皮革质量有极好的经济价值。本品内服对马胃蝇幼虫、家畜胃肠道线虫以及虱、蜱、蚊、蝇等外寄生虫都有杀灭作用。

[制剂、用法与剂量] 50%倍硫磷乳油,肌内注射,牛 5~7 mg/kg,3 个月后可再用药一次;内服,1 mg/kg,1 日 1 次,连用 6 日;外用喷洒,用水稀释成 0.25%乳剂。

辛硫磷(肟硫磷)

[作用与用途] 本品为高效、低毒、杀虫谱广、残效期长,对人、畜毒性最低的一种有机磷酸酯类杀虫剂。对蚊、蝇、螨、虱具有速杀作用。适用于家畜体表寄生虫

和室内蚊、蝇、蟑螂等防治。

[制剂、用法与剂量] 40%辛硫磷乳油。内服,猪 1.2 mg/kg;外用,羊药浴,用水稀释成 0.03%~0.05%药液,喷洒 0.1%药液。

精制马拉硫磷

[作用与用途] 本品具有广谱、低毒,使用安全等特点。对蚊、蝇、虱、蜱、螨、臭虫等都有杀灭作用。

[制剂、用法与剂量] 精制马拉硫磷溶液:100 mL：45 g、100 mL：70 g。配成 0.2%~0.3%的水溶液药浴或喷雾。

敌敌畏

[作用与用途] 本品对畜禽的多种外寄生虫和马胃蝇、牛皮蝇及羊鼻蝇具有熏蒸、触杀和胃毒作用。

[制剂、用法与剂量]

(1)敌敌畏溶液:1 000 mL：800 g、500 mL：400 g。喷洒或涂擦,配成 0.1%~0.5%溶液喷洒空间、地面和墙壁,每 100 m^2 面积约 1 L;畜禽粪便,0.5%药液喷洒。

(2)敌敌畏项圈:13 g：0.6 g(猫用)、25 g：2.25 g(狗用)。每只犬、猫 1 条,使用期 2 个月。

浓辛硫磷溶液

[作用与用途] 用于驱杀猪螨、虱、蜱等体外寄生虫。

[制剂、用法与剂量] 辛硫磷浇泼溶液:1 000 mL：75 g。外用,猪 30 mg/kg。沿猪脊背从两耳浇淋到尾根(耳根部感染严重者,可在每侧耳内另外浇淋 75 mg)。

甲基吡啶磷

[作用与用途] 本品主要以胃毒为主,兼有触杀作用,能杀灭苍蝇、蟑螂、蚂蚁及部分昆虫的成虫。

[制剂、用法与剂量]

(1)甲基吡啶磷可湿性粉:100 g：甲基吡啶磷可湿性粉 20 g 与 9-二十三碳烯 0.05 g。喷雾,每 200 m^2,取 500 g 充分混合于 4 L 温水中喷雾;涂布,每 200 m^2,取 250 g 充分混合于 200 mL 温水中涂 30 点。

(2)甲基吡啶磷颗粒剂:1%。分撒,每 1 m^2 取 2 g,用水湿润后分撒。

氯芬新

[作用与用途] 本品为合成的苯甲酰脲衍生物,属昆虫生长调节剂。蚤通过血

液吸收氯芬新并转送至卵，使幼虫壳质的形成受影响，从而使蚤的生长繁殖受阻。

［制剂、用法与剂量］

(1)氯芬新片：100 mg、200 mg、400 mg。内服。一次量，犬 10 mg/kg，1 月 1 次，连服 6 次。

(2)氯芬新混悬液：2.0 mL∶0.15 g。内服。猫 30 mg/kg。每月 1 次。

三氯杀虫酯

［作用与用途］本品是一种低毒、高效、易降解的有机氯杀虫剂，对蚊、蝇速杀为强，为家畜体表寄生虫有效杀虫剂。

［制剂、用法与剂量］25％三氯杀虫酯乳油。喷洒，2 g/m^2，或 1％乳剂喷洒体表。

杀虫脒(氯苯脒)

［作用与用途］本品能用于家畜体表各种螨虫，且对螨虫及卵均有较强杀灭作用。

［制剂、用法与剂量］50％杀虫脒溶液、50％杀虫脒乳油、20％杀虫脒粉剂。将其乳油剂或溶液剂加水稀释成为 0.1％～0.2％溶液，外用喷洒、涂布或药浴。粉剂可在体表撒布。

氰戊菊酯

［作用与用途］本品对畜、禽的多种体外寄生虫和吸血昆虫如螨、虱、蚤、蜱、蚊、蝇、虻等均有良好的杀灭效果，杀虫力强，效果确切。以触杀为主，兼有胃毒和驱避作用。

［制剂、用法与剂量］氰戊菊酯溶液：20％。药浴、喷淋。每 1 L 水，马、牛螨病 20 mg；猪、羊、犬、兔、鸡螨病 80～200 mg；牛、猪、兔、犬虱 50 mg；鸡虱及刺皮螨 40～50 mg；杀灭蚤、蚊、蝇及牛虻 40～80 mg。喷雾。稀释成 0.2％浓度，鸡舍 3～5 mL/m^3，喷雾后密闭 4 h。

溴氰菊酯

［作用与用途］本品杀虫活性极强，以触杀和胃毒作用为主，杀虫谱广，击倒速度快。本品对畜、禽体表寄生虫作用极强，且比同类其他品疗效高，安全性也高。

［制剂、用法与剂量］5％溴氰菊酯乳油(倍特)、2.5％溴氰菊酯乳油(敌杀死)。喷淋、药浴 治疗牛、羊螨病 0.005％～0.008％；禽虱、螨病 0.002％～ 0.004％，预防浓度减半。

二氯苯醚菊酯

［作用与用途］本品为高效、速效、无残留及无污染环境的广谱杀虫药。对螨、

虱、蜱、蟑螂、蝉、虻等有极强杀灭效力。

[制剂、用法与剂量] 20%二氯苯醚菊酯乳油。药浴、喷雾灭虱、杀螨、杀蜱，用水稀释成0.012 5%乳液；除蝉用0.1%乳油。无论用何种方式用药，畜、禽的被毛均应使药液充分湿透。

戊酸氰醚酯

[作用与用途] 本品作用与用途同二氯苯醚菊酯。为畜、禽多种体外寄生虫，如螨、虱、蚊、蝇等良好的防治药物。

[制剂、用法与剂量] 20%戊酸氰醚酯乳油。药浴、喷雾、涂擦。马、牛螨病0.02%；猪、羊、犬、兔、鸡螨虫病 0.008%～0.02%；牛、羊、兔、猪、犬等虱病0.000 5%；杀灭蚊、蝉、蚤、鸡刺皮螨0.004%～0.008%。

双甲脒

[作用与用途] 本品为广谱杀虫剂，对各种螨、蜱、虱及蝇等均有效。本品对牛、羊、猪等家畜体表寄生虫有极强驱杀力。

[制剂、用法与剂量]

(1)12.5%双甲脒乳油、20%双甲脒乳油。药浴、喷洒。将乳油用水稀释成药液 牛，0.02%～0.025%双甲脒液；羊、猪，0.05%双甲脒液；杀灭蜂螨，0.005%双甲脒液，喷雾1～2次。

(2)双甲脒项圈：100 g：9 g。每只犬1条，驱蜱使用期4个月，驱毛囊虫使用期1个月。

硫磺

[作用与用途] 本品涂布于动物皮肤，释放硫化氢和五硫磺酸，达到杀灭真菌和疥螨的作用。

[制剂、用法与剂量]

(1)10%硫磺软膏。局部涂擦。

(2)灭疥浴剂(硫磺2%、石灰2%)。外用，涂擦患部。

环丙氨嗪

[作用与用途] 本品主要用于控制动物厩舍内蝇蛆的繁殖生长，杀灭粪池内蝇蛆。

[制剂、用法与剂量]

(1)环丙氨嗪预混剂：1%、10%。混饲。每1 000 kg饲料，鸡，5 g。连用4～6周。

(2)环丙氨嗪可溶性粉：50%。喷洒。每 20 m^2，10 g 加水 15 L；喷雾，每 20 m^2，10 g 加水 5 L。

三、消毒防腐药物

苯酚

［作用与用途］能杀灭多种细菌和病毒，用于畜舍及器具等的消毒。

［制剂、用法与剂量］复合酚：喷洒。配成 0.3%～1%的水溶液。浸涤，配成 1.6%的水溶液。

甲酚

［作用与用途］可杀灭一般繁殖型病原菌，对芽孢无效，对病毒作用较弱。是酚类中最常用的消毒药。

［制剂、用法与剂量］

(1)甲酚皂溶液：1 000 mL∶500 mL。喷洒或浸泡，器械、厩舍或排泄物等消毒，配成 5%～10%溶液。

(2)氯甲酚溶液：10%。喷洒消毒，配成 0.3%～1%溶液。

甲醛

［作用与用途］本品不仅能杀死细菌的繁殖型，也能杀死芽孢（如炭疽芽孢），以及抵抗力强的结核杆菌、病毒及真菌等。

［制剂、用法与剂量］

(1)甲醛溶液：30%～40%。内服。一次量，牛 8～25 mL；羊 1～3 mL。内服时用水稀释 20～30 倍。标本、尸体防腐，配成 5%～10%溶液。熏蒸消毒，每立方米 15 mL。器械消毒，配成 2%溶液。

(2)聚甲醛：250 g、500 g、1 000 g。密闭熏蒸。畜禽舍。3 g/m^3 作用 1 h 或 1.5 g/m^3 作用 4 h；孵化场、出雏室、出雏器，6 g/m^3 作用 0.5 h；洗涤室、运雏箱、运货车，每 6 g/1 m^3 作用 1 h。

(3)复方甲醛溶液：0.5 L、1 L、10 L、25 L、200 L、1 000 L。厩舍、物品、运输工具等，1∶(200～400)倍稀释；发生疫病时，1∶(100～200)倍稀释。种蛋消毒，1∶400 倍稀释。

戊二醛

［作用与用途］本品对细菌繁殖体、芽孢、病毒、结核杆菌和真菌等均有很好的杀灭作用。

[制剂、用法与剂量]

(1)浓戊二醛溶液:20%、25%。橡胶、塑料制品及手术器械消毒,配成2%溶液。

(2)复方戊二醛溶液:5 L。喷洒。1∶150倍稀释,每平方米9 mL。涂刷。1∶150倍稀释,无孔材料表面100 mL/m^3,有孔材料表面300 mL/m^3。禽流感、新城疫按1∶150倍稀释,传染性法氏囊病按1∶200倍稀释,口蹄疫按1∶80倍稀释,猪水疱病按1∶300倍稀释。

(3)戊二醛、癸甲溴铵溶液:100 mL∶戊二醛5 g+癸甲溴铵5 g。浸泡,器械、设备等,1∶(1 500~3 000)倍稀释。喷洒。畜禽场所、环境,1∶(2 000~4 000)倍稀释;疫病发生时环境消毒,1∶(500~1 000)倍稀释。

(4)复合胺醛溶液:1 000 mL∶癸甲溴铵60 g+戊二醛58 g+乙二醛20 g+甲醛84 g。喷雾,厩舍、运输工具和物品等,1∶(200~400)倍稀释;发生疫病时,1∶(100~200)倍稀释。种蛋消毒,1∶400倍稀释。

氢氧化钠(苛性钠)

[作用与用途] 本品水溶液能水解菌体各种蛋白质,降解菌体内酶系统与菌体的结构,对细菌、病毒、真菌、芽孢均有极强的作用。同样也可对寄生虫及虫卵有作用。本品腐蚀性强,对动物组织细胞也有损害作用,因而毒性强。其抗菌作用强度还随温度的升高而增强。同时对动物的组织的损害也加重。同样对周围环境的腐蚀性、污染也加重。

[制剂、用法与浓度]

(1)厩舍、饲槽和运输用具:可用2%氢氧化钠液或其热溶液喷洒。浸泡、喷洒灭菌消毒后应用清水冲净。

(2)炭疽芽孢污染场地或污物等:应用3%~5%溶液泼洒。泼洒后污物应妥善焚烧或深埋。

(3)动物皮肤赘生物、新生角质的腐蚀剂:本品具有较强渗入组织层作用。常用3%~5%溶液腐蚀增生组织。

(4)新鲜草木灰:与氢氧化钠的作用相同,也可用作消毒药。据估计,2~3 kg草木灰加热水10 kg的浸泡液,有相当于1%氢氧化钠液的杀菌效能。可用于厩舍、饲槽等消毒。

氧化钙(生石灰)

[作用与用途] 本品加水后形成消石灰(氢氧化钙),因其碱性较弱,抗菌作用也弱,对芽孢杆菌无效。可用作细菌、真菌、纤毛虫等的抑杀剂。常用于厩舍墙面、

畜栏、地面、粪便污水等消毒,或鱼塘清塘杀灭各种鱼病菌和寄生虫。

[制剂、用法与用量]

(1)厩舍、地面、畜栏:常用10%～20%石灰乳涂刷消毒。

(2)粪池、污水沟:将生石灰直接撒布其内消毒。

(3)鱼塘清塘:在面积1亩,水深1 m的塘内,用15～20 kg生石灰,全塘泼洒,可杀灭各种细菌性鱼病病原,如白头白嘴病、打印病、赤皮病、烂鳃病。

过氧乙酸(过氧醋酸)

[作用与用途] 本品为强氧化剂,抗菌性强,抗菌谱广。能杀灭细菌、真菌、芽孢及病毒。在其0.05%～0.5%溶液中仅1 min能杀灭芽孢菌,在0.005%～0.05%溶液1 min能杀灭细菌。对动物体表的细菌如金葡球菌等可用0.05%～0.3%溶液喷洒或局部涂擦达到灭菌作用。而其突出优点,在于分解后产生醋酸、水和氧气。这些产物对动物、周围环境或长期使用均无污染等危害。特别适用于食品工厂或食品贮存车间、冷库内的肉、蛋及水果等的空间消毒。

[制剂、用法与浓度] 市售制品为18%～20%过氧乙酸。

(1)厩舍、饲槽、车辆用具:用0.5%稀释液喷洒。

(2)器皿、塑料及橡胶制品:用0.04%～0.2%稀释液浸泡3 min消毒。

(3)实验室、无菌室、仓库:1 m^3 用5%稀释液25 mL气雾消毒。

(4)鸡舍带鸡消毒:用0.2%～0.3%稀释液,按1 m^3 空间30 mL喷雾消毒。

本品腐蚀性能,稀释液不稳定,临用时配制,且注意个人防护。

二氯异氰尿酸钠(优氯净)

[作用与用途] 本品对细菌、芽孢、真菌及孢子、病毒等均有杀灭作用。杀菌谱广,还不受有机物的影响,可用于水、食品工厂的器械和容器、餐具等的消毒。

[制剂、用法与浓度] 本品应含有效氯60%～65%粉剂。

(1)粪便、场地消毒:按1∶5混入粪便堆放,场地按1 m^2 0.02 g撒布。

(2)畜栏、厩舍、运输用具:用于细菌、病毒消毒浓度为0.5%～1%;用于芽孢菌消毒浓度为5%～10%。喷洒、浸泡或擦拭等。

(3)鱼虾病的防治:①鱼塘清塘,有效氯5～10 ppm即每1 m^3 水体投放5～10 g本药时,1日内能杀死野鱼或水生物;②鱼虾病防治,全塘以50～100 g/(亩·m),一次泼洒,可防治常见细菌性疾病;③拌料投喂,每100 kg鱼,用本品50 g拌饵料投喂,预防10～15日1次,治疗每天1次,连用3日。

二氧化氯

[作用与用途] 本品具有很强的氧化能力,遇细菌、病毒时能使菌体的蛋白质

或酶的氨基酸迅速氧化分解。在使用时本品有增氧、防腐、除臭的功能。临床上使用具有良好的安全性、高效、无污染的特点。可广泛用于畜禽场所、饲喂器具、饮水源等消毒；也可用于鱼病防治、医疗卫生、食品加工等消毒，除臭。

［制剂、用法与用量］本品市售为2%二氧化氯水溶液。

(1)饮水消毒：每吨水添加本品250 mL即可。

(2)畜禽环境、饲具、孵化室及器械等消毒：可按1：(50～100)倍稀释。喷洒、浸泡。

(3)动物产品保鲜：每吨水加本品1 000～2 000 mL稀释，浸泡10～20 min，保鲜7～10日。

(4)病毒污染消毒：按1：(50～70)稀释，稀释液喷洒。

乙醇(酒精)

［作用与用途］本品是目前临床上使用最广泛，也是较好的一种皮肤消毒药。能杀死繁殖型细菌，对结核分支杆菌、囊膜病毒也有杀灭作用，但对细菌芽孢无效。本品与碘配伍能提高杀菌强度，且对芽孢有效。

［制剂、用法与用量］乙醇溶液：75%(*V*/*V*)。手、皮肤、体温计、注射针头和小件医疗器械等消毒，75%溶液。

含氯石灰

［作用与用途］本品对细菌繁殖体、细菌芽孢、病毒及真菌都有杀灭作用，并可破坏肉毒杆菌毒素。

［制剂、用法与用量］含氯石灰25%～36%。饮水消毒，每50 L水1 g；畜舍等消毒，配成5%～20%混悬液。

次氯酸钠溶液

［作用与用途］本品用于厩舍、饲喂器具、种蛋、畜禽、饮水的消毒灭菌等。

［制剂、用法与用量］畜禽舍、器具消毒，1：(50～100)倍稀释。禽流感病毒疫源地消毒，1：10倍稀释；口蹄疫病毒疫源地消毒，1：50倍稀释；常规消毒，1：1 000倍稀释。

复合次氯酸钙粉

［作用与用途］本品用于杀灭细菌繁殖体、病毒、芽孢等病原微生物。由A包(含次氯酸钠钙、硅酸钠和溴化钠)与B包(含丁二酸和三聚磷酸钠)组成。

［制剂、用法与用量］

(1)配制消毒母液，打开外包装后，先将A包内容物溶解到10 L水中，待搅拌完全溶解后，再加入B包内容物，搅拌，至完全溶解。

(2)喷雾,空舍和环境,1∶(15～20)倍稀释,150～200 mL/m^3 作用 30 min;带鸡消毒,预防和发病时分别按 1∶20 和 1∶15 稀释,50 mL/m^3 作用 30 min。

(3)浸泡,饲养器具,1∶30 稀释,按实际需要量作用 20 min。

(4)擦洗,物体表面,1∶30 稀释,350～500 mL/m^3 作用 20 min。

(5)大肠杆菌按 1∶140 稀释,金黄色葡萄球菌按 1∶140 稀释,巴氏杆菌按 1∶30 稀释,禽流感病毒按 1∶30 稀释,法氏囊病按 1∶120 稀释,新城疫按 1∶480 稀释,口蹄疫按 1∶2 100 稀释。

复合亚氯酸钠

[作用与用途] 本品溶于水后可形成次氯酸,从而起到杀菌作用。对细菌繁殖体、细菌芽孢、病毒及真菌都有杀灭作用,并可破坏肉毒梭菌毒素。用于厩舍、饲喂器具及饮水等消毒,并有除臭作用。

[制剂、用法与用量] 复合亚氯酸钠:本品 1 g 加水 10 mL 溶解,加活化剂 1.5 mL 活化后加水至 150 mL。厩舍、饲喂器具消毒,15～20 倍稀释;饮水消毒,200～1 700 倍稀释。

三氯异氰尿酸

[作用与用途] 本品对细菌、芽孢、真菌及孢子、病毒等均有杀灭作用。

[制剂、用法与用量]

(1)三氯异氰尿酸粉:30%(有效氯)。畜禽饲养地的消毒,配成 0.16%溶液;饲养用具,配成 0.04%溶液;饮水消毒,每 1 L 水 0.4 mg,作用 30 min。

(2)三氯异氰尿酸烟熏剂:150 g∶三氯异氰尿酸 120 g。熏蒸,每立方米 1～2 g。

溴氯海因

[作用与用途] 本品为有机溴氯复合型消毒剂。有广谱杀菌作用,药效持久。

[制剂、用法与用量] 溴氯海因粉:100 g∶30 g、200 g∶60 g、250 g∶75 g、500 g∶150 g。喷洒、擦洗或浸泡。环境或运载工具消毒,口蹄疫按 1∶400 倍稀释,猪水泡病按 1∶200 倍稀释,猪瘟按 1∶600 倍稀释,猪细小病毒病按 1∶60 倍稀释,鸡新城疫、法氏囊病按 1∶1 000 倍稀释;细菌繁殖体按 1∶4 000 倍稀释。

碘

[作用与用途] 本品有强大的杀菌、杀病毒和杀霉菌的作用,对芽孢菌和少数寄生虫也有杀灭作用。

[制剂、用法与用量]

(1)5%碘酊:动物皮肤、手术器械、手指等消毒。

(2)碘甘油:100 mL∶碘 10 g+碘化钾 10 g。口腔黏膜、齿龈炎症与溃疡消毒。

(3)碘仿(碘甲烷)甘油。皮肤感染、化脓创、深部伤口消毒。

(4)碘仿消炎粉。皮肤创伤感染。

(5)3%碘附。①手术部位和手术器械消毒,配成 0.5%～1%溶液。②厩舍、器具、种蛋消毒,配成 0.015%～0.03%溶液;饮水消毒,配成 0.001 5%～0.003%溶液。③养殖水体消毒,用水稀释 3 000～5 000 倍后全池泼洒;治疗,2.25～3.75 mg/m^3,1 日 2 次;预防,2.25～3.75 mg/m^3,15 日 1 次。

(6)高碘酸钠溶液 1%、5%、10%。厩舍、饲喂器具、种蛋消毒,配成 0.015%～0.03%溶液;饮水消毒,配成 0.001 5%～0.003%溶液。

(7)聚维酮碘粉。皮肤消毒及治疗皮肤病,配成 0.5%溶液;奶牛乳头浸泡,配成 0.05%～0.1%溶液;黏膜及创面冲洗,配成 0.01%溶液;厩舍、饲喂器具、种蛋消毒,配成 0.015%～0.03%溶液。

辛氨乙甘酸溶液

[作用与用途] 本品为双离子表面活性剂。对化脓球菌、肠道杆菌及真菌等有良好的杀灭作用。

[制剂、用法与用量] 畜舍、场地、器械消毒,1∶(100～200)倍稀释;种蛋消毒,1∶500 倍稀释;手消毒,1∶1 000 倍稀释。

苯扎溴铵

[作用与用途] 本品为阳离子表面活性剂,对细菌如化脓杆菌、肠道菌等有较好的杀灭能力,苯扎溴铵对革兰氏阳性菌的杀灭能力要比革兰氏阴性菌为强。

[制剂、用法与用量] 苯扎溴铵溶液。创面消毒,0.01%溶液;皮肤、手术器械消毒,0.1%溶液。

癸甲溴铵溶液

[作用与用途] 癸甲溴铵是双链季铵盐消毒剂,对多数细菌、真菌和藻类有杀灭作用,对亲脂性病毒也有一定作用。

[制剂、用法与用量] 癸甲溴铵、碘溶液 100 mL∶癸甲溴铵 5.0 g+碘 0.25 g、100 mL∶癸甲溴铵 10.0 g+碘 0.5 g。浸泡、喷洒、喷雾,厩舍、器具、种蛋消毒,用水配成 0.02%～0.05%的溶液。水产养殖动物,用水 3 000～5 000 倍稀释后,全池均匀泼洒。每立方米水体用 0.08～0.1 g,隔日 1 次,连用 2～3 次。预防,15 日 1 次。

度米芬

[作用与用途] 本品为阳离子表面活性剂。对革兰氏阳性和革兰氏阴性菌均有杀菌作用,但对后者需较高浓度;对芽孢、抗酸杆菌、病毒效果不显著;有抗真菌作用。

[制剂、用法与用量] 创面、黏膜消毒,0.02%～0.05% 溶液;皮肤、器械消毒,0.05%～0.1% 溶液。

醋酸氯己定

[作用与用途] 为阳离子表面活性剂,对革兰氏阳性菌、阴性菌和真菌均有杀灭作用,但对结核杆菌、细菌芽孢及某些真菌仅有抑菌作用。

[制剂、用法与用量] 醋酸氯己定子宫灌注液:24 g∶醋酸氯己定 1 g。子宫腔灌注。①预防产后感染,产后 5～7 日给药 1 次,1 次 1 支,2 日后再用药 1 次。②治疗急性子宫内膜炎,产后每 3 日给药 1 次,暮途穷次 1 支,1～4 次为一个疗程。③治疗慢性子宫内膜炎,每个情期注药 1 次,1 次 1 支,间隔两日再给药 1 次,1～4 次为一个疗程。

稀葡萄糖酸氯己定溶液:600 mL、2 000 mL。挤奶后直接喷于乳房表面 1～2 次。

月苄三甲氯铵

[作用与用途] 本品属阳离子型表面活性剂,具有较强的杀菌作用,金黄色葡萄球菌、猪丹毒杆菌、卡他球菌、鸡白痢沙门氏杆菌、炭疽芽孢杆菌、化脓性链球菌、鸡新城疫病毒、口蹄疫病毒以及细小病毒等对其较敏感。

[制剂、用法与用量] 月苄三甲氯铵溶液:250 mL、500 mL。喷洒,畜禽舍消毒,1∶300 倍稀释;浸洗,器具,1∶(1 000～1 500)倍稀释。

过氧化氢溶液

[作用与用途] 本品用于皮肤、黏膜、创面、瘘管的清洗。

高锰酸钾

[作用与用途] 本品为强氧化剂,本品常用于皮肤创伤及腔道炎症的创面消毒、止血和收敛,也用于有机物中毒。

[制剂、用法与用量] 腔道冲洗及洗胃,配成 0.05%～0.1%溶液,创伤冲洗,配成 0.1%～0.2%溶液。

过硫酸氢钾复合物粉

[作用与用途] 本品在水中经过链式反应连续产生次氯酸、新生态氧,氧化和

氯化病原体，用于畜禽舍、空气和饮用水等的消毒。

［制剂、用法与用量］

(1)畜舍环境、饮水设备及空气消毒，1∶200倍稀释；终末消毒、设备消毒、孵化场消毒、脚踏盆消毒，1∶200倍稀释；饮用水消毒，1∶1 000倍稀释。

(2)对于特定病原体，大肠杆菌按1∶400稀释；金黄色葡萄球菌按1∶400稀释；链球菌按1∶800稀释；禽流感按1∶1 600稀释；口蹄疫按1∶1 000稀释；猪水泡病按1∶400稀释；法氏囊病按1∶400稀释。

(3)水产养殖动物，用水稀释300～500倍，全池均匀喷洒。治疗，1 m^3 水体本品0.10～0.18 g，每3日1次，连用2次。预防，15日1次。

过氧乙酸溶液

［作用与用途］本品为强氧化剂，遇有机物放出初生态氧而产生氧化抗菌作用。用于杀灭厩舍、用具、衣物等的细菌、芽孢、真菌和病毒。

［制剂、用法与用量］喷雾消毒，畜禽厩舍，1∶(200～400)倍稀释；熏蒸消毒，畜禽厩舍每立方米使用5～15 mL；浸泡消毒，畜禽食具、工作人员衣物、手臂等，1∶500倍稀释。

醋酸

［作用与用途］醋酸溶液对细菌、真菌、芽孢和病毒均有较强的杀灭作用。

［制剂、用法与用量］阴道冲洗，配成0.1%～0.5%溶液；感染创面冲洗，配成0.5%～2%溶液；口腔冲洗，配成2%～3%溶液；降低瘤胃pH值，牛4～10 L；预防肠结石，马0.55 mL/kg。

硼砂

［作用与用途］本品用作黏膜、腔道炎症创面的冲洗剂。

［制剂、用法与用量］外用，冲洗眼结膜、口腔及阴道黏膜，2%～4%溶液。

枸橼酸、苹果酸粉

［作用与用途］用于畜禽舍、空气和饮用水等的消毒。

［制剂、用法与用量］枸橼酸、苹果酸粉：100 g：枸橼酸400 g＋*DL*-苹果酸100 g。病毒消毒，(1∶1 000)～(1∶3 000)稀释；细菌消毒，(1∶1 000)～(1∶2 000)稀释；饮水消毒，(1∶5 000)～(1∶10 000)稀释。

碳酸钠

［作用与用途］本品用于器械煮沸消毒和清洁皮肤、去除痂皮等。

［制剂、用法与用量］外用，清洁皮肤去除痂皮等，0.5%～2%溶液；器械煮沸

消毒,1%溶液。

乳酸依沙吖啶

[作用与用途] 本品属吖啶类碱性染料,为染料类中最有效的防腐药。用于创面、黏膜消毒。

[制剂、用法与用量] 乳酸依沙吖啶溶液:0.1%。外用,取适量,涂于患处。

甲紫

[作用与用途] 甲紫、龙胆紫和结晶紫是一类性质相同的碱性染料,对革兰氏阳性菌有强大的选择作用,也有抗真菌作用。用于黏膜、皮肤的创伤、烧伤和溃疡。

[制剂、用法与用量] 甲紫溶液。外用。治疗创面感染和溃疡,配成1%~2%水溶液或醇溶液;治疗烧伤,配成0.1%~1%水溶液。

氧化锌

[作用与用途] 本品具有收敛和抗菌作用,常用于皮炎、湿疹和溃疡等的治疗。

[制剂、用法与用量] 氧化锌软膏:20 g∶3 g、500 g∶75 g。外用,患处涂敷。

松馏油

[作用与用途] 本品具有防腐、溶解角质、止痒、促进炎性物质吸收和刺激肉芽生长等作用。

[制剂、用法与用量] 外用,涂于患处。

复方煤焦油酸溶液

[作用与用途] 本品能够损害菌体细胞膜,使蛋白质变性,抑制细菌脱氢酶和氧化酶的活性,从而产生抑菌作用,用于畜禽舍及器具的消毒。

[制剂、用法与用量] 复方煤焦油酸溶液:5 000 mL。畜禽舍喷洒,每1 L水10~12.5 g;器具、车辆浸涤,每1 L水16.7 g。

水杨酸(柳酸)

[作用与用途] 本品杀菌力弱,但有抗真菌作用。其10%乙醇溶液或软膏剂涂布皮肤,能使角质层溶化、剥脱表皮、杀灭皮肤的真菌。治皮肤真菌感染。

[制剂、用法与用量] 水杨酸软膏:含5%~10%水杨酸,外用。

硫柳汞(硫汞柳酸钠)

[作用与用途] 本品含汞49%的有机汞化物。其水溶液中汞离子对菌体酶系统产生干扰,达到抑菌作用。对组织刺激小,主要作为生物制品的抑制剂。也可用于皮肤、黏膜的消毒。

本品忌与酸、碘类、银盐类等配伍。

[制剂、用法与用量]

(1)皮肤消毒:用1%水溶液或1%(70%乙醇)醇溶液。

(2)黏膜(眼、尿道等)消毒:用0.02%溶液消毒。

过氧化氢溶液(双氧水)

[作用与用途] 本品在组织过氧化氢酶催化下迅速分解、释放出新生态氧,发挥防腐、杀菌、除臭作用。本品作用迅速、放氧极快,能机械地清除脓块、坏死组织。故常用作化脓剂、瘘管等的冲洗剂。

[制剂、用法与用量] 市售医用品,为含3%过氧化氢的液体。

(1)清洗化脓创面及瘘管:用1%～3%溶液。

(2)口腔黏膜冲洗:用0.3%～1%溶液。

(3)静脉滴注:马、牛125～250 mL;驹、犊、猪60～120 mL,用时与3倍量葡萄糖盐水或生理盐混合后,缓缓静脉注入。

苯扎溴胺(新洁尔灭)

[作用与用途] 本品能降低水的表面能力,有去油污,能吸附于细菌表面,改变菌体细胞膜功能,增进膜的通透性,使菌体内酶及其活性物质的逸出,水分子渗入,呈现杀菌作用。本品对细菌、霉菌效力强,对病毒效力差。不能杀灭结核杆菌、绿脓杆菌和炭疽芽孢菌。

[制剂、用法与用量] 市售品有2%、5%及10%的新洁尔灭液。

(1)皮肤、手及手术器械等消毒:用0.1%溶液浸泡或擦洗,浸泡时间应在5 min以上。

(2)黏膜(阴道、膀胱)及深部感染伤口的冲洗消毒。

双十烷基二甲溴铵

[作用与用途] 本品抗菌作用机理与新洁尔灭、度来芬等相似。但因其穿透力强,吸附力更强,灭菌作用强且快。对多种细菌、真菌有效,还能杀灭病毒,如新城疫病毒、猪瘟病毒、口蹄疫病毒、乙型肺炎病毒等。

[制剂、用法与用量] 制剂:本品以含有效氯计算,含量50%～60%溶液。

(1)饮水消毒:0.002%～0.01%溶液。

(2)畜禽环境冲洗、洗涤消毒:用0.015%～0.05%溶液。

(3)猪禽体表洗涤、冲洗、喷雾消毒用:0.025%～0.05%溶液。

(4)其他消毒:可根据污染程度选择适当浓度使用。

高锰酸钾

[作用与用途] 本品为极强的氧化剂,在水中与被氧化物接触时,能迅速释放

出初生态氧，故对菌体有极强的杀菌作用，对机体组织呈收敛作用。

[制剂、用法与用量]

(1)创伤、溃疡、黏膜冲洗：用0.05%～0.2%溶液。

(2)有机物(如士的宁、有机磷等)中毒：马、牛、羊、猪洗胃，用0.01%～0.05%溶液。

(3)芽孢菌等污染消毒：用2%～5%溶液冲洗或浸泡。

(4)饮水或青饲料清洗消毒：用0.05%～0.1%溶液冲洗。

利凡诺(雷佛奴尔)

[作用与用途] 本品对各种化脓菌作用强。最敏感菌为魏氏梭菌和化脓性链球菌。可用于皮肤、黏膜创伤冲洗。本品对组织无刺激性，也适用创面冲洗。

[制剂、用法与用量] 乳酸盐的黄色晶粉。创面、黏膜腔道、皮肤脓创用0.1%～0.2%水溶液冲洗或湿敷。用时应新鲜配制。

鱼石脂

[作用与用途] 刺激作用较温和，能消肿、消炎、促进肉芽生长。多用于治疗慢性皮肤炎、蜂窝组炎、腱炎、腱鞘炎、冻伤、溃疡及湿疹。内服为制酵药。

[制剂、用法与用量]

(1)鱼石脂软膏：含10%～30%鱼石脂，患处外擦。

(2)鱼石脂醇溶液：10%～20%鱼石脂乙醇溶液，涂抹患处。

硼酸

[作用与用途] 本品抑菌弱、刺激性小。临床上用来冲洗眼睛异物或黏膜。软膏剂可用于烧伤、擦伤和褥疮等的防腐，有时与氧化锌、滑石粉等量混合制成撒布剂外用。

[制剂、用法与用量]

(1)软膏剂：含10%硼酸、外敷。

(2)洗眼液：用2%～4%硼酸水溶液。

四、作用于神经系统的药物

(一)作用于中枢神经系统的药物

咖啡因

[作用与用途] 用于中枢性呼吸、循环抑制，如加速麻醉药的苏醒过程，解救镇静催眠药的过量中毒、急性严重感染、毒物中毒和过度劳役等引起的呼吸、循环衰竭等。

［制剂、用法与剂量］安钠咖注射液：5 mL：无水咖啡因 0.24 g 与苯甲酸钠 0.26 g、5 mL：无水咖啡因 0.48 g 与苯甲酸钠 0.52 g、10 mL：无水咖啡因 0.48 g 与苯甲酸钠 0.52 g、10 mL：无水咖啡因 0.96 g 与苯甲酸钠 1.04 g。静脉、肌内或皮下注射。一次量，马、牛 2～5 g，羊、猪 0.5～2 g，犬 0.1～0.3 g。

尼可刹米

［作用与用途］常用于各种原因引起的呼吸中枢抑制，如中枢抑制药中毒、疾病引起的中枢性呼吸抑制，新生仔畜窒息或加速麻醉动物的苏醒等。对阿片类药物中毒所致的呼吸衰竭比戊四氮有效。

［制剂、用法与剂量］尼可刹米注射液：1.5 mL：0.375 g、2 mL：0.5 g。静脉、肌内或皮下注射。一次量，马、牛 2.5～5 g，羊、猪 0.25～1 g，犬 0.125～0.5 g。

戊四氮

［作用与用途］本品作用、应用与尼可刹米相似，主要兴奋脑干，对大脑及脊髓亦有兴奋作用。作用比尼可刹米稍强，但安全范围小，应慎用。

［制剂、用法与剂量］戊四氮注射液：2 mL：0.2 g、5 mL：0.5 g。静脉、肌内或皮下注射。一次量，马、牛 0.5～1.5 g，羊、猪 0.05～0.3 g，犬 0.02～0.1 g。

樟脑磺酸钠

［作用与用途］主要用于中枢抑制药中毒和肺炎等引起的呼吸及循环抑制。

［制剂、用法与剂量］樟脑磺酸钠注射液：1 mL：0.1 g、5 mL：0.5 g、10 mL：1 g。静脉、肌内、皮下注射。一次量，马、牛 1～2 g，羊、猪 0.2～1 g，犬 0.05～0.1 g。

硝酸士的宁

［作用与用途］可用于脊髓功能低下引起的瘫痪等。

［制剂、用法与剂量］硝酸士的宁注射液：1 mL：2 mg、10 mL：20 mg。皮下注射。一次量，马、牛 15～30 mg，羊、猪 2～4 mg，犬 0.5～0.8 mg。

戊巴比妥钠

［作用与用途］主要用作小动物的全身麻醉药。麻醉时间可持 0.5～1 h，完全苏醒需数小时。

［制剂、用法与剂量］

(1)戊巴比妥钠片：0.5 g、0.05 g。内服。犬 15～25 mg/kg。

(2)注射用戊巴比妥钠：0.5 g、0.1 g。临用前配成 3%～6%溶液。供静脉或腹腔注射。麻醉，静脉注射，马、牛 15～20 mg/kg，猪 10～25 mg/kg，羊 30 mg/kg，犬

25～30 mg/kg。镇静、基础麻醉、静脉注射或肌内注射，马、牛、羊、猪 5～15 mg/kg。

异戊巴比妥钠

［作用与用途］作用与戊巴比妥钠相近。主要用于中、小动物的镇静与抗惊厥，或用作基础麻醉。

［制剂、用法与剂量］

(1)异戊巴比妥钠片：0.1 g。镇静，内服。猪、犬 5～10 mg/kg。

(2)注射用异戊巴比妥钠：每支 0.5 g、1 g。镇静、基础麻醉，静脉注射。猪、羊 5～10 mg/kg。

硫喷妥钠

［作用与用途］本品脂溶性高，极易通过血脑屏障进入脑组织，有极强的镇静、催眠及解痉作用，大剂量则呈麻醉作用。其应用与戊巴比妥钠相似。

［制剂、用法与剂量］注射用硫喷妥钠：0.5 g、1 g。静脉注射。一次量，马、牛、羊、猪 10～15 mg/kg，犊 15～20 mg/kg，犬、猫 20～25 mg/kg。

盐酸氯胺酮

［作用与用途］本品为新型麻醉药，与传统麻醉药的区别，在于它可选择性地阻断痛觉冲动传导，而不抑制整个中枢神经系统。为良好的静脉注射麻醉药和镇痛药。

［制剂、用法与剂量］盐酸氯胺酮注射液：2 mL∶0.1 g、10 mL∶0.1 g、20 mL∶0.2 g。静脉注射。一次量，马、牛 2～3 mg/kg，羊、猪 2～4 mg/kg。肌内注射。一次量，羊、猪 10～15 mg/kg，犬 10～20 mg/kg，猫 20～30 mg/kg，灵长动物 5～10 mg/kg，熊 8～10 mg/kg，鹿 10 mg/kg，水貂 6～14 mg/kg。

复方氯胺酮注射液。盐酸氯胺酮、盐酸赛拉嗪与盐酸苯乙哌酯分别为 15%、15%和 0.005%。肌内注射。一次量，猪 0.1 mL/kg，犬 0.033～0.067 mL/kg，猫 0.017～0.02 mL/kg，马鹿 0.015～0.025 mL/kg。

赛拉嗪

［作用与用途］本品为一种强效 α_2 肾上腺素受体激动剂，具有明显的镇静、镇痛和肌肉松弛作用。

［制剂、用法与剂量］盐酸赛拉嗪注射液：5 mL∶0.1 g、10 mL∶0.2 g、2 mL∶0.2 g。肌内注射。一次量，马 1～2 mg/kg，牛 0.1～0.3 mg/kg，羊 0.1～0.2 mg/kg，犬、猫 1～2 mg/kg，鹿 0.1～0.3 mg/kg。

赛拉唑

[作用与用途] 本品作用与赛拉嗪基本相似。但不同种属动物的敏感性有所差异。

[制剂、用法与剂量] 盐酸赛拉唑注射液:5 mL∶0.1 g、10 mL∶0.2 g。肌内注射。一次量,马、骡 0.5～1.2 mg/kg,驴 1～3 mg/kg,黄牛、牦牛 0.2～0.6 mg/kg,水牛 0.4～1 mg/kg,羊 1～3 mg/kg,鹿 2～5 mg/kg。

巴比妥

[作用与用途] 本品小剂量镇静,大剂量催眠、抗惊厥,作用时间长,与氨基比林,安替比林、安乃近等配伍,能增强其镇痛作用。

[制剂、用法与剂量]

(1)巴比妥片:0.2 g、0.1 g。内服。猪 0.3～1 g,犬 0.15～0.5 g,马 2～8 g。

(2)巴比妥钠注射液:5 mL∶0.5 g。静脉注射。马 0.03 g/kg。肌肉注射。猪 0.3～0.5 g,犬 0.05～0.1 g。

苯巴比妥

[作用与用途] 本品抑制中枢神经系统,特别是大脑皮层运动区,呈现抗惊厥作用。持效时间长,临床主要用来减轻脑炎等疾病的中枢兴奋症状和解救中枢神经兴奋药的中毒。也可用于麻醉前给药。

[制剂、用法与剂量]

(1)苯巴比妥片:15 mg、30 mg、100 mg。内服。一次量,犬、猫 6～12 mg/kg。

(2)注射用苯巴比妥钠:0.1 g、0.5 g。肌内注射。一次量,羊、猪 250～1 000 mg/kg,犬、猫 6～12 mg/kg。

盐酸普鲁卡因

[作用与用途] 本品为应用最广泛的一种局麻药,但穿透力弱,不适于表面麻醉,只能用于注射用作浸润麻醉、传导麻醉、硬膜外麻醉或脊髓麻醉。

[制剂、用法与剂量] 盐酸普鲁卡因注射液:5 mL∶0.15 g、10 mL∶0.3 g、50 mL∶2.5 g。浸润麻醉、封闭疗法,0.25%～0.5%溶液;传导麻醉,2%～5%溶液,每个注射点,大动物 10～20 mL,小动物 2～5 mL;硬膜外麻醉,2%～5%溶液,马、牛 20～30 mL。

盐酸利多卡因

[作用与用途] 本品用于表面麻醉、浸润麻醉、传导麻醉和硬膜外麻醉,还可用于治疗室性心律失常。

[制剂、用法与剂量] 盐酸利多卡因注射液：5 mL∶0.1 g、10 mL∶0.2 g、20 mL∶0.4 g。浸润麻醉，0.25%～0.5%溶液；表面麻醉，2%～5%溶液；传导麻醉，2%溶液，每个注射点，马、牛 8～12 mL，羊 3～4 mL；硬膜外麻醉，2%溶液，马、牛 8～12 mL。

盐酸丁卡因

[作用与用途] 本品穿透力强。最适用于表面麻醉，主要用于眼科、泌尿道等黏膜表面麻醉。

[制剂、用法与剂量] 盐酸丁卡因注射液：5 mL∶5 mg、5 mL∶10 mg。表面麻醉用量，眼科为 0.5%～1%溶液，鼻、喉黏膜为 1%～2%溶液，泌尿道黏膜 0.1%～0.5%溶液；硬膜外麻醉，用 0.2%～0.3%溶液。

水合氯醛

[作用与用途] 本品吸收后能抑制中枢神经系统的机能，小剂量产生镇静、催眠作用，大剂量则有麻醉作用；小剂量的水合氯醛能减弱中枢神经的兴奋过程，抑制痛觉中枢，松弛胃肠平滑肌、具有镇静、镇痛和解痉作用。

[制剂、用法与剂量]

(1)水合氯醛粉：内服或灌肠(镇静)，马、牛 10～25 g，猪、羊 2～4 g，犬 0.3～1 g，静注(镇静)，马 8～10 g。

(2)水合氯醛酒精注射液：含水合氯醛 5%、酒精 12.5%。每瓶 50 mL、100 mL、250 mL。静脉注射，镇静。马、牛 100～300 mL。麻醉，马、牛 300～500 mL。

(3)水合氯醛硫酸镁注射液：含水合氯醛 8%、硫酸镁 5%及氯化钠 0.9%。每瓶 50 mL、100 mL。静脉注射麻醉，马 200～400 mL，镇静，100～200 mL，注射时每分钟不得超过 30 mL。

(4)醛糖镁注射液：含水合氯醛 8%，硫酸镁 5%、葡萄糖 5%，作基础麻醉用，静脉注射，马 200～300 mL。

(5)注射用水合氯醛。静脉注射(麻醉)。马 0.08～0.12 g/kg，猪 0.15～0.17 g/kg，骆驼 0.1～0.15 g/kg。

溴化物

[作用与用途] 本品用于缓解中枢神经兴奋性疾病所引起的症状，也可治疗皮肤变态反应性疾病。

[制剂、用法与剂量]

(1)溴化物(溴化钠、溴化钾、溴化铵、溴化钙)。内服。马、牛 15～50 g，羊 5～

15 g，猪 5～10 g，犬 0.5～2 g，家禽 0.1～0.5 g。

(2)溴化钙注射液：20 mL∶1 g、50 mL∶2.5 g。静脉注射。马、牛 2.5～5 g，猪、羊 0.5～2 g。

(3)安溴注射液：含溴化钠 10%、安钠咖 2.5%的灭菌水溶液。用于治疗马疝痛。静脉注射。马、骡 50～100 mL。镇静，猪、羊 10～20 mL。

(4)溴化钠注射液：10 mL∶1 g。静脉注射。马、牛 5～10 g。

(5)三溴合剂(含溴化钾、溴化钠、溴化铵各 3%的水溶液)。内服。马、牛 200～300 mL；猪、羊 20～30 mL。

(6)溴化钙注射液：20 mL∶1 g。用于镇静和抗过敏。静脉注射。马、牛 2.5～5 g，猪、羊 0.5～1.5 g。

盐酸氯丙嗪

[作用与用途] 本品体内作用较广泛。对中枢神经系统的作用与植物性神经系统的作用为主要作用。

[制剂、用法与剂量]

(1)盐酸氯丙嗪片：25 mg，12.5 mg。内服。各种家畜 3 mg/kg。

(2)盐酸氯丙嗪注射液：2 mL∶50 mg、10 mL∶250 mg。静脉注射。各种动物均 0.5～1 mg/kg。肌肉注射。马、牛 1～2 mg/kg。羊、猪 1～3 mg/kg。

(3)复方氯丙嗪注射液：2 mL∶盐酸氯丙嗪 50 mg＋盐酸异丙嗪 50 mg。肌肉注射。0.1～1 mg/kg。

地西泮

[作用与用途] 本品具有安定、镇静、催眠、肌肉松弛和抗惊厥作用。用于恐惧、肌肉痉挛、癫痫及惊厥等。

[制剂、用法与剂量]

(1)地西泮片：2.5 mg。内服。鹿 5 mg/kg，貂 0.6～1 mg/kg。

(2)地西泮注射液：2 mL∶10 mg。肌内注射。牛 2～2.5 mg/kg，猪 1～7 mg/kg，鸡 5.5～11 mg/kg，静脉注射。牛 0.8～1 mg/kg，猪 1～7 mg/kg，犬 5～10 mg/kg。

苯妥英钠

[作用与用途] 本品对大脑皮层运动区具有高度选择性的抑制作用，能防止癫痫的大发作，但作用缓慢，需连用数日后才能出现疗效。为癫痫病的预防与维持治疗的药物。

[制剂、用法与剂量] 苯妥英钠片：0.1 g、0.05 g。内服。牛 1～2 g，犬 0.1～

0.2 g。每日 2～3 次。

硫酸镁注射液

[作用与用途] 本品注射后镁离子吸收作用快，能对中枢神经系统产生抑制作用，能松弛骨骼肌，对抗惊厥作用，对肠道平滑肌也有松弛作用，还能直接舒张血管平滑肌和抑制心肌，使血压快速而短暂地下降。临床上主要用于缓解破伤风、士的宁中毒所致肌肉僵直及治疗膈肌痉挛、肠道痉挛。

[制剂、用法与剂量] 硫酸镁注射液：20 mL：5 g、50 mL：12.5 g、100 mL：25 g。肌内或静脉注射。马、牛、骆驼 10～25 g，羊、猪 2.5～7.5 g，犬 1～2 g。

盐酸吗啡

[作用与用途] 本品为罂粟未成熟蒴果浆汁制品阿片中的主要生物碱。其主要药理作用有镇痛和止泻作用。

[制剂、用法与剂量] 盐酸吗啡注射液：10 mL：100 mg、1 mL：10 mg。皮下、肌内注射。一次量，镇痛，马 0.1～0.2 mg/kg，犬 0.5～1 mg/kg；麻醉前给药，犬 0.5～2 mg/kg。

盐酸哌替啶

[作用与用途] 本品为人工合成镇痛药。有较强的镇痛、镇静和解痉作用。本品镇痛作用为吗啡的 1/10 左右。

[制剂、用法与剂量] 盐酸哌替啶注射液：1 mL：25 mg、1 mL：50 mg、2 mL：100 mg。皮下、肌内注射。一次量，马、牛、羊、猪 2～4 mg/kg，犬、猫 5～10 mg/kg。

埃托啡

[作用与用途] 本品为半合成的阿片类衍生物，其镇痛作用比吗啡强 1 000 倍。现广泛用于猪、牛、马及猫、犬等动物的保定，也可用于野生动物的化学保定。

[制剂、用法与剂量] 埃托啡注射液。肌内注射。马 0.44 mg/50 kg，牛 0.09 mg/50 kg；熊 0.5 mg/50 kg，鹿 0.98 mg/50 kg。

纳络酮

[作用与用途] 吗啡拮抗剂。可解除吗啡类镇痛药所致的呼吸抑制等中毒症状。本品不产生吗啡样的呼吸抑制。

[制剂、用法与剂量] 纳络酮注射液：1 mL：0.4 mg。肌内或静脉注射。犬 0.04 mg/kg，必要时每隔 2～4 min 重复 1 次，以产生预期效果为止。

盐酸苯海拉明

[作用与用途] 本品适于治疗动物因组胺引起的过敏性疾病，如荨麻疹、药物过敏、过敏性皮炎、血清病、血管性水肿等具有充血、水肿、瘙痒等皮肤和黏膜的过敏反应。

[制剂、用法与剂量] 盐酸苯海拉明注射液：1 mL：20 mg、5 mL：100 mg。肌内注射。一次量，马、牛 0.1～0.5 g，羊、猪 0.04～0.06 g，犬 0.5～1 mg。

盐酸异丙嗪

[作用与用途] 本品用于变态反应性疾病，如荨麻疹、过敏性皮炎、血清病等。

[制剂、用法与剂量]

(1)盐酸异丙嗪片：12.5 mg、25 mg。内服。一次量，马、牛 0.25～1 g/kg，羊、猪 0.1～0.5 g/kg，犬 0.05～0.1 g/kg。

(2)盐酸异丙嗪注射液：2 mL：0.05 g、10 mL：0.25 g。肌内注射。一次量，马、牛 0.25～0.5 g，羊、猪 0.05～0.1 g，犬 0.025～0.05 g。

马来酸氯苯那敏

[作用与用途] 用于过敏性疾病，如荨麻疹、过敏性皮炎、血清病等。

[制剂、用法与剂量]

(1)马来酸氯苯那敏片：4 mg。内服，一次量，马、牛 80～100 mg，羊、猪 10～20 mg，犬 2～4 mg，猫 1～2 mg。

(2)马来酸氯苯那敏注射液：1 mL：10 mg、2 mL：20 mg。肌内注射。一次量。马、牛 60～100 mg，羊、猪 10～20 mg。

扑尔敏(氯苯吡胺)

[作用与用途] 本品为 H1 阻断药。抗过敏强而持久，但对中枢神经系统的抑制作用较轻，副作用小。

[制剂、用法与剂量]

(1)扑尔敏片：4 mg。内服。马、牛 80～100 mg，猪、羊 12～16 mg。

(2)扑尔敏注射液：1 mL：10 mg，2 mL：20 mg。肌内注射。马、牛 60～100 mg，猪、羊 10～20 mg，犬 2～3 mg。

(二)作用于外周神经系统的药物

氯化琥珀胆碱

[作用与用途] 本品主要用于动物的化学保定和外科辅助麻醉。

[制剂、用法与剂量] 氯化琥珀胆碱注射液：1 mL：50 mg、2 mL：100 mg。肌

内注射。一次量，马 0.07～0.2 mg/kg，牛 0.01～0.016 mg，猪 2 mg/kg，犬、猫 0.06～0.11 mg/kg，鹿 0.08～0.12 mg/kg。

氨甲酰胆碱

[作用与用途] 本品适用于胃肠弛缓、前胃弛缓，也可用于胎衣不下、子宫蓄脓等。

[制剂、用法与剂量] 氨甲酰胆碱注射液：1 mL：0.25 mg、5 mL：1.25 mg。皮下注射。一次量，马、牛 1～2 mg，羊、猪 0.25～0.5 mg，犬 0.025～0.1 mg。

氨甲酰甲胆碱

[作用与用途] 本品适用于肠弛缓，牛前胃弛缓和膀胱松弛以及手术后肠管的麻痹等。

[制剂、用法与剂量] 氯化氨甲酰甲胆碱注射液：1 mL：2.5 mg、1 mL：5 mg、10 mL：20 mg。皮下注射。一次量，马、牛 0.05～0.1 mg/kg，犬、猫 0.25～0.5 mg/kg。

毛果芸香碱

[作用与用途] 主要适用于胃肠弛缓和前胃弛缓。与散瞳药交替滴眼可用于虹膜炎，防止粘连。

[制剂、用法与剂量] 硝酸毛果芸香碱注射液：1 mL：30 mg、5 mL：150 mg。皮下注射。一次量，马、牛 50～150 mg，羊 10～50 mg，猪 5～50 mg，犬 3～20 mg。

毒扁豆碱

[作用与用途] 本品为胆碱酯酶抑制剂。临床上可用于治疗前胃弛缓、瘤胃不全麻痹等。

[制剂、用法与剂量] 水杨酸毒扁豆碱注射液：1 mL：0.5 mg、5 mL：25 mg。皮下注射。马、牛 30～50 mg，猪、羊 5～10 mg。

新斯的明

[作用与用途] 本品为人工合成的抗胆碱酯酶药。用于胃肠弛缓、重症肌无力和胎衣不下等。也可用于竞争性骨骼肌松弛药（箭毒等）中毒的解救。

[制剂、用法与剂量] 甲硫酸新斯的明注射液：1 mL：0.5 mg、1 mL：1 mg、5 mL：5 mg、10 mL：10 mg。皮下或肌肉注射。马 3～10 mg，牛 4～20 mg，羊、猪 2～5 mg，犬 0.25～1 mg。

阿托品

[作用与用途] 本品常用硫酸盐，能选择性地对抗乙酰胆碱在效应器中结合作

用，阻断 M-受体。用于胃肠道平滑肌痉挛、唾液分泌过多、有机磷农药中毒等。

[制剂、用法与剂量]

(1)硫酸阿托品片：0.3 mg。内服。一次量，犬、猫 0.02～0.04 mg/kg。

(2)硫酸阿托品注射液：1 mL∶0.5 mg、2 mL∶1 mg、1 mL∶5 mg。肌内、皮下或静脉注射。一次量，麻醉前给药，马、牛、羊、猪、犬、猫 0.02～0.05 mg/kg；解除有机磷酸酯类中毒，马、牛、羊、猪 0.5～1 mg/kg，犬、猫 0.1～0.15 mg/kg，禽 0.1～0.2 mg/kg。

山莨菪碱

[作用与用途] 本品适用于严重感染所致的中毒性休克、有机磷酸酯类中毒，内脏平滑肌痉挛等。

[制剂、用法与剂量] 氢溴酸山莨菪碱注射液：1 mL∶0.3 mg、1 mL∶0.5 mg。皮下注射。一次量，牛 1～3 mg，羊、猪 0.2～0.5 mg。

肾上腺素

[作用与用途] 本品适用于心脏骤停的急救；缓解严重过敏性疾患的症状，可用于荨麻疹、血清病和血管神经性水肿、支气管哮喘等；亦常与局部麻醉药配伍，以延长局部麻醉持续时间。

[制剂、用法与剂量] 盐酸肾上腺素注射液：1 mL∶1 mg、5 mL∶5 mg。皮下注射。一次量，马、牛 2～5 mL，羊、猪 0.2～1.0 mL，犬 0.1～0.5 mL。静脉注射。一次量，马、牛 1～3 mL，羊、猪 0.2～0.6 mL，犬 0.1～0.3 mL。

麻黄碱

[作用与用途] 本品作用与肾上腺素相似，对心脏和血管的作用较肾上腺素弱，但兴奋心脏和升压作用持效时间较长。本品对支气管的扩张作用较强，对中枢神经系统有兴奋作用，且比肾上腺素强。

[制剂、用法与剂量]

(1)盐酸麻黄片：25 mL。内服。马、牛 50～500 mg，羊 20～100 mg，猪 20～50 mg，犬 10～30 mg，猫 2～5 mg，母鸡醒抱用量，50 mg，1 日 2 次。

(2)盐酸麻黄碱注射液：1 mL∶30 mg、5 mL∶150 mg。皮下注射。马、牛 50～300 mg，羊、猪 20～50 mg，犬 10～30 mg。

去甲肾上腺素

[作用与用途] 本品主要作用于 α 受体，与肾上腺素不同，对全身各部血管，特别是骨骼肌中的血管是强烈收缩作用。因而血压升高。本品主要用作升压药，用于各种休克。

[制剂、用法与剂量] 重酒石酸去甲肾上腺素注射液：1 mL ∶ 1 mg、2 mL ∶ 10 mg。静脉滴注。一次量，马、牛 8～12 mg，羊、猪 2～4 mg。

异丙肾上腺素

[作用与用途] 本品主要常用于支气管平滑肌痉挛所致的哮喘，或用于各种原因所致的心跳骤停的抢救，或心源性休克及小血管痉挛性为主的病理性休克。

[制剂、用法与剂量]

(1)盐酸异丙肾上腺素注射液：2 mL ∶ 1 mg。静脉注射或滴注。马、牛 1～4 mg，猪、羊 0.2～0.4 mg。

(2)盐酸肾上腺素气雾剂：含 0.25%异丙肾上腺素的气溶胶剂。供喷雾吸入，用于哮喘、慢性肺气肿等。

阿司匹林

[作用与用途] 本品主要用于治疗发热，风湿症，神经、肌肉、关节疼痛，软组织炎症和痛风症。

[制剂、用法与剂量]

(1)阿司匹林片：0.3 g、0.5 g。内服。马、牛 15～30 g，猪、羊 1～3 g，犬 0.2～1 g。

(2)阿司匹林粉：20%。同阿司匹林片。

(3)复方阿司匹林片：0.5 g，含阿司匹林 0.226 8 g，非那亚丁 0.162 g，咖啡因 0.032 4 g。内服。马、牛 30～100 片，猪、羊 2～10 片。

氨基比林

[作用与用途] 本品具有较强和持久的解热、镇痛和抗风湿作用。其作用机理及应用与水杨酸类同。与巴比妥类药配伍，能产生协同镇痛效果。

[制剂、用法与剂量]

(1)氨基比林片：0.3 g、0.5 g。内服。马、牛 8～20 g，猪、羊 2～5 g。

(2)氨基比林注射液：20 mL ∶ 0.2 g、10 mL ∶ 0.2 g，皮下或肌内注射。马、牛 0.6～1.2 g，猪、羊 0.05～0.2 g。

(3)复方氨基比林注射液：含氨基比林 7.15%和巴比妥 2.85%。皮下或肌内注射。马、牛 20～50 mL，羊、猪 5～10 mL。

(4)安痛定注射液：含氨基比林 5%、安替比林 20%和巴比妥 0.9%。应用与剂量同复方氨基比林。

安乃近

[作用与用途] 本品为氨基比林与亚硫酸钠的化合物。具有强大的镇痛、抗风

湿作用,解热作用稍弱。其镇痛作用比氨基比林、安替比林强。

[制剂、用法与剂量]

(1)安乃近片:0.5 g。内服。马、牛 4～12 g,猪、羊 2～5 g,犬 0.5～1 g。

(2)安乃近注射液:5 mL∶1.5 g、10 mL∶3 g。皮下或肌内注射。马、牛 3～10 g,猪、羊 1～3 g,犬 0.3～0.6 g。静脉注射,马、牛 3～6 g。

安替比林

[作用与用途] 本品具有解热、镇痛和抗风湿作用,但均比氨基比林弱。主要用作中小动物的解热镇痛药。

[制剂、用法与剂量] 内服。马、牛 10～30 g,猪、羊 2～5 g,犬 0.2～2 g。

保泰松

[作用与用途] 本品具有解热、镇痛及抗风湿作用,但解热、镇痛比氨基比林弱,作用迟慢,毒副反应强,一般不用于解热、镇痛。但抗风湿、消炎作用比氨基比林、水杨酸钠类强。故多用于治疗关节痛与肌肉痛。其作用机理是该药加速尿酸盐排出,消除痛风症。

[制剂、用法与剂量] 保泰松片:0.1 g。内服。2～4 g,犬 0.2 g/10 kg,每日 2 次,3 日后剂量酌减。

羟基保泰松:0.1 g。内服。马 12 mg/kg,2 日后减半,持续 5 日。

非那西汀

[作用与用途] 本品常用于解热、镇痛,无抗风湿作用。解热作用较强。与水杨酸类合用可增强镇痛效果。减少毒性。内服后 30 min 可奏效,持效 5～6 h。常用于小动物的解热及镇痛药。

[制剂、用法与剂量] 非那西汀片:0.5 g、0.3 g。内服。马、牛 10～20 g,猪、羊 1～3 g,犬 0.1～1 g。

对乙酰氨基酚

[作用与用途] 又名扑热息痛。本品具有解热、镇痛作用。解热作用类似阿司匹林,但镇痛、抗炎作用较差。

[制剂、用法与剂量]

(1)对乙酰氨基酚片:0.3 g、0.5 g。内服。一次量,马、牛 10～20 g,羊 1～4 g,猪 1～2 g,犬 0.1～1 g。

(2)对乙酰氨基酚注射液:1 mL∶0.075 g、2 mL∶0.25 mg。肌内注射。一次量,马、牛 5～10 g,羊 0.5～2 g,猪 0.5～1 g,犬 0.1～0.5 g。

萘普生

[作用与用途] 本品抗炎作用明显,亦有镇痛和解热作用。用于解除肌炎和软组织炎症的疼痛、跛行及关节炎等。

[制剂、用法与剂量]

(1)萘普生片:0.1 g、0.125 g、0.25 g。内服。一次量,马 5～10 mg/kg,犬 2～5 mg/kg。

(2)萘普生注射液:2 mL∶0.1 g、2 mL∶0.2 g。静脉注射。一次量,马 5 mg/kg。

水杨酸钠

[作用与用途] 本品镇痛作用较阿司匹林、非那西汀、氨基比林弱。临床上主要用作抗风湿药。对于风湿性关节炎,用药数小时后关节疼痛显著减轻,肿胀消退,风湿热消退。另外,本品还有促进尿酸排泄的作用,可用于痛风。

[制剂、用法与剂量]

(1)水杨酸钠注射液:10 mL∶1 g、20 mL∶2 g、50 mL∶5 g。静脉注射。一次量,马、牛 10～30 g,羊、猪 2～5 g,犬 0.1～0.5 g。

(2)复方水杨酸钠注射液:水杨酸钠 10%、氨基比林 1.43%、巴比妥 0.57%,20 mL、50 mL、100 mL。静脉注射。一次量,马、牛 100～200 mL,羊、猪 20～50 mL。

氟尼新葡甲胺

[作用与用途] 本品具有镇痛、解热、抗炎和抗风湿作用。

[制剂、用法与剂量]

(1)氟尼新葡甲胺颗粒:10 g∶0.5 g、100 g∶5 g、200 g∶10 g、1 000 g∶50 g。内服。一次量,犬、猫 2 mg/kg,一日 1～2 次,连用不超过 5 日。

(2)氟尼新葡甲胺注射液:50 mL∶0.25 g、50 mL∶2.5 g、100 mL∶0.5 g、100 mL∶5 g。肌内、静脉注射。一次量,牛 2 mg/kg,猪 1 mg/kg,犬、猫 1～2 mg/kg,1 日 1～2 次,连用不超过 5 日。

替泊沙林

[作用与用途] 本品为环氧酶和脂氧酶抑制剂,双重阻断花生四烯酸代谢,阻止前列腺素和白三烯生成。主要控制肌肉骨骼病所致的疼痛和炎症。

[制剂、用法与剂量] 替泊沙林冻干片。口服。犬,首次量 20 mg/kg,维持量 10 mg/kg,1 日 1 次,连用 7 日。

五、作用于消化系统的药物

药用炭(活性炭)

[作用与用途] 本品吸附作用很强,内服后能在肠道内吸附各种物质,如细菌、细菌毒素、气体、色素及各种化学物质。能机械性地保护肠黏膜,减少对肠壁的刺激,使肠蠕动减少,产生止泻。适用于腹泻、肠炎、毒物中毒等的治疗。

[制剂、用法与剂量] 内服。马 20～50 g,牛 20～200 g,猪 3～10 g,羊 20～50 g,犬 0.3～2 g。

人工矿泉盐

[作用与用途] 人工矿泉盐具有多种盐类的综合作用。内服少量时,能轻度刺激消化道黏膜,促进胃肠的分泌和蠕动,增加消化液分泌。

[制剂、用法与剂量] 内服。(健胃)一次量,马 50～100 g,牛 50～150 g,羊、猪 10～30 g。(缓泻)一次量,马、牛 200～400 g,羊、猪 50～100 g。

胃蛋白酶

[作用与用途] 本品内服后在胃内可使蛋白质初步分解为蛋白脲,有利于蛋白质的进一步分解吸收。

[制剂、用法与剂量] 内服。一次量,马、牛 4 000～8 000 U,羊、猪 800～1 600 U,驹、犊 1 600～4 000 U,犬 80～800 U,猫 80～240 U。

稀盐酸

[作用与用途] 盐酸是胃液的主要成分之一,适当浓度的稀盐酸可激活胃蛋白酶原,使其转变成为有活性的胃蛋白酶,并提供酸性环境使胃蛋白酶发挥消化蛋白质的作用。

[制剂、用法与剂量] 内服。一次量,马 10～20 mL,牛 15～30 mL,羊 2～5 mL,猪 1～2 mL,犬 0.1～0.5 mL。用前加 50 倍水稀释成 0.2%的溶液使用。

氢氧化铝

[作用与用途] 氢氧化铝与胃液混合形成凝胶,覆盖于溃疡表面,有保护溃疡面的作用。在中和胃酸时所产生的氯化铝尚有收敛和局部止血作用。

[制剂、用法与剂量] 内服。一次量,马 15～30 g,猪 3～5 g。

干酵母

[作用与用途] 临床用于维生素 B_1 缺乏症,如多发性神经炎、糙皮病、酮血症等的治疗和消化不良的辅助治疗。

[制剂、用法与剂量] 干酵母片：0.2 g、0.3 g、0.5 g。内服。一次量，马、牛120～150 g，羊、猪30～60 g，犬8～12 g。

乳酶生

[作用与用途] 本品用于消化不良，肠内异常发酵和幼畜腹泻等。

[制剂、用法与剂量] 乳酶生片：0.5 g、1.0 g。内服。一次量，驹、犊10～30 g，羊、猪2～10 g，犬0.3～0.5 g。

稀醋酸

[作用与用途] 内服后的作用与稀盐酸基本相同。

[制剂、用法与剂量] 内服。一次量，马、牛50～200 mL，羊、猪5～10 mL。

浓氯化钠注射液

[作用与用途] 静注本品能增加血液中 Na^+、Cl^-，对调节渗透压、维持电解质平衡和神经-肌肉兴奋性起重要作用，从而可提高瘤胃运动机能，促进蠕动。可用于治疗瘤胃弛缓积食、马胃扩张、肠便秘等。

[制剂、用法与剂量] 浓氯化钠注射液：50 mL∶5 g、250 mL∶25 g。静脉注射。一次量，家畜0.1 g/kg。

芳香氨醑

[作用与用途] 本品中的氨、乙醇和茴香中所含茴香醚及挥发油，均具有挥发性和局部刺激性，也有抑菌作用。主用于瘤胃鼓气、胃肠积食和气胀；也可用于急慢性支气管炎的辅助治疗。

[制剂、用法与剂量] 本品为由碳酸铵(3%)、浓氨溶液(6%)、柠檬油(0.5%)等制成的液体制剂。内服。一次量，马、牛20～100 mL，羊、猪4～12 mL，犬0.6～4 mL。

乳酸

[作用与用途] 本品作用与稀盐酸相似。内服有防腐、制酵作用，能增强消化液的分泌，帮助消化。

[制剂、用法与剂量] 内服。一次量，马、牛5～25 mL，羊、猪0.5～3 mL。配成2%溶液灌服。

鱼石脂

[作用与用途] 本品有较弱的抑菌作用和温和的刺激作用，内服能制止发酵、祛风和防腐，促进胃肠蠕动。外用具有局部消炎和刺激肉芽生长的作用。

[制剂、用法与剂量] 内服。一次量，马、牛10～30 g，羊、猪1～5 g。

二甲硅油

[作用与用途] 本品表面张力低，内服后能迅速降低瘤胃内泡沫液膜的表面张力，使小气泡破裂，融合成大气泡，随嗳气排出，产生消除泡沫作用。

[制剂、用法与剂量] 二甲硅油片：25 mg、50 mg。内服。一次量，牛 3～5 g，羊 1～2 g。临用时制成 2%～5%的乙醇或煤油溶液灌服。

薄荷油

[作用与用途] 本品内服作为祛风药，可增强胃肠蠕动，促进胃肠道内的气体排出。

[制剂、用法与剂量] 内服。一次量，马、牛 2～5 mL。

薄荷脑

[作用与用途] 本品内服作为祛风药，可增强胃肠蠕动，促进胃肠道内的气体排出。

[制剂、用法与剂量] 内服。一次量，马 0.2～2 g，牛 0.3～4 g，羊 0.2～1 g，犬 0.1～0.2 g。

硫酸钠

[作用与用途] 本品内服后在肠内可解离出 Na^{+} 和 SO_4^{2-}，后者不易被肠壁吸收，借助渗透压作用，在肠管中保持大量水分，扩大肠管容积，软化粪便，并刺激肠壁增强其蠕动，而产生泻下作用。

[制剂、用法与剂量] 内服。一次量，马 200～500 g，牛 400～800 g，羊 40～100 g，猪 20～50 g，犬 10～25 g，猫 2～4 g。用时加水配成 6%～8%溶液。

硫酸镁

[作用与用途] 本品内服后在肠内可解离出 Mg^{2+} 和 SO_4^{2-}，后者不易被肠壁吸收，借助渗透压作用，在肠管中保持大量水分，扩大肠管容积，软化粪便，并刺激肠壁增强其蠕动，而产生泻下作用。

[制剂、用法与剂量] 内服。一次量，马 200～500 g，牛 300～800 g，羊 50～100 g，猪 25～50 g，犬 10～20 g，猫 5～10 g。用时配成 6%～8%溶液。

液状石蜡

[作用与用途] 本品内服后在肠道内不被吸收，也不发生变化，以原形通过肠管，能阻碍肠内水分的吸收，对肠黏膜有润滑作用，并能软化粪块。其泻下作用缓和，对肠黏膜无刺激性，比较安全。孕畜也可应用。

[制剂、用法与剂量] 内服。一次量，马、牛 500～1 500 mL，驹、犊 60～

120 mL,羊 100～300 mL,猪 50～100 mL,犬 10～30 mL,猫 5～10 mL(可加温水灌服)。

蓖麻油

[作用与用途] 蓖麻油本身并无刺激性,内服到达十二指肠后,一部分经胰脂肪酶作用,皂化分解为蓖麻油酸钠和甘油。蓖麻油酸钠可刺激小肠黏膜,促进小肠蠕动而引起泻下。未被分解的蓖麻油对肠道和粪块起润滑作用。

[制剂、用法与剂量] 内服。一次量,马 250～400 mL,牛 300～600 mL,羊、猪 50～150 mL,犬 10～30 mL。

鞣酸

[作用与用途] 鞣酸是一种蛋白质沉淀剂,具有收敛作用。内服后首先与胃黏膜蛋白结合成鞣酸蛋白,被覆于胃肠黏膜起保护作用。鞣酸蛋白到达小肠后再分解,释放出鞣酸,产生收敛止泻作用。另外,鞣酸还能与一些生物碱结合发生沉淀。

[制剂、用法与剂量] 内服。一次量,马、牛 5～30 g,羊、猪 2～5 g。洗胃,配成 0.5%～1%。外用,配成 5%～10%的溶液。

鞣酸蛋白

[作用与用途] 本品为鞣酸与蛋白相互作用后的制剂。在胃酸的环境中很稳定,不易分解,到达小肠后,遇碱性肠液,则分解出鞣酸和蛋白,让鞣酸发挥收敛止血作用。

[制剂、用法与剂量] 内服。一次量,马 10～20 g,牛 10～25 g,羊 3～5 g,猪 2～5 g,犬 0.3～2 g。

碱式碳酸铋

[作用与用途] 本品内服在胃内形成氢氧化铋,到达肠内形成硫化铋,覆盖于肠道黏膜表面,减少刺激,达到止泻作用。主要用于动物胃肠炎、腹泻。本品副作用较少。

[制剂、用法与剂量] 内服。一次量,马、牛 15～30 g,羊、猪、驹、犊 2～4 g,犬 0.3～2 g。

碱式硝酸铋

[作用与用途] 本品内服后,大部分被覆在肠黏膜表面,呈现机械性保护作用,以减少硫化氢对肠道的刺激性作用,因而减缓肠蠕动,达到止泻作用。故可用于非细菌性的肠炎、腹泻。

[制剂、用法与剂量] 同碱式碳酸铋。

六、作用于呼吸系统的药物

氯化铵

[作用与用途] 本品内服后可刺激胃黏膜迷走神经末梢，反射性引起支气管腺体分泌增加，使稠痰稀释，易于咳出，因而对支气管黏膜的刺激减少，咳嗽也随之缓解。

[制剂、用法与剂量] 内服。马 8～15 g，牛 10～25 g，羊 2～5 g，猪 1～2 g，犬、猫 0.2～1 g。

碳酸铵

[作用与用途] 本品作用、应用与氯化铵类似，但较弱。在体内不会引起酸血症。

[制剂、用法与剂量] 内服。一次量，马 10～25 g，牛 10～30 g，羊、猪 2～3 g，犬 0.2～1 g。

碘化钾

[作用与用途] 本品内服后部分从呼吸道腺体排出，刺激呼吸道黏膜，使腺体分泌增加，痰液稀释，易于咳出，呈现祛痰作用。

[制剂、用法与剂量] 碘化钾片：10 mg、200 mg。内服。一次量，马 5～10 g，羊、猪 1～3 g，犬 0.2～1 g。

氨茶碱

[作用与用途] 本品对支气管平滑肌有直接松弛作用。主要用于缓解支气管哮喘症状，也用于心功能不全或肺水肿的患畜。

[制剂、用法与剂量]

(1)氨茶碱片：0.05 g、0.1 g、0.2 g。内服。一次量，马 5～10 mg/kg，犬、猫 10～15 mg/kg。

(2)氨茶碱注射液：2 mL∶0.25 g、2 mL∶0.5 g、5 mL∶1.25 g。肌内、静脉注射。一次量，马、牛 1～2 g，羊、猪 0.25～0.5 g，犬 0.05～0.1 g。

七、作用于循环系统的药物

(一)作用于心脏的药物

洋地黄毒苷

[作用与用途] 本品对心脏具有高度选择性作用，使心肌收缩敏捷，并通过植

物神经介导，减慢心率和房室传导速率（负性心率和频率）。

［制剂、用法与剂量］洋地黄毒苷注射液：1 mL∶0.2 mg、5 mL∶1 mg。静脉注射。马、牛 0.6～1.2 mg/100 kg；犬 0.1～1 mg/100 kg。维持量应酌情减少。

洋地黄酊

［作用与用途］本品主用于慢性充血性心力衰竭。

［制剂、用法与剂量］内服。一日量，马 20～50 mL；猪 2～3 mL；犬 0.5～1 mL。

毒毛花苷 K

［作用与用途］本品药理作用同洋地黄毒苷。本品内服吸收很少，且不规则。

［制剂、用法与剂量］毒毛花苷 K 注射液：1 mL∶0.25 mg、2 mL∶0.5 mg。静脉注射。一次量，马、牛 1.25～3.75 mg；犬 0.25～0.5 mg。

（二）作用于血液及造血器官药

亚硫酸氢钠甲萘醌

［作用与用途］本品又名维生素 K_3。维生素 K 为肝脏合成凝血酶原（因子Ⅱ）的必需物质，另参与凝血因子Ⅶ、Ⅸ、Ⅹ的合成。维生素 K 缺乏可致上述凝血因子合成障碍，引起出血倾向或出血。

［制剂、用法与剂量］

（1）亚硫酸氢钠甲萘醌可溶性粉：2%、5%。混饮。雏鸡 0.2 mg/L；鸡 1 mg/L。

（2）亚硫酸氢钠甲萘醌注射液：1 mL∶4 mg、10 mL∶40 mg、10 mL∶150 mg。肌内注射。一次量，马、牛 100～300 mg；羊、猪 30～50 mg；犬 10～30 mg；禽 2～4 mg。

维生素 K_1

［作用与用途］本品作用同维生素 K_3。

［制剂、用法与剂量］维生素 K_1 注射液：1 mL∶10 mg。肌内、静脉注射。一次量，犊 1 mg/kg；犬、猫 0.5～2 mg/kg。

酚磺乙胺

［作用与用途］本品能增加血小板数量，并增强其聚集性和黏附力，促进血小板释放凝血活性物质，缩短凝血时间，加速血块收缩。

［制剂、用法与剂量］酚磺乙胺注射液：2 mL∶0.25 g、10 mL∶1.25 g。肌内、静脉注射。一次量，马、牛 1.25～2.5 g；羊、猪 0.25～0.5 g。

安络血

[作用与用途] 本品能增强毛细血管对损伤的抵抗力，降低毛细血管通透性，促进断裂毛细血管端回缩而止血。

[制剂、用法与剂量] 安络血注射液：2 mL：10 mg、5 mL：25 mg。肌内注射。一次量，马、牛 5～20 mL；羊、猪 2～4 mL。

凝血质

[作用与用途] 本品能使凝血酶原变为凝血酶而促进凝血过程。可用于各种出血。

[制剂、用法与剂量] 凝血质注射液：2 mL：15 mg、20 mL：150 mg。皮下或肌内注射。一次量，马、牛 20～40 mL；羊、猪 5～10 mL。

明胶

[作用与用途] 由本品制成的吸收性明胶海绵，能吸收渗出的血液，并促使血小板破裂释出凝血因子而促进血液凝固。

[制剂、用法与剂量] 吸收性明胶海绵：6 cm×6 cm×1 cm、8 cm×6 cm×0.5 cm。贴于出血处，再用干纱布压迫。

三氯化铁

[作用与用途] 本品用于局部能使血液和组织蛋白沉淀，亦有可能封闭断端毛细血管。外用产生收敛止血作用。

[制剂、用法与剂量] 外用。配成 1%～6%溶液用于皮肤和黏膜的出血。涂于局部，或制成止血棉应用。

枸橼酸钠

[作用与用途] 本品主要用于血液样品的抗凝。

[制剂、用法与剂量] 枸橼酸钠注射液：10 mL：0.4 g。间接输血，每 100 mL 血液添加本品 10 mL。

硫酸亚铁

[作用与用途] 本品用于防治缺铁性贫血，如慢性失血、营养不良、孕畜及哺乳期仔猪贫血等。

[制剂、用法与剂量]内服。一次量，马、牛 2～10 g，羊、猪 0.5～3 g，犬 0.05～0.5 g，猫 0.05～0.1 g。

右旋糖酐铁注射液

[作用与用途] 本品药理作用同硫酸亚铁。

[制剂、用法与剂量] 1 mL：0.2 g、2 mL：0.1 g、2 mL：0.2 g、10 mL：0.5 g、10 mL：1 g、50 mL：2.5 g、50 mL：5 g、100 mL：10 g。肌内注射，一次量，驹、犊 200～600 mg；仔猪(出生后第 1～3 日)100～200 mg(0.5～1 mL)；幼犬 20～200 mg；狐狸 50～200 mg；水貂 30～100 mg。

右旋糖酐铁钴注射液

[作用与用途] 本品药理作用同硫酸亚铁。

[制剂、用法与剂量] 2 mL：50 mg、10 mL：250 mg、40 mL：1 000 mg。肌内注射，一次量，仔猪 2 mL。

维生素 B_{12}

[作用与用途] 本品用于维生素 B_{12} 缺乏所致的贫血和幼畜生长迟缓等。

1 mL：0.05 mg、1 mL：0.1 mg、1 mL：0.25 mg、1 mL：0.5 mg、1 mL：1 mg。肌内注射。一次量，马、牛 1～2 mg；羊、猪 0.3～0.4 mg；犬、猫 0.1 mg。

叶酸

[作用与用途] 本品主用于防治因叶酸缺乏所致的畜禽贫血症。与维生素 B_{12} 合用效果更好。

[制剂、用法与剂量] 叶酸片：5 mg。内服。一次量，犬、猫 2.5～5 mg。

八、作用于泌尿生殖系统的药物

(一)利尿药与脱水药

呋塞米

[作用与用途] 本品主要用于治疗各种原因引起的全身水肿及其他利尿药无效的严重病例。也可用于预防急性肾功能衰竭以及药物中毒时加速药物排出。

[制剂、用法与剂量]

(1)呋塞米片：20 mg、50 mg。内服。一次量，马、牛、羊、猪 2 mg/kg，犬、猫 2.5～5 mg/kg。

(2)呋塞米注射液：2 mL：20 mg、10 mL：100 mg。肌内、静脉注射。一次量，马、牛、羊、猪 0.5～1 mg/kg，犬、猫 1～5 mg/kg。

氢氯噻嗪

[作用与用途] 用于治疗肝、心、肾性水肿。也可用于治疗局部组织水肿，如产前浮肿，牛乳房水肿等，以及某些急性中毒加速毒物排出。

[制剂、用法与剂量] 氢氯噻嗪片：0.025 g、0.25 g。内服。一次量，马、牛 1～

2 mg/kg，羊、猪 2～3 mg/kg，犬、猫 3～4 mg/kg。

甘露醇

［作用与用途］用于预防急性肾功能衰竭，降低眼内压和颅内压，加速某些毒素的排泄，以及辅助其他利尿药以迅速减轻水肿或腹水。

［制剂、用法与剂量］甘露醇注射液：100 mL：20 g、250 mL：50 g、500 mL：100 g。静脉注射。一次量，马、牛 1 000～2 000 mL，羊、猪 100～250 mL。

山梨醇

［作用与用途］本品为甘露醇的同分异构体，作用和应用与甘露醇相似。

［制剂、用法与剂量］山梨醇注射液：100 mL：25 g、250 mL：62.5 g、500 mL：125 g。静脉注射。一次量，马、牛 1 000～2 000 mL，羊、猪 100～250 mL。

(二)作用于生殖系统的药物

缩宫素

［作用与用途］能选择性兴奋子宫，加强子宫平滑肌的收缩。用于产前子宫收缩无力时催产、引产及产后出血、胎衣不下和子宫复原不全的治疗。

［制剂、用法与剂量］缩宫素注射液：1 mL：10 U、5 mL：50 U。皮下、肌内注射。一次量，马、牛 30～100 U，羊、猪 10～50 U，犬 2～10 U。

垂体后叶注射液

［作用与用途］本品含缩宫素和加压素。对子宫的作用与缩宫素相同，其所含加压素有抗利尿和升高血压的作用。用于催产、产后子宫出血和胎衣不下等。

［制剂、用法与剂量］垂体后叶注射液：1 mL：10 U、5 mL：50 U。皮下、肌内注射。一次量，马、牛 30～100 U，羊、猪 10～50 U，犬 2～10 U，猫 2～5 U。

马来酸麦角新碱

［作用与用途］本品能选择性地作用于子宫平滑肌，作用强而持久。临产前子宫或分娩后子宫最敏感。用于治疗产后子宫出血、产后子宫复原不全等。

［制剂、用法与剂量］马来酸麦角新碱注射液：1 mL：0.5 mg、1 mL：2 mg。肌内、静脉注射。一次量，马、牛 5～15 mg，羊、猪 0.5～1.0 mg，犬 0.1～0.5 mg。

丙酸睾酮

［作用与用途］本品的药理作用与天然睾酮相同，可促进雄性生殖器官及副性征的发育、成熟；引起性欲及性兴奋；还能对抗雌激素的作用，抑制母畜发情。用于雄激素缺乏症的辅助治疗。

［制剂、用法与剂量］丙酸睾酮注射液：1 mL：25 mg、1 mL：50 mg。肌内、皮

下注射。一次量，家畜 0.25～0.5 mg/kg。

苯丙酸诺龙

［作用与用途］本品为人工合成的睾酮衍生物，其蛋白质同化作用较强，雄激素活性较弱。用于慢性消耗性疾病，也可用于某些贫血性疾病的辅助治疗。

［制剂、用法与剂量］苯丙酸诺龙注射液：1 mL∶10 mg、1 mL∶25 mg。皮下、肌内注射。一次量，家畜 0.2～1.0 mg/kg，每 2 周 1 次。

苯甲酸雌二醇

［作用与用途］雌二醇能促进雌性器官和副性征的正常生长和发育。引起子宫颈黏膜细胞增大和分泌增加，阴道黏膜增厚，促进子宫内膜增生和增加子宫平滑肌张力。用于发情不明显动物的催情及胎衣、死胎排除。

［制剂、用法与剂量］

(1)苯甲酸雌二醇注射液：1 mL∶1 mg、1 mL∶2 mg。肌内注射。一次量，马 10～20 mg，牛 5～20 mg，羊 1～3 mg，猪 3～10 mg，犬 0.2～0.5 mg。

(2)苯甲酸雌二醇子宫注入剂：30 mL∶30 mg。子宫内灌注肌内注射。1 次 1 支，牛、羊 1 日 1 次，猪 1 日 2 次，连用 2～4 日。

黄体酮

［作用与用途］在雌激素作用基础上，黄体酮可促进子宫内膜及腺体发育，抑制子宫肌收缩，减弱子宫肌对催产素的反应，起“安胎”作用；通过反馈机制抑制垂体前叶黄体生成素的分泌，抑制发情和排卵。可用于习惯性或先兆性流产和母畜同期发情，使牛、马排卵延迟，以及抑制母畜发情。

［制剂、用法与剂量］

(1)黄体酮注射液：1 mL∶10 mg、1 mL∶50 mg。肌内注射。一次量，马、牛 50～100 mg，羊、猪 15～25 mg，犬 2～5 mg。

(2)复方黄体酮缓释圈：含黄体酮 1.55 g，苯甲酸雌二醇 10 mg。插入阴道内，一次量，每头牛一个弹性橡胶圈。

(3)黄体酮阴道缓释剂：含黄体酮 1.38 g。插入阴道内，一次量，每头牛一个，5～8 日后取出。

醋酸氟孕酮

［作用与用途］药理作用同黄体酮，但作用较强。

［制剂、用法与剂量］醋酸氟孕酮阴道海绵：30 mg、40 mg、50 mg。阴道给药，一次量，一个，给药后 12～14 日取出。

绒促性素

[作用与用途] 本品具有促卵泡素(FSH)和促促黄体素(LH)样作用。对母畜可促进卵泡成熟、排卵和黄体生成,并刺激黄体分泌孕激素。主要用于诱导排卵、同期发情,治疗卵巢囊肿和公畜性机能减退。

[制剂、用法与剂量] 注射用绒促性素:500 U、1 000 U、2 000 U、5 000 U。肌内注射。一次量,马、牛 1 000～5 000 U,羊 100～500 U,猪 500～1 000 U,犬 100～500 U,1 周 2～3 次。

血促性素

[作用与用途] 同绒促性素。具有促卵泡素和促黄体素样作用。

[制剂、用法与剂量] 注射用血促性素:1 000 U、2 000 U。皮下、肌内注射。一次量,催情,马、牛 1 000～2 000 U,羊 100～500 U,猪 200～800 U,犬 25～200 U,猫 25～100 U,兔、水貂 30～50 U;超排,母牛 2 000～4 000 U,母羊 600～1 000 U。

垂体促卵泡素

[作用与用途] 在垂体促黄体素协同作用下,本品能促进卵巢卵泡生长发育和雌激素的分泌,引起正常发情。用于治疗卵巢静止,持久黄体,卵泡发育停滞等。

[制剂、用法与剂量] 注射用垂体促卵泡素:100 U、150 U、200 U。肌内注射。一次量,马、驴 200～300 U,每日或隔日 1 次,2～5 次为一疗程,乳牛 100～150 U,隔 2 日 1 次,2～3 次为一疗程。

垂体促黄体素

[作用与用途] 在垂体促卵泡素的协同作用下,本品能促进卵泡最后成熟,诱发成熟卵泡和黄体生成。用于治疗排卵延迟、卵巢囊肿和习惯性流产等。

[制剂、用法与剂量] 注射用垂体促黄体素:100 U、150 U、200 U。肌内注射。一次量,马 200～3 000 U,牛 100～200 U。

促黄体素释放激素 A_2

[作用与用途] 本品能促使动物垂体前叶释放促黄体素(LH)和促卵泡素(FSH)。兼具有促黄体素和促卵泡素作用。可用于治疗奶牛排卵迟滞、卵巢静止、持久黄体、卵巢囊肿及早期妊娠诊断;也可用于鱼类诱发排卵。

[制剂、用法与剂量] 注射用促黄体素释放激素 A_2:25 μg、50 μg、125 μg、250 μg。肌内注射。一次量,奶牛,排卵迟滞,输精同时肌内注射 12.5～25 μg;卵巢静止,25 μg,每日 1 次,可连续 1～3 次,总剂量不超过 75 μg;持久黄体或卵巢囊

肿，25 μg，每日 1 次，可连续注射 1～4 次，总剂量不超过 100 μg。

促黄体素释放激素 A_3

［作用与用途］同促黄体素释放激素 A_2。

［制剂、用法与剂量］注射用促黄体素释放激素 A_3：25 μg、50 μg、100 μg。肌内注射。一次量，奶牛，25 μg。

醋酸促性腺激素释放激素

［作用与用途］用于治疗乳牛卵巢囊肿、排卵障碍、卵巢静止及促排卵。

［制剂、用法与剂量］醋酸促性腺激素释放激素注射液：2 mL∶100 μg。肌内注射。一次量，乳牛 100～200 μg。

甲基前列腺素 $F_{2\alpha}$

［作用与用途］本品具有溶解黄体，增强子宫平滑肌张力和收缩力等作用。主要用于同期发情、同期分娩；也用于治疗持久性黄体、诱导分娩和排除死胎，以及治疗子宫内膜炎等。

［制剂、用法与剂量］

(1)甲基前列腺素 $F_{2\alpha}$注射液：1 mL∶1.2 mg。肌内注射或宫颈内注射。一次量，马、牛 2～4 mg/kg，羊、猪 1～2 mg/kg。

(2)氨基丁三醇前列腺素 $F_{2\alpha}$注射液：10 mL∶前列腺素 $F_{2\alpha}$ 50 mg。肌内注射。一次量，牛 25 mg。

氯前列醇

［作用与用途］本品为人工合成的前列腺素 $F_{2\alpha}$同系物。具有强大的溶解黄体作用，可用于诱导母畜同期发情，治疗母牛持久黄体、黄体囊肿和卵泡囊肿等疾病；亦可用于妊娠猪、羊的同期分娩，以及治疗产后子宫复原不全、胎衣不下、子宫内膜炎和子宫蓄脓等。

［制剂、用法与剂量］

(1)氯前列醇注射液：2 mL∶0.322 g。肌内注射。牛 2～4 mL，猪 1 mL；宫内注射，牛 1～2 mL。

(2)氯前列醇钠注射液：2 mL∶0.1 mg、2 mL∶0.2 mg。肌内注射。一次量，牛 0.2～0.3 mg，猪，妊娠第 112～113 日，0.05～0.1 mg。

(3)注射用氯前列醇钠：0.1 mg、0.2 mg、0.5 mg。肌内注射。一次量，牛 0.4～0.6 mg，11 日后再用药 1 次；猪，预产期前 3 日内，0.05～0.20 mg。

九、影响组织代谢的药物

(一)维生素

维生素 A

[作用与用途] 本品常用于动物各种眼病、角膜软化症、干眼病、角膜炎、视觉障碍、公畜性欲不良、仔畜生长迟缓、母猪流产、竞技动物运动失调、骨骼肌痉挛、皮肤粗糙、创伤性皮肤黏膜愈后延缓以及溃疡症。

[制剂、用法与剂量] 维生素 AD 油：每 1 g 含维生素 A 5 000 U 与维生素 D 500 U。内服。一次量，马、牛 20～60 mL；羊、猪 10～15 mL；犬 5～10 mL；禽 1～2 mL。

维生素 AD 注射液：5 mL：维生素 A 2.5×10^5 U＋维生素 D 2.5×10^5 U。肌注。马、牛 5～10 mL，犊、驹、猪、羊 2～4 mL，仔猪、羔羊 0.5～1 mL。

鱼肝油

[作用与用途] 本品含有维生素 A 和维生素 D，可用于夜盲症、干燥性眼炎、佝偻病、软骨症及其他维生素 A、维生素 D 缺乏的患畜。

[制剂、用法与剂量] 每 1 mL 含维生素 A 1 500 U 与维生素 D 150 U。内服。一次量，马、牛 20～60 mL；羊、猪 10～15 mL；犬 5～10 mL；鸡 1～2 mL。

维生素 D

[作用与用途] 本品用于维生素 D 缺乏可引起仔畜佝偻病和成畜骨软化病，如关节肿胀或变形，乳牛产乳量大减。

[制剂、用法与剂量]

(1)维生素 D_2 胶性钙注射液：1 mL：5 000 U、20 mL：100 000 U。皮下、肌内注射。一次量，马、牛 5～20 mL；羊、猪 2～4 mL；犬 0.5～1 mL。

(2)维生素 D_3 注射液：0.5 mL：1.5×10^5 U、1 mL：3.0×10^5 U、1 mL：6.0×10^5 U。肌内注射。一次量，家畜 1 500～3 000 U/kg。

维生素 E(生育酚)

[作用与用途] 本品为维持生殖器官功能所必须的物质，参与精子的形成，胚胎的发育与促进产卵等。用于治疗因维生素 E 缺乏所致不孕症、白肌病和雏鸡渗出性素质等。

[制剂、用法与剂量]

(1)维生素 E-硫酸锌可溶性粉：100 g：维生素 E 2 g＋一水硫酸锌 25 g。混饮,鸡 1 g 溶于 6 000 mL 水,连用 4～6 日。

(2)维生素 E 注射液:1 mL∶50 mg、10 mL∶500 mg。皮下、肌内注射。一次量,驹、犊 0.5～1.5 g;羔羊、仔猪 0.1～0.5 g;犬 0.01～0.1 g。

维生素 B_1

[作用与用途] 本品主用于防治维生素 B_1 缺乏症,如多发性神经炎、各种原因引起的疲劳和衰竭。另外,还可用于高热、重度损伤以及牛酮血症、神经炎、心肌炎的辅助治疗。

[制剂、用法与剂量]

(1)维生素 B_1 片:10 mg、50 mg。内服。一次量,马、牛 100～500 mg;羊、猪 25～50 mg;犬 10～50 mg;猫 5～30 mg。

(2)维生素 B_1 注射液:1 mL∶10 mg、1 mL∶25 mg、10 mL∶250 mg。皮下、肌内注射。一次量,马、牛 100～200 mg;羊、猪 25～50 mg;犬 10～25 mg;猫 5～15 mg。

(3)干酵母预混剂。混饲。每 1 000 kg 饲料,家畜 20 kg。

维生素 B_2

[作用与用途] 本品用于防治维生素 B_2 缺乏症,如口炎、皮炎、角膜炎等。

[制剂、用法与剂量]

(1)维生素 B_2 片:5 mg、10 mg。内服。一次量,马、牛 100～150 mg;羊、猪 20～30 mg;犬 10～20 mg;猫 5～10 mg。

(2)维生素 B_2 注射液:2 mL∶10 mg、5 mL∶25 mg、10 mL∶50 mg。皮下、肌内注射。一次量,马、牛 100～150 mg;羊、猪 20～30 mg;犬 10～20 mg;猫 5～10 mg。

维生素 B_6

[作用与用途] 本品用于防治维生素 B_6 缺乏症,如皮炎、周围神经炎等。

[制剂、用法与剂量]

(1)维生素 B_6 片:10 mg。内服。一次量,马、牛 3～5 g;羊、猪 0.5～1 g;犬 0.02～0.08 g。

(2)维生素 B_6 注射液:1 mL∶25 mg、1 mL∶50 mg、2 mL∶100 mg、10 mL∶500 mg。皮下、肌内或静脉注射。一次量,马、牛 3～5 g;羊、猪 0.5～1 g;犬 0.02～0.08 g。

(3)复合维生素 B 片:0.1 g。内服。一日量,马、牛 20～40 片;羊、猪 4～6 片;禽 1～3 片。

(4)复合维生B可溶性粉:100 g、250 g、1 000 g。混饮。禽0.5～1.5 g/L。自由饮用,连用3～5日。

(5)复合维生素B溶液。内服。一次量,马、牛30～70 mL;羊、猪7～10 mL。混饮。禽,10～30 mL/L。

(6)复合维生素B注射液:2 mL、10 mL。肌内注射。一次量,马、牛10～20 mL;羊、猪2～6 mL;犬、猫、兔0.5～1 mL。

维生素C

[作用与用途] 本品用于维生素C缺乏症,发热,慢性消耗性疾病等。

[制剂、用法与剂量]

(1)维生素C片:100 mg。内服。一次量,马1～3 g;猪0.2～0.5 g;犬0.1～0.5 g。

(2)维生素C泡腾片:1 g。混饮。雏鸡,每10 kg水1片。自由饮用。

(3)维生素C可溶性粉:6%、10%、25%。混饮。禽30 mg/L,连用5日。

(4)维生素C注射液:2 mL∶0.1 g、2 mL∶0.25 g、5 mL∶0.5 g、20 mL∶2.5 g。肌内、静脉注射。一次量,马1～3 g;牛2～4 g;羊、猪0.2～0.5 g;犬0.02～0.1 g。

(5)葡醛内酯、维生素C可溶性粉:葡醛内酯130 g+维生素C 130 g。混饮。每50 L水,鸡30 g,自由饮用,连用3～5日。

泛酸钙

[作用与用途] 泛酸是辅酶A的组成部分,辅酶A在物质代谢中传递酰基,参与糖、脂肪和蛋白质的代谢。用于防治猪、禽泛酸缺乏症,对防治维生素B缺乏症有协同作用。

[制剂、用法与剂量] 混饲。每1 000 g饲料,猪10～13 mg;禽6～15 mg。

烟酰胺

[作用与用途] 本品与烟酸统称为维生素PP、抗癞皮病维生素。用于烟酸缺乏症。

[制剂、用法与剂量]

(1)烟酰胺片:50 mg、100 mg。内服。一次量,家畜3～5 mg/kg。

(2)烟酰胺注射液:1 mL∶50 mg、1 mL∶100 mg。肌内注射。一次量,家畜0.2～0.6 mg/kg;幼畜不得超过0.3 mg/kg。

烟酸

[作用与用途] 生物学效应同烟酰胺。

[制剂、用法与剂量] 烟酸片:50 mg、100 mg。内服。一次量,家畜 3～5 mg/kg。

(二)肾上腺皮质激素类药物

氢化可的松

[作用与用途] 本品具有抗炎、抗过敏、抗毒素、抗休克作用。常用于严重的感染性疾病、过敏症、牛酮血症和羊妊娠毒血症的治疗。

[制剂、用法与剂量]

(1)氢化可的松注射液:2 mL∶10 mg、5 mL∶25 mg、20 mL∶100 mg。静脉注射。一次量,马、牛 0.2～0.5 g,羊、猪 0.02～0.08 g。

(2)醋酸氢化可的松注射液:5 mL∶125 mg。滑囊、腱鞘或关节囊内注射。一次量,马、牛 50～250 mg;关节腔内注射,马、牛 50～250 mg,注射前从腔内抽出适量液后注入等量药液,4～7 日重复用药一次。

醋酸可的松

[作用与用途] 本品为糖皮质激素,具有消炎、抗过敏、抗内毒素、抑制免疫反应,减轻机体对各种刺激性损伤病理反应等作用。

[制剂、用法与剂量] 醋酸可的松注射液:10 mL∶0.25 g。参见醋酸氢化可的松注射液。

醋酸泼尼松

[作用与用途] 本品抗炎作用较可的松大 3～5 倍,并有较强的抗内毒素、抗过敏及抗休克的作用。主要用于风湿病,类风湿病,过敏性炎症。在严重的细菌性感染有有效抗菌药配伍时,可以用于抗菌消炎。

[制剂、用法与剂量]

(1)醋酸泼尼松片:5 mg。内服。马、牛 0.2～0.3 g,每日 1 次,猪、羊 0.01～0.02 g,犬、猫 0.5～2 mg/kg。

(2)醋酸泼尼松眼膏:2 g∶10 mg,外用。

醋酸氟轻松

[作用与用途] 本品为外用糖皮质激素,作用强而副作用小。局部涂敷,对皮肤、黏膜的炎症,瘙痒和皮肤过敏反应等都能迅速显效,止痒效果尤好。

[制剂、用法与剂量] 醋酸氟轻松乳膏:10 g∶2.5 mg、20 g∶5 mg。外用,涂患处。

氢化泼尼松

[作用与用途] 抗炎作用与泼尼松相似,比氢化可的松强。但内服不及泼尼松

疗效可靠。

［制剂、用法与剂量］

（1）醋酸氢化泼尼松片：5 mg。内服。犬 2～5 mg/日（7～14 kg）；5～15 mg/日（14 kg 以上）。

（2）氢化泼尼松注射液：2 mL ∶ 10 mg。肌内、静脉注射或静脉滴注。马、牛 0.05～0.15 g，猪、羊 0.01～0.02 g。组织腔内注入。马、牛 20～80 mg，每日 1 次。

（3）醋酸氢化泼尼松注射液：5 mL ∶ 125 mg。乳房内注入，每乳室每次 10～20 mg；关节腔（马、牛），20～80 mg。

地塞米松

［作用与用途］本品为糖皮质激素类药物中作用较强的一种。其抗炎作用及抗过敏作用比泼尼松、氢化泼尼松更强，用于炎症性、过敏性疾病，牛酮血症和羊妊娠毒血症等。

［制剂、用法与剂量］

（1）地塞米松片：0.75 mg、0.5 mg。内服。犬 0.25～2 mg，奶牛 5～20 mg，马 5～10 mg。

（2）地塞米松磷酸钠注射液：1 mL ∶ 1 mg、1 mL ∶ 2 mg、1 mL ∶ 5 mg。肌内、静脉注射。一日量，马 2.5～5 mg，牛 5～20 mg，羊、猪 4～12 mg，犬、猫 0.125～1 mg。

倍他米松

［作用与用途］本品作用与地塞米松相似。

［制剂、用法与剂量］倍他米松片：0.5 mg。内服。一次量，犬、猫 0.25～1 mg。

（三）其他

钙制剂

［作用与用途］作为钙的补充药，用于低血钙症以及毛细血管通透性增加所致疾病。

［制剂、用法与剂量］

（1）氯化钙注射液：10 mL ∶ 0.3 g、10 mL ∶ 0.5 g、20 mL ∶ 0.6 g、20 mL ∶ 1 g。静脉注射。一次量，马、牛 5～15 g；羊、猪 1～5 g；犬 0.1～1 g。

（2）氯化钙葡萄糖注射液：20 mL ∶ 氯化钙 1 g 与葡萄糖 5 g、50 mL ∶ 氯化钙 2.5 g 与葡萄糖 12.5 g、100 mL ∶ 氯化钙 5 g 与葡萄糖 25 g。静脉注射。一次量，马、牛 100～300 mL；羊、猪 20～100 mL；犬 5～10 mL。

(3)葡萄糖酸钙溶液：30%。内服。一次量，羊、猪 10～60 g；犬 1～8 g；禽 0.3～3 g。

(4)葡萄糖酸钙注射液：20 mL∶1 g、50 mL∶5 g、100 mL∶10 g、500 mL∶50 g。静脉注射。一次量，马、牛 20～60 g；羊、猪 5～15 g；犬 0.5～2 g。

(5)硼葡萄糖酸钙溶液：50 mL∶1.14 g、500 mL∶11.4 g、2 500 mL∶57 g。内服。牛，一次量 250～500 mL 或 10～20 mg/kg 体重。

(6)硼葡萄糖酸钙注射液：100 mL∶1.5 g、100 mL∶2.3 g、250 mL∶3.8 g、250 mL∶5.7 g、500 mL∶7.6 g、500 mL∶11.4 g。静脉注射。一次量，牛 10 mg/kg。

(7)碳酸钙片：内服。一次量，马、牛 30～120 g；羊、猪 3～10 g；犬 0.5～2 g。

(8)乳酸钙片。内服。一次量，马、牛 10～30 g；羊、猪 0.5～2 g；犬 0.2～0.5 g。

(9)磷酸氢钙片：0.15 g、0.3 g、0.5 g。内服。一次量，马、牛 12 g，羊、猪 2 g，犬、猫 0.6 g。

亚硒酸钠

[作用与用途] 作为硒补充药，用于防治幼畜白肌病和雏鸡渗出性素质等。

[制剂、用法与剂量]

(1)亚硒酸钠注射液：1 mL∶1 mg、1 mL∶2 mg、5 mL∶5 mg、5 mL∶10 mg。肌内注射。一次量，马、牛 30～50 mg；驹、犊 5～8 mg；羔羊、仔猪 1～2 mg。

(2)亚硒酸钠维生素 E 预混剂：亚硒酸钠(0.04%)、维生素 E(0.5%)。混饲。每 1 000 g 饲料，畜禽 0.5～1 g。

(3)亚硒酸钠维生素 E 溶液：100 mL ∶亚硒酸钠 0.1 g + 维生素 E 5.0 g。混饮，预防，每 1 L 水，禽 1 mL，自由饮用；治疗，每 1 L 水，禽 10 mL。1 日 1 次，连用 3 日。

(4)亚硒酸钠维生素 E 注射液：1 mL、5 mL、10 mL。肌内注射。一次量，驹、犊 5～8 mL；羔羊、仔猪 1～2 mL。

二氢吡啶

[作用与用途] 主要用作促生长添加剂，同时可提高奶牛发情期受胎率、种公牛精液品质及种肉鸡的受精率。

[制剂、用法与剂量] 二氢吡啶预混剂：5%。混饲。每 1 000 g 饲料，牛 2～3 g；种肉鸡 3 g。

盐酸甜菜碱

[作用与用途] 本品能提供高效活性的甲基供体，提高饲料利用率，促进脂肪代谢，从而促进畜禽生长。另外，甜菜碱还有提高胴体品质，保护肠道上皮细胞等作用。

[制剂、用法与剂量]

盐酸甜菜碱预混剂：20 kg∶10 kg、25 kg∶12.5 kg。混饲。每 1 000 g 饲料，1.5～4 g。

氯化胆碱

[作用与用途] 用于促生长和胆碱缺乏症。

[制剂、用法与剂量] 氯化胆碱溶液。混饲。每 1 000 g 饲料，猪 0.25～0.3 g；鸡 0.5～0.8 g。

十、解毒药

碘解磷定

[作用与用途] 本品以其亲核基团直接与胆碱酯酶的磷酰化基团结合，然后共同脱离胆碱酯酶，使得胆碱酯酶恢复原来状态，重新呈现活性。主要用于有机磷类中毒的解救。

[制剂、用法与剂量] 碘解磷定注射液：20 mL∶0.5 g。静脉注射。家畜 15～30 mg/kg。

氯解磷定

[作用与用途] 同碘解磷定。

[制剂、用法与剂量] 氯解磷定注射液：2 mL∶0.5 g、10 mL∶2.5 g。静脉注射。一次量，家畜 15～30 mg/kg。

双复磷

[作用与用途] 同碘解磷定，但对胆碱酯酶的复活效果较佳，且能通过血脑屏障。

[制剂、用法与剂量] 双复磷注射液：2 mL∶0.25 g。肌内或静脉注射。各种动物 15～30 mg/kg，家禽 40～60 mg/kg。

亚甲蓝

[作用与用途] 在亚硝酸盐中毒时，应用小剂量亚甲蓝（1～2 mg/kg 体重）时，能使动物体内的高铁血红蛋白（MHb）还原成（低铁）血红蛋白（Hb），恢复其与氧

结合携带氧的作用。因而小剂量亚甲蓝是亚硝酸盐中毒的特异性解毒药。

[制剂、用法与剂量] 亚甲蓝注射液:2 mL:20 mg、5 mL:50 mg、10 mL:100 mg。各种动物静脉注射,0.1~0.2 mL/kg。

乙酰胺

[作用与用途] 本品为目前治疗有机氟类中毒的有效解毒药。

[制剂、用法与剂量] 乙酰胺注射液:5 mL:0.5 g、5 mL:2.5 g、10 mL:1 g、10 mL:5 g。静脉、肌内注射,一次量,家畜 50~100 mg/kg。

二巯丙醇

[作用与用途] 本品是含巯基的竞争性的解毒药;进入体内后既能与游离金属离子结合,又能从已与金属离子结合的巯基酶中夺取金属离子,形成无毒的络合物,且将巯基酶释放、复活。主要用于砷、汞等中毒的解救。

[制剂、用法与剂量] 二巯丙醇注射液:2 mL:0.2 g、5 mL:0.5 g、10 mL:1 g。肌内注射。一次量,家畜 2.5~5 mg/kg。

二巯丙磺钠

[作用与用途] 本品作用与用途同二巯丙醇,但对汞的中毒解救的疗效比二巯丙醇好。常用于汞、砷、铅的中毒解救。

[制剂、用法与剂量] 二巯丙磺钠注射液:10 mL:1 g、5 mL:0.5 g。肌内或静脉注射。一次量,马、牛 5~8 mg/kg,羊、猪 7~10 mg/kg。

亚硝酸钠

[作用与用途] 本品在体内能氧化血红蛋白成高铁血红蛋白,因而可作为氰化物中毒的解毒药,以静脉注射法给药,注射后 1~2 min,应即再注射硫代硫酸钠。

[制剂、用法与剂量] 亚硝酸钠注射液:10 mL:0.3 g。静脉注射。一次量,马、牛 2 g,羊、猪 0.1~0.2 g。

硫代硫酸钠

[作用与用途] 本品用于氰化的中毒解救,静脉注射后能与游离的氰离子或氰化高铁血红蛋白中的氰离子结合成无毒的硫氰化合物排出体外。本品也可用于重金属盐和砷中毒的解毒药。它可与多种金属及类金属(如汞、铅、砷、碘等)结合形成无毒的硫化物从尿中排出而解毒。本品还可用于亚硝酸盐中毒的解毒药,由于所具有还原性,能使高铁血红蛋白还原成为低铁血红蛋白,使之成为解毒药。

[制剂、用法与剂量] 硫代硫酸钠注射液:10 mL:0.5 g、20 mL:1 g。静脉、肌内注射。一次量,马、牛 5~10 g;羊、猪 1~3 g;犬、猫 1~2 g。

第四章　畜禽传染病

第一节　畜禽传染病概论

一、传染病的概念

病原微生物侵入动物(或人)机体，并在一定的部位定居、生长和繁殖，从而引起机体一系列的病理反应，这一过程称为感染。动物(或人)感染病原微生物后会有不同的临床表现，从没有任何临床症状到表现明显的临床症状甚至死亡，这是病原微生物的毒力、致病性、宿主易感性以及环境等因素综合作用的结果。

凡是由各种病原微生物引起的，能在人与人、动物与动物或人与动物之间相互传染的疾病，称之为传染病(或传染性疾病)。传染病具有一些共同特性可与非传染病相区别：

(1)传染病是在一定条件下由病原微生物与机体相互作用所引起的。每一种传染病都有特定的致病性病原微生物存在，如鸡新城疫是由新城疫病毒引起的，没有新城疫病毒就不会发生鸡新城疫。

(2)传染病具有传染性。从患病动物排出的病原微生物，侵入另一个具有易感性的健康动物体内，能引起与患病动物具有同样症状的疾病，这就是传染病具有传染性的特点，也是传染病与非传染病相区别的一个重要特征。

(3)传染病通常具有一定的流行性。所谓流行性是指在某一定时间内，某些动物群体某一疾病的发病率超过预期的正常水平，大多传染病都具有此特点。

(4)传染病可引起机体发生特异性免疫反应，耐过动物能获得特异性免疫。机体在病原微生物抗原的刺激作用下，可发生特异性免疫反应，产生特异性抗体和变态反应等。动物发生某种传染病耐过后，在大多数情况下均能产生特异性免疫，使机体在一定时期内或终生不再患该种传染病。

(5)传染病通常具有特征性的临诊表现。大多传染病都具有该种疾病的特征性症状、病变及病程经过。

二、动物传染病的分类

动物传染病通常有多种分类方法。比如根据感染病原体的种类不同，可以分为病毒性传染病、细（真）菌性传染病、寄生虫性传染病等；根据感染的动物种类不同，可以分为猪传染病、鸡传染病、鸭传染病、牛传染病、羊传染病、犬传染病等；根据病程的长短不同，可以分为急性传染病和慢性传染病等。

国际兽疫局（OIE）将动物传染病分成A类和B类。A类动物传染病是指超越国界、具有快速传播能力，能引起严重的社会经济或公共卫生后果，并对动物和动物产品的国际贸易具有重大影响的传染病，如高致病性禽流感、口蹄疫等。按照《国际动物卫生法典》的规定，应将这类动物传染病的流行状况经常或及时地向OIE报告。B类动物传染病是指在国内对社会经济或公共卫生具有明显的影响，并对动物和动物产品国际贸易具有很大影响的传染病。按规定应每年向OIE呈报一次疫情，但必要时也需要多次报告，这类动物传染病的种类较多。

根据动物传染病对人和动物损害的严重程度、造成经济损失的大小和国家扑灭措施的需要，我国政府将动物传染病分为一类（甲类）、二类（乙类）和三类（丙类）。一类动物传染病是指对人和动物危害严重、需要采取紧急严厉的强制性预防、控制和扑灭措施的疾病，如高致病性禽流感、口蹄疫等。二类动物传染病是指可造成重大经济损失、需要采取严格控制扑灭措施的疾病。三类动物传染病是指常见多发、可造成重大经济损失、需要控制和净化的动物传染病。

三、传染病的发展过程

通常传染病的病程发展过程具有严格的规律性，大致可以分为潜伏期、前驱期、明显（发病）期和转归期（恢复期）四个阶段。

1. 潜伏期　从病原微生物侵入机体并进行繁殖直至疾病的临诊症状开始出现为止这一段时间称为潜伏期。不同的传染病其潜伏期的长短常常是不相同的。一般来说，急性传染病的潜伏期差异范围较小，而慢性传染病以及症状不很显著的传染病其潜伏期差异较大。但即使是同一种传染病的潜伏期长短也有很大的变动范围，这是由于不同动物种属、品种或个体的易感性不一致，病原体的种类、数量、毒力、侵入途径及部位等情况也有所不同。例如狂犬病的潜伏期通常为30～90天，但由于人的个体差异，有极个别的人也可能会有10年甚至更长的潜伏期。从流行病学的观点来看，处于潜伏期中的动物更值得注意，因为它们是传染的重要来源之一。

2. 前驱期　前驱期是疾病的征兆阶段，其特点是临诊症状开始逐渐显现出来，但该病的特征性症状仍不明显。对大多数传染病来讲，这一时期仅能察觉出一般的症状，例如体温升高、食欲减退、精神倦怠等。各种传染病和各个病例的前驱期长短不一，通常只有数小时至1～2天。

3. 明显（发病）期　前驱期之后，疾病的特征性症状开始明显地表现出来，是疾病发展到高峰的阶段。由于这个阶段会有很多有代表性的特征性症状相继显现，因此在诊断上相对比较容易识别。

4. 转归期（恢复期）　疾病的进一步发展为转归期（恢复期）。病原体和动物体这一对矛盾，在传染过程中依据一定条件，各向着其相反的方面转化。如果病原体的致病性能增强或动物体的抵抗力减弱，则传染过程以动物的死亡为转归。如果动物体的抵抗力得到改进和增强，则表现为临诊症状逐渐消退、体内的病理变化逐渐减弱、正常的生理机能逐步恢复、机体逐步恢复健康。机体在一定时期保留其免疫学特性。在病后一定时间内还有带菌（毒）排菌（毒）现象存在，但最后病原体可被消灭清除。

四、传染病的流行过程

传染病的流行过程就是传染病在动物（或人）群中发生、发展和转归的过程。流行过程的发生需要有三个基本条件：传染源、传播途径和动物（或人）群易感性。流行过程本身又受社会因素和自然因素的影响。

（一）传染病流行过程的三个基本环节

1. 传染源　传染源是指病原微生物已在体内生长繁殖并能将其排出体外的动物（或人）。具体来讲传染源就是受感染的动物（或人），包括传染病病禽和带菌（毒）动物（人）。

（1）患病动物（或人）：患病动物（或人）是重要的传染源。

不同情况下的患病动物（或人），其作为传染源的意义不相同。急性患病动物（或人）借其症状（如咳嗽、呕吐、排泄等）而促进病原体的播散；慢性患病动物（或人）可长期污染环境；轻型患病动物（或人）的数量多而不易被发现。

处于不同病期的患病动物（或人），其作为传染源的意义也不相同。前驱期和症状明显期的患病动物（或人）可排出大量毒力强大的病原体，因此作为传染源的作用也最大。潜伏期和恢复期的患病动物（或人）虽然排出病原体的数量一般不及患病动物（或人），但因缺乏症状不易被发现，有时亦可成为十分重要的传染源，如果检疫不严，还可以随运输散播到其他地区，造成新的暴发或流行。

患病动物（或人）能排出病原体的整个时期称为传染期。不同传染病传染期的长短不同。各种传染病的隔离期就是根据传染期的长短来制订的。为了控制传染源，对患病动物（或人）原则上应隔离至传染期终了为止。

(2)隐性感染者：在某些传染病（例如沙门氏菌病）中，隐性感染者是重要传染源。

(3)病原携带者：所谓病原携带者是指外表无症状但携带并排出病原体的动物（或人）。

病原携带者一般分为潜伏期病原携带者、恢复期病原携带者和健康病原携带者三类。潜伏期病原携带者是指感染后至症状出现前即能排出病原体的动物。在这一时期，大多数传染病的病原体数量还很少，但有少数传染病在潜伏期后期能够排出病原体，此时也具有明显的传染性。恢复期病原携带者是指在临诊症状消失后仍能排出病原体的动物。在很多传染病的恢复阶段，由于机体免疫力增强，虽然外表症状消失但病原尚未肃清，因此仍能排出病原体，对于这种病原携带者除应注意考查其过去病史，还应做多次病原学检查，才能查明情况。健康病原携带者是指过去没有患过某种传染病但却能排出该种病原体的动物。一般认为这是隐性感染的结果，通常只能靠实验室方法才能检出。这种携带状态一般为时短暂，作为传染源的意义非常有限。

病原携带者通常存在间歇排出病原体的现象，因此仅凭一次病原学检查的阴性结果不能得出正确的结论，只有反复多次的检查均为阴性时才能排除病原携带状态。消灭和防止引入病原携带者是传染病防制中艰巨而又重要的任务之一。

2.传播途径　病原体从传染源排出体外，经过一定的传播方式，到达与侵入新的易感者的过程，谓之传播途径。研究传染病传播途径之目的在于切断病原体继续传播的途径，防止易感动物（或人）受传染。

传染病在传播方式上可分直接接触传播和间接接触传播两种，大多数传染病，例如禽流感、鸡新城疫等是以间接接触传播为主，同时也可以通过直接接触进行传播。

(1)直接接触传播：指在没有任何外界因素的参与下，病原体通过被感染的人或动物（传染源）与易感动物（或人）的直接接触（如交配、撕咬、叮咬等）而引起传染的传播方式。只能经直接接触而传播的传染病，其流行特点是一个接一个地发生，形成明显的链锁状。通常这种方式会使疾病的传播受到很大限制，一般不易造成广泛的流行，在流行病学调查上也易于查明疾病病因。

(2)间接接触传播：指必须在外界环境因素的参与下，病原体通过传播媒介使易感动物（或人）发生传染的传播方式。从传染源将病原体传播给易感动物（或人）的各种外界环境因素统称为传播媒介。传播媒介可以是生物（媒介者），也可以是无生命的物体（媒介物）。间接接触传播通常有以下几种途径：

①经污染物体、饲料和水传播:这是一种最常见的传播方式。患病动物(或人)的分泌物、排泄物及病死尸体等,污染了牧草、饲料、饲槽、水源、用具、运载工具以及畜产品等,引起以消化道为主要侵入途径的传染病的传播。例如口蹄疫、沙门氏菌病等主要通过这一途径进行传播。由于这类传染病的传播媒介主要是污染的饲料和饮水,因此在防疫上应特别注意防止饲料和饮水的污染,并做好相应的防疫消毒和卫生管理。

②经空气传播:空气虽然不适于任何病原体的生存,却可作为传染的媒介物,它是病原体在一定时间内暂时存留的环境。经空气而散播的传染主要是通过飞沫(核)或尘埃为媒介而传播的。

通过飘散在空气中携带有病原体的微细泡沫而散播的传染称为飞沫传染。所有的呼吸道传染病主要是通过飞沫而传播的,例如流感、禽传染性支气管炎等。这类患病动物(或人)的呼吸道往往聚结不少渗出液,刺激机体发生咳嗽或喷嚏,强大气流把携带病原体的渗出液从狭窄的呼吸道中喷射出来形成飞沫飘浮于空气中,可被易感动物(或人)吸入而感染。飞沫中的水分蒸发变干后可成为携带病原体的飞沫核,核愈大落地愈快,愈小则愈慢。这种小的飞沫核能在空气中飘浮时间很长时间,亦可漂移较远距离。一般来说,干燥、光亮、温暖和通风良好的环境,飞沫飘浮的时间较短,携带的病原体死亡较快。反之潮湿、阴暗、低温和通风不良则会导致飞沫传播的作用时间较长。

患病动物(或人)的排泄物和分泌物以及处理不当的尸体污染了土壤,经干燥后,病原体随尘埃在空气中飞扬,被易感动物吸入而感染称为尘埃传染。尘埃传染的时间和空间范围比飞沫传染要大,可以随空气流动转移到其他地区。但实际上尘埃传染的传播作用比飞沫要小,因为只有少数在外界环境生存能力较强的病原体能耐过这种干燥环境或阳光的曝晒,例如炭疽病等。

③经污染的土壤传播:患病动物(或人)的排泄物和分泌物以及处理不当的尸体污染了土壤,并经污染的土壤而进行传播。主要见于一些对外界环境抵抗力较强,而又能在土壤内存活时间较长的病原微生物引起的疾病,如炭疽、破伤风等传染病。对这类传染病应特别注意患病动物排泄物、污染的环境、物品和尸体的处理,防止病原体进入土壤而造成难以收拾的隐患。

④经活的媒介物传播:非本种动物和人类也可能作为传播媒介传播畜禽传染病,这些活的传播媒介绝大多数都是属于机械性的带毒传播。主要包括:

a. 节肢动物:节肢动物中作为传染病的媒介者主要包括蚊、蠓、蜱等。传播主要是机械性的,它们通过在病、健动物之间的刺螫吸血而散播病原体。蚊能传播各种脑炎、猪丹毒、禽痘等,蝇活动于畜体与排泄物、尸体之间,易造成多种传染病的传播。

b.野生动物和鸟类:受到感染后,野生动物和鸟类既可以成为传染源,同时又成为传播媒介,从而造成疫病传播。例如狼能传播狂犬病,鼠类能传播沙门氏菌病、钩端螺旋体病,野鸭传播鸭瘟,鸟类能传播钩端螺旋体病、口蹄疫、流感等。

c.人类:饲养人员和兽医在工作中如不注意遵守卫生防疫制度,消毒不严则很容易传播病原体。例如兽医技术人员在进出病禽和健禽的禽舍时可将手上、衣服、鞋底携带的病原体传播给健禽。

3.动物(或人)群易感性　对某一传染病缺乏特异性免疫力的动物(或人)称为易感动物(者),易感动物(者)在某一特定动物(或人)群中的比例决定该动物(或人)群的易感性。

群体中易感个体所占的百分率和易感性的高低,直接影响传染病是否能造成流行以及疫病的严重程度。群体易感性的高低虽与病原体的种类和毒力强弱有关,但主要还是由动物(或人)群的遗传特征、免疫状态等因素决定的。外界环境条件如气候、饲料、饲养管理卫生条件等因素也都可能直接影响到群体的易感性和病原体的传播。

(1)内在因素:不同种类的动物对于同一种病原体表现的临诊反应有很大的差异,这是由遗传性决定的。某一种病原体可能使多种动物感染而引起不同的表现。不同品系的动物对传染病抵抗力的遗传性差别,往往是抗病育种的结果。例如通过选种培育而成的白来航鸡对雏鸡白痢沙门氏菌的抵抗力有一定的增强。另外某些特定年龄的动物对某些传染病的易感性较高,例如雏鸡对很多传染病的易感性较高。

(2)外界因素:饲养管理因素包括饲料质量、环境卫生、拥挤、饥饿等都是和疫病发生有关的重要因素。

(3)特异性免疫状态:耐过后获得免疫、隐性感染,人工免疫接种,均可使群体易感性降低,减少或终止传染病流行。

(二)影响传染病流行过程的因素

各种自然因素和社会因素通过对传染源、传播途径和易感动物(或人)三个环节中某一环节的干预而起到影响传染病流行的作用。

1.自然因素　主要包括地理因素与气候因素,它们对上述三个环节的影响是相当复杂的。虫媒传染病对自然条件的依赖性尤为明显,因此大部分虫媒传染病有较严格的地区性和季节性。自然因素可直接影响病原体在外环境中的生存能力,也可通过降低机体的非特异性免疫力而促进流行过程的发展,例如寒冷可减弱呼吸道抵抗力,因此寒冷季节易发生呼吸道传染病。选择有利的地理条件设置饲养场,常可构成天然隔离屏障,保护动物群不被传染源感染。

2.社会因素　主要包括社会制度、生产力、经济文化和科学技术水平、法规是否健全及民风民俗等。社会因素对传播途径的影响是最显而易见的,钉螺的消灭、饮水卫生和粪便处理的改善导致血吸虫病、霍乱的被控制或消灭就是明显的例子。我国解放以来消灭与控制了部分烈性传染病和寄生虫病的流行,并使呼吸道传染病发病率降低,显然与优越的社会主义制度息息相关。

(三)疫源地和自然疫源地

有传染源及其排出的病原体存在的地区称为疫源地。疫源地具有向外传播病原的条件,因此会威胁其他地区的安全。疫源地与传染源不同,疫源地除包括传染源外,还包括传染源污染的物体、房屋、牧地、活动场所、可疑感染动物、储存宿主等。对疫源地除采取隔离、治疗和处理外,还包括污染环境的消毒、杜绝各种传播媒介、防止易感动物(或人)感染等一系列措施。

有些疫病的病原体在自然条件下,即使没有动物或人类的参与,也可以通过传播媒介(主要是吸血节肢动物)感染宿主(主要是野生脊椎动物)造成流行,并且长期在自然界循环延续其后代。动物和人的感染和流行,对其在自然界的保存来说不是必要的,这种现象称为自然疫源性。具有自然疫源性的疾病称为自然疫源性疾病,自然疫源性疾病存在的地区称为自然疫源地。常见的自然疫源性疾病有狂犬病、伪狂犬病、口蹄疫、非洲猪瘟等。

(四)传染病流行过程的季节性和周期性

1.季节性　某些传染病经常发生于一定的季节或在一定的季节发病率显著上升,这种现象称为流行过程的季节性。出现季节性的原因主要有以下几个方面:

(1)季节对病原体在外界环境中存在和散播的影响:夏季气温高、日照时间较长,这对很多病原体在外界环境中的存活是不利的,因此很多病毒病的流行一般在夏季减缓或平息;而冬季或初春则易于发生,如禽流感等。

(2)季节对活的传播媒介的影响:夏秋炎热的季节,蝇、蚊、库蠓类吸血昆虫大量滋生且活动频繁,因此凡是能由它们传播的疾病都较易发生,例如日本乙型脑炎、猪丹毒等。

(3)季节对动物活动和抵抗力的影响:冬季舍内温度降低,湿度增高,通风不良,对动物抵抗力有一定影响,这种影响对于由条件致病性病原微生物引起的传染病尤其明显,例如禽支原体病等。

2.周期性　某些动物(或人)传染病的发病率呈现周期性的上升和下降,即经过一定的间隔期(常以数年计)可见到同一传染病再度流行,这种现象称为流行过程的周期性。家禽、猪等食用动物每年更新或流动的数目较大,疾病可以每年流行，周期性一般并不明显。

(五)流行过程的表现形式

在传染病的流行过程中，根据在一定时间内发病率的高低和传播范围的大小(即流行强度)，可区分为以下四种表现形式：

1. 散发性(sporadic，enzootic) 发病数目不多并且在一个较长的时间内只有个别、零星地散在发生，称为散发性。传染病出现散发的原因：群体对某一疾病的免疫水平较高；某病的隐性感染比例较大；某病的传播需要一定的条件。

2. 地方流行性(endemic) 在一定的地区和群体中，带有局限性传播特征并且是比较小规模流行的传染病，称为地方流行性。地方流行性包括两方面的含义：一方面，表示在一定地区一个较长的时间里发病的数量稍为超过散发性；另一方面，除了表示一个相对的数量以外，有时还包含着地区性的意义。某些散发性疾病在群体易感性增高或传播条件有利时也可呈现地方流行性，如禽沙门氏菌病。

3. 流行性(epidemic，epizootic) 某一种传染病的发生超过预期的异常水平，即在一定时间内一定比例的群体出现比寻常多的病例，称之为流行性。流行与病例的绝对数无关，仅表示出乎预料的高频率，为相对量。暴发也是一种特殊类型的流行。

4. 大流行(pandemic，panzoolic) 散布范围广，群体中受害动物比例大的流行，称之为大流行。大流行是一种规模非常大的流行，流行范围可扩大至全国，甚至可涉及几个国家甚至几个大洲。例如历史上曾至少发生 4 次流感大流行。

以上几种流行形式之间的界限是相对的，并且不是固定不变的。

五、传染病的诊断

及时正确的诊断是对传染病进行快速隔离和采取有效治疗的基础，也是传染病预防工作的重要环节，它关系到能否有效组织防疫措施、防止传染病扩散。传染病诊断的常用方法有：临床诊断、流行病学诊断、病理学诊断、微生物学诊断、免疫学诊断和分子生物学诊断等。由于疾病的特点各有不同，实践中需根据具体情况合理采取有效方法对传染病作出诊断。

(一)临床诊断

临床诊断是最基本的诊断方法，是利用人的感官或借助一些最简单的器械如体温计、听诊器等直接对患病动物(或人)进行检查。有时也包括血、粪、尿的常规检验。一般来说，临床诊断都是简便易行的方法。某些具有特征性临床症状的典型疾病，例如破伤风、猪气喘病等经详细的临床检查，一般不难作出诊断。

临床诊断有其局限性，特别是对于发病初期尚未表现出有诊断意义的特征性临床症状的病例和某些非典型性病例通常仅依靠临床检查很难作出诊断。大多情况下，临床诊断只能提出可疑疫病的大致范围，必须结合其他诊断方法才能确诊。

(二)流行病学诊断

流行病学诊断是针对患传染病的动物（或人）群体进行的一种诊断方法，是在流行病学调查（即疫情调查）的基础上进行的。疫情调查可在临床诊断的过程中进行，例如以座谈的方式向知情人员询问疫情、对现场进行仔细观察或检查、查阅相关记录，以取得第一手资料，然后对材料进行综合分析处理，作出诊断。当对某病的情况了解不多的时候，往往总是从疫情调查着手，取得该病的三间（时间、空间、动物群间）分布特征，从而获得有关研究假设的启发，进而逐步建立研究假设，为确定病因提供线索。

调查的内容或提纲应按各种不同的疫病和要求而制定，一般应包括以下内容：

1. 疫病发生基本情况　发病的时间、地点、范围；疫区内各种动物的数量和分布情况、发病动物的种类、数量、年龄、性别；感染率、发病率、病死率和死亡率情况；不同动物的免疫状况。

2. 疫情来源的调查　本地或附近过去曾否发生过类似疾病？是否确诊？有无历史资料可查？何时采取过何种防控措施以及效果如何？发病前曾否由其他地方引进畜禽、畜产品或饲料？输出地有无类似的疫病存在？

(三)病理学诊断

因各种传染病而死亡的动物尸体，通常都会有一定的病理变化，特征性的病理变化可以作为诊断的依据。例如鸡新城疫发生时，病鸡通常都会有以胃肠道出血为主的病理变化。除了肉眼检查大体病理变化外，还可以通过病理组织学检查，例如目前对各种肿瘤性疾病（白血病、马立克氏病等）通常需要进行病理组织学检查以帮助作出诊断。

病理学诊断虽然可以借助显微镜进行组织学观察、具有一定的组织学标准，但主要还得依赖观察者的经验去分析判断，而观察者的经验和能力不同，导致分析判断的结果也往往不同，因此仍需结合其他方法进行综合诊断。

(四)微生物学诊断

微生物学检查是诊断传染病的重要方法之一，很多传染病的最终确诊都需要进行微生物学检查。微生物学诊断通常采用下列方法和步骤：

1. 病料的采集　正确采集病料是病原学诊断的重要环节。病料一定要新鲜，最好能在发病初期或临床症状明显时采取，并且要尽量减少杂菌的污染；要根据所怀疑疾病的类型和特性来决定采取哪些器官或组织病料，原则上要求采取病原微生物含量高、病变较为明显的部位；如果缺乏临诊资料，剖检时又难于确定可能属于哪种疾病时，则应全面取材，例如血液、肝脏、脾脏、肺脏、肾脏、脑和淋巴结等，要特别注意采取有病变的组织；采集好的病料要尽快送抵实验室进行检查。

2. 涂片（或抹片）镜检　有显著病变的不同组织器官和不同部位可以涂片或抹片，进行染色镜检。这种方法对于一些具有特征性形态的病原微生物可以立即作出初步诊断，例如炭疽杆菌、葡萄球菌等。

3. 病原分离鉴定　所谓病原分离鉴定是指通过人工培养的方法分离出病原体的过程。细菌、真菌或螺旋体等可选择适当的人工培养基进行分离；病毒可选用禽胚、各种动物或组织培养的方法进行分离培养。初步获得病原体后，再利用形态学、培养特性检查、动物接种以及免疫学试验等方法进行鉴定。

4. 动物回归试验　通常选择对该种传染病病原体最敏感的动物进行人工感染试验。即将病料用适当的方法进行人工接种，然后根据对不同动物的致病力、临床症状和病理变化特点来帮助进行诊断。常用实验动物包括鸡、小型猪、家兔、小鼠、豚鼠、仓鼠、鸽子等。

（五）免疫学诊断

免疫学诊断是传染病诊断中最常用的方法，主要包括血清学试验和变态反应两类。

1. 血清学试验　血清学试验是利用抗原、抗体在体外的特异性结合反应进行诊断。可以用已知抗原来测定被检动物血清中的特异性抗体，也可以用已知的抗体来测定被检材料中的抗原。常用的血清学实验包括：凝集试验（直接凝集试验、间接凝集试验、间接血凝试验、SPA 协同凝集试验和红细胞凝集抑制试验）、沉淀试验（环状沉淀试验、琼脂扩散沉淀试验和免疫电泳等）、中和试验（毒素中和试验、病毒中和试验等）、免疫荧光试验（直接免疫荧光试验、间接免疫荧光试验）、免疫酶技术（酶联免疫吸附试验等）等。

2. 变态反应　动物患某些传染病（主要是慢性传染病）时，可对该病病原体或其产物（某种抗原物质）的再次进入产生强烈反应。能引起变态反应的物质（病原体、病原体产物或抽提物）称为变态原，例如结核菌素、鼻疽菌素等，将其注入患病动物时，可引起局部或全身反应，据此可以进行疾病诊断。

（六）分子生物学诊断

分子生物学诊断主要是针对不同病原微生物所具有的特异性核酸序列（DNA 和 RNA）和结构进行测定。常用的方法主要包括聚合酶链式反应（PCR）、序列测定与分析、核酸探针技术、基因芯片技术等。

六、传染病的防控

(一)综合性防疫措施

对于传染病的预防要采取综合性措施，主要包括平时的预防措施和发生疫病时的扑灭措施两方面的内容。

1. 平时的预防措施　加强饲养管理，搞好卫生消毒工作，增强机体的抗病能力；拟订和执行定期预防接种和补种计划；定期杀虫、灭鼠，进行粪便无害化处理；认真贯彻执行各项检疫工作，以便及时发现并消灭传染源；调查研究疾病疫情分布，有计划地进行消灭和控制，并防止外来疫病的侵入。

2. 发生疫病时的扑灭措施　及时发现、诊断和上报疫情并通知邻近单位做好预防工作；迅速隔离病畜，污染的地方进行紧急消毒；以疫苗实行紧急接种，对病畜禽进行及时和合理的治疗；死畜和淘汰病畜进行合理处理。

(二)针对传染病流行三个环节的防控措施

传染病的流行是由传染源、传播途径和易感动物(或人)群等三个因素相互联系的复杂过程。因此采取适当的防疫措施来消除或切断造成流行的三个因素之间的相互联系，就可以使疫病不能继续传播。

1. 传染源　采取的主要措施是消除传染源，包括对病原体污染的物品进行消毒；对患畜、可疑患畜及病原携带者采取扑杀、深埋或焚烧处理；对以慢性病原携带者为主的传染源，如结核病病牛和布病病牛，主要采取定期检疫，阳性牛进行扑杀或送隔离区酌情处理。

2. 传播途径　针对传播途径的主要防疫措施是消毒、检疫、隔离和培育 SPF 动物。

3. 易感动物(或人)群　针对易感动物(或人)群的主要防疫措施是增强易感群体的免疫水平，即通过免疫接种增强群体对传染病的抵抗力。其次是进行抗病育种和饲料中添加抗生素药物。

(三)免疫接种

免疫接种是刺激机体产生特异性抵抗力，使易感群体转化为不易感群体的一种有效手段。有组织有计划地进行免疫接种，是预防和控制传染病的重要措施之一。根据免疫接种进行的时机不同，可分为预防接种和紧急接种两类。

1. 预防接种　在经常发生某些传染病的地区，或受到邻近地区某些传染病威胁的地区，为了防患于未然，在平时有计划地给健康群体进行的免疫接种，称为预防接种。用于人工自动免疫的生物制剂统称为疫苗，包括用细菌、支原体、螺旋体制成的菌苗，用病毒制成的疫苗和用细菌外毒素制成的类毒素。根据所用生物制剂的品种不同,采用皮下、皮内、肌肉注射或皮肤刺种、点眼、滴鼻、喷雾、饮水等不同的方法进行接种。免疫接种须按合理的免疫程序进行。

2. 紧急接种　紧急接种是在发生传染病时,为了迅速控制和扑灭疫病的流行而对疫区和受威胁区尚未发病的畜禽进行的应急性免疫接种。多年来的实践证明,在疫区内使用某些疫(菌)苗进行紧急接种是切实可行的。例如,在发生口蹄疫、鸡新城疫等一些急性传染病时,已广泛应用疫苗作紧急接种,取得了较好的效果。

紧急接种是在疫区及周围的受威胁区进行,受威胁区的大小视疫病的性质而定。紧急接种的目的是建立"免疫带"以包围疫区,就地扑灭疫情,但这一措施必须与疫区的封锁、隔离、消毒等综合措施相配合才能取得较好的效果。

(四)药物预防

在动物群体的饲料或饮水中加入某种药物进行预防,在一定时间内可以使受威胁的易感动物不受疫病的危害,这也是预防和控制畜禽传染病的有效措施之一。某些疫病在具有一定条件时采用药物预防方法可以收到显著的效果,但一定要注意规范和合理用药,尽量减少耐药性的产生,同时还要有合理的停药期以减少动物性产品中的药物残留。

第二节　人畜共患传染病

一、禽流感

禽流行性感冒(avian influenza, AI)简称禽流感,是由正黏病毒科(Orthomyxoviridae)、A 型流感病毒属的禽流感病毒(avian influenza virus)引起的一种急性高度接触性传染病,被国际兽疫局(OIE)定为 A 类传染病。按致病力的不同,禽流感可分为高致病性、低致病性和非致病性禽流感三大类。非致病性禽流感不会引起明显症状,仅使染病的禽鸟体内产生病毒抗体。低致病性禽流感可使禽类出现轻微呼吸道症状,食量减少,产蛋量下降,出现零星死亡。高致病性禽流感感染后的发病率和死亡率均高,对易感禽几乎具有 100%的致死率。人感染禽流感后的症状主要表现为高热、咳嗽、流涕、肌痛等,多数伴有严重的肺炎,严重者因心、肾等多种脏器衰竭导致死亡。

1. 病原　禽流感病毒属于正黏病毒科、A 型流感病毒属。A 型流感病毒粒子呈多形性,直径为 20～120 nm。病毒基因组是由 8 个节段组成的单股、负链 RNA,核衣壳呈螺旋对称,外有囊膜。囊膜上有呈辐射状密集排列的两种穗状突起物(也称纤突),一种为血凝素(HA),可使病毒吸附于易感细胞的表面受体上,诱导病毒囊膜和细胞膜的融合;另一种是神经氨酸酶(NA),可水解细胞表面受体特异性糖蛋白末端的N-乙酰基神经氨酸,当病毒在细胞表面成熟时,NA可以移去细胞膜出芽点上的神经氨酸。两种表面抗原HA和NA都是糖蛋白,A型流感病毒的HA和NA容易变异,已知HA至少有16个亚类(H_1-H_{16}),NA有9个亚类(N_1-N_9),它们之间的不同组合使A型流感病毒有很多亚型,可表示为$H_{1\sim16}N_{1\sim9}$,各亚型之间无明显的交互免疫力。

病毒HA能够凝集马、牛、羊、猪、鸡、鸽、豚鼠和人的红细胞,不凝集兔红细胞。HA和NA都有免疫原性,血凝抑制抗体能阻止病毒的血凝作用,并中和病毒的传染性;NA抗体能干扰细胞内病毒的释放,抑制流感病毒的复制,有抗流感病毒感染的作用。流感病毒对干燥和低温的抵抗力强,在−70℃稳定,冻干可保存数年。流感病毒对热的抵抗力较低,通常60℃ 20 min即可使病毒灭活。一般消毒剂对病毒均有作用,对碘蒸气和碘溶液特别敏感。鸡胚是分离和培养流感病毒最常用的载体,对马、猴、犬、犊牛、雏鸡和人胚胎的肾细胞的感受性也很高,但通常不产生细胞病变而能形成蚀斑。

2.流行病学　鸡、火鸡、鸭、鹅、鹌鹑、雉鸡、鹧鸪、鸵鸟、鸽、孔雀等多种禽类对禽流感均易感。也可自然感染猪、马和人。禽流感可由所有HA和NA不同组合的型引起,其中大多数对鸡的致病性低,只有H_5和H_7中的少数亚型曾在世界各地引发过高致病性的禽流感。

禽流感主要通过接触感染的禽及其分泌物、排泄物,污染的饲料、水、蛋托(箱)、垫草、种蛋、鸡胚和精液等媒介经呼吸道、消化道感染,也可通过气源性媒介传播。在自然界中,鸟类带毒最为广泛,因此迁徙面广的候鸟、野鸟、水禽对本病传播起着重要作用。家禽体表的寄生昆虫是否也带毒,能否通过叮咬而感染,目前尚不明了。

禽流感病毒可通过消化道和呼吸道进入人体传染给人。如果直接接触带有相当数量病毒的物品,如家禽的粪便、羽毛、呼吸道分泌物、血液等,也可经过眼结膜和破损皮肤引起感染。

3.症状和病变

(1)禽:禽的流感又称鸡瘟。家禽中以鸡、火鸡最为易感,鸭、鹅和其他水禽的易感性相对较低,鸽的自然发病不常见。该病潜伏期很短,通常为3～5天。急性病例体温迅速升高(达41.5℃以上),拒食,病鸡很快陷入昏睡状态。典型病例冠与肉髯常有淡色的皮肤坏死区,心肌、肝脏、脾脏、胰腺、肾脏等多个脏器都可能有出血现象。病程往往很短,通常于症状出现后数小时内死亡,病死率有时接近

100%。除由A型病毒的H_5和H_7亚型中的强毒感染引起高度致死性疾病外，其他亚型多引起轻微的呼吸道症状，病死率低或呈隐性经过。

(2)猪：潜伏期很短，自然发病平均4天，人工感染则为24～48 h。发病急剧，病猪体温突然升高到40.3～41.5℃，甚至可高达42℃。食欲减退，甚至废绝，精神极度委顿，肌肉和关节疼痛，常卧地不愿起立或钻卧垫草中，捕捉时则发出惨叫声。呼吸急促、腹式呼吸、夹杂阵发性痉挛性咳嗽。眼和鼻流出黏性分泌物，有时鼻分泌物带有血色。病程较短，如无并发症，多数病猪可于6～7天后康复。如有继发性感染，则可使病势加重而死亡。个别病例可转为慢性，持续咳嗽、消化不良、瘦弱，长期不愈，可拖延1个月以上，也常引起死亡。病变主要在呼吸器官。鼻、喉、气管和支气管黏膜出血，表面有大量泡沫状黏液，有时夹有血液。肺的病变部呈紫红色如鲜牛肉状。颈淋巴结和纵膈淋巴结肿大、充血、水肿，脾常轻度肿大，胃肠有卡他性炎症。

(3)人：人类感染后，早期症状与重症流感非常相似，主要表现为高热、流涕、鼻塞、咳嗽、咽痛、头痛、全身不适，部分患者可有恶心、腹痛、腹泻、稀水样便等消化道症状。有些患者可见眼结膜炎等眼部感染，体温大多持续在39℃以上。部分患者胸部X线片会显示单侧或双侧肺炎，少数患者伴胸腔积液。有些病人可发生急性呼吸窘迫症及其他严重威胁生命的综合征，人类患禽流感的病死率高达30%以上。

4.诊断　根据本病的流行特点、临诊表现和病理变化可作出初步诊断。确诊通常应进行实验室检查。在动物发病初期采取组织病料或用灭菌棉棒擦拭鼻咽部分泌物，立即接种于9～11天的SPF鸡胚尿囊腔进行病毒分离。收获感染胚的尿囊液利用血凝试验(HA)检测是否具有血凝性，如果有血凝性再利用血凝抑制试验(HI)进行鉴定和分型。目前已有商品化的PCR试剂盒用于禽流感及其各亚型的诊断。

5.防制　对禽流感必须采用综合性预防措施，养殖场选择、种蛋(禽)引进、饲养环境控制、饲养方式等多方面齐抓共管才有可能减少或避免禽流感的发生。在受高致病性禽流感威胁的地区应在当地兽医卫生管理部门的指导下进行疫苗的免疫接种，定期进行血清学监测以保证疫苗的免疫预防效果确实可靠。禽类发生高致病性禽流感时，因发病急、发病和死亡率很高，目前尚无好的治疗办法。按照我国规定，凡是确诊为高致病性禽流感后，应该立即对3 km以内的全部禽只扑杀、深埋，其污染物做好无害化处理。

高致病性禽流感病毒不仅感染禽类，也感染哺乳动物，甚至人类。自1997年香港H5N1亚型高致病性禽流感病毒感染人的事件以后，多次有禽流感病毒感染并致人死亡的报道。禽流感病毒感染人的方式主要是通过与 H5N1 亚型高致病性禽流感病毒感染或污染禽类的直接接触。因此要防止人发生感染，就要养成良好的卫生习惯，尽量不接触病死禽及其排泄物，相关从业人员亦应做好自身防护。

二、口蹄疫

口蹄疫(foot and mouth disease，FMD)是由口蹄疫病毒(foot and mouth disease virus，FMDV)所引起的急性、热性、高度接触性传染病。该病主要侵害偶蹄兽，以发热、口腔黏膜、蹄部及乳房皮肤发生水泡和溃烂为特征，是国际兽疫局规定的 A 类传染病，易通过空气传播，传染性强，流行迅速，偶尔感染人，主要发生在与患畜密切接触的人员，多为亚临床感染。

1. 病原　口蹄疫病毒属于微核糖核酸病毒科(Picornaviridae)、口蹄疫病毒属(Aphthovirus)。基因组为单链线状 RNA，全长约为 8.5 kb。病毒由中央的 RNA 核芯和周围的蛋白壳体所组成，无囊膜，成熟病毒粒子约含 30％的 RNA，其余 70％为蛋白质。RNA 决定病毒的感染性和遗传性，病毒蛋白质决定其抗原性、免疫性和血清学反应能力，并保护中央的 RNA 不受外界核糖核酸酶等的破坏。从 5′末端大约 2 000 bp 开始为病毒蛋白编码区。编码结构蛋白 VP4、VP2、VP3 和 VP1 的基因片段分别命名为 1A、1B、1C 和 1D(跨越第 2 000～4 000 bp)。比较分析 7 个不同血清型 FMDV 基因组核苷酸序列后发现，1C 和 1D 区段变异最大。

(1)FMDV 具有多型性、易变性的特点。目前已知口蹄疫病毒在全世界主要有 7 个血清型，即 A 型、O 型、C 型、南非 1 型、南非 2 型、南非 3 型和亚洲 1 型。同型各亚型之间交叉免疫程度变化幅度较大，亚型内各毒株之间也有明显的抗原差异。O 型口蹄疫为全世界流行最广的一个血清型，我国流行的口蹄疫主要为 O、A、C 三型及 ZB 型(云南保山型)。

口蹄疫病毒能在许多种类的细胞内培养增殖，并产生细胞病变。常用的有牛舌上皮细胞、牛甲状腺细胞、猪和羊胎肾细胞、乳仓鼠肾细胞等，其中以犊牛甲状腺细胞最为敏感，并能产生很高的病毒滴度，因此常用于病毒分离鉴定。猪和仓鼠的传代细胞系，如 PK_{15} 和 BHK_{21} 等细胞也很敏感，常用于本病毒的增殖。豚鼠是常用的实验动物，在后肢跖部皮内接种或刺划，常在 24～48 h 后接种部位形成原发性水疱，此时病毒在血液中出现，于感染后 2～5 天可在口腔等处出现继发性水疱。未断乳小鼠对本病毒非常敏感，是能查出病料中少量病毒最好的实验动物，一般用 3～5 日龄的乳鼠皮下或腹腔接种，经 10～14 h 表现呼吸急促、四肢和全身麻痹等症状，于 16～30 h 内死亡。

(2)FMDV 在病畜的水疱皮内及其淋巴液中含量最高。在水疱发展过程中，病毒进入血流，分布到全身各种组织和体液。在发热期血液内的病毒含量最高，退热后在奶、尿、口涎、泪、粪便等内都含有一定量的病毒。该病毒对外界环境的抵抗力很强，不怕干燥。在冰冻情况下，血液及粪便中的病毒可存活120～170天。水疱液中的病毒在60℃经5～15 min可灭活，80～100℃很快死亡，在37℃温箱中12～24 h即死亡。对酸碱十分敏感，1%～2%氢氧化钠、30%热草木灰、1%～2%甲醛等都是很好的消毒液。

2.流行病学　口蹄疫病毒侵害多种动物，但主要为偶蹄兽。牛(奶牛、牦牛、犏牛最易感，水牛次之)对口蹄疫病毒最易感，其次是猪，再次为绵羊、山羊和骆驼，通常性别对易感性无影响，但幼龄动物较老龄者易感性高。本病具有流行快、传播广、发病急、危害大等流行病学特点，疫区发病率可达50%～100%，犊牛死亡率较高，其他则较低。病畜和潜伏期动物是最危险的传染源。病畜的水疱液、乳汁、尿液、口涎、泪液和粪便中均含有病毒。该病入侵途径主要是消化道，也可经呼吸道传染。本病传播虽无明显的季节性，且春秋两季较多，尤其是春季。风和鸟类也是远距离传播的因素之一。

3.症状和病变　由于多种动物的易感性不同，也由于病毒的数量和毒力以及感染门户不同，潜伏期的长短和病状也不完全一致。

(1)牛：潜伏期1～7天，平均2～4天。病牛精神沉郁，闭口，流涎，开口时有吸吮声，体温可升高到40～41℃。发病1～2天后，病牛齿龈、舌面、唇内面可见到蚕豆至核桃大的水疱，涎液增多并呈白色泡沫状挂于嘴边。采食及反刍停止。水疱约经一昼夜破裂，形成溃疡，这时体温会逐渐降至正常。在口腔发生水疱的同时或稍后，趾间及蹄冠的柔软皮肤上也发生水疱，也会很快破溃，然后逐渐愈合。有时在乳头皮肤上也可见到水疱。本病一般呈良性经过，经1周左右即可自愈；若蹄部有病变则可延至2～3周或更久；死亡率1%～2%，该病型叫良性口蹄疫。有些病牛在水疱愈合过程中，病情突然恶化，全身衰弱、肌肉发抖，心跳加快、节律不齐，食欲废绝、反刍停止，行走摇摆、站立不稳，往往因心脏麻痹而突然死亡，这种病型叫恶性口蹄疫，死亡率高达25%～50%。犊牛发病时往往看不到特征性水疱，主要表现为出血性胃肠炎和心肌炎，死亡率很高。

(2)猪：潜伏期1～2天，病猪以蹄部水疱为主要特征，病初体温升高至40～41℃，精神不振，食欲减少或废绝。口黏膜(包括舌、唇、齿龈、咽、腭)形成小水疱或糜烂。蹄冠、蹄叉等部出现局部发红、微热等症状，不久逐渐形成米粒大至蚕豆大的水疱，水疱破裂后表面出血，形成糜烂，如无细菌感染，1周左右痊愈。如有继发感染，严重者影响蹄叶、蹄壳脱落。病猪鼻镜、乳房也常见到烂斑，尤其是哺乳母猪，乳头上的皮肤病灶较为常见，但也发于鼻面上。吃奶仔猪的口蹄疫，通常呈急性胃肠炎或心肌炎而突然死亡。病死率可达60%～80%，病程稍长者，亦可见到口腔（齿龈、唇、舌等）及鼻面上有水疱和糜烂。

（3）羊：潜伏期1周左右，病状与牛大致相同，但感染率较牛低。山羊多见于口腔，呈弥漫性口膜炎，水疱发生于硬腭和舌面，羔羊有时有出血性胃肠炎，常因心肌炎而死亡。

主要病变除口腔和蹄部的水疱和烂斑外，在咽喉、气管、支气管和前胃黏膜有时可见到圆形烂斑和溃疡，真胃和肠黏膜可见出血性炎症。另外，具有重要诊断意义的是心脏病变，心包膜有弥散性及点状出血，心肌松软，心肌切面有灰白色或淡黄色斑点或条纹，好似老虎皮上的斑纹，俗称"虎斑心"。

4. 诊断　根据该病呈急性经过，流行性传播，主要侵害偶蹄兽和一般为良性转归以及特征性的临诊症状可作出初步诊断。进行毒型鉴定和区分类似疾病须进行实验室检查。

（1）病毒分离鉴定：取病畜水疱皮，用PBS液制备混悬浸出液，或直接取水疱液接种BHK细胞等敏感细胞进行病毒分离培养。对康复牛用食道探杯取其咽头食道刮取物，接种BHK细胞或犊牛甲状腺细胞进行病毒分离，用蚀斑法检查病毒。

（2）血清学试验：采取水疱皮制成混悬浸出液，接种乳鼠传代并用阳性血清作乳鼠保护试验或中和试验，可用于型或亚型鉴定和抗体水平测定；取水疱皮混悬浸出液作抗原，用标准阳性血清作补体结合试验或微量补体结合试验，同时可以进行定型诊断或分型鉴定；其他血清学实验如反向被动血凝反应试验、酶联免疫吸附试验（ELISA）、免疫荧光抗体试验亦有诊断应用价值。

5. 防制　本病防制应根据本国具体情况采取相应对策。无病国家一旦暴发本病应采取屠宰病畜、消灭疫源的措施；已消灭了本病的国家通常采取禁止从有病国家输入活畜或动物产品，杜绝疫源传入；有本病的地区或国家，多采取以检疫诊断为中心的综合防制措施，一旦发现疫情，应立即采取封锁、隔离、检疫、消毒等措施，迅速通报疫情，查找并消灭传染源，同时对易感畜群进行预防接种。

三、狂犬病

狂犬病（rabies）是由狂犬病毒（rabies virus）引起的一种急性、人畜共患传染病。多见于犬、狼、猫等肉食动物，人多因病兽咬伤而感染。临床表现为特有的恐水怕风、咽肌痉挛、进行性瘫痪等。恐水症状比较突出，故本病又名恐水症。该病症状明显而严重，病死率极高，一旦发病，几乎100%以死亡为转归。

1. 病原　狂犬病病毒属于弹状病毒科（Rhabdoviridae）、狂犬病病毒属（*Lys-*

savirus)。病毒的核酸为单股 RNA,病毒含有一种糖蛋白(GP),一种核蛋白(NP)和两种膜蛋白(M1 和 M2)。GP 是一种跨膜糖蛋白,构成病毒表面的纤突,是狂犬病毒与细胞受体结合的结构,在狂犬病毒致病与免疫中起着关键的作用。NP 是诱导狂犬病细胞免疫的主要成分,因其更为稳定且高效表达,常应用于狂犬病毒的诊断、分类和流行病学研究。

在自然情况下分离的狂犬病流行毒株为"街毒",街毒经过在家兔脑和脊髓内的一系列传代,其对家兔的潜伏期缩短,但对原宿主(犬)的毒力下降,这种具有固定特性的狂犬病病毒则称为"固定毒"。固定毒的弱毒特性和免疫原性已得到充分肯定,通过动物试验业已证明由街毒变异为固定毒的过程是不可逆的。

病毒可在鸡胚绒毛尿囊膜、原代鸡胚成纤维细胞、小鼠和仓鼠肾上皮细胞以及人二倍体细胞 HDCS 株等中增殖,并在适当条件下形成蚀斑。

根据血清学和抗原关系可以将狂犬病毒分为四个血清型。病毒可被各种理化因素灭活,不耐湿热,56℃ 15～30 min 或 100℃ 2 min 均可使之灭活,但在冷冻或冻干状态下可长期保存病毒。在 50%甘油缓冲溶液保存的感染脑组织中病毒至少存活 1 个月,在 4℃以下低温可保存数月之久。病毒能抵抗自溶及腐败,在自溶的脑组织中可保持活力达 7～10 天。

2.流行病学　自然界中主要的易感动物是犬科和猫科动物,以及翼手类(蝙蝠)和某些啮齿类动物。野生动物(狼、狐、貉、臭鼬和蝙蝠等)是狂犬病病毒主要的自然储存宿主。野生啮齿动物如野鼠、松鼠、鼬鼠等对本病易感,在一定条件下可成为本病的危险疫源而长期存在,当其被肉食兽吞食后则可能传播本病。多数患病动物唾液中带有病毒,由患病动物咬伤或伤口被含有狂犬病病毒的唾液直接污染是本病的主要传播方式。

狂犬病呈全球性分布。在发展中国家,犬等家养动物是狂犬病的主要传染源;在欧美等发达国家,由于犬等家养动物的狂犬病得到了有效控制,蝙蝠等野生动物已成为狂犬病的主要传染源。世界卫生组织估计,全球每年死于狂犬病的人数超过 5.5 万人,其中 95%发生在亚洲和非洲的发展中国家,儿童是受狂犬病危害最大的人群。我国是受狂犬病危害最为严重的国家之一,近年的年报告狂犬病死亡人数均在 2 400 人以上,仅次于印度,居全球第二位。

人被患病动物咬伤后并不全部发病,在狂犬病疫苗使用以前的年代,被狂犬咬伤后的发病率为 30%～35%,而目前被狂犬咬伤后如能得到及时的疫苗接种,其发病率可降至 0.2%～0.3%。

3.症状和病变　该病潜伏期长短差别很大,短者 1 周,长者 1 年以上,通常为 2～8 周。本病无特征性剖检变化,只有反常的胃内容物可以视为可疑。

(1)犬：潜伏期自 10 天至 2 个月不等，有时更久。一般可分为狂暴型和麻痹型两种临床类型。狂暴型病犬可有前驱期、兴奋期和麻痹期三个时期。前驱期(沉郁期)1～2 天，病犬缺乏特征性症状，易被忽视。主要呈现轻度的异常现象，病犬性情敏感，举动反常，易于激怒，不听呼唤，咬伤处发痒，常以舌舔局部。狂暴期病犬高度兴奋，攻击人畜，狂暴与沉郁常交替出现，疲惫时卧地不动，但不久又立起，表现出特殊的斜视和惶恐表情，当再次受到外界刺激时，又可出现新的发作，狂乱攻击，自咬四肢、尾及阴部等。病犬野外游荡，多数不归，到处咬伤人畜。随着病程发展陷于意识障碍，反射紊乱，消瘦，声音嘶哑，夹尾，眼球凹陷，瞳孔散大或缩小，流涎。麻痹期 1～2 天，病犬下颌下垂，舌脱出口外，流涎显著，后躯及四肢麻痹，卧地不起，最后因呼吸中枢麻痹或衰竭而死亡。整个病程 1～10 天。麻痹型病犬以麻痹症状为主，兴奋期很短或无。麻痹始见于头部肌肉，病犬表现吞咽困难，使主人疑为正在吞咽骨头，当试图加以帮助时常遭致咬伤。随后发生四肢麻痹，进而全身麻痹以致死亡。一般病程 5～6 天。

(2)牛：牛病初见精神沉郁，反刍、食欲降低，不久表现起卧不安，前肢搔地，有阵发性兴奋和冲击动作，如试图挣脱绳索，冲撞墙壁，跃踏饲槽，磨牙，性欲亢进，流涎等。一般少有攻击人畜现象。当兴奋发作后，往往有短暂停歇，以后再度发作并逐渐出现麻痹症状，如吞咽麻痹、伸颈、流涎、鼓气、里急后重等。最后倒地不起，衰竭而死。

(3)猪：病猪表现兴奋不安，横冲直撞，叫声嘶哑，流涎，反复用鼻掘地，攻击人畜。在发作间歇期常钻入垫草中，稍有音响立即跃起，无目的地乱跑，最后常发生麻痹症状，经 2～4 天死亡。

(4)人：狂犬病的临床表现可分为潜伏期、前驱期、兴奋期和昏迷期。潜伏期平均 1～3 个月，通常潜伏期中感染者没有任何症状。至前驱期感染者开始出现全身不适、发烧、疲倦、不安、被咬部位疼痛、感觉异常等症状。兴奋期中患者各种症状达到顶峰，出现精神紧张、全身痉挛、幻觉、怕光怕声怕水怕风等症状，因此狂犬病又被称为恐水症，患者常常因为咽喉部的痉挛而窒息身亡。如果患者能够渡过兴奋期而侥幸活下来，就会进入昏迷期，本期患者深度昏迷，但狂犬病的各种症状均不再明显，大多数进入此期的患者最终衰竭而死。

4. 诊断　本病的临床诊断相对较为困难，有时因潜伏期较长，查不清咬伤史，症状又易与其他脑炎相混而误诊。如患病动物出现典型的病程，各个病期的临床表现十分明显，则结合病史可以作出初步诊断。由于狂犬病患犬症状出现前 1～2 周即已从唾液中排毒，因此当动物或人被可疑病犬咬伤后，应及早对可疑病犬作出确诊，以便对被咬伤的人畜进行必要的处理。通常应将可疑病犬拘禁观察或扑杀，进行必要的实验室检验。实验室诊断主要包括直接染色检查、病毒分离和血清学检验等。

(1)直接染色检查:可以剖检取病犬大小脑、延脑等,最好取海马回制成压片或抹片,室温自然干燥后染色镜检,检查有无特异性包涵体。也可取可疑病例脑组织或唾液腺制成压片或冰冻切片,用荧光抗体染色,在荧光显微镜下观察,胞浆内出现亮绿色荧光颗粒者为阳性。

(2)病毒分离:取脑或唾液腺等病料加缓冲盐水研磨成10%乳剂,脑内接种5~7日龄乳鼠,每只注射0.03 mL,每份标本接种4~6只乳鼠。乳鼠在接种后继续由母鼠同窝哺养,3~4天后如发现哺乳减退,痉挛,麻痹死亡,即可取脑检查包涵体,并制成抗原进行病毒鉴定。如经7天仍不发病,可杀死其中2只,剖取鼠脑制成悬液,同上传代。连续盲传三代总计观察4周而仍不发病者,可判为阴性。唾液或脊髓则在离心沉淀和以抗生素处理后,直接作接种用。

(3)血清学检验:一般实验室常用的血清学诊断法为中和试验。

5. 防制　对家犬进行狂犬病疫苗免疫接种是控制和消灭狂犬病的根本措施。犬是人类狂犬病的主要传染源,因此对犬狂犬病的控制,也是预防人狂犬病最有效的措施。人一旦被咬伤后应紧急处理伤口以清除含有狂犬病毒的唾液,伤口可用大量肥皂水或0.1%新洁尔灭和清水冲洗,再局部应用75%酒精或2%~3%碘酒消毒。在局部清洗的同时,如有条件还可应用抗狂犬病免疫血清或人源抗狂犬病免疫球蛋白围绕伤口局部作浸润注射。局部处理在咬伤后早期进行效果最好,但数小时或数天后处理亦不应疏忽。凡咬伤严重,有多处伤口或头、面、颈和手指被咬伤者,在接种疫苗的同时应注射免疫血清。因免疫血清能中和游离病毒,也能降低细胞内病毒繁殖扩散的速度,可使潜伏期延长,争取自动抗体产生的时间而提高疗效。对已出现典型症状的咬人动物应立即进行捕杀,并将尸体焚化或深埋。不能肯定为狂犬病的可疑动物,在咬人后应捕获隔离观察10天;捕杀或在观察期间死亡的动物,脑组织应进行实验室检验。

四、炭疽

炭疽(anthrax)是由炭疽芽孢杆菌(*Bacillus anthracis*)引起的一种急性、热性、败血性人畜共患传染病。自然条件下,食草兽最易感,人中等敏感,主要发生于与动物及畜产品加工接触较多及误食病畜肉的人员。主要病变表现为脾脏显著肿大,皮下及浆膜下结缔组织出血性浸润,血液凝固不良,呈煤焦油样。

1. 病原　炭疽杆菌是需氧或兼性厌氧、无鞭毛的粗大杆菌,长4~8 μm,宽1~1.5 μm;菌体两端平削呈竹节状长链排列,革兰氏染色阳性。在病料检样中多散在或呈 2～3 个短链排列，有荚膜，在培养基中则形成较长的链条，一般不形成荚膜；本菌在病畜体内和未剖开的尸体中不形成芽孢，但暴露于充足氧气和适当温度下能在菌体中央处形成芽孢。

炭疽杆菌生活力强，对培养基要求不严，在普通琼脂平板上生长成灰白色、表面粗糙的菌落，放大观察菌落有花纹，呈卷发状，中央暗褐色，边缘有菌丝射出。

炭疽杆菌菌体对外界理化因素的抵抗力不强，但芽孢则有极强的抵抗力，在自然条件或在腌渍的肉中能长期生存，在土壤中可存活数十年，在皮毛制品中可生存 90 年，经直接日光曝晒 100 h、煮沸 40 min、140℃ 3 h、110℃高压蒸气 60 min 以及浸泡于 10%福尔马林液 15 min、新配石炭酸溶液（5%）和 20%漂白粉溶液数日以上，才能将芽孢杀灭。

2. 流行病学　自然条件下，草食兽最易感，以绵羊、山羊、马、牛易感性最强，骆驼和水牛及野生草食兽次之。猪的易感性较低，犬、猫、狐狸等肉食动物很少见感染，家禽几乎不感染，许多野生动物也可感染发病。实验动物中以豚鼠、小鼠、家兔较敏感，大鼠易感性较差。人对炭疽普遍易感，但主要发生于那些与动物及畜产品接触机会较多的人员。

本病的主要传染源为患病的食草动物，如牛、羊、马、骆驼等，其次是猪和狗，它们可因吞食染菌食物而得病。当患畜处于菌血症时，可通过粪、尿、唾液及天然孔出血等方式排菌，尤其是形成芽孢，可能成为长久疫源地。人直接或间接接触其分泌物及排泄物可感染。炭疽病人的痰、粪便及病灶渗出物也具有传染性。本病主要通过采食污染的饲料、饲草和饮水经消化道感染，也可由于伤口直接接触病菌而致病或吸入带炭疽芽孢的尘埃、飞沫等经呼吸道而致病。

本病世界各地均有发生，夏秋发病多。

3. 症状和病变　本病潜伏期通常为 1～5 天，最长的可达 14 天。动物按其发病表现不同可分为以下四种类型：

（1）最急性型：常见于绵羊和山羊，偶尔也见于牛、马。此型发病急剧，其特征表现为突然站立不稳，全身痉挛，迅速倒地，高热，呼吸困难，天然孔出血，血凝不全，迅速死亡。

（2）急性型：多见于牛、马，病牛体温升高至 42℃，表现兴奋不安，吼叫或顶撞人畜、物体，以后变为虚弱，食欲、反刍、泌乳减少或停止，呼吸困难，初便秘后腹泻带血，尿暗红，有时混有血液，乳汁量减少并带血，常有中等程度鼓气，孕牛多迅速流产，一般 1～2 天死亡。马的急性型与牛相似，还常伴有剧烈的腹痛。

（3）亚急性型：多见于牛、马，症状与上述急性型相似，除急性热性病征外，常在颈部、咽部、胸部、腹下、肩胛或乳房等部皮肤、直肠或口腔黏膜等处发生炭疽痈，初期硬固有热痛，以后热痛消失，可发生坏死或溃疡，病程可长达1周。

(4)慢性型：主要发生于猪，多不表现临床症状，或仅表现食欲减退和长时间伏卧，在屠宰时才发现颌下淋巴结、肠系膜及肺有病变。咽型炭疽咽喉部和附近淋巴结肿胀，肠型炭疽常伴有消化道失常的症状，便秘或腹泻，轻者可恢复，重者死亡。

人感染因为感染途径不同可分为皮肤炭疽、肠炭疽和肺炭疽。人类由于受伤的皮肤接触病死畜或其污染物时可能发生皮肤炭疽。通常发生于面部、颈部、手部或肩部等露出部位。初期在病菌侵入处皮肤出现一个红色的小丘疹，丘疹很快变成水疱，疱内含有清亮的或带血的浆液。周围组织显著肿胀及浸润，不久，水疱化脓及自然破溃，流出浆液或脓液。病变中心发生坏死并结成坚硬的黑色干痂，在痂的四周皮肤发红肿胀，其上有小水疱和脓疱。患部附近的淋巴结肿大且常化脓。患者常有头痛、关节痛、发热及全身不适等症状。大部分病人症状较轻，坏死的皮肤组织脱落后形成溃疡，终于发生瘢痕而愈。少数严重的病人，局部红肿明显，形成大疱及严重坏死。病人往往发生持续性高热、恶心、呕吐和全身酸痛等中毒症状。在数日或数周以内，肺、肠、肝、脾及脑等内部器官可有转移的损害，导致病人迅速死亡。肠炭疽较为少见，主要是食入病畜或死畜的肉和喝了污染的水或病畜的奶导致，主要表现为病人突然发生高热、后续性呕吐、腹泻等严重的胃肠道症状。有时发生肝脾肿大，腹膜炎，病人可因毒血症、败血症及衰竭，在短期内死亡。肺炭疽主要是吸入带有芽孢的尘埃导致，其死亡率更高，发病急骤，有寒战、高热等中毒症状。咳嗽胸痛、呼吸困难、咳血，可因呼吸循环衰竭在24 h内死亡，极少数发生炭疽性脑膜炎。

急性炭疽为败血症病变，尸僵不全，尸体极易腐败，天然孔流出带泡沫的黑红色血液，黏膜发绀，剖检时，血凝不良，黏稠如煤焦油样，全身多发性出血，皮下、肌间、浆膜下结缔组织水肿，脾脏变性、淤血、出血、水肿，肿大2～5倍，脾髓呈暗红色，煤焦油样，粥样软化。局部炭疽死亡的猪，咽部、肠系膜以及其他淋巴结常见出血、肿胀、坏死，邻近组织呈出血性胶样浸润，还可见扁桃体肿胀、出血、坏死，并有黄色痂皮覆盖。

4.诊断　本病的经过和临床症状随动物种类不同表现多样，最急性病例往往缺乏临诊症状，对疑似病死畜又禁止解剖，因此诊断通常要依靠微生物学及血清学方法。

(1)镜检：取末梢血液或其他材料制成涂片后，用瑞氏或姬姆萨(或碱性美蓝)染色，发现有多量单在、成对或2～4个菌体相连的短链排列、竹节状有荚膜的粗大杆菌，即可确诊。

(2)分离培养：新鲜病料可直接于普通琼脂或肉汤中培养，污染或陈旧的病料应先制成悬液，70℃加热 30 min，杀死非芽孢菌后再接种培养，对分离的可疑菌株可作噬菌体裂解试验、荚膜形成试验及串珠试验。这几种方法中以串珠试验简易快速且敏感特异性较高。

(3)动物接种：用培养物或病料悬液注射 0.5 mL 接种于小鼠腹腔，经 1～3 天后接种小鼠因败血症死亡，其血液或脾脏中可检出有荚膜的炭疽菌。

(4)Ascoli 反应：是诊断炭疽简便而快速的方法，是用已知抗体来检测未知抗原。适宜于腐败病料及动物皮张、风干、腌浸过肉品的检验，但先决条件是被检材料中必须含有足够检出的抗原量。肝、脾、血液等制成抗原于 1～5 min 内两液(抗体和抗原)接触面出现清晰的白色沉淀环，而生皮病料抗原于 15 min 内出现白色沉淀环。

5. 防制　在疫区或常发地区，每年对易感动物进行预防注射，常用的疫苗是无毒炭疽芽孢苗，接种 14 天后产生免疫力，免疫期为一年。另外，要加强检疫和大力宣传有关本病的危害性及防治办法，特别是告诫广大牧民不可食用死于本病动物的肉品。

一旦发生本病时，应尽快上报疫情，划定疫点、疫区，采取消毒、隔离封锁等措施，对病畜要隔离治疗，凡体温升高的可疑患畜可用青霉素等抗生素或抗炭疽血清注射，或两者同时注射效果更佳，对发病羊群可全群预防性给药，受威胁区及假定健康动物作紧急预防接种，逐日观察至 2 周。病死畜尸体可就地深埋，畜舍及用具场地均应彻底消毒。禁止疫区内牲畜交易和输出畜产品及草料，禁止食用病畜乳、肉。

人炭疽的预防应着重于与家畜及其畜产品频繁接触的人员，凡在近 2～3 年内有炭疽发生的疫区人群、畜牧兽医人员，应在每年的 4～5 月前接种"人用皮上划痕炭疽减毒活菌苗"，连续 3 年。发生疫情时，病人应住院隔离治疗，病人的分泌物、排泄物及污染的用具、物品及被子、衣服均要严格消毒，与病人或病死畜接触者要进行医学观察，皮肤有损伤者同时用青霉素预防，局部用 2%碘酊消毒。

五、结核病

结核病(tuberculosis)是由分枝杆菌(*M. tuberculosis*)引起的一种人畜共患的慢性传染病，其病理特征是在多种组织器官形成结核性肉芽肿(结核结节)，继而结节中心干酪样坏死或钙化。结核病又称为"痨病"和"白色瘟疫"，是人类一种古老的传染病，结核杆菌可以侵入人体全身各种器官，但主要侵犯肺脏，称为肺结核。

1. 病原　本病的病原是分枝杆菌属(*Mycobacterium*)的三个种，即结核分枝杆菌(*M. tuberculosis*)、牛分枝杆菌(*M. bovis*)和禽分枝杆菌(*M. avium*)。结核分枝杆菌是直或微弯的细长杆菌，呈单独或平行相聚排列，多为棍棒状，间有分枝状。牛分枝杆菌稍短粗，且着色不均匀。禽分枝杆菌短而小，为多形性。

分枝杆菌为革兰氏阳性菌，专性需氧，不产生芽孢和荚膜，也不能运动。生长的最适温度为 37.5℃，但在培养基上生长缓慢，初次分离培养时需用牛血清或鸡蛋培养基，在固体培养基上接种，3 周左右开始生长，出现粟粒大圆形菌落。禽分枝杆菌生长最快，牛分枝杆菌生长最慢。牛分枝杆菌生长最适的酸碱度为 pH 5.9～6.9，结核分枝杆菌为 pH 7.4～8.0，禽分枝杆菌为 pH 7.2。

本菌在自然环境中生存力较强，对干燥和湿冷的抵抗力很强。但对热的抵抗力差，60℃ 30 min 即可死亡，在直射阳光下经数小时死亡。常用消毒药经 4 h 可将其杀死。本菌对链霉素、异烟肼、对氨基水杨酸和环丝氨酸等药物敏感。

2.流行病学　本病可侵害人和多种动物。家畜中牛最易感，特别是奶牛，其次为黄牛、牦牛、水牛，猪的易感性也较强。在家禽中，鸡最常感染结核病，鸽及其他家禽也较易感。

自有人类以来就有结核病，在历史上，它曾在全世界广泛流行，曾经是危害人类的主要杀手，夺去了数亿人的生命。动物的结核病以牛结核病最多，呈全球性分布，可谓世界性疾病。目前只有少数国家被认为无牛结核病（澳大利亚、丹麦、法国、德国、卢森堡、芬兰、荷兰、瑞典）。我国牛结核病一直是最常见的传染病，20 世纪 50 年代曾出现过牛结核病的大暴发，1955 年检出阳性率达 36.4%，此后采取了有效措施使得感染率大大降低，1985 年和 1987 年两次全国奶牛抽样调查结果显示，奶牛结核病的感染率分别为 5.83%和 5.43%。但是近年来随着奶牛业的急速发展和人结核病的流行，牛结核病的检出阳性率亦有逐年上升的趋势。

病人和患病畜禽的痰液、粪尿、乳汁和生殖道分泌物中都可带菌，可通过污染饲料、食物、饮水、空气和环境而散播传染。本病主要经呼吸道、消化道感染。饲养管理不当与本病的传播有密切关系，畜舍通风不良、拥挤、潮湿、阳光不足、缺乏运动，最易患病。

3.症状和病变　该病潜伏期长短不一，短者十几天，长者数月甚至数年。

(1)牛：主要由牛分枝杆菌引起，结核分枝杆菌和禽分枝杆菌对牛毒力较弱。感染初期几乎不表现特有的症状，一般表现日渐消瘦，精神不振，频频咳嗽，毛粗无光，皮肤失去弹性，食欲不振，产奶量下降。肺结核以长期顽固性干咳为特征，且以清晨最明显。食欲正常，容易疲劳，逐渐消瘦，病情严重者可见呼吸困难。乳房结核一般先是乳房上淋巴结肿大，继而后两乳区患病，以发生局部或弥漫性硬结为特点，硬结无热无痛，表面高低不平。泌乳量降低，乳汁变稀，严重时乳腺萎缩，泌乳停止。肠结核以消瘦和持续性下痢或下痢便秘交替出现为特征，粪便带血或带脓

汁，味腥臭。生殖结核母牛多在子宫、卵巢、输卵管中可摸到大小不等的硬结节，从而造成母牛屡配不孕。公牛多在附睾（也可见于睾丸、输精管）有炎症，造成死精。

（2）禽：主要危害鸡和火鸡，成年鸡多发。临诊表现贫血、消瘦、鸡冠萎缩、跛行以及产蛋减少或停止。病程持续 2～3 个月，有时可达一年。病禽因衰竭或因肝变性破裂而突然死亡。

（3）猪：猪对禽分枝杆菌、牛分枝杆菌、结核分枝杆菌都有感受性，猪对禽分枝杆菌的易感性比其他哺乳动物高。猪主要经消化道感染，在扁桃体和颌下淋巴结出现病灶，很少出现临诊症状，当肠道有病灶则发生下痢。猪感染牛分枝杆菌则呈进行性病程，常导致死亡。

（4）人：肺结核早期或轻度肺结核，可无任何症状或因症状轻微而被忽视，若病变处于活动进展阶段时，可出现发热、咳嗽咳痰、有时痰中带血。

主要病变是可在肺脏或其他器官常见有很多突起的白色结节。切面为干酪化坏死，有的见有钙化，切开时有沙砾感。有的坏死组织溶解和软化，排出后形成空洞。胸膜和腹膜发生密集结核结节，呈粟粒大至豌豆大的半透明灰白色坚硬的结节，形似珍珠状，即所谓的“珍珠病”。胃肠黏膜可能有大小不等的结核结节或溃疡。乳房结核多发生于进行性病例，剖开可见有大小不等的病灶，内含有干酪样物质，还可见到急性渗出性乳房炎的病变。子宫病变多为弥漫干酪化，多出现在黏膜上，黏膜下组织或肌层组织内也可发生结节、溃疡或瘢痕化。子宫腔含有油样脓液，卵巢肿大，输卵管变硬。猪全身性结核不常见，在某些器官如肝、肺、肾等出现一些小的病灶，或有的病例发生广泛的结节性过程。有的干酪样变化，但钙化不明显。在颌下、咽、肠系膜淋巴结及扁桃体等发生结核病灶。

4.诊断　畜（禽）群中发生进行性消瘦、咳嗽、慢性乳房炎、顽固性下痢、体表淋巴结慢性肿胀等可作为初步诊断的依据。通常情况下综合诊断较为切实可靠。

（1）细菌学诊断：采取病畜的病灶、痰、尿粪及其他分泌物，直接涂片镜检或集菌处理后涂片镜检，可用抗酸性染色法。

（2）结核菌素试验：广泛应用于畜禽检测，试验所用的结核菌素为标准的牛或禽纯化蛋白衍生物（PPD），常用剂量对健康畜禽无害。诊断禽结核时，用禽结核菌素 0.1 mL，注射于鸡的肉垂皮内，48 h 检查时，与对侧肉垂比较，注射侧出现肿胀和发红，可判定为阳性反应。

（3）血清学试验：主要有快速凝集试验、琼脂扩散试验和酶联免疫吸附试验（ELISA）等。

（4）分子生物学试验：结核病是临床上常见且较难早期确诊的疾病，聚合酶链反应（PCR）从分子生物学水平为结核病的诊断提供了新的手段。

5. 防制　无结核病畜群平时应加强防疫、检疫和消毒。结核菌素反应阳性牛群，应定期进行临诊检查，必要时进行细菌学检查，发现开放性病牛立即淘汰。病牛所产犊牛出生后只吃 3～5 天初乳，以后则由检疫无病的母牛供养或喂消毒乳。犊牛应在出生后 1 月龄、3～4 月龄、6 月龄进行 3 次检疫，凡呈阳性者必须淘汰处理。如果 3 次检疫都呈阴性反应，且无任何可疑临诊症状，可放入假定健康牛群中培育。假定健康牛群为向健康牛群过渡的畜群，应在第一年每隔 3 个月进行一次检疫，直到没有一头阳性牛出现为止。然后再在一年至一年半的时间内连续进行 3 次检疫。如果 3 次均为阴性反应即可称为健康牛群。

人结核病防制的主要措施是早期发现，严格隔离，彻底治疗。牛乳应煮沸后饮用；婴儿普遍注射卡介苗；与病人、病畜禽接触时应注意个人防护。治疗人结核病有多种有效药物，以异烟肼、链霉素和对氨基水杨酸钠等最为常用。

六、大肠杆菌病

大肠杆菌病（colibacillosis）是由大肠杆菌某些致病性血清型菌株引起的疾病的总称。各种动物大肠杆菌病的表现形式不同，多发于幼龄动物。

1. 病原　大肠杆菌（*Escherchia coli*）是中等大小的杆菌，其大小为（1～3 μm）×（0.5～0.7 μm），有鞭毛，无芽孢，有的菌株可形成荚膜，革兰氏染色阴性，需氧或兼性厌氧，生化反应活泼，易于在普通培养基上增殖，适应性强。本菌对一般消毒剂敏感，对抗生素及磺胺类药等极易产生耐药性。

根据抗原结构不同，大肠杆菌有菌体（O）抗原 173 种，表面（K）抗原 103 种，鞭毛（H）抗原 60 种，因而构成许多血清型。血清型用 O∶K∶H、O∶K 或 O∶H 表示。目前菌毛（F）抗原有也时用于血清学鉴定，最常见的血清型 K88 和 K99，现被分别命名为 F4 和 F5 型。在引起人畜肠道疾病的血清型中，有肠致病性大肠杆菌（简称 EPEC）、产肠毒素性大肠杆菌（简称 ETEC）、肠侵袭性大肠杆菌（简称 EIEC）、肠出血性大肠杆菌（简称 EHEC）。

2. 流行病学　幼龄畜禽对本病最易感。各种年龄的鸡均可感染大肠杆菌，但常发生于 3～6 周龄；猪自出生至断乳期均可发病，仔猪黄痢常发于出生后 1 周以内，以 1～3 日龄者居多，仔猪白痢多发于生后 10～30 天，以 10～20 日龄者居多，猪水肿病主要见于断乳仔猪；牛在出生后 10 天以内多发；羊在出生后 6 天至 6 周多发，有些地方 3～8 月龄的羊也有发生；对于人，各年龄组均有发病，但以婴幼儿多发。

病畜（禽）和带菌者是本病的主要传染源，通过粪便排出病菌，散布于外界，污染水源、饲料以及母畜的乳头和皮肤，经消化道而感染。此外，牛也可经子宫内或

脐带感染，鸡也可经呼吸道感染。人主要通过手或污染的水源、食品、牛乳、饮料及用具等经消化道感染。

大肠杆菌在自然环境中普遍存在，一旦受各种应激因素和其他疾病的影响导致机体抵抗力降低时，就会发生感染。

3.症状和病变

(1)鸡：鸡大肠杆菌临床表现复杂，包括多种病型。急性败血型常引起幼雏或成鸡急性死亡。特征性病变是肝脏呈绿色和胸肌充血，肝脏边缘钝圆，外有纤维素性白色包膜，各器官呈败血症变化，也可见心包炎、腹膜炎、卡他性肠炎等病变；气囊炎主要发生于3～12周龄幼雏，特别3～8周龄肉仔鸡最为多见。气囊增厚，表面有纤维素渗出物覆盖，呈灰白色，常伴有心包炎和肝周炎，心包膜和肝被膜上附有纤维素性伪膜，心包膜增厚，心包液增量、混浊，肝肿大，被膜增厚，被膜下散在大小不等的出血点和坏死灶；肝周炎型病鸡表现为肝脏肿大，表面有一层灰白色渗出物；肉芽肿型病鸡生前无特征性症状。主要以肝、十二指肠、盲肠系膜上出现典型的针头至核桃大小的肉芽肿为特征，其组织学变化与结核病的肉芽肿相似；大肠杆菌通过垂直传染常导致鸡胚和雏鸡早期死亡。鸡胚死亡发生在孵化过程，特别是孵化后期，病变卵黄呈干酪样或黄棕色水样物质，卵黄膜增厚。病雏突然死亡或表现软弱、发抖、昏睡、腹胀、畏寒聚集、下痢(白色或黄绿色)，个别有神经症状。病雏除有卵黄囊病变外，多数发生脐炎、心包炎及肠炎。感染鸡可能不死，常表现卵黄吸收不良及生长发育受阻；脑炎型病鸡表现昏睡、斜颈，歪头转圈，共济失调，抽搐，伸脖，张口呼吸，采食减少，拉稀，生长受阻，产卵显著下降。主要病变脑膜充血、出血、脑脊髓液增加；卵性腹膜炎型通常是通过交配或人工授精时感染导致，多呈慢性经过，并伴发卵巢炎、子宫炎。母鸡减产或停产，呈直立企鹅姿势，腹下垂、恋巢、消瘦死亡。其病变与鸡白痢相似。以输卵管扩张，内有干酪样团块及恶臭的渗出物为特征；关节炎及滑膜炎型病鸡表现关节肿大，内含有纤维素或混浊的关节液；眼球炎型是大肠杆菌败血病一种不常见的表现形式。多为一侧性，少数为双侧性。病初羞明、流泪、红眼，随后眼睑肿胀突起。开眼时，可见前房有黏液性脓性或干酪样分泌物。最后角膜穿孔，失明。病鸡减食或废食，经7～10天衰竭死亡。

(2)猪：主要发生于仔猪，因仔猪的生长期和病原菌血清型不同，临诊表现也有不同。黄痢型又称仔猪黄痢，仔猪出生时还健康，快者数小时后突然发病和死亡。病猪主要症状是拉黄痢，粪大多呈黄色水样，内含凝乳小片，顺肛门流下，其周围多不留粪迹，易被忽视。病仔猪精神沉郁，不吃奶、脱水、昏迷而死。急者不见下痢，身体软弱，倒地昏迷死亡。主要病变是胃肠卡他性炎症。表现为肠黏膜肿胀、充血或出血，胃黏膜红肿，肠膜淋巴结充血肿大、切面多汁，心、肝、肾有变性，重者有出血点；白痢型又称仔猪白痢，病猪突然发生腹泻，排出乳白色或灰白色的浆状、糊状粪便，具腥臭，性黏腻。腹泻次数不等。病程2～3天，长的1周左右，能自行康复，死亡的很少。剖检尸体外表苍白、消瘦、肠黏膜有卡他性炎症变化，肠系膜淋巴结轻度肿胀；水肿型又称猪水肿病，是小猪的一种肠毒血症，主要发于断乳仔猪，小至数日龄，大至4月龄也偶有发生。病猪突然发病，精神沉郁，食欲减少，口流白沫，体温无明显变化，病前1～2天有轻度腹泻，后便秘。心跳疾速，呼吸初快而浅，后来慢而深。喜卧地、肌肉震颤，不时抽搐，四肢动作游泳状，呻吟，站立时弓腰，发抖。前肢如发生麻痹，则站立不稳，后肢麻痹，则不能站立。行走时四肢无力，共济失调，步态摇摆不稳，盲目前进或做圆圈运动。水肿是本病的特殊症状，常见于睑部、眼睑、结膜、齿龈、颈部、腹部的皮下。有的病猪没有水肿的变化。病程短的仅仅数小时，一般为1～2天，也有长达7天以上的。病死率约90%。特征性的病变是胃壁、结肠肠系膜、眼睑和睑部及颌下淋巴结水肿。胃内充满食物，黏膜潮红，有时出血，胃底区黏膜下有厚层的透明水肿，有时带血的胶冻样水肿浸润，使黏膜与肌层分离，水肿严重的可达2～3 cm，波及贲门区和幽门区。大肠系膜、胆囊、喉头、直肠周围也常有水肿，淋巴结水肿、充血、出血，心包和胸腹腔有较多积液，暴露空气则凝成胶冻状。肾包膜水肿，膀胱黏膜轻度出血，出血性肠炎变化常见。

(3)牛：主要发生于犊牛，潜伏期很短，仅几个小时。根据症状和病理发生可分为败血型、肠毒血型和肠型三型。败血型病犊表现发热，精神不振，间有腹泻，常于症状出现后数小时至一天内急性死亡。有时病犊未见腹泻即归于死亡。从血液和内脏易于分离到致病性血清型的大肠杆菌；肠毒血型较少见，常突然死亡。如病程稍长，则可见到典型的中毒性神经症状，先是不安、兴奋，后来沉郁、昏迷，以至于死。死前多有腹泻症状。由特异血清型的大肠杆菌增殖产生肠毒素吸收后引起，没有菌血症；肠型犊牛病初体温升高达40℃，数小时后开始下痢，体温降至正常。粪便初如粥样、黄色，后呈水样、灰白色，混有未消化的凝乳块、凝血及泡沫，有酸败气味。病的末期，患畜肛门失禁，常有腹痛，用蹄踢腹壁。病程长的，可出现肺炎及关节炎症状。如及时治疗，一般可以治愈。不死的病犊，恢复很慢，发育迟滞，并常发生脐炎、关节炎或肺炎。

败血症或肠毒血症死亡的病犊，常无明显的病理变化。腹泻的病犊，真胃有大量的凝乳块，黏膜充血、水肿，覆有胶状黏液，皱褶部有出血。肠内容物常混有血液和气泡，恶臭。小肠黏膜充血，在皱褶基部有出血，部分黏膜上皮脱落。直肠也可见有同样变化。肠系膜淋巴结肿大。肝脏和肾脏苍白，有时有出血点，胆囊内充满黏稠暗绿色胆汁。心内膜有出血点。病程长的病例在关节和肺也有病变。

(4)羊：主要发生于羔羊，潜伏期数小时至1～2天，分为败血型和肠型两型。

败血型主要发于 2～6 周龄的羔羊，病初体温升高达 41.5～42℃。病羔精神委顿，四肢僵硬，运步失调，头常弯向一侧，视力障碍，继而卧地，磨牙，头向后仰，一肢或数肢作划水动作。病羔口吐泡沫，鼻流黏液。有的关节肿胀、疼痛，最后昏迷。由于发生肺炎而呼吸加快。很少或无腹泻。多于发病后 4～12 h 死亡。从内脏分离到致病性大肠杆菌。剖检病变可见胸、腹腔和心包大量积液，内有纤维素；某些关节，尤其是肘和腕关节肿大，滑液混浊，内含纤维素性脓性絮片；脑膜充血，有很多小出血点，大脑沟常含有多量脓性渗出物；肠型主要发于 7 日龄以内的幼羔。病初体温升高到 40.1～41℃，不久即下痢，体温降至正常或略高于正常。粪便先呈半液状，由黄色变为灰色，以后粪呈液状，含气泡，有时混有血液和黏液。病羊腹痛、弓背、委顿、虚弱、卧地，如不及时救治，可经 24～36 h 死亡，病死率 15%～75%。有时可见化脓性、纤维素性关节炎。从肠道各部可分离到致病性大肠杆菌。剖检尸体严重脱水，真胃、小肠和大肠内容物呈黄灰色半液状，黏膜充血，肠系膜淋巴结肿胀发红。有的肺呈初期炎症病变。

4. 诊断　根据流行病学和特殊的临床症状、病理变化可做出初步诊断，确诊需进行细菌学检查。对分离出的大肠杆菌应进行生化反应和血清学鉴定，然后再根据需要，做进一步的检验。用实验室病原检验方法，排除其他病原感染（病毒、细菌、支原体等），经鉴定为致病性血清型大肠杆菌，才可认为是原发性大肠杆菌病；在其他原发性疾病中分离出大肠杆菌时，通常应视为继发性大肠杆菌病。

5. 防制　控制本病重在预防。要加强环境消毒，防止水源和饲料污染。对密闭的畜（禽）群，尤其要防止各种应激因素的不良影响。用针对本地（场）流行的大肠杆菌血清型制备的多价活苗或灭活苗接种妊娠母畜或种禽，可使仔畜或雏禽获得被动免疫。应选择敏感药物在发病日龄前 1～2 天进行预防性投药，或发病后紧急治疗。

七、沙门氏菌病

沙门氏菌病（Salmonellosis）是由沙门氏菌属不同菌株引起不同动物沙门氏菌病的总称。该病主要侵害幼龄和青年动物，临诊上多表现为败血症、胃肠炎和其他组织的局部炎症。成年动物多呈散发性或地方性流行，妊娠动物可能发生流产。某些血清型在公共卫生上有重要意义。

1. 病原　沙门氏菌（*Salmonella*）通常为短杆菌，其大小为（1～3 μm）×（0.5～0.6 μm），两端钝圆，不形成荚膜和芽孢，具有鞭毛，有运动性，为革兰氏阴性菌。本菌在变通培养基中能生长，为需氧兼厌氧性菌。沙门氏菌能发酵葡萄糖、单奶糖、甘露醇、山梨醇、麦芽糖、产酸产气。不能发酵乳糖和蔗糖，据此可与其他肠道菌相区别。本菌抵抗力较强，60℃ 1 h，70℃ 20 min，75℃ 5 min 可被杀死。

沙门氏菌属依据不同的菌体(O)抗原、鞭毛(H)抗原、荚膜(Vi)抗原可分为许多血清型。

2. 流行病学　沙门氏菌属中的许多类型对人、家畜和家禽以及其他动物均有致病性。各种年龄畜禽均可感染，但幼年畜禽较成年者易感。在鸡，各品种均有易感性，以 2～3 周龄以内雏鸡的发病率与病死率为最高，呈流行性。随着日龄的增加，鸡的抵抗力也增强。成年鸡感染常呈慢性或隐性经过；在猪，本病常发生于 6 月龄以下的仔猪，以 1～4 月龄者发生较多。在牛，以出生 30～40 天以后的犊牛最易感。

本病一年四季均可发生。但猪在多雨潮湿季节发病较多，成年牛多于夏季放牧时发生，马多发生于春(2～3 月)、秋(9～11 月)两季，育成期羔羊常于夏季和早秋发病，孕羊则主要在晚冬、早春季节发生流产。病畜和带菌者是本病的主要传染源。它们可由粪便、尿、乳汁以及流产的胎儿、胎衣和羊水排出病菌，污染水源和饲料等，经消化道感染健畜。病畜与健畜交配或用病公畜的精液人工授精可发生感染。人类感染本病，一般是由于与感染的动物及动物性食品的直接或间接接触，人类带菌者也可成为传染源。

本病在畜群内发生后，一般呈散发性或地方流行性。有些动物还可表现为流行性。饲养管理较好而又无不良因素刺激的猪群，甚少发病，即使发病，亦多呈散发性；反之，则疾病常呈地方流行性。成年牛发病呈散发性，一个牛群仅有 1～2 头发病，第一个病例出现后，往往相隔 2～3 周再出现第二个病例；但犊牛发病后传播迅速，往往呈流行性。禽沙门氏菌病常形成相当复杂的传播循环。病禽、带菌禽是主要的传染源。有多种传播途径，最常见的是通过带菌卵而传播。被感染的小鸡若不加治疗，则大批死亡，耐过本病的鸡长期带菌，成年后也能产卵，卵又带菌，若以此作为种蛋，则可周而复始地代代相传。

3. 症状和病变

(1)鸡：禽沙门氏菌病依病原体的抗原结构不同可分为三种，由鸡白痢沙门氏菌所引起的称为鸡白痢，由鸡伤寒沙门氏菌引起的称为禽伤寒，由其他有鞭毛能运动的沙门氏菌所引起的禽类疾病则统称为禽副伤寒。鸡白痢在雏鸡和成年鸡中所表现的病状和经过有显著的差异。在雏鸡，潜伏期通常 4～5 天，出壳后感染的雏鸡，多在孵出后几天才出现明显症状。7～10 天后雏鸡群内病雏逐渐增多，在第二、三周达高峰。发病雏鸡呈最急性者，无症状迅速死亡。稍缓者表现精神委顿，绒毛松乱，两翼下垂，缩颈闭眼昏睡，不愿走动，拥挤在一起。病初食欲减少，而后停食，多数出现软嗉症状。同时腹泻，排稀薄如糨糊状粪便，肛门周围绒毛被粪便污染，有的因粪便干结封住肛门周围，影响排粪。由于肛门周围炎症引起疼痛，故常发生尖锐的叫声，最后因呼吸困难及心力衰竭而死。有的病雏出现眼盲，或肢关节肿胀，呈跛行症状。病程短的1天，一般为4～7天，20天以上的雏鸡病程较长，且极少死亡。耐过鸡生长发育不良，成为慢性患者或带菌者。成年鸡感染常无临诊症状。母鸡产卵量与受精率降低，这种鸡只能用血清学试验才能查出。因鸡白痢而死亡的雏鸡，如日龄短发病后很快死亡，则病变不明显。病期延长者，在心肌、肺、肝、盲肠、大肠及肌胃肌肉中有坏死灶或结节，胆囊肿大。输尿管充满尿酸盐而扩张。盲肠中有干酪样物堵塞肠腔，有时还混有血液，常有腹膜炎。死于几日龄的病雏，有出血性肺炎，稍大的病雏，肺有灰黄色结节和灰色肝变。育成阶段的鸡，突出的变化是肝肿大，可达正常的2～3倍，暗红色至深紫色，有的略带土黄色，表面可见散在或弥漫性的小红点或黄白色的粟粒大小或大小不一的坏死灶，质地极脆，易破裂，因此常见有内出血变化，腹腔内积有大量血水，肝表面有较大的凝血块。成年母鸡，最常见的病变为卵子变形、变色，呈囊状，有腹膜炎。有些卵自输卵管逆行而坠入腹腔，引起广泛的腹膜炎及腹腔脏器粘连。常有心包炎。成年公鸡的病变，常局限于睾丸及输精管，睾丸极度萎缩，有小脓肿，输精管管腔增大，充满稠密的均质渗出物；禽伤寒一般呈散发性，潜伏期一般为4～5天，在年龄较大的鸡和成年鸡，急性经过者突然停食，排黄绿色稀粪，体温上升1～3℃。病鸡可迅速死亡，通常经5～10天死亡，病死率10%～50%或更高些。死于禽伤寒的雏鸡病变与鸡白痢时所见相似。成年鸡，最急性者眼观病变轻微或不明显，急性者常见肝、脾、肾充血肿大，亚急性和慢性病例，特征病变是肝肿大呈青铜色，肝和心肌有灰白色粟粒大坏死灶，卵子及腹腔病变与鸡白痢相同；禽副伤寒各种家禽及野禽均易感，家禽中以鸡和火鸡最常见。常在孵化后两周之内感染发病，6～10天达最高峰。呈地方流行性，病死率从很低到10%～20%不等，严重者高达80%以上。经带菌卵感染或出壳雏禽在孵化器感染病菌，常呈败血症经过，往往不显任何症状迅速死亡。年龄较大的幼禽则常呈亚急性经过，主要表现水泄样下痢。病程1～4天。1月龄以上幼禽一般很少死亡。死于鸡副伤寒的雏鸡，最急性者无可见病变。病期稍长的，肝、脾充血，有条纹状或针尖状出血和坏死灶，肺及肾出血，心包炎，常有出血性肠炎。成年鸡，肝、脾、肾充血肿胀，有出血性或坏死性肠炎、心包炎及腹膜炎，产卵鸡的输卵管坏死、增生，卵巢坏死、化脓。

(2)猪：又称猪副伤寒，潜伏期一般由2天到数周不等。临诊上分为急性、亚急性和慢性。急性（败血型）病猪体温突然升高（41～42℃），精神不振，不食。后期间有下痢，呼吸困难，耳根、胸前和腹下皮肤有紫红色斑点。有时出现症状后24 h内死亡，但多数病程为2～4天，病死率很高。病变主要为败血症的病理变化。脾常肿大,色暗带蓝,坚度似橡皮,切面蓝红色,脾髓质不软化。肠系膜淋巴结索状肿大。其他淋巴结也有不同程度的增大,软而红,类似大理石状。肝、肾也有不同程度的肿大,充血和出血。有时肝实质可见糠麸状、极为细小的黄灰色坏死小点。全身各黏膜、浆膜均有不同程度的出血斑点,肠胃黏膜可见急性卡他性炎症;亚急性和慢性是本病临诊上多见的类型,与肠型猪瘟的临诊表现很相似。病猪体温升高(40.5~41.5℃),精神不振,寒战,喜钻垫草,堆叠一起,眼有黏性或脓性分泌物,上下眼睑常被黏着。少数发生角膜混浊,严重者发展为溃疡,甚至眼球被腐蚀。病猪食欲不振,初便秘后下痢,粪便淡黄色或灰绿色,恶臭,很快消瘦。部分病猪,在病的中、后期皮肤出现弥漫性湿疹,特别在腹部皮肤,有时可见绿豆大、干涸的浆性覆盖物,揭开见浅表溃疡。病情往往拖延 2~3 周或更长,最后极度消瘦,衰竭而死。有时病猪症状逐渐减轻,状似恢复,但以后生长发育不良或经短期又行复发。特征性病变为坏死性肠炎,表现为盲肠、结肠肠壁增厚,黏膜上覆盖着一层弥漫性坏死灶和腐乳状物质,剥开见底部红色,边缘不规则的溃疡面,此种病变有时波及至回肠后段。少数病例滤泡周围黏膜坏死,稍突出于表面,有纤维蛋白渗出物积聚,形成隐约可见的轮环状。肠系膜淋巴结索状肿胀,部分成干酪样变。脾稍肿大,呈网状组织增生。肝有时可见黄灰色坏死小点。

(3)牛:在犊牛,如牛群内存在带菌母牛,则可于生后 48 h 内即表现拒食、卧地、迅速衰竭等症状,常于 3~5 天内死亡。尸体剖检无特殊变化,但从血液和内脏器官中可分出沙门氏菌。多数犊牛常于 10~14 日龄以后发病,病初体温升高(40~41℃),24 h 后排出灰黄色液状粪便,混有黏液和血丝,一般于病状出现后 5~7 天内死亡,病死率有时可达 50%,有时多数病犊可以恢复,恢复后体内一般很少带菌。病期延长时,腕和跗关节可能肿大,有的还有支气管炎和肺炎症状。急性病例在心壁、腹膜以及腺胃、小肠和膀胱黏膜有小点出血。脾充血肿胀。肠系膜淋巴结水肿,有时出血。在病程较长的病例,肝脏色泽变淡,胆汁常变稠而混浊。肺常有肺炎区。肝、脾和肾有时发现坏死灶。关节损害时,腱鞘和关节腔含有胶样液体;在成年牛,此病常以高热(40~41℃)、昏迷、食欲废绝、脉搏频数、呼吸困难开始,体力迅速衰竭。大多数病牛于发病后 12~24 h,粪便中带有血块,不久即变为下痢。粪便恶臭,含有纤维素絮片,间杂有黏膜。下痢开始后体温降至正常或较正常略高。病牛可于发病 24 h 内死亡,多数则于 1~5 天内死亡。病期延长者可见迅速脱水和消瘦,眼窝下陷,黏膜(尤其是眼结膜)充血和发黄。病牛腹痛剧烈,常用后肢蹬踢腹部。怀孕母牛多数发生流产,从流产胎儿中可发现病原菌。某些病例可能恢复。成年牛有时可取顿挫型经过,病牛发热、食欲消失、精神委顿,产奶量下降,但经过 24 h后,这些症状即可减退。还有些牛感染后取隐性经过,仅从粪中排菌，但数天后即停止排菌。病变主要呈急性出血性肠炎。剖检时，肠黏膜潮红，常杂有出血，大肠黏膜脱落，有局限性坏死区。腺胃黏膜也可能炎性潮红。肠系膜淋巴结呈不同程度的水肿、出血。肝脂肪性变或灶性坏死。胆囊壁有时增厚，胆汁混浊，黄褐色。肺可有肺炎区，特别是在病程延长的病例牛。脾常充血、肿大。

(4)羊：临诊表现可分为两型，下痢型病羊体温升高达 40～41℃，食欲减退，腹泻，排黏性带血稀粪，有恶臭。精神委顿、虚弱、憔悴、低头、弓背、继而卧地，经 1～5 天死亡。有的经 2 周后可康复。发病率 30%，病死率 25%。病羊真胃和肠道空虚，黏膜充血，有半液状内容物。肠道黏膜上有黏液，并含有小的血块，肠道和胆囊黏膜水肿。肠系膜淋巴结一般增大充血。心内外膜下有小出血点；流产型主要表现为怀孕绵羊于怀孕的最后 1/3 期间发生流产或死产。在此之前，病羊体温上升至 40～41℃，部分羊有腹泻症状。流产前和流产后数天，阴道有分泌物流出。病羊产下的活羔，表现衰弱，委顿，卧地，并可有腹泻；不吮乳，往往于 1～7 天内死亡。病母羊也可在流产后或无流产的情况下死亡。羊群暴发一次，一般持续 10～15 天，流产率和病死率可达 60%。其他羔羊的病死率达 10%，流产母羊一般有 5%～7%死亡。流产、死产的胎儿或生后 1 周内死亡的羔羊，表现败血症病变。死亡母羊有急性子宫炎。流产或死产者其子宫肿胀，常含有坏死组织、浆液性渗出物和滞留的胎盘。

4. 诊断　根据流行病学、临诊症状和病理变化，只能做出初步诊断，确诊需从病畜(禽)的血液、内脏器官、粪便，或流产胎儿胃内容物、肝、脾取材，做沙门氏菌的分离和鉴定。畜禽感染沙门氏菌后的隐性带菌和慢性无症状经过较为多见，检出这部分患畜(禽)，是防制本病的重要一环。目前实践中常用血清学方法对鸡白痢进行血清学诊断，可采取鸡的血液或血清利用平板凝集试验(SPA)进行。

5. 防制　在禽类，防制本病必须严格贯彻消毒、隔离、检疫、药物预防等一系列综合性防制措施，对有病种鸡群，应定期反复用凝集试验进行检疫，将阳性鸡及可疑鸡全部剔出淘汰，使鸡群净化，商品代鸡群也可选择疫苗免疫进行控制。猪、牛和马的副伤寒菌苗，必要时可选择使用。根据不少地方的经验，应用自本场(群)或当地分离的菌株，制成单价灭活苗，常能收到良好的预防效果。本病的治疗，可选用经药敏试验有效的抗生素，如土霉素、氯霉素等，并辅以对症治疗。为了防止本病从畜禽传染给人，病畜禽应严格执行无害化处理，加强屠宰检验。

八、葡萄球菌病

葡萄球菌病(staphylococcosis)是由葡萄球菌(*staphlococci*)引起的人和动物

多种疾病的总称。常引起皮肤的化脓性炎症，也可引起菌血症、败血症和各内脏器官的严重感染。除鸡、兔等可呈流行性发生外，其他动物多为个体的局部感染。

1. 病原　葡萄球菌是革兰氏阳性球菌，无鞭毛，不形成芽孢和荚膜，常呈葡萄串状排列，在脓汁或液体培养基中常呈双球或短链状排列。为需氧或兼性厌氧菌，在普通培养基上生长良好。根据细菌壁的组成、血浆凝固酶、毒素产生和生化反应的不同，可将葡萄球菌属分为金黄色葡萄球菌（*S. aureus*）、表皮葡萄球菌（*S. epidermidis*）和腐生性葡萄球菌（*S. saprophyticus*）3 种，其中主要的致病菌为金黄色葡萄球菌。

葡萄球菌对外界环境的抵抗力较强。在尘埃、干燥的脓血中能存活几个月，加热 80℃ 30 min 才能杀死。对龙胆紫、青霉素、红霉素、庆大霉素敏感，但易产生耐药菌株。

2. 流行病学　葡萄球菌在自然环境中分布极为广泛，绝大多数不致病，仅少数引起人和动物的化脓性感染。葡萄球菌通过各种途径均可感染，破裂和损伤的皮肤黏膜是主要的侵入门户，引起毛囊炎、疖、痈、蜂窝织炎、脓肿以及坏死性皮炎等。经消化道感染可引起食物中毒和胃肠炎；经呼吸道感染可引起气管炎、肺炎。也常成为其他传染病（如鸡传染性贫血）的混合感染或继发感染的病原。

葡萄球菌病的发生和流行，与各种诱发因素有密切关系，如饲养管理条件差、饲养环境恶劣、有并发病存在使机体抵抗力减弱等。

3. 症状和病变

（1）禽：由金黄色葡萄球菌所致，常见于鸡和火鸡，鸭和鹅也可感染发病。主要表现为急性败血症、关节炎和脐炎三大类型。各种年龄的鸡、火鸡、鸭和鹅均可感染发病。40～60 日龄的雏禽多呈败血症型，中雏发生皮肤病，成鸡发生关节炎和关节滑膜炎。脐炎多发生在刚孵出不久的幼雏。败血症型和脐炎型起病急，病程短。关节炎型多呈慢性经过。不论哪种病型发病率均高。败血症型特征性症状是在翼下皮下组织出现浮肿，进而扩展到胸、腹及股内，呈泛发性浮肿。外观呈紫黑色，内含血样渗出液、皮肤脱毛坏死，有时出现破溃，流出污秽血水，并带有恶臭味。有的病禽在体表发生大小不一的出血灶和炎性坏死，形成黑紫色结痂。关节炎型则表现受害关节肿大，呈黑紫色，内含血样浆液或干酪样物，以趾和跖关节常见。脐炎型为雏禽脐孔发炎肿大，有时脐部有暗红色或黄色液体。病程稍长则变成干涸的坏死物。

（2）猪渗出性皮炎：是由表皮（白色）葡萄球菌所致的一种仔猪高度接触性皮肤疾病，多见于 5～6 日龄仔猪。病初首先在肛门和眼睛周围、耳廓和腹部等无被毛处皮肤上出现红斑，发生 3～4 mm 大小的微黄色水疱。迅速破裂，渗出清朗的浆液或黏液，与皮屑、皮脂和污垢混合、干燥后形成微棕色鳞片状结痂，发痒。痂皮脱落，露出鲜红色创面。通常于 24～48 h 蔓延至全身表皮。患病仔猪食欲减退，饮欲增加，并迅速消瘦。一般经 30～40 天可康复，但影响发育。严重病例于发病后 4～6 天死亡。本病也可发生在较大仔猪、育成猪或者是母猪乳房上，但病变轻微，无全身症状。

(3)牛葡萄球菌乳房炎：主要由金黄色葡萄球菌引起，呈急性、亚急性和慢性经过。急性乳房炎患区呈现炎症反应，含有大量脓性絮片的微黄色至微红色浆液性分泌液及白细胞渗入到间质组织中。受害叶水肿、增大、有轻微疼痛。重症患区红肿，迅速增大、变硬、发热、疼痛。乳房皮肤绷紧，呈蓝红色，仅能挤出少量微红色至红棕色含絮片分泌液，带有恶臭味，并伴有全身症状，有时表现为化脓性炎症；慢性乳房炎约占 60%，病初常被忽视，多不表现症状，但产奶量下降。直至在乳中出现絮片才被发现。后期可见因结缔组织增生而硬化、缩小，乳池黏膜出现息肉并增厚。

(4)绵羊传染性乳房炎：是由金黄色葡萄球菌引起的一种病程极为短促的急性坏疽性乳房炎；感染后 24 h 发病，常于 2～3 天死亡。乳房发热、疼痛、高度肿胀。乳房皮肤绷紧呈蓝红色，从脐到耻骨皮下组织水肿。乳房分泌物呈红色至黑红色，带恶臭味。继发巴氏杆菌感染时，乳房分泌液呈水样，含有黄白色絮片。可摸到乳房中有豌豆大至鸡蛋大坚硬结节。继之，触摸有波动感。从乳房中排出一种带有臭味的棕色分泌液。接着患侧乳房硬化。病羊食欲不振和虚弱。因乳房疼痛，放牧时后腿拖地前进，并抵制羔羊吮乳。羔羊表现为皮炎或脓毒血症。

4. 诊断　根据临床症状和流行病学资料可对本病作出初步诊断，最后确诊还需进行微生物学检查。主要是进行病原检查，可采化脓灶的脓汁或败血症病例的血液、肝、脾等涂片，革兰氏染色后镜检，依据细菌的形态、排列和染色特性可作出诊断，必要时进行细菌分离培养。对无污染的病料(如血液等)可接种于血琼脂平板，对已污染的病料应同时接种于 7.5%氯化钠甘露醇琼脂平板，置 37℃ 48 h 后，再室温下 48 h，挑取金黄色、溶血或甘露醇阳性菌落，革兰氏染色，镜检。致病性金黄色葡萄球菌的主要特点是产生金黄色素，有溶血性，发酵甘露醇，产生血浆凝固酶，皮肤坏死和动物致死试验阳性等。

动物接种试验可用分离的葡萄球菌培养物经肌肉(胸肌注射)接种于 40～50 日龄健康鸡，经 20 h 可见注射部位出现炎性肿胀，破溃后流出大量渗出液。24 h 后开始死亡。症状和病变与自然病例相似。

5. 防制　控制本病的发生首先要减少敏感宿主对具有毒力和耐抗生素菌株的接触；还要严格控制有传播病菌危险的病人和病畜。其次，要注意消毒，对手术伤、外伤、脐带、擦伤等按常规操作，被葡萄球菌污染的手和物品要彻底消毒，呈流行性发生时，对周围环境也应采取消毒措施。对动物，主要应加强饲养管理，防止因环境因素的影响而使抗病力降低；防止皮肤外伤，圈舍、笼具和运动场地应经常打扫，注意清除锋利尖锐的物品，防止划破皮肤。如发现皮肤有损伤，应及时给予处置，防止感染。

九、链球菌病

链球菌病（streptococcal diseases）是由链球菌（*Streptococcus*）引起多种动物的一种急性、热性的人畜共患传染病。动物中以猪、牛、羊、马、鸡较常见，也可感染使特定人群发病，并可致死亡，危害严重。链球菌病的临床表现多样，可以引起各种化脓创和败血症，也可表现为各种局限性感染。

1. 病原　链球菌属于链球菌属（*Streptococcus*）。菌体呈圆形或卵圆形，直径 0.5～2.0μm，常呈链状排列，长短不一，是革兰氏阳性球菌。一般无鞭毛，不能运动，不形成芽孢，有些菌株可形成荚膜。根据兰氏（Lancefield）血清学分类法，可以将链球菌分为 20 个血清群。

多数链球菌为兼性厌氧，个别严格厌氧。对营养要求比较苛刻，在血液琼脂上生长 24 h 后形成灰白色、圆形、隆起、光滑、半透明的小菌落，菌落周围形成溶血环。

链球菌对热和普通消毒药抵抗力不强，多数链球菌经 60℃加热 30 min 即可被杀死，煮沸可立即死亡。常用的消毒药如 2%石炭酸、0.1%新洁尔灭、1%煤酚皂液，均可在 3～5 min 内杀死链球菌。

2. 流行病学　链球菌的易感动物较多，猪、马属动物、牛、绵羊、山羊、鸡、兔、水貂以及鱼等均有易感性，猪不分年龄、品种和性别均易感。

患病和病死动物是主要传染源，无症状和病愈后的带菌动物也可排出病菌成为传染源。主要经呼吸道和受损的皮肤及黏膜感染。猪和鸡经各种途径均可感染。

本病的流行带有明显的季节性，以羊链球菌病的流行季节最为明显，多在冬春季节（每年 10 月到次年 4 月）发生；猪链球菌病的流行虽无明显的季节性，一年四季均可发生，但以 7～10 月容易出现大面积流行。

3. 症状和病变　链球菌病临床表现多种多样。

（1）猪：临床上分为猪败血性链球菌病、猪链球菌性脑膜炎和猪淋巴结脓肿三个类型。

①猪败血性链球菌病：潜伏期一般为 1～3 天，长的可在 6 天以上。根据病程

的长短和临床表现，又可分为最急性、急性和慢性三种类型。最急性型发病急、病程短，多在不见任何异常表现的情况下突然死亡。或突然减食或停食，精神委顿，体温升高达41～42℃，卧地不起，呼吸促迫，多在6.5～24 h内迅速死于败血症；急性型常突然发病，病初体温升高达40～41.5℃，继而升高到42～43℃，呈稽留热，精神沉郁、呆立、嗜卧，食欲减少或废绝，喜饮水。眼结膜潮红，有出血斑，流泪。呼吸促迫，间有咳嗽。鼻镜干燥，流出浆液性、脓性鼻汁。颈部、耳廓、腹下及四肢下端皮肤呈紫红色，并有出血点。个别病例出现血尿、便秘或腹泻。病程稍长，多在3～5天内，因心力衰竭死亡；慢性型多由急性型转化而来。主要表现为多发性关节炎，关节周围肌肉肿胀，高度跛行，有痛感，站立困难。严重病例后肢瘫痪。最后因体质衰竭、麻痹死亡。

②猪链球菌性脑膜炎：是以脑膜炎为主要症状的急性传染病。多见于哺乳仔猪和断奶仔猪，较大的猪也可能发生。病初体温升高，停食，便秘，流浆液性或黏液性鼻汁。迅速表现出神经症状。盲目走动，步态不稳，或做转圈运动。磨牙、空嚼。当有人接近时或触及躯体时，发出尖叫或抽搐，或突然倒地，口吐白沫，四肢划动，状似游泳，继而衰竭或麻痹，急性型多在30～36 h死亡；亚急性或慢性型病程稍长，主要表现为多发性关节炎，逐渐消瘦衰竭死亡或康复。

③猪淋巴结脓肿：各种年龄猪均易感，但以刚断奶猪至出栏育肥猪多见。猪淋巴结脓肿以颌下淋巴结发生化脓性炎症为最常见，其次在耳下部和颈部等处淋巴结也常见到。受害淋巴结首先出现小脓肿，逐渐增大，感染后3周可达5 cm以上，局部显著隆起，触之坚硬，有热痛。病猪体温升高、食欲减退，嗜中性白细胞增多。由于局部受害淋巴结疼痛和压迫周围组织，可影响采食、咀嚼、吞咽，甚至引起呼吸障碍。脓肿成熟后自行破溃，流出带绿色、稠厚、无臭味的脓汁，此时全身症状显著减轻。脓汁排净后，肉芽组织新生，逐渐康复。病程2～3周，一般不引起死亡。

猪链球菌病的常见病理变化是脑膜、淋巴结和肺脏充血。急性败血型常表现鼻、气管、肺充血呈肺炎变化。全身淋巴结肿大、出血。心包积液，心内膜出血。肾肿大、出血。胃肠黏膜充血、出血。关节囊内有胶样液体或纤维素脓性物；脑膜炎型表现脑膜充血、出血，脑脊髓白质和灰质有小出血点，脑脊液增加。心包、胸腔、腹腔有纤维性炎；关节炎型表现滑膜血管扩张和充血，出现纤维素性多浆膜炎，关节肿胀、滑膜液增多而混浊，严重者关节软骨坏死，关节周围组织有多发性化脓灶。化脓性淋巴结炎型表现淋巴结肿大、出血，并伴有其他型病理变化。

(2)牛：常见有牛链球菌乳房炎和牛肺炎链球菌病。

①牛链球菌乳房炎：本病分布广泛，一般认为乳牛的感染率为10%～20%。呈急性和慢性经过。急性型病牛乳房明显肿胀、变硬、发热、有痛感。伴有全身不

适，体温稍增高，烦躁不安，食欲减退，产奶量减少或停止。乳房肿胀加剧时则行走困难，常侧卧，呻吟，后肢伸直。病初乳汁保持原样或呈现微蓝色、黄色、微红色，有时出现微细的凝块和絮片。病情加剧时从乳房挤出的分泌液类似血清，呈浆液性出血，含有纤维蛋白絮片和脓块，呈黄色、红黄色或微棕色。主要病变表现为患病乳房组织浆液浸润，组织松弛。切面发炎部分明显膨起，小叶间呈黄白色，柔软有弹性。乳房淋巴结髓样肿胀，切面显著多汁，小点出血。乳池、乳管黏膜脱落、增厚，管腔为脓块和脓栓阻塞。乳管壁为淋巴细胞、白细胞和组织细胞浸润。腺泡间组织水肿、变宽；慢性型多数病例为原发，也有不少病例是从急性转变而来。临床上无明显症状。主要表现为产奶量逐渐下降，乳汁可能带有咸味，有时呈蓝白色水样，细胞含量可能增多，间断地排出凝块和絮片。用手触之可摸到乳腺组织中程度不同的灶性或弥漫性硬肿。乳池黏膜变硬。出现增生性炎症时，则可表现为细颗粒状至结节状突起。主要病变以乳房增生性发炎和结缔组织硬化，部分肥大，部分萎缩为特征。乳房淋巴结肿大。乳池黏膜可见细颗粒性突起。上皮细胞单层变成多层，可能角化。乳管壁增厚，管腔变窄，腺泡变成不能分泌的组织，小叶萎缩，呈浅灰色。切面膨隆，韧度坚实、有弹性、多细孔，部分浆液性浸润。还可见到胡椒粒大至榛果大囊肿。

②牛肺炎链球菌病：是由肺炎链球菌引起的一种急性败血性传染病。主要发生于犊牛，3 周龄以内的犊牛最易感。最急性病例病程短，仅持续几小时。病初全身虚弱，不愿吮乳，发热、呼吸极困难，眼结膜发绀、心脏衰弱、出现神经紊乱，四肢抽搐、痉挛。常呈急性败血性经过，几小时内死亡。如病程延长 1～2 天，鼻镜潮红，流脓液性鼻汁。结膜发炎，消化不良并伴有腹泻。有的发生支气管炎、肺炎伴有咳嗽，呼吸困难，共济失调，肺部听诊有啰音。病变主要表现为浆膜、黏膜、心包出血。胸腔渗出液明显增量并积有血液。脾脏呈充血性增生性肿大，脾髓呈黑红色，质韧如硬橡皮，即所谓“橡皮脾”，是本病特征。肝脏和肾脏充血、出血，有脓肿。成年牛感染则表现为子宫内膜炎和乳房炎。

(3)羊：主要引起败血性链球菌病。自然感染潜伏期为 2～7 天，少数可长达 10 天。最急性型病羊初发症状不易被发现，常于 24 h 内死亡，或在清晨检查圈舍时发现死于圈内。急性型病羊病初体温升高到 41℃以上，精神委顿，垂头、弓背、呆立、不愿走动。食欲减退或废绝，停止反刍。眼结膜充血，流泪，随后出现浆液性分泌物。鼻腔流出浆液性脓性鼻汁。咽喉肿胀，咽部和颌下淋巴结肿大，呼吸困难，流涎、咳嗽。粪便有时带有黏液或血液。最后衰竭倒地，多数窒息死亡，病程多为 2～3 天。亚急性型病羊体温升高，食欲减退。流黏性透明鼻汁，咳嗽，呼吸困难。粪便稀软带有黏液或血液。嗜卧、不愿走动，走时步态不稳。病程 1～2 周。

慢性型病羊一般轻度发热、消瘦、食欲不振、腹围缩小、步态僵硬。有的病羊咳嗽，有的出现关节炎。病程1个月左右，转归死亡。

特征性病理变化可见各个脏器泛发性出血，淋巴结肿大、出血。鼻、咽喉和气管黏膜出血。肺水肿或气肿，出血，出现肝变区。胸、腹腔液及心包液增量。心冠沟及心内外包膜有小点状出血。肝肿大呈泥土色，边缘钝厚，包膜下有出血点；胆囊肿大2～4倍，胆汁外渗。肾脏质脆、变软，出血梗塞，包膜不易剥离。各个器官浆膜面附有黏稠的纤维素性渗出物。

(4)鸡：鸡链球菌病是鸡的一种急性败血性传染病，多发生于雏鸡。根据临诊表现，可分为急性型和慢性型。急性型多不显临诊症状或在出现某些症状后4～7 h突然死亡。慢性型患雏精神不振、眼半闭、昏睡、停食。流出黏液性口水，步态蹒跚。胫骨下关节红肿或趾端发绀。症状出现后1～3天死亡。有些神经症状明显，主要表现为阵发性转圈运动，角弓反张。两翼下垂和足麻痹、痉挛，肌间隙和胸腹壁水肿。个别患雏出现结膜炎，多于3～5天死亡。

(5)人：主要是感染猪链球菌2型等所致。潜伏期平均2～3天，最短可数小时，最长7天。病人感染后发病急，临床表现为畏寒、发热、头痛、头昏、全身不适、乏力、腹痛、腹泻。重症病例迅速进展为中毒性休克综合征、脑膜炎，病死率可高达80%。可分为普通型、休克型、脑膜炎型以及混合型4种临床类型。普通型起病较急，发热、畏寒、头痛、头昏、全身不适、乏力，部分病人有恶心、呕吐、腹痛、腹泻等表现，无休克、昏迷；休克型起病急骤，高热、寒战、头痛、头昏、全身不适、乏力，皮肤出现淤点、淤斑，血压下降，末梢循环障碍；脑膜炎型畏寒、发热、头痛、呕吐、全身不适、乏力，重者出现昏迷，皮肤一般没有淤点及淤斑，无休克表现。脑膜刺激呈阳性，脑脊液呈化脓性改变；混合型在中毒性休克综合征的基础上，出现化脓性脑膜炎表现。

4. 诊断　动物感染可根据临床症状和病理剖检变化进行初步诊断，人感染根据流行病学史（主要是有与病猪接触史）和临床表现也可进行初步诊断，确诊均需进行细菌学检查。

(1)镜检：根据不同的病型采取相应的病料，制成涂片，染色后显微镜下检查，见到单个、成对、短链或呈长链排列的球菌，并且革兰氏染色呈阳性，可以确认为本病。

(2)细菌分离培养鉴定：将可疑病料接种于血液琼脂培养基，24～48 h可见溶血的细小菌落，然后进行生化试验和生长特性鉴定。

5. 防制　采取的主要预防措施包括：做好消毒、清除传染源（病畜隔离治疗，带菌动物尽可能淘汰）；保持环境卫生、消除感染因素（经常打扫圈舍内外卫生）；做好菌苗的预防接种(最好选择与感染株相同血清型菌苗);药物预防(周围发生本病后,可用药物添加于饲料中进行预防)。人员要多注意个人防护,有外伤时应尽量避免接触病猪,不食用病死猪,切割购买的猪肉应使用生熟分开案板,并充分煮熟后食用。

十、牛海绵状脑病

牛海绵状脑病(bovine spongiform encephlopathies,BSE)俗称"疯牛病",是牛的一种神经性、渐进性、致死性疾病。其临床和组织病理学特征是精神失常、共济失调、触听视三觉过敏和死后大脑呈海绵状空泡变性。OIE 将其列为 B 类疫病。

1. 病原　BSE 的病原是一种无核酸的蛋白性侵染颗粒(简称朊病毒或朊粒),是由宿主神经细胞表面正常的一种糖蛋白(PrPc)在翻译后发生某些修饰而形成的异常蛋白(PrPBSE),与原糖蛋白相比,该异常蛋白对蛋白酶具有较强抵抗力。

朊病毒可低温或冷冻保存。134～138℃高压蒸汽 18 min,可使大部分病原灭活,360℃干热条件下,可存活 1 h,焚烧是最可靠的杀灭办法。在 pH 2.1～10.5 范围内稳定。用含 2%有效氯的次氯酸钠及 2 mol/L 的氢氧化钠,在 20℃下作用 1 h 以上用于表面消毒,用于设备消毒则需作用一夜;但在干燥和有机物保护之下,或经福尔马林固定的组织中的病原,不能被上述消毒剂灭活。动物组织中的病原,经过油脂提炼后仍有部分存活。病原在土壤中可存活 3 年。紫外线、放射线不能灭活。乙醇、福尔马林、双氧水、酚等均不能灭活。氯仿和甲醇能使其感染性稍微降低。

2. 流行病学　BSE 于 1986 年最早发现于英国,随后由于英国 BSE 感染牛和肉骨粉的出口,将该病传给其他国家。至 2001 年 1 月,已有英国、爱尔兰、葡萄牙、瑞士、法国、比利时、丹麦、德国、卢森堡、荷兰、西班牙、列支敦士登、意大利、加拿大、日本 15 个国家发生过 BSE。阿曼、福克兰群岛等国家仅在进口牛中发生过 BSE。我国至今未发生过 BSE。

易感动物为牛科动物,包括家牛、非洲林羚、大羚羊以及瞪羚、白羚、金牛羚、弯月角羚和美欧野牛等。易感性与品种、性别、遗传等因素无关。发病以 4～6 岁牛多见,2 岁以下的病牛罕见,6 岁以上牛发病率明显降低。奶牛因饲养时间比肉牛长,且肉骨粉用量大而发病率高。家猫、虎、豹、狮等猫科动物也易感。

3. 症状和病变　BSE 平均潜伏期为 4～5 年。病牛临床表现为精神异常、运动障碍和感觉障碍。精神异常主要表现为不安、恐惧、狂暴等,当有人靠近或追逼时往往出现攻击性行为。运动障碍主要表现为共济失调、颤抖或倒下。病牛步态呈"鹅步"状,四肢伸展过度,有时倒地难以站立。感觉障碍最常见的是对触摸、声音和光过度敏感，这是 BSE 病牛很重要的临床诊断特征。用手触摸或用钝器触压牛的颈部肋部，病牛会异常紧张颤抖，用扫帚轻碰后蹄，也会出现紧张的踢腿反应；病牛听到敲击金属器械的声音，会出现震惊和颤抖反应；病牛在黑暗环境中，对突然打开的灯光，出现惊吓和颤抖反应。

BSE 无大体解剖病变，大多数病例以脑组织呈海绵状空泡变性为特征。

4. 诊断　根据临床症状只能做出疑似诊断，确诊需进一步做实验室诊断，主要包括：

(1)病原检查：目前尚无 BSE 病原的分离方法。生物学方法，即用感染牛或其他动物的脑组织通过非胃肠道途径接种小鼠，是目前检测感染性的唯一方法。但因潜伏期至少在 300 天以上，而使该方法无实际诊断意义。

(2)脑组织病理学检查：在病畜死后立即取整个大脑以及脑干或延脑，经 10% 福尔马林盐水固定后送检。以病牛脑干核的神经元空泡化和海绵状变化的出现为检查依据。在组织切片效果较好时，确诊率可达 90%。本法是最可靠的诊断方法，但需在牛死后才能确诊，且检查需要较高的专业水平和丰富的神经病理学观察经验。

(3)免疫组织化学法：检查脑部的迷走神经核群及周围灰质区的特异性 PrP 的蓄积，本法特异性高，成本低。

(4)电镜检查：检测痒病相关纤维蛋白类似物(SAF)。

(5)免疫转印技术：检测新鲜或冷冻脑组织(未经固定)抽提物中特异性 PrP 异构体，本法特异性高，时间短，但成本较高。

5. 防制　本病尚无有效治疗方法。主要应采取以下措施，减少 BSEs 病原在动物中的传播：

(1)根据 OIE《陆生动物卫生法典》的建议，建立 BSE 的持续监测和强制报告制度。

(2)禁止用反刍动物源性饲料饲喂反刍动物。

(3)禁止从 BSE 发病国或高风险国进口活牛、牛胚胎和精液、脂肪、MBM(肉骨粉)或含 MBM 的饲料、牛肉、牛内脏及有关制品。

(4)一旦发现可疑病牛，立即隔离并报告当地动物防疫监督机构，力争尽早确诊。确诊后扑杀所有病牛和可疑病牛，甚至整个牛群，并根据流行病学调查结果采取进一步措施。

第三节 家禽主要传染病

一、新城疫

新城疫(Newcastle disease,ND)也称亚洲鸡瘟或伪鸡瘟,是由新城疫病毒(Newcastle disease virus,NDV)引起鸡和火鸡的一种急性、高度接触性传染病,常呈败血症经过。主要特征是呼吸困难、下痢、神经紊乱、黏膜和浆膜出血。本病1926年首次发现于印度尼西亚,同年发现于英国新城,根据发现地名而命名为新城疫。本病分布于世界各地,1928年我国已有本病的记载,是严重危害养鸡业的重要疾病之一。

1.病原　新城疫病毒属于副黏病毒科(Paramyxoviridae)、禽腮腺炎病毒属(Rubulavirus)。完整病毒粒子呈圆形,有囊膜,在囊膜的外层呈放射状排列的突起物(或称纤突),具有能刺激宿主产生抑制红细胞凝集素和病毒中和抗体的抗原成分。病毒核酸类型为单股、负链、不分节段的RNA。在NDV基因组上依次排列着NP、P、M、F、HN和L基因,分别编码核衣壳蛋白(NP)、磷蛋白(P)、基质蛋白(M)、融合蛋白(F)、血凝素-神经氨酸酶(HN)和大分子蛋白(L)等6种主要的结构蛋白。

目前NDV只有一个血清型,但不同毒株的毒力存在明显差异,对鸡的致病性也有明显差异。通常依据鸡胚平均死亡时间(MDT),1日龄雏鸡脑内接种致病指数(ICPI)和6周龄鸡静脉注射致病指数(VPI)来确定NDV的毒力。根据致病性试验可以将NDV区分为强毒力毒株、中等毒力毒株和低毒力毒株三个型。

NDV能在鸡胚中很好的生长繁殖,通常采用尿囊腔途径进行接种,强毒株能很快致死鸡胚。NDV能在鸡胚成纤维细胞(CEF)等多种细胞上生长,可引起细胞病变。在单层细胞培养上能形成蚀斑,毒力越强蚀斑越大。

NDV能够凝集鸡、火鸡、鸭、鹅及某些哺乳动物(人、豚鼠)的红细胞,称为红细胞凝集现象,这种特性与病毒囊膜上纤突所含血凝素和神经氨酸酶有关。这种血凝现象能被抗NDV的抗体所抑制,因此可用血凝试验(HA)和血凝抑制试验(HI)来鉴定NDV病毒和进行血清流行病学调查。

一般消毒药均对NDV有杀灭作用,常用的消毒药如2%氢氧化钠、5%漂白粉、70%酒精,20 min即可将NDV杀死。不同毒株对热的稳定性有较大的差异,但在低温条件下抵抗力强,在4℃可存活1～2年,−20℃时能存活10年以上。

2.流行病学　本病以鸡的易感性最高,鸽子、鹌鹑、鹦鹉、火鸡、鹅、鸭、鸵鸟等都可感染发病，近年鹅和鸭等水禽的新城疫发病率有增高的趋势。

本病的主要传染源是病鸡以及流行间歇期的带毒鸡，健康鸡接触病鸡及其排泄物、分泌物、污染的饲料、饮水、垫料等，通过呼吸道、眼结膜以及消化道感染发病。

本病一年四季均可发生，但以春秋两季较多。不同年龄、品种和性别的鸡均能感染，但幼雏的发病率和死亡率明显高于大龄鸡。

3. 症状和病变 自然感染的潜伏期一般为3～5天，根据临床表现和病程的长短，可分为最急性、急性、亚急性或慢性三型。最急性型病鸡突然发病，常无特征症状而迅速死亡，多见于流行初期和雏鸡；急性型病鸡病初体温升高达43～44℃，食欲减退或废绝，有渴感，精神委靡，不愿走动，垂头缩颈或翅膀下垂，眼半开或全闭，状似昏睡，鸡冠及髯渐变暗红色或暗紫色。母鸡产蛋停止或产软壳蛋。随着病程的发展出现比较典型的症状，病鸡咳嗽，呼吸困难，张口呼吸。嗉囊内充满液体内容物，倒提时常有大量酸臭液体从口内流出。粪便稀薄，呈黄绿色或黄白色，有时混有少量血液，后期排出蛋清样的排泄物。有的病鸡还出现神经症状，如翅、腿麻痹等，最后体温下降，不久在昏迷中死亡；亚急性或慢性型病鸡初期症状与急性相似，不久后渐见减轻，但同时出现神经症状，患鸡翅、腿麻痹，跛行或站立不稳，头颈向后或向一侧扭转，常伏地旋转，动作失调，反复发作，最终瘫痪或半瘫痪，一般经10～20天死亡。此型多发生于流行后期的成年鸡，病死率较低。

鸡群在具备一定免疫水平时遭受强毒攻击会发生非典型ND，其主要特点是：多发生于有一定抗体水平的免疫鸡群；病情比较缓和，发病率和死亡率都不高；成鸡产蛋量突然下降，严重者可达50%以上，蛋品质变差，不合格蛋增多。

典型发病时，本病的主要病变是全身黏膜和浆膜出血，淋巴系统肿胀、出血和坏死，尤其以消化道和呼吸道最为明显。腺胃黏膜水肿，其乳头或乳头间有鲜明的出血点，或有溃疡和坏死，这是比较特征性的病变。肌胃角质层下也常见有出血点。盲肠扁桃体常见肿大、出血和坏死。气管出血或坏死，周围组织水肿。肺有时可见淤血或水肿。心冠脂肪有细小如针尖大的出血点。产蛋母鸡的卵泡和输卵管显著充血，卵泡膜极易破裂以致卵黄流入腹腔引起卵黄性腹膜炎。

免疫鸡群发生新城疫时，其病变通常不很典型，仅见黏膜卡他性炎症、喉头和气管黏膜充血，腺胃乳头出血少见，但多剖检数只，可见有的病鸡腺胃乳头有少数出血点，直肠黏膜和盲肠扁桃体多见出血。

4. 诊断 根据本病的流行病学、临床症状和剖检变化可作出初步诊断，确诊需要进行病毒分离及病毒毒力鉴定。

(1)病毒分离鉴定：将处理的组织样品接种9～10日龄SPF鸡胚，37℃孵育

3～4 天，收集尿囊液进行 HA 测定，具有血凝性再利用 NDV 特异性阳性血清进行 HI 试验确定 NDV 存在。

(2)毒力测定：根据鸡胚平均死亡时间（MDT），1 日龄雏鸡脑内接种致病指数（ICPI）和 6 周龄鸡静脉注射致病指数（VPI）来确定 NDV 的毒力。

(3)血清学检测：检测 NDV 抗体可用 HI 试验、ELISA 以及中和试验等进行。

5. 防制　ND 的防控必须采用综合的防治措施，要建立严格的卫生防疫制度，防止一切可能带毒的动物和污染的物品进入鸡群，出入人员和车辆也应严格消毒；防止一切可能导致鸡群应激的因素；做好雏鸡的隔离防护工作；做好鸡群的免疫并加强免疫监测。

二、禽传染性法氏囊病

禽传染性法氏囊病（infectious bursal disease，IBD）是由传染性法氏囊病病毒（infectious bursal disease virus，IBDV）引起幼鸡的一种急性、高度接触性传染病。该病以法氏囊肿胀、出血、坏死，胸肌、腿肌出血，肾脏肿大为主要特征。幼鸡感染后，还可导致免疫抑制，并可诱发多种疫病或使多种疫苗免疫失败。

1. 病原　传染性法氏囊病病毒，属于双 RNA 病毒科（Bimaviridae）、禽双链 RNA 病毒属（Avibirnavirus）。病毒粒子呈球型，为 20 面体立体对称结构，直径为 20～60 nm，单层衣壳，无囊膜。病毒无红细胞凝集特性。病毒基因组为双链 RNA，分成 A、B 两个片段，A 片段编码病毒蛋白 VP2～VP5，B 片段编码 VP1。VP1 是与病毒自身复制有关的 RNA 聚合酶，VP2 和 VP3 是病毒的主要结构蛋白，VP2 是病毒的主要保护性抗原，VP4 是与病毒自身蛋白加工有关的蛋白酶，VP5 与病毒的释放和体内传播有关。

IBDV 能在鸡胚上生长繁殖，分离病毒最佳接种途径是绒毛尿囊膜（CAM）接种，通常接种后 3～5 天鸡胚死亡，胚胎全身水肿，头部和趾部充血和小点出血，肝有斑驳状坏死。IBDV 适应鸡胚后可在鸡胚成纤维细胞上培养，经 2～3 代后，可产生细胞病变，并能形成蚀斑。

目前已知 IBDV 有两个血清型，即血清 1 型和血清 2 型。血清 1 型病毒为鸡源毒株，对鸡致病，是鸡 IBD 的病原；血清 2 型病毒为火鸡源毒株，通常对鸡和火鸡均无致病性。

IBDV 对理化因素抵抗力较强，加热 56℃ 5 h、60℃ 90 min 仍能存活；在 －20℃环境保存 3 年后，对鸡仍有感染力。病毒对乙醚、氯仿、酚类和季铵盐等都有较强的抵抗力，但对含氯化合物、含碘制剂、甲醛敏感。

2. 流行病学　IBDV 自然感染仅发生于鸡，各种品种的鸡都能感染，但以 3～

6周龄的雏鸡最易感。成年鸡一般呈隐性经过。本病全年均可发生,无明显季节性。

病鸡是主要的传染源,鸡可通过直接接触传播或接触污染了IBDV的饲料、饮水、垫料、尘埃、用具、车辆、人员、衣物等间接传播。IBDV不仅可通过消化道和呼吸道感染,还可通过污染了病毒的蛋壳传播,但未有证据表明可以经卵传播。

本病往往突然发生,传播迅速,通常在感染后第3天开始死亡,5～7天达到高峰,以后很快停息,表现为高峰死亡和迅速康复的曲线。死亡率差异很大,有的仅为3%～5%,一般为15%～20%,严重发病群死亡率可达60%以上,不少国家报道存在IBD超强毒株,死亡率可高达70%以上。

3.症状和病变 本病潜伏期通常为2～3天,最初发现有些鸡啄自己的泄殖腔。病鸡羽毛蓬松,采食减少,畏寒,常打堆在一起,精神委顿,随即病鸡出现腹泻,排出白色黏稠和水样稀粪。严重者病鸡头垂地,闭眼呈昏睡状态。在后期体温低于正常,严重脱水,极度虚弱,最后死亡。法氏囊的病变具有特征性,可见法氏囊内黏液增多,法氏囊水肿和出血,体积增大,重量增加,比正常重2倍,5天后法氏囊开始萎缩,切开后黏膜皱褶多混浊不清,黏膜表面有点状出血或弥漫出血。严重者法氏囊内有干酪样渗出物。胸肌、腿肌可见出血。肾脏有不同程度的肿胀。腺胃和肌胃交界处见有条状出血点。

4.诊断 本病诊断相对较为容易,通常根据本病的流行病学和病变的特征,如突然发病,传播迅速,发病率高,有明显的高峰死亡曲线和迅速康复的特点。法氏囊水肿和出血,体积增大,黏膜皱褶多混浊不清,严重者法氏囊内有干酪样分泌物,就可作出诊断。

(1)病原分离鉴定:可取发病鸡的法氏囊组织,经磨碎后制成悬液,接种于10～11日龄SPF鸡胚绒毛尿囊膜(CAM)上。死亡鸡胚可见到胚胎水肿、出血。再利用IBDV特异性阳性血清进行琼脂扩散试验(AGP)来鉴定病毒,也可利用PCR进行鉴定。也可以取病死鸡的法氏囊,制成悬液,经鼻或口服感染21～25日龄易感鸡,在感染后48～72 h出现症状,死亡剖检见法氏囊有特征性病变。

(2)血清学检测:IBDV抗体可以利用琼脂扩散试验(AGP)和ELISA方法进行检测。

5.防制 加强环境卫生的消毒工作是控制本病的关键措施,必须贯穿种蛋、孵化、育雏的全过程,选用有效消毒药对育雏舍、用具、鸡笼等进行喷洒消毒,间隔4～6 h,反复消毒2～3次。在彻底消毒的育雏舍内育雏可以防止早期感染。生产中应尽可能提高种鸡的抗体水平,以提供较高的母源抗体保护子代雏鸡避免早期感染。

确定IBDV的首次免疫日龄是很重要的,实践中首免时间通常以ELISA试验测定雏鸡母源抗体水平及其衰减规律来确定。

鸡群发病后，必须立即清除患病鸡、病死鸡，应深埋或焚烧。选择合适的消毒药对鸡舍、鸡体表及周围环境进行严格彻底消毒。病雏早期利用高免血清或卵黄抗体治疗通常可获得较好的疗效。

三、鸡传染性支气管炎

鸡传染性支气管炎(avian infectious bronchitis，IB)是由鸡传染性支气管炎病毒(avian infectious bronchitis virus，IBV)引起的鸡的一种急性、高度接触传染性的呼吸道疾病。其特征是病鸡咳嗽、打喷嚏、呼吸困难和气管发生啰音。除肾型传支外死亡率一般较低。产蛋鸡感染通常表现为产蛋率降低，蛋品质下降。本病广泛流行于世界各地，是养鸡业的重要疫病。

1. 病原　鸡传染性支气管炎病毒属于冠状病毒科(Coronaviridae)、冠状病毒属(Coronavirus)，为单股正链 RNA 病毒。病毒粒子多数呈圆形，有囊膜，囊膜表面有花冠状的纤突。纤突蛋白 S1 片段与诱导产生病毒中和抗体和血凝抑制抗体有关，S2 片段与病毒吸附细胞有关。IBV 本身没有血凝特性，但是经胰酶、卵磷脂酶 C、家兔 A 型魏氏梭菌等处理后具有血凝活性。

IBV 能在 10～11 日龄的鸡胚中生长繁殖，病毒接种鸡胚后，多数鸡胚能存活，少数死亡。胚胎特征性变化是：发育受阻、胚体萎缩成小丸形，羊膜增厚，紧贴胚体，卵黄囊缩小，尿囊液增多等。病毒还能在 15～18 日龄的鸡胚肾、肺、肝细胞上生长，也可以在非洲绿猴细胞株中连续传代。但最常用的是鸡胚肾细胞，多次传代后可产生细胞病变，细胞表现为胞浆融合，形成合胞体，继而细胞坏死，相应的抗血清能抑制病毒致细胞病变作用。

鸡传染性支气管炎病毒至少有 30 多种血清型，并且不同血清型之间的交叉保护能力很弱或没有。IB 在临诊上分为呼吸型、肾型、肠型和肌肉型等，呼吸型毒株如 Connecticut(简称 Conn 株)和 Massachusetts 血清型的 M41 等，肾型毒株如 Holte、Gray 和澳大利亚 T 株，肠型代表毒株为 G 株，肌肉型代表毒株为 4/91 或 793/B。

IBV 在－30℃可存活 24 年，多数病毒株在 56℃ 15 min 即被灭活。病毒对一般消毒剂敏感，在 0.01%高锰酸钾溶液、1%的福尔马林溶液、2%的氢氧化钠溶液中 3 min 内即可死亡。

2. 流行病学　本病自然情况下仅发生于鸡，各种年龄的鸡都可感染发病，但雏鸡表现最为严重。一年四季均可发生，但以冬春寒冷季最为严重。环境因素主要是冷、热、拥挤、通风不良，特别是强烈的应激作用如疫苗接种、转群等可诱发该病发生。

本病的主要传播方式是病鸡从呼吸道排出病毒，经空气飞沫传染给易感鸡。也可通过污染的饲料、饮水等经消化道传染。

3.症状和病变　本病自然感染的潜伏期为 36 h 或更长一些。本病的发病率高，病程多为 1～2 周。

(1)雏鸡：无前驱症状，全群几乎同时突然发病。最初表现呼吸道症状，流鼻涕、流泪、鼻肿胀、咳嗽、打喷嚏、伸颈张口喘气。夜间听到明显嘶哑的叫声。随着病情发展，症状加重，缩头闭目、垂翅挤堆、食欲不振、饮欲增加，如治疗不及时，有个别死亡现象。

(2)产蛋鸡：表现轻微的呼吸困难、咳嗽、气管啰音，有“呼噜”声。精神不振、减食、拉黄色稀粪，症状不很严重，有极少数死亡。发病第 2 天产蛋率开始下降，1～2 周下降到最低点，有时产蛋率可降到一半，并产软蛋和畸形蛋，蛋清变稀，蛋清与蛋黄分离，种蛋的孵化率也降低。产蛋率回升情况与鸡的日龄有关，产蛋高峰的成年母鸡，如果饲养管理较好，经 2 个月基本可恢复到原来水平，但老龄母鸡发生此病，产蛋率大幅度下降，很难恢复到原来的水平，可考虑及早淘汰。

(3)肾病变型：多发于 20～50 日龄的幼鸡。在感染肾型 IBV 时，由于肾脏功能的损害，病鸡除有呼吸道症状外，还可引起肾炎和肠炎。症状呈现两阶段性：第一阶段有几天呼吸道症状，随后又有几天症状消失的“康复”阶段；第二阶段就开始排水样白色或绿色粪便，并含有大量尿酸盐。病鸡失水，表现虚弱嗜睡，鸡冠褪色或呈紫蓝色。病程一般比呼吸型稍长(12～20 天)，死亡率也高(20%～30%)。

该病主要病变是气管、支气管、鼻腔和窦内有浆液性、卡他性和干酪样渗出物。气囊可能混浊或含有黄色干酪样渗出物。病死鸡后段气管或支气管中可能有一种干酪性的栓子。在大的支气管周围可见到小灶性肺炎。产蛋鸡的腹腔内可以发现液状卵黄物质，卵泡充血、出血、变形。18 日龄以内幼雏，有的见输卵管发育异常，致使成熟期不能正常产蛋。肾肿大出血，多数呈斑驳状的“花肾”，肾小管和输尿管因尿酸盐沉积而扩张。

4.诊断　根据流行特点、临床症状及特征性的病变可以做出初步诊断，有时需要进行实验室检验。

(1)病毒分离鉴定：采取急性期病鸡气管分泌物或肾组织，制成悬液并除菌后经尿囊腔接种于 10～11 日龄 SPF 鸡胚。接种胚孵化至 18～19 天，可使鸡胚发育受阻表现为侏儒胚或卷缩胚，这是本病毒的特征。初步分离物可以通过中和试验进行鉴定或血清分型。

(2)气管环(TOC)培养：无菌取 18～20 日龄 SPF 鸡胚气管，剪成 1 mm 厚气管环进行培养，在倒置显微镜下可见气管环纤毛运动活泼。感染 IBV 1～4 天后则可见纤毛运动停止，继而上皮细胞脱落。此法也可作为 IBV 分离、滴定及血清分型用。

(3)血清学检测：由于 IBV 血清型较多且交叉保护能力弱或没有，不同血清学方法对群特异和型特异抗原反应不同。酶联免疫吸附试验(ELISA)一般用于群特异血清检测；而中和试验、血凝抑制试验一般可用于初期反应抗体的型特异抗体检测。

5. 防制　本病预防应考虑减少诱发因素，提高鸡只的免疫力。清洗和消毒鸡舍后，引进无传染性支气管炎病疫情鸡场的鸡苗，搞好雏鸡饲养管理，鸡舍注意通风换气，防止过于拥挤，注意保温，适当补充雏鸡日粮中的维生素和矿物质，制定合理的免疫程序。由于雏鸡早期感染对产蛋期影响较大，因此要特别注意雏鸡早期的隔离防护。

四、鸡马立克氏病

马立克氏病(Marek's disease，MD)是由马立克氏病毒(Marek's disease virus，MDV)引起的一种鸡淋巴组织增生性传染病，是最常见肿瘤性疾病。该病以外周神经、性腺、虹膜以及各种脏器肌肉和皮肤的单核性细胞浸润为特征。MD 存在于世界所有养禽国家和地区，对养鸡业危害巨大。

1. 病原　马立克氏病病毒属于疱疹病毒科(Herpesviridae)、马立克氏病毒属(Mardivirus)，是一种细胞结合性病毒。MDV 的基因组为线性双链 DNA，裸体病毒粒子直径 85～100 nm，有囊膜的病毒粒子直径可达 273～400 nm。

根据抗原性不同，MDV 可分三个血清型，即血清 1 型、血清 2 型和血清 3 型。血清 1 型包括所有致瘤的马立克氏病毒，含强毒及其致弱的变异毒株；而血清 2 型包括所有不致瘤的马立克氏病毒；血清 3 型包括所有的火鸡疱疹病毒及其变异毒株。

分离 MDV 以卵黄囊接种较好，也能在鸡胚绒毛尿囊膜上产生典型的痘斑，还能在鸡肾细胞、鸡胚成纤维细胞和鸭胚成纤维细胞上生长产生痘斑。MDV 对理化因素作用的抵抗力不强，对热、酸、有机溶剂及消毒药抵抗力也较弱，5%福尔马林、3%来苏儿、2%火碱以及甲醛蒸汽熏蒸等均可杀死该病毒。

2. 流行病学　鸡是最重要的自然宿主，不同品种或品系的鸡均能感染 MDV，但对发生 MD(肿瘤)的抵抗力差异很大。感染时鸡的年龄对发病有很大影响，特别是出雏和育雏室的早期感染可导致很高的发病率和死亡率。年龄大的鸡发生感染，病毒可在体内复制，并随脱落的羽囊皮屑排出体外，但大多不发病。通常母鸡比公鸡对 MD 更易感。

病鸡和带毒鸡是主要的传染源，尤其是这类鸡的羽毛囊上皮内存在大量完整的病毒，随皮肤代谢脱落后污染环境，成为在自然条件下最主要的传染来源。病毒通过直接或间接接触经气源传播。本病不发生垂直传播。人工感染可用病鸡血液、肿瘤匀浆悬液或无细胞病毒接种 1 日龄易感雏鸡，或与感染鸡直接或间接接触。

3. 症状和病变　本病是一种肿瘤性疾病，潜伏期较长，受病毒的毒力、剂量、感染途径和鸡的遗传品系、年龄和性别的影响，存在很大差异。一般可分为神经型、内脏型、眼型和皮肤型。

(1)神经型：主要表现为步态不稳、共济失调。特征症状是一肢或多肢麻痹或瘫痪，形成一腿伸向前方、一腿伸向后方，翅膀麻痹下垂(俗称穿大褂)。颈部麻痹致使头颈歪斜，嗉囊因麻痹而扩大(俗称大嗉子)。剖检可见受害神经肿胀变粗，常发生于坐骨神经、颈部迷走神经、臂神经丛、腹腔神经丛和肠系膜神经丛，神经纤维横纹消失，呈灰白或黄白色。

(2)内脏型：常侵害幼龄鸡，死亡率高。剖检可见内脏器官有灰白色的淋巴细胞性肿瘤，呈灰白色，质地坚硬而致密，有时肿瘤呈弥漫性，使整个器官变得很大。常见于性腺(尤其是卵巢)，其次是肾、脾、心、肝、肺、胰、肠系膜、腺胃、肠道、肌肉等器官组织。

(3)眼型：主要侵害虹膜，单侧或双眼发病，视力减退，甚至失明。可见虹膜增生褪色，呈混浊的淡灰色(俗称灰眼或银眼)。瞳孔收缩，边缘不整呈锯齿状。

(4)皮肤型：以皮肤毛囊形成小结节或肿瘤为特征。最初见于颈部及两翅皮肤，以后遍及全身皮肤。

4. 诊断　根据典型临床症状和病理变化可做出初步诊断，确诊需进一步做实验室检查。

(1)病原检查：病毒分离鉴定可采集病鸡血液，分离白细胞并接种敏感细胞，在几天内会出现特征性的蚀斑。使用马立克氏病抗血清利用琼脂免疫扩散试验(AGP)确定病鸡羽毛囊中是否存在病毒也是一种简单易行的方法。

(2)血清学检测：可以利用琼脂扩散试验、直接或间接荧光实验、中和试验以及酶联免疫吸附试验检测 MDV 抗体。

(3)鉴别诊断：本病所致肿瘤常需与白血病、禽网状内皮组织增生症所致肿瘤相区别，一般需进行病理学组织学检查。

5. 防制　疫苗接种是防制本病的关键，以防止出雏室和育雏室早期感染为中心的综合性防制措施对提高免疫效果和减少损失亦有重要作用。

用于制造疫苗的病毒有三种：人工致弱的1型MDV(如CVI988)、自然不致瘤的2型MDV(如SBl,Z4)和3型MDV(HVT)(如FCl26)。HVT疫苗可制成冻干制剂，保存和使用较方便。1型毒和2型毒只能制成细胞结合疫苗，需在液氮条件下保存。

早期感染可能是引起免疫鸡群超量死亡最重要原因，因为疫苗接种后通常需5～7天才能产生坚强免疫力，而在这段时间内在出雏室和育雏室都有可能发生感染。

五、禽传染性喉气管炎

传染性喉气管炎(infectious laryngotracheitis,ILT)是由传染性喉气管炎病毒(infectious laryngotracheitis virus,ILTV)引起的一种急性、接触性上呼吸道传染病。该病的主要特征是呼吸困难、咳嗽和咳出含有血样的渗出物，剖检时可见喉部、气管黏膜肿胀、出血和糜烂。在病的早期患部细胞可形成核内包涵体。本病1925年在美国首次报道，现已遍及世界许多养鸡地区。

1.病原　传染性喉气管炎病毒属于疱疹病毒科(Herpesviridae)、传染性喉气管炎病毒属(Iltovirus)的鸡疱疹病毒1型(gallid herpesvirus 1)。ILTV基因组为双股DNA，病毒粒子呈球型，直径80～100 nm，二十面体立体对称，有囊膜。

病毒大量存在于病鸡的气管组织及其渗出物中。ILTV容易在鸡胚中繁殖，通过绒毛尿囊膜途径接种后48 h会形成白色不透明的痘斑，感染鸡胚通常2～12天发生死亡。病毒易在鸡胚细胞(鸡胚肝细胞、鸡胚肾细胞)及鸡肾细胞中增殖，病毒接种后4～6 h，就可引起细胞肿胀，核染色质变位和核仁变圆，胞浆融合，36～48 h后，可成为多核的巨细胞(合胞体)，随着培养时间的延长，多核细胞的胞浆出现大的空泡，并且由于细胞变性而变为嗜碱性。接种后12 h，可在细胞核内检出包涵体。

ILTV的不同毒株在致病性和抗原性上均有差异，但被认为只有一个血清型。本病毒对外界环境的抵抗力不强，55℃只能存活10～15 min，37℃存活22～24 h，但在13～23℃中能存活10天。兽医上常用的消毒药如3%来苏儿、1%苛性钠溶液或5%石炭酸1 min即可杀死病毒。甲醛、过氧乙酸等消毒药也有较好消毒效果。

2.流行病学　在自然条件下，主要侵害鸡，不同年龄的鸡均易感，但以成年鸡的症状最具特征性。野鸡、鹌鹑、孔雀、幼火鸡也可感染。

病鸡和康复后的带毒鸡是主要传染源。病毒存在于气管和上呼吸道分泌液中，通过咳出血液和黏液经上呼吸道传播，污染的垫料、饲料和饮水，也可成为传播媒介。易感鸡与接种活苗的鸡长时间接触，也可感染本病。

本病一年四季均可发生，秋冬寒冷季节多发。

3. 症状和病变　ILTV 自然感染的潜伏期为 6～12 天，人工气管接种后 2～4 天即可发病。

急性病例的特征症状是鼻孔有分泌物和呼吸时发出湿性啰音，继而咳嗽和喘气。严重病例呈现明显的呼吸困难，咳出带血的黏液，有时死于窒息。检查口腔时，可见喉部黏膜上有淡黄色凝固物附着，不易擦去。病鸡迅速消瘦，鸡冠发紫，有时排绿色稀粪，衰竭死亡。病程 5～7 天或更长。最急性病例可于 24 h 左右死亡，多数 5～10 天或更长，不死者多经 8～10 天恢复，有的可成为带毒鸡；亦有些比较缓和的呈地方流行性，其症状为生长迟缓，产蛋减少、流泪、结膜炎，严重病例见眶下窦肿胀，病鸡多死于窒息，呈间隙性死亡。

典型的病变为喉和气管黏膜充血和出血。喉部黏膜肿胀，有出血斑，并覆盖含黏液性分泌物，有时这种渗出物呈干酪样假膜，可能会将气管完全堵塞。炎症也可扩散到支气管、肺和气囊或眶下窦。比较缓和的病例，仅见结膜和窦内上皮的水肿及充血。组织学检查可见黏膜下水肿，有细胞浸润。在病的早期可见核内包涵体。

4. 诊断　ILT 的诊断相对较为容易，根据流行病学，特征性症状和典型的病变，即可作出诊断。在症状不典型，与传染性支气管炎、鸡毒支原体病不易区别时，须进行实验室诊断。

(1)病毒分离鉴定：采集病鸡的喉头、气管黏膜和分泌物，经无菌处理后，接种 10～11 天的 SPF 鸡胚绒毛尿囊膜上，接种后 4～5 天鸡胚死亡，可见绒毛尿囊膜增厚，有灰白色痘斑样坏死病灶。

(2)包涵体检查：取发病初期(1～5 天)的喉头黏膜上皮或者将病料接种鸡胚，取死胚的绒毛尿囊膜作包涵体检查，可见细胞核内有包涵体。

(3)动物接种：病鸡的气管分泌物或组织悬液，经喉头或鼻腔或气管接种易感鸡和雏鸡，2～5 天可出现典型的传染性喉气管炎症状和病变。

(4)血清学检查：荧光抗体试验、琼脂扩散试验、中和试验、ELISA 等。

5. 防制　严格坚持隔离、消毒等措施，不引进带病鸡，发现病鸡应立即隔离，并实行全进全出的饲养方式。本病流行的地区，可考虑接种鸡传染性喉气管炎疫苗。

六、禽白血病

禽白血病(avian leukemia，AL)是由禽白血病/肉瘤病毒群中的病毒引起的禽类多种肿瘤性疾病的统称，自然条件下最常见的是淋巴细胞性白血病(LL)，其次为成红细胞性白血病、成髓细胞性白血病。

1. 病原 禽白血病病毒(avian leukemia virus,ALV)属于反转录病毒科(Retroviridae)、α 反转录病毒属(alpha retrovirus)。禽白血病病毒与肉瘤病毒紧密相关,因此统称为禽白血病/肉瘤病毒。病毒粒子近球形,直径 80～120 nm。病毒 RNA 基因组大小约为 7.2 kb,结构基因顺序(从 5′→3′端)为 *gag-pol-env*,分别编码群特异(gs)抗原、依赖 RNA 的 DNA 聚合酶(反转录酶)和囊膜糖蛋白。*gag* 基因编码至少 4 种非糖基化蛋白质,其中包括主要 gs 抗原 p27。*env* 基因编码两种糖蛋白,其中包括决定亚群特异性的 gp85。

根据囊膜糖蛋白抗原差异,病毒可被分为 A、B、C、D、E 和 J 六个亚群。A、B、C、D 亚群属于外源性病毒,其中 A、B 亚群的病毒是现场最常见的外源性病毒;E 亚群病毒则包括无所不在的内源性白血病病毒,致病力较低;J 亚群病毒最初从肉用型鸡中分离获得,也能感染蛋鸡。

禽白血病病毒的多数毒株能在 11～12 日龄鸡胚中生长,可在绒毛尿囊膜产生增生性痘斑。多数禽白血病病毒也可在鸡胚成纤维细胞培养物内生长,通常不产生任何明显细胞病变,但可通过 ELISA 等血清学方法来检查病毒的存在。

2. 流行病学 鸡是本群所有病毒的自然宿主,不同品种或品系的鸡对病毒感染和肿瘤发生的抵抗力差异很大。母鸡的易感性比公鸡高。

外源性 LLV 的传播方式有两种,即通过种蛋从母鸡到子代的垂直传播和通过直接或间接接触从鸡到鸡的水平传播。垂直传播在流行病学上十分重要,因为它使感染从一代传到下一代。大多数鸡通过与先天感染鸡的密切接触获得感染。通常感染鸡只有一小部分发生淋巴白血病(LL),但不发病的鸡可带毒并排毒。出生后最初几周感染病毒的鸡 LL 发病率高,虽感染时间后移,则 LL 发病率迅速下降。

内源性白血病病毒通常通过公鸡和母鸡的生殖细胞遗传传递,多数有遗传缺陷,不产生传染性病毒粒子,少数无缺陷,在胚胎或幼雏也可产生传染性病毒,像外源性病毒那样传递,但大多数鸡对它有遗传抵抗力。内源性病毒无致瘤性或致瘤性很弱。

3. 症状和病变 由于感染的毒株不同,临床症状和病理变化不同。

(1)淋巴白血病(LL):潜伏期长,自然病例通常见于 14 周龄以后,以性成熟时发病率最高。LL 无特异症状,可见病鸡精神委顿,全身衰弱,进行性消瘦和贫血,鸡冠、肉髯苍白,皱缩,偶见发绀。病鸡食欲减少或废绝,腹泻,产蛋停止。腹部常明显膨大,用手按压可摸到肿大的肝脏,最后病鸡衰竭死亡。剖检可见肿瘤主要发生于肝、脾、肾、法氏囊,也可侵害心肌、性腺、骨髓、肠系膜和肺。肿瘤呈结节形或弥漫形,灰白色到淡黄白色,大小不一,切面均匀一致,很少有坏死灶。组织学检查可见所有肿瘤组织都是灶性和多中心性的，由成淋巴细胞（淋巴母细胞）组成，全部处于原始发育阶段。

（2）成红细胞性白血病：比较少见，通常发生于6周龄以上的高产鸡。临床上分为增生型和贫血型。增生型相对较常见，主要特征是血液中存在大量的成红细胞，贫血型在血液中仅有少量未成熟细胞。两种病型的早期症状为全身衰弱，嗜睡，鸡冠稍苍白或发绀。病鸡消瘦、下痢。病程从12天到几个月不等。剖检时表现全身性贫血，皮下、肌肉和内脏有点状出血。增生型的特征性肉眼病变是肝、脾、肾呈弥漫性肿大，呈樱桃红色到暗红色，有的剖面可见灰白色肿瘤结节。贫血型病鸡的内脏常萎缩，尤以脾为甚，骨髓色淡呈胶冻样。检查外周血液，红细胞显著减少，血红蛋白量下降。增生型病鸡出现大量的成红细胞，占全部红细胞的90%～95%。

（3）成髓细胞性白血病：很少自然发生，其临床表现为嗜睡，贫血，消瘦，毛囊出血，病程比成红细胞性白血病长。剖检时见骨髓坚实，呈红灰色至灰色。在肝脏偶然也见于其他内脏发生灰色弥散性肿瘤环节。组织学检查见大量成髓细胞于血管内外积聚。外周血液中常出现大量的成髓细胞，其总数可占全部血组织的75%。

（4）其他病型：如骨髓细胞瘤病、血管瘤、肾瘤、肾胚细胞瘤、肝癌和结缔组织瘤等，自然病例均极少见。

4.诊断　常根据临床表现、病理学特征、血液学检查结合病原和抗体的检查来确诊。病毒分离鉴定和血清学检查是建立无白血病种鸡群所不可缺少的方法。

5.防制　由于本病的垂直传播特性，疫苗免疫对防制的意义不大，目前也没有可用的疫苗。减少种鸡群的感染率和建立无白血病的种鸡群是防制本病最有效的措施。目前公认较好的方法是通过ELISA检测结合病毒分离的方法进行鸡群净化。

七、鸡传染性贫血

鸡传染性贫血（chicken infectious anemia）是由鸡传染性贫血病毒（chicken infectious anemia virus，CIAV）引起的，以雏鸡再生障碍性贫血、全身淋巴组织萎缩、皮下和肌肉出血及高死亡率为特征的传染病，严重者可以造成免疫抑制，加重和导致其他疾病发生。该病有时也称蓝翅病、出血综合征或贫血性皮炎综合征。

1.病原　鸡传染性贫血病毒属于圆环病毒科（Circoviridae）、圆环病毒属（Circovirus）。病毒粒子呈球形，无囊膜，无血凝性，直径为19～25 nm。基因组为单股环状DNA，全长2 298～2 319 bp。不同病毒株毒力有一定差异，但抗原性无明显差别，因此CIAV目前仅有一个血清型。

病毒可在马立克氏病肿瘤源细胞(如 MDCC-MSB1 和 MDCC-BP1 细胞)以及鸡淋巴白血病细胞(如 LSCC-1104B1 细胞)等细胞中增殖并出现细胞病变。其中 MDCC-MSB1 细胞系是实验室中最常用的培养系统。CIAV 也能在鸡胚中进行繁殖,一般进行卵黄囊接种。

CIAV 对理化因子的抵抗力较强,对丙酮、乙醚和氯仿等均有抵抗力;60℃ 1 h 以上仍可存活,100℃ 15 min 能使病毒灭活;对酸稳定,在 pH 3 条件下经 3 h 仍不能被完全杀死,对一般消毒剂的抵抗力也较强。

2. 流行病学　鸡是本病毒唯一的宿主,所有年龄的鸡均可感染,自然发病多见于 2～4 周龄鸡,其中 1～7 日龄雏鸡最易感。具有年龄抵抗力,随着日龄的增加,其易感性、发病率和死亡率逐渐降低。

CIAV 既可垂直传播,又可水平传播。人工感染母鸡于第 8～14 天经卵传播,自然感染母鸡经卵传播发生在感染后第 3～6 周,使后代出现贫血、胸腺萎缩和免疫机能障碍,感染鸡在 2 周龄内死亡率高,死亡率一般为 30%左右。本病毒诱导雏鸡免疫抑制,不仅增加对继发感染的易感性,而且降低疫苗的免疫力,特别是对马立克氏病疫苗的免疫。CIAV 的水平传播能力较强,一般 7～10 天可使全群抗体转阳,但通常仅仅产生抗体反应,并不引起发病。

3. 症状和病变　本病潜伏期为 8～12 天。主要特征为贫血,病鸡表现精神委顿,食欲不振,发育迟缓,羽毛蓬松,消瘦。皮肤黏膜和肉冠苍白,全身点状出血。血液学检查,血液稀薄如水,血凝时间延长,红细胞和血红素水平明显降低,红细胞压积值降至低于 20%,白细胞、血小板减少。血液中出现幼稚型红细胞,吞噬细胞内有变性的红细胞。发病后 5～6 天雏鸡大量死亡,呈急性经过,死亡率通常不超过 30%,20～28 天后存活的鸡逐渐恢复健康,但是继发细菌、真菌或病毒感染也可阻碍病鸡康复,加剧死亡。

病变主要表现为胸腺和法氏囊明显萎缩,骨髓黄白,翼、腿、头、股等处皮肤出血,肝、肾、脾肿大、褪色,肝表面有灰白色坏死灶。骨骼肌、胸肌出血,腺胃黏膜出血。血液稀薄,不易凝固,血容比在 6%～26%。骨髓广泛性消耗及淋巴组织退化。胸腺、法氏囊网状内皮细胞增生,肝细胞肿大扩张。

4. 诊断　本病根据流行特点(主要发生于 2～3 周龄以内的雏鸡)、临床症状(严重贫血、红细胞数显著降低)和病理变化(骨髓呈现黄至白色,胸腺萎缩等)可作出初步诊断,但本病所出现的精神沉郁、发育不良和贫血等并不是其特有的症状,有多种原因可以引起类似症状。因此确诊还需进行病毒分离或血清学检查。

(1)病毒分离鉴定:常用可疑病鸡肝脏悬液通过肌肉或腹腔接种于 1 日龄 SPF 鸡,接种后 14～16 天进行血液学检查,如发现雏鸡红细胞压积值下降(低于

20%),股骨骨髓变黄白色及胸腺萎缩等典型病变即可确诊。

(2)血清学检查:可用中和试验和ELISA等方法检测鸡血清和卵黄中的抗体。

5.防制 本病主要危害雏鸡,通常感染日龄越早引起的免疫抑制越明显、造成的损失越大,种鸡开产前免疫接种可使种鸡产生抗体,从而保护后代不受CIAV的感染。鉴于本病可以垂直传播、环境中病毒污染十分普遍,控制本病应该在搞好综合防制措施的基础上,加强免疫监测并根据监测结果及时进行免疫接种。

八、禽呼肠孤病毒感染

呼肠孤病毒感染(avian reovirus infection)在家禽中是一种较为普遍的现象,可引起鸡多种疾病,包括病毒性关节炎/腱鞘炎、矮小综合征、呼吸道疾病、肠道疾病和所谓吸收不良综合征等。疾病的临床表现与感染鸡的年龄、病毒的致病性以及感染途径有关。

1.病原 禽呼肠孤病毒(avian reovirs)属于呼肠孤病毒科(Reoviridae)、正呼肠孤病毒属(Orthoreovirus)。病毒粒子呈正二十面体对称,有双层衣壳结构,无囊膜,完整病毒粒子直径约为76 nm。病毒基因组为分节的双股RNA,由大小不同3个类别的10个节段组成。

病毒可以在鸡胚中进行繁殖,通过卵黄囊或绒毛尿囊膜(CAM)接种。初次分离以卵黄囊接种为佳,3～5天后胚胎死亡,因大片皮下出血而使体表变紫。绒毛尿囊膜接种,鸡胚在7～8天后死亡,CAM有坏死灶。也可以用鸡源细胞分离本病毒,常用的有鸡胚肾细胞、鸡胚肝细胞和雏鸡肾细胞等,适应后也可在鸡胚成纤维细胞(CEF)上生长。

本病毒对外界环境的抵抗力较强,对氯仿、乙醚、来苏儿、福尔马林以及过氧化氢等均不敏感。对热有抵抗力,能耐受60℃ 8～10 h,56℃ 22～24 h,37℃ 15～16周,4℃ 3年以上,－20℃ 4年以上,－63℃ 10年以上。

2.流行病学 可以感染多种家禽和鸟类,某些毒株对鸭可引起明显的发病。目前危害性最大的是病毒性关节炎,鸡和火鸡是呼肠孤病毒引起的病毒性关节炎/腱鞘炎的自然宿主。

该病在不同类型的鸡群感染率高,但发病率和死亡率低。本病可经消化道、呼吸道水平传播,也可以经蛋垂直传播。

3.症状和病变 本病潜伏期与感染日龄、病毒特性及感染途径有关,经不同途径接种后潜伏期长短不一样。

急性感染时,病鸡可见跛行,有些鸡发育不良。慢性感染跛行更显著,有一小部分病鸡的跗关节不能活动。有时可能看不到关节炎/腱鞘炎的临诊症状,但在屠宰时可见趾屈肌腱区域肿大。这样的鸡群增重慢，饲料转换率低，总死亡率高，屠宰废弃率高，属于不明显感染。由呼肠孤病毒引起的吸收不良综合征，以生长参差不齐、色素沉着差、羽毛发育不正常、骨骼变形和死亡率增加为特征，主要侵害1～3周龄肉用型鸡。

病毒性关节炎和腱鞘炎的自然感染鸡可见到趾屈肌和跖伸肌腱肿胀。踝关节常含有枯草色或带血色的渗出液，有些病例有多量脓性渗出物。踝上滑膜常有出血点。腱区炎症发展为慢性时，腱鞘硬化并融合在一起。胫跗远端的关节软骨出现小的凹陷溃疡，溃疡增大后融合在一起并侵害到下面的骨组织。吸收不良综合征的主要病变是腺胃增大，并可能有出血或坏死，卡他性肠炎。此外还可能有关节炎和骨质疏松。

4. 诊断　根据临床症状和病理变化可作出病毒性关节炎的初步诊断，吸收不良综合征比较难诊断，因为其病变和症状也可由其他致病因子引起，确诊需要进行实验室检查，主要包括病原分离鉴定和血清学检查。

(1)病毒分离鉴定：可用无菌拭子采集关节液进行病毒分离，优选5～6日龄SPF鸡胚卵黄囊接种，每胚接种0.1～0.2 mL可疑病料。接种后3～5天鸡胚死亡，死胚明显出血，胚体微紫，内脏器官充血或出血。17～21天仍存活的胚略显矮小，肝、脾和心脏肿大并有坏死灶。也可以接种绒毛尿囊膜，形成痘样病斑和细胞浆包涵体，常于3～5天后死亡，初步分离物可以进一步利用特异性血清采用琼脂免疫扩散方法(AGP)进行鉴定，也可以采用PCR方法鉴定。必须要注意分离到呼肠孤病毒并不就是现症诊断的直接证据，可进一步通过爪垫接种易感1日龄雏鸡，确定这些从受感染关节分离的呼肠孤病毒的相对致病性，如果有致病性，在接种后72 h之内病毒可诱发爪垫出现明显炎症反应。

(2)血清学检查：可通过琼脂免疫扩散试验(AGP)、中和试验以及酶联免疫吸附试验(ELISA)等方法进行抗体测定。

5. 防制　禽呼肠孤病毒在自然环境中存在较为普遍，对环境的抵抗力强，既可垂直传播又可水平传播，使得消除鸡群的感染十分困难。因此对本病的防制要在搞好饲养管理、强化生物安全的基础上做好敏感鸡群的疫苗免疫接种，肉种鸡群必须进行免疫接种，多发地区蛋鸡群也可考虑进行疫苗免疫接种。

九、禽脑脊髓炎

禽脑脊髓炎(avian encephalomyelitis，AE)是由禽脑脊髓炎病毒(avian encephalomyelitis virus，AEV)引起的一种主要侵害雏鸡中枢神经系统的传染病。以共济失调和头颈振颤为主要特征，俗称流行性震颤。成年鸡感染可出现产蛋率和孵化率下降。

1. 病原 禽脑脊髓炎病毒属于小 RNA 病毒科(Picornaviridae)、肠道病毒属(Enterovirus)。病毒粒子呈六边形轮廓,无囊膜,直径 24～32 nm。病毒基因组为正链 RNA,全长约为 7 055 bp。

AEV 目前只有一个血清型,但不同毒株的组织嗜性和致病性不同。该病毒可以在鸡胚中进行繁殖,自然毒株不引起明显的胚变,鸡胚适应毒株接种易感鸡胚可出现特征性病变,如胚胎萎缩,爪卷曲,肌营养不良、萎缩和脑软化等,接种 3～4 天后鸡胚脑中可检出病毒,高峰滴度出现于接种后 6～9 天。该病毒还可在鸡胚肾、鸡胚成纤维细胞和鸡胚胰细胞中增殖,一般看不到细胞病变。

AEV 抵抗力较强,对氯仿、酸、胰酶、胃蛋白酶和 DNA 酶等具有抵抗力。在二价镁离子保护下可抵抗热效应,56℃ 1 h 保持稳定。

2. 流行病学 自然感染可见于鸡、雉、火鸡、鹌鹑和珍珠鸡等。鸡对本病最为易感,各个日龄均可感染,但一般雏鸡才有明显症状。

AEV 具有很强的传染性,不论是自然感染或人工感染的鸡,均可通过直接或间接的接触传播本病。病鸡感染后通过粪便的排毒时间为 5～14 天,病毒在粪便中可存活 4 周以上,当敏感鸡接触到被污染的饲料或饮水时便发生感染。经种蛋垂直传播也是该病的重要传播途径,有研究显示产蛋母鸡感染后 3 周内所产的种蛋内均带有病毒,这些种蛋的一部分可能在孵化过程中死亡,另一些虽可以孵化出壳,但出壳的雏鸡在 1～20 日龄之间陆续出现典型的临床症状。一般在感染之后 3～4 周,种蛋内的母源抗体即可保护雏鸡顺利出壳,并不再出现任何该病的临床症状

本病一年四季均可发生,发病率及死亡率与鸡群的易感鸡多少、病原毒力高低、发病的日龄大小而有所不同。雏鸡发病率一般为 40%～60%,死亡率可达 10%～25%,甚至更高。

3. 症状和病变 本病经胚胎感染的雏鸡潜伏期为 1～7 天,自然感染的潜伏期 11 天左右。主要见于 3 周龄以内的雏鸡,尽管出雏时弱雏或病雏偏多,但有神经症状的病雏大多在 1～2 周龄出现。病雏最初表现为迟钝,继而出现共济失调,表现为雏鸡不愿走动而蹲坐在自身的跗关节上,驱赶时可勉强以跗关节着地走路,走动时摇摆不定,向前猛冲后倒下。或出现一侧或双侧腿麻痹,一侧腿麻痹时,走路跛行,双侧腿麻痹则完全不能站立,双腿呈一前一后的劈叉姿势,或双腿倒向一侧。肌肉震颤大多在出现共济失调之后,在腿、翼,尤其是头颈部可见明显的阵发性震颤,频率较高,在病鸡受到惊扰如给水、加料、倒提时更为明显。部分存活鸡可见一侧或两侧眼的晶状体混浊或浅蓝色褪色,眼球增大及失明;产蛋鸡表现产蛋量下

降,蛋重变小,孵化率下降。

病死雏鸡一般无明显剖检病变,有时可见脑部轻度充血。组织学变化表现为非化脓性脑炎,脑部血管有明显的管套现象;脊髓背根神经炎,脊髓根中的神经原周围有时聚集大量淋巴细胞。小脑分子层易发生神经原中央虎斑溶解,神经小胶质细胞弥漫性或结节性浸润。此外尚有心肌、肌胃肌层和胰脏淋巴小结的增生、聚集以及腺胃肌肉层淋巴细胞浸润。

4.诊断　根据临床症状和病理变化(发生于3周龄以下的雏鸡,无明显肉眼变化,偶见脑水肿,以瘫痪和头颈震颤为主要症状,种鸡曾出现一过性产蛋下降等)可做出初步诊断,确诊需进一步做实验室诊断。

(1)病原分离鉴定:接种材料以发病初期雏鸡脑组织最佳,可将脑组织悬液经颅内接种一日龄敏感鸡,接种后1~4周出现类似的典型症状;或将脑组织悬液经卵黄囊接种5~6日龄的敏感鸡胚,死亡胚观察是否有肌肉萎缩、脑水肿等异常变化。出壳的雏鸡,应继续饲养至1月龄,观察在此期间是否有类似的临床症状出现。

(2)血清学检查:可采用琼脂免疫扩散试验(检查群特异性沉淀抗原,可用于本病普查,对耐过型病鸡本法也可检出)、中和试验、荧光抗体试验(可检出受感染组织中的抗原)、ELISA 试验等进行 AEV 抗体检查。

5.防制　本病的防制应注意防止从疫区引进种蛋与种鸡。鸡群一旦发病,立即扑杀并进行无害化处理,鸡舍、场地、用具经常消毒,患病母鸡所下蛋不可留作种用。对种鸡进行 AEV 疫苗免疫接种,接种鸡可产生较强的抵抗力,并可给雏鸡提供母源抗体的保护。

十、鸡传染性鼻炎

鸡传染性鼻炎(infectious coryza,IC)是由副鸡嗜血杆菌(*Haemophilus gallinarum*)引起的鸡的一种急性呼吸道传染病,以鼻腔和窦发炎,流鼻涕,打喷嚏和脸部肿胀为主要特征。

1.病原　副鸡嗜血杆菌是一种革兰氏阴性、两极浓染、没有运动性、无荚膜无鞭毛的小球杆菌。菌体为杆状或球杆状,大小为(0.4~0.8) μm×(1.0~3.0) μm,并有成丝的倾向。分离培养可用鲜血琼脂培养基或巧克力琼脂培养基,培养24 h后,可在琼脂表面形成细小、柔嫩、透明的针尖状小菌落,不溶血。副鸡嗜血杆菌在葡萄球菌菌落附近可长出一种卫星菌落,即如果把副鸡嗜血杆菌均匀涂布在适当琼脂培养基上,再用葡萄球菌作一直线接种,则在接种线的边缘有副鸡嗜血杆菌生长,这可作为一种简单的初步鉴定方法。

该菌相当脆弱，在宿主体外会很快死亡，排泄物中的病原菌在自来水中仅能存活 4 h，生理盐水中 22℃仅 24 h 内有感染性，本菌培养物在 45～55℃的环境下 2～10 min 内即可死亡，该菌一般分为 A、B、C 3 个血清型，各型之间交叉免疫保护性差。

2. 流行病学　鸡是副鸡嗜血杆菌的主要宿主，各种年龄的鸡均可感染，4 周龄以上的鸡易感性增强。育成鸡、产蛋鸡最易感，本病多发生在成年鸡。雉鸡、鹌鹑偶然也能感染发病，但病的性质与鸡不同。

病鸡和康复后的带菌鸡是主要的传染来源，本病可通过被污染的饲料和饮水经消化道而感染，也可通过飞沫及尘埃经呼吸道传染。鸡舍通风不良，氨气浓度过高，鸡舍密度过大，营养水平不良以及气候的突然变化等均可增加本病的严重程度。

本病在寒冷季节多发，一般秋末和冬季可发生流行，具有来势猛，传播快，发病率高，死亡率低的特点。

3. 症状和病变　该病潜伏期短，通常为 1～3 天。病鸡一般常见症状为鼻孔先流出清液以后转为浆液黏性分泌物，有时打喷嚏。颜面肿胀，鼻腔和鼻窦内有浆液性、黏液性分泌物，结膜炎。食欲及饮水减少，或有下痢，体重减轻。病鸡精神沉郁，面部浮肿，缩头，呆立。仔鸡生长不良，成年母鸡产卵减少；公鸡肉髯常见肿大。如炎症蔓延至下呼吸道，则呼吸困难，病鸡常摇头欲将呼吸道内的黏液排出，并有啰音。咽喉亦可积有分泌物的凝块，最后常窒息而死。病程一般为 4～18 天，死亡率为 20%左右。

主要病理变化是鼻腔和窦发生急性卡他性炎症，黏膜充血肿胀，表面有大量黏液及炎性渗出物凝块。严重时气管黏膜也有同样的炎症，偶尔发生肺炎和气囊炎。眼结膜充血发炎。面部和肉髯的皮下组织水肿。病程较长的病鸡，可见鼻窦、眶下窦和眼结膜囊内蓄积干酪样物质，蓄积过多时常使病鸡的眼显著肿胀和向外突出，严重的引起巩膜穿孔和眼球萎缩破损，眼睛失明。

4. 诊断　本病根据病鸡的流行病学特点和临床表现可作出初步诊断，确诊须做实验室检查。传染性鼻炎常有并发感染，在诊断时必须考虑到其他细菌或病毒并发感染的可能性，特别当群内死亡率高、病期延长时，更须考虑有混合感染的因素，须进一步作出鉴别诊断。

5. 防制　本病发生常由于外界不良因素而诱发，因此鸡场平时应加强饲养管理，改善鸡舍通风条件，做好鸡舍内外的兽医卫生消毒工作；副鸡嗜血杆菌对磺胺类药物非常敏感，是治疗本病的首选药物；敏感鸡群进行疫苗免疫接种。

十一、禽网状内皮组织增生症

禽网状内皮组织增生症(avian reticuloendotheliosis,RE)是由禽网状内皮组织增生症病毒(avian reticuloendotheliosis virus,REV)引起禽类的以网状细胞增生为主要特征的一组综合征,包括免疫抑制、急性致死性网状内皮细胞瘤、矮小综合症以及淋巴组织和其他组织的慢性肿瘤形成等。

1.病原　禽网状内皮增生症病毒属于反转录病毒科(Retroviridae)、γ反转录病毒属(gamma Retrovirus)。病毒粒子呈圆形,直径80～100 nm,有囊膜,囊膜表面有纤突。基因组为线状单链RNA,完全复制型基因组大小为9.0 kb,不完全复制型T株其基因组有丢失,大小仅5.7 kb。

REV可以在几种禽类的成纤维细胞以及某些传代细胞系(如QT-35、D17等)中繁殖。

2.流行病学　REV的自然宿主有火鸡、鸭、鸡、鹅、鹌鹑和雉(野鸡),其中鸡和火鸡最易感。本病主要通过易感禽与感染禽的接触而传播,有报道,蚊子等吸血昆虫在其传播中亦有作用。本病有水平传播和垂直传播两种方式,具体哪种方式更重要尚不明确。

使用污染REV的疫苗(如HVT疫苗、禽痘弱毒疫苗等)可引起该病传播,并造成较大的生产损失。

3.症状和病变　临床上可分为急性网状细胞肿瘤、矮小综合征、慢性肿瘤形成等病型。

(1)急性网状细胞肿瘤:很少有特征性临床表现,主要病理变化是肝、脾肿大,并伴有局灶性灰白色肿瘤结节或是弥漫性肿大;胰脏、心脏、小肠、肾脏及性腺有时可见肿瘤;常见胸腺、法氏囊萎缩现象;偶而引起鸡的外周神经肿大。常见肝、脾等器官的实质组织发生变性坏死,有时可见纤维。组织学变化是网状内皮细胞浸润或增生,同时伴有淋巴细胞样增生。

(2)矮小综合征:患禽发育受阻,体格瘦小,偶见运动失调,肢体麻痹症状。羽毛发育异常是网状内皮组织增殖病感染的一个很有价值的指标,而且网状内皮组织增殖病的任何毒株都有可能引起异常羽化的出现。羽毛粘到局部的毛干上,羽毛和羽支变细,透明感增强,邻近的羽刺脱落变稀。剖检可见胸腺、法氏囊发育不全或萎缩;前胃、肠发炎,肝、脾肿大、呈局灶性坏死,外周神经水肿。外形羽的羽髓中有淤血、水肿。

(3)慢性肿瘤形成:包括鸡法氏囊型淋巴瘤、鸡非法氏囊型淋巴瘤及其他的淋巴瘤。鸡法氏囊型淋巴瘤潜伏期较长,表现为肝脏、法氏囊呈肿瘤性生长;鸡非法氏囊型淋巴瘤潜伏期最短的为6周，表现为法氏囊萎缩，脾、肝、心和胸腺有肿瘤，外周神经肿胀，接近于矮小综合征；其他淋巴瘤如脾脏、肝脏、胰腺和肠道有弥漫性浸润肿大或结节性淋巴病。

4.诊断　网状内皮增多症缺乏特征性的临床症状和病理变化，一般必须检出病毒或特异性抗体才能确诊。

(1)病毒分离鉴定：通常将病鸡组织悬液、全血、血浆或其他被检病料直接接种于易感的组织细胞如鸡胚成纤维细胞上，培养5～6天后利用REV特异性抗血清进行免疫荧光试验检测，可见感染的细胞显示黄绿色荧光。

(2)血清学检查：间接免疫荧光法、病毒中和试验、琼脂免疫扩散试验、酶联免疫吸附试验(ELISA)等方法都可用于感染禽的血清或卵黄中特异性抗体的检测，以商品化的ELISA试剂盒应用最为广泛。

5.防制　预防本病的关键在于做好平时的饲养管理，认真贯彻卫生防疫制度，防止病禽或带菌禽进入禽场，严格执行消毒制度。避免应用REV污染的疫苗。

十二、禽腺病毒感染

禽腺病毒(avian adenovirus)属于腺病毒科(Adenovifidae)、禽腺病毒属(Aviadenovirus)，通常分为3个群：Ⅰ群是从鸡、火鸡、鹅和鹌鹑呼吸道传染分离出的禽腺病毒，有共同的群特异性抗原；Ⅱ群包括火鸡出血性肠炎病毒、大理石脾病病毒和鸡大脾病病毒；Ⅲ群是从鸡产蛋下降综合征和鸭分离到的腺病毒。禽腺病毒感染中对鸡危害较大的主要是鸡包涵体肝炎和产蛋下降综合征。

(一)鸡包涵体肝炎(avian inclusion body hepatitis，IBH)

鸡包涵体肝炎是由Ⅰ群禽腺病毒引起鸡的一种急性传染病，其特性为病鸡死亡突然增多，严重血虚、黄疸、肝肿大有出血和坏死灶，肝细胞见有核内包涵体。

1.病原　属禽腺病毒Ⅰ群。病毒粒子无囊膜，病毒核酸类型为双股DNA。本病毒对热较稳定，能抵抗乙醚、氯仿及pH 3。病毒可在鸡胚肾细胞、鸡胚肝细胞、鸡胚成纤维细胞中繁殖，在鸡胚肾细胞上可形成蚀斑。

2.流行病学　多发生于4～10周龄鸡，5周龄鸡最易感，产蛋鸡很少发病。通常病死率10%左右，如有继发感染时，病情加剧，病死率上涨。本病可垂直传播，鸡群一旦传入很难根除。主要通过与病鸡接触或接触被病鸡污染的禽舍、家畜养料、饮水等经消化道而传染，本病多发于春、秋两季。

3.症状和病变　本病自然感染的潜伏期为1～2天，病鸡表现精神沉郁，嗜睡，下痢，羽毛粗乱。有的病鸡出现血虚和黄疸，传染后3～4天突然出现死亡率高峰，第5天后死亡减少或逐渐停止，病程一般为10～14天。

本病的典型病变是肝脏肿胀，脂肪变性，质地脆弱易破裂，呈点状或斑驳状出血，并见有隆起坏死灶；肾脏肿胀呈灰白色并有出血点；脾有白色斑点状和环状坏死；骨髓呈灰白色或黄色。

4. 诊断· 本病根据流行病学、临床症状和病理变化可以作出诊断，确诊需进行实验室检查。

(1)病毒分离鉴定：可取病死鸡的肝脏，制备悬液接种于5～6日龄SPF鸡胚卵黄囊内，接种后5～10天鸡胚死亡，可见胚胎出血，肝坏死。初步分离物可以利用琼脂免疫扩散试验、中和试验等进行鉴定。

(2)血清学检查：可以利用琼脂免疫扩散试验、中和试验、免疫荧光抗体试验进行抗体检查，其中琼脂免疫扩散试验应用相对较多。

5. 防制　本病防制的主要措施为加强饲养管理，杜绝传染源传入，防止和消除各种应激因素。增强鸡的抵抗力，并加强禽舍和环境消毒。

(二)产蛋下降综合征(eggs drop syndrome，EDS76)

产蛋下降综合征是由禽腺病毒Ⅲ群中的病毒引起鸡以产蛋下降为特性的一种传染病，其主要表现为鸡群产蛋骤然下降，软壳蛋和畸形蛋增加，褐色蛋蛋壳颜色变淡。

1. 病原　属于禽腺病毒Ⅲ群，病毒无囊膜，基因组为双股DNA，分子量比Ⅰ群病毒小。本病毒能在鸭胚、鸭胚肾、鸭胚成纤维细胞、鸡胚肝和鸡胚成纤维细胞上生长繁殖，在鸡胚中生长不良。该病毒能凝集鸡、鸭、火鸡、鹅、鸽的红细胞。病毒对乙醚、氯仿不敏感，对pH适应谱广，0.3%福尔马林48 h可使病毒完全灭活。

2. 流行病学　本病除鸡易感外，自然宿主为鸭、鹅和绿头鸭。主要侵害26～32周龄鸡，35周龄以上较少发病。本病可垂直传播和水平传播。

3. 症状和病变　感染鸡通常无明显症状，主要表现为突然性群体产蛋下降，比正常下降20%以上，甚至可达50%。病初蛋壳色泽变淡，紧接着产畸形蛋，蛋壳粗糙像沙粒样，蛋壳变薄易破损，软壳蛋增多。对受精率和孵化率没有明显影响，病程可连续4～10周。

本病亦无明显病变，主要表现为卵巢变小、萎缩、卵巢和输卵管黏膜出血和卡他性炎症。输卵管腺体水肿，单核细胞浸润，黏膜上皮细胞变性坏死，病变细胞中可见到核内包涵体。

4. 诊断　本病根据流行病学特点和临床症状可作出初步诊断，确诊需进行实验室检查。

(1)病原分离鉴定：可取病鸡的输卵管、泄殖腔或肠内容物经无菌处理后，通过尿囊腔途径接种10～12日龄无腺病毒抗体鸭胚。分离的病毒有血凝现象，再利用已知抗 EDS76 病毒的特异性血清采用 HI 试验进行鉴定。也可以接种于鸭胚和鸡胚成纤维细胞进行分离。

(2)血清学检查:HI 试验是最常用的抗体检测方法。

5. 防制　本病防制要严格执行兽医卫生措施、加强鸡场和孵化厅消毒工作。不从感染群引种。加强疫苗免疫接种。

十三、鸭瘟

鸭瘟(duck plague)又称鸭病毒性肠炎(duck virus enteritis),是由鸭瘟病毒(duck plague virus)引起鸭的一种急性、热性、败血性、接触性传染病。以高热,血管损伤致使组织、体腔出血,消化道黏膜的疹性损害,淋巴器官病变和实质器官退行性变化为主要特征。本病传播迅速,发病率和病死率都很高,严重地威胁养鸭业的发展。

1. 病原　鸭瘟病毒属于疱疹病毒科(Herpesviridae)、疱疹病毒属(Herpesvirus)。病毒粒子呈球形,直径为 120～180 nm,有囊膜,基因组为双股 DNA。鸭瘟病毒对禽类和哺乳动物的红细胞没有凝集现象,毒株间在毒力上有差异,但免疫原性相似。病毒在病鸭体内分散于各种内脏器官、血液、分泌物和排泄物中,其中以肝脏、肺脏和脑的含毒量最高。

鸭瘟病毒能在鸭胚上进行繁殖,可通过 9～12 胚龄的鸭胚绒毛尿囊膜进行接种,初次分离时,多数鸭胚在接种后 5～9 天死亡,继代后可提前在 4～6 天死亡。死亡的鸭胚全身呈现水肿、出血、绒毛尿囊膜有灰白色坏死点,肝脏有坏死灶。病毒也能适应于鹅胚,但不能直接适应于鸡胚。只有在鸭胚或鹅胚中继代后,再转入鸡胚中,才能生长繁殖,并致死鸡胚。鸭瘟病毒还能在鸭胚、鹅胚和鸡胚成纤维单层细胞上生长,可引起细胞病变,最初几代病变不明显,但继代几次后,可在接种后的 24～40 h 出现明显的病变,细胞透明度下降,胞浆颗粒增多、浓缩,细胞变圆,最后脱落。

鸭瘟病毒对外界的抵抗力不强,加热 80℃经 5 min 即可死亡。病毒在 4～20℃污染禽舍内存活 5 天,但对低温抵抗力较强,在 −70～−5℃经 3 个月毒力不减弱;−20～−10℃经一年对鸭仍有致病力。病毒对乙醚和氯仿等常用消毒剂敏感,5%生石灰作用 30 min 亦可被灭活。

2. 流行病学　自然条件下,本病主要发生于鸭,对不同年龄、性别和品种的鸭都有易感性。以番鸭、麻鸭易感性较高,北京鸭次之。人工感染时小鸭较大鸭易感,但自然感染则多见于大鸭,尤其是产蛋的母鸭,这可能由于大鸭常放养,有较多机会接触病原而被感染。鹅也能感染发病,但很少形成流行。2 周龄内雏鸡也可人工感染致病。

病鸭和带毒鸭是本病主要传染源,可通过病禽与易感禽的接触而直接传染,也可通过与污染环境的接触而间接传染。被污染的水源、鸭舍、用具、饲料、饮水是本病的主要传染媒介,吸血昆虫也可能成为本病的传播媒介。

本病在一年四季都可发生,但一般以春夏之际和秋季流行最为严重。

3. 症状和病变 自然感染的潜伏期为3～7天,人工感染的潜伏期为2～4天。病初体温升高达43℃以上,呈稽留热。病鸭表现精神委顿,头颈缩起,食欲减少,渴欲增加,羽毛松乱,翅膀下垂。两脚麻痹无力,伏坐地上不愿移动,强行驱赶时常以双翅扑地行走,走几步即行倒地。特征性症状是流泪和眼睑水肿,病初流出浆液性分泌物,使眼睑周围羽毛粘湿,而后变成黏稠或脓样,常造成眼睑粘连、水肿,甚至外翻,眼结膜充血或小点出血,甚至形成小溃疡。病鸭鼻中流出稀薄或黏稠的分泌物,呼吸困难,并发生鼻塞音,叫声嘶哑,部分鸭见有咳嗽。病鸭发生泻痢,排出绿色或灰白色稀粪,肛门周围的羽毛被沾污或结块。部分病鸭在疾病明显时期,可见头和颈部发生不同程度的肿胀,触之有波动感,俗称"大头瘟"。病变的特点是出现急性败血症,全身小血管受损,导致组织出血和体腔溢血,尤其消化道黏膜出血和形成假膜或溃疡,淋巴组织和实质器官出血,坏死。食道与泄殖腔的疹性病变具有特征性,食道黏膜有纵行排列呈条纹状的黄色假膜覆盖或小点出血,假膜易剥离并留下溃疡斑痕。泄殖腔黏膜病变与食道相似,即有出血斑点和不易剥离的假膜与溃疡。肝脏不肿大,肝表面和切面有大小不等的灰黄色或灰白色的坏死点。少数坏死点中间有小出血点,这种病变具有诊断意义。雏鸭感染鸭瘟病毒时,法氏囊呈深红色,表面有针尖状的坏死灶,囊腔充满白色的凝固性渗出物。产蛋母鸭的卵巢滤泡增大,卵泡的形态不整齐,有的皱缩、充血、出血、有的发生破裂而引起卵黄性腹膜炎。病鸭的皮下组织发生不同程度的炎性水肿,在"大头瘟"典型的病例中,头和颈部皮肤肿胀,切开时流出淡黄色的透明液体。

4. 诊断 根据流行病学特点(传播迅速,发病率和病死率高)、特征性症状(体温升高,流泪,两腿麻痹和部分病鸭头颈肿胀)和病理变化(食道和泄殖腔黏膜溃疡和有假膜覆盖,肝脏坏死灶及出血点)可做出初步诊断。必要时进行病毒分离和中和试验加以确诊。

病原分离鉴定:可采集病死禽的肝脏、脾脏或肾脏,制成悬液除菌后接种9～12日龄鸭胚的绒毛尿囊膜,或接种于鸡胚或鸭胚的成纤维细胞,进行病毒分离,利用中和试验、直接或间接免疫荧光试验、空斑抑制试验进行初步分离物的鉴定。

5. 防制 本病主要靠疫苗免疫接种进行预防。同时注意引进种蛋、种雏或种鸭时，一定要从非疫区引进并经严格检疫。一旦发生鸭瘟时，立即采取隔离和消毒措施，禁止病鸭外调和出售，停止放牧，防止扩散病毒。同时对受威胁区所有鸭和鹅进行紧急免疫。

十四、鸭病毒性肝炎

鸭病毒性肝炎(duck viral hepatitis，DVH)是由鸭肝炎病毒(duck hepatitis virus，DHV)引起雏鸭的一种急性、接触性、高度致死性的传染病。以发病急，传播快，死亡率高以及肝炎、肝脏出血和坏死为特征。

1. 病原　鸭肝炎病毒属于小 RNA 病毒科(Picornaviridae)、肠道病毒属(Enterovirus)。病毒粒子呈球形或类球形，直径约 20～40 nm，无囊膜，无血凝性，基因组为 RNA。

DHV 有三个血清型，Ⅰ型病毒呈世界性分布，Ⅱ型属于星状病毒，Ⅲ型属于小 RNA 病毒，部分血清型还存在变异株，DVH 病毒三种血清型之间无交叉保护作用。

Ⅰ型 DHV 可在鸭胚、鸡胚、鸭胚肝细胞和鸭胚肾细胞中繁殖，经尿囊腔接种可致死禽胚。Ⅱ型和Ⅲ型 DHV 通常不能在鸡胚中增殖，可以采用鸭胚或鸭胚肝细胞进行分离培养。病毒对乙醚、氯仿、胰蛋白酶和 pH3.0 有抵抗力。在 56℃加热 60 min 仍可存活，但加热至 62℃ 30 min 即被灭活。病毒在 1%福尔马林或 2%氢氧化钠中 2 h(15～20℃)，在 2%漂白粉溶液中 3 h 均可被灭活。

2. 流行病学　自然条件下，本病主要感染鸭，不感染鸡、火鸡和鹅。通常主要是 3 周龄以内的雏鸭发病，成鸭一般呈隐性感染。

DHV 主要通过消化道和呼吸道感染，无垂直传播。病鸭及隐性带毒成鸭是主要传染来源。在野外和舍饲条件下，本病可迅速传播给鸭群中的全部易感小鸭，表明它具有极强的传染性。雏鸭的发病率与病死率均很高，1 周龄内的雏鸭病死率可达 95%，1～3 周龄的雏鸭病死率为 50%或更低，4～5 周龄的小鸭发病率与病死率较低。本病一年四季均可发生，饲养管理不当，鸭舍内湿度过高，密度过大，卫生条件差，缺乏维生素和矿物质等都能促使本病的发生。

3. 症状和病变　本病发病急，传播迅速，潜伏期通常 1～2 天。雏鸭突然发病，精神委顿、缩颈，行动呆滞，跟不上群，眼半闭，厌食，嗜睡，呈角弓反张姿势，并在几小时内死亡，某些病鸭排绿色水样稀粪。在周龄内的雏鸭疾病严重暴发时，死亡之快是惊人的。

主要病变在肝脏，可见肝肿大，质脆，色暗或发黄，肝表面有大小不等的出血斑点，胆囊肿胀呈长卵圆形，充满胆汁，胆汁呈褐色，淡茶色或淡绿色。脾有时见有肿大呈斑驳状。许多病例肾肿胀与充血。

4. 诊断　突然发病，迅速传播和急性经过为本病的流行病学特征，结合肝肿胀和出血的病变特点可做出初步诊断，确诊需要进行病原学检查。可选择鸭胚或鸭胚肝细胞进行分离培养，也可以将无菌病料接种 1～7 日龄的敏感雏鸭，复制出该病的典型症状和病变，而接种同一日龄的具有母源抗体的雏鸭则应有 80%～100%受到保护，即可确诊。

5. 防制　严格的防疫和消毒制度是预防本病的积极措施；坚持自繁自养和全进全出的饲养管理制度，可防止本病的进入和扩散。疫苗免疫接种是有效的预防措施，发病或受威胁的雏鸭群，可经皮下注射康复鸭血清、高免血清或高免蛋黄液，也可起到降低死亡率、制止流行和预防发病的作用。

十五、小鹅瘟

小鹅瘟(gosling plague)是由鹅细小病毒(goose parvovirus)引起雏鹅的一种高度接触性、急性败血性传染病，又称鹅细小病毒感染。本病主要侵害 4～20 天的雏鹅，以急性下痢、神经症状和渗出性肠炎为特征。

1. 病原　鹅细小病毒属于细小病毒科(Parvoviridae)、细小病毒属(Parvovirus)。病毒粒子呈圆形或六角形，直径为 20～22 nm，二十面体对称，无囊膜。基因组为单股DNA，大小约为 6 kb。本病毒无血凝活性，与其他细小病毒无抗原关系。国内外分离到的毒株抗原性基本相同，仅有一种血清型。

鹅细小病毒存在于病雏的各内脏组织、肠、脑及血液中。初次分离的病毒不能在鸡胚、鸭胚中生长，只能在 12～14 日龄的鹅胚中繁殖，通过绒毛尿囊腔途径接种，接种后 5～7 天死亡，死亡的胚体有广泛出血，尤以毛囊的出血更为明显。肝脏变性和坏死，绒毛尿膜有轻度水肿。有的毒株在鹅胚细胞中连续传代后，可产生细胞病变。

本病毒对环境的抵抗力强，65℃加热 30 min 对毒价无影响，能抵抗 56℃ 3 h。对乙醚等有机溶剂不敏感，对胰酶和 pH3.0 稳定。

2. 流行病学　在自然条件下，仅在雏鹅中发生，3～20 日龄最易感，20 日龄以上的很少发病。发病日龄愈小，死亡率也愈高，10 日龄以内的雏鹅感染后，其致死率可达 70%～95%，甚至 100%。10 日龄以上的雏鹅感染后，其死亡率一般不超过 60%，病程也相应延长。20 日龄以上的发病率较低，而 1 月龄以上者极少发病。

本病主要通过消化道传染，与病鹅直接接触或接触被病鹅排泄物沾污的饲料和饮水传染，是传播疫病的主要途径。在孵化雏鹅的孵化室也容易传播本病，传染媒介是带病毒的种蛋。

本病的暴发与流行具有明显的周期性，在每年全部更新种鹅的地区，大流行后的两年内通常很少再次流行。有些地区并不每年更新全部种鹅，本病的流行不表现明显的周期性，每年均有发病，但死亡率较低，在20%～50%之间。

3. 症状和病变　潜伏期通常为3～5天，根据病程长短不同可以分为最急性、急性和亚急性等病型。3～5日龄发病者常为最急性，往往无前驱症状，一发现即极度衰弱，或倒地乱划，不久死亡。5～15日龄发病者常为急性，主要症状为全身委顿，食欲减退，常离群，打瞌睡，随后腹泻，拉出灰白或淡黄绿色稀粪。临死前出现两腿麻痹或抽搐。15日龄以上发病雏鹅病程稍长，部分转为亚急性，以委顿、消瘦和拉稀为主要症状，少数幸存者在一段时间内表现生长不良。

最急性型病例除肠道有急性卡他性炎症外，其他器官病变一般不明显。急性病例表现为全身性败血变化，全身脱水，皮下组织显著充血。心脏有明显急性心力衰竭变化，心脏变圆，心房扩张，心壁松弛，心肌晦暗无光泽。肝脏肿大。特征性变化是空肠和回肠的急性卡他性、纤维素性坏死性肠炎，整片肠黏膜坏死脱落，与凝固的纤维素性渗出物形成栓子或假膜，堵塞肠腔。剖检时可见靠近卵黄与回盲部的肠段，外观极度膨大，质地坚实，状如香肠，肠管被一淡灰或淡黄色的栓子塞满。这一变化在亚急性病例中更为常见。

4. 诊断　根据本病具有特征的流行病学表现(1月龄以内的雏鹅易感，成年鹅和其他家禽都不会感染)结合临床症状(严重下痢、排出黄白色或黄绿色水样稀便，有时发生神经症状)和特有的病变(小肠常显著膨大，里面含有带子状或圆柱状的灰白色假膜性凝固栓子)即可作出初步诊断，确诊可进行病毒分离鉴定或特异抗体检查。

(1)病毒分离鉴定：可取病雏的脾脏、胰脏或肝脏的匀浆上清，接种12～15日龄鹅胚，可在5～7天内致死鹅胚，主要变化为胚体皮肤充血、出血及水肿，心肌变性呈瓷白色，肝脏变性或有坏死灶。

(2)血清学检查：检查血清中特异抗体的方法有中和试验、琼脂扩散试验和ELISA试验等。

5. 防制　本病主要是通过孵化室进行传播，因此孵化室中的一切用具设备每次使用后必须清洗消毒，收购来的种蛋应用福尔马林熏蒸消毒。发病初期的病雏，可用抗血清进行治疗，治愈率40%～50%。在本病严重流行的地区，利用弱毒苗甚至强毒苗免疫母鹅是预防本病最经济有效的方法。但在未发病的受威胁区不要用强毒免疫，以免引起散毒。

第四节　猪的主要传染病

一、猪瘟

猪瘟(hog cholera，HC)又称“烂肠瘟”，是由猪瘟病毒(hog cholera virus，HCV)引起的一种急性、热性、高度接触性传染病，是严重威胁养猪业的主要传染病之一。其主要特征为高热稽留和小血管壁变性引起广泛出血、梗塞和坏死，具有很高的发病率和死亡率。

1. 病原　猪瘟病毒属于黄病毒科(Flaviviridae)、瘟病毒属(Pestivirus)。病毒粒子呈圆形，直径 40～50 nm，核衣壳是立体对称二十面体。基因组为单股 RNA，大小约 12 kb。HCV 与同属的牛病毒性腹泻病毒(BVDV)之间，基因组序列具有高度同源性，抗原关系密切，既有血清学交叉反应，又有交叉保护作用。

猪瘟病毒能在猪胚或乳猪脾、肾、骨髓、淋巴结、白血球、结缔组织或者肺组织的细胞中培养，但在这些细胞上不产生明显病变。HCV 对环境的抵抗力不强，乙醚、氯仿和去氧胆酸盐等脂溶剂可很快使病毒失活。

2. 流行病学　猪是本病唯一的自然宿主，不同年龄、性别、品种的猪和野猪都易感。本病一年四季均可发生，一般以春、秋较为严重。

病猪和带毒猪是最主要的传染源，易感猪与病猪的直接接触是病毒传播的主要方式。感染猪在发病前即可从口、鼻以及泪腺分泌物、尿和粪中排毒，并延续整个病程。康复猪在出现特异抗体后停止排毒。强毒在猪群中传播快，造成的发病率高。慢性的感染猪不断排毒或间歇排毒。HCV 也可以经胎盘垂直感染胎儿，产生弱仔猪、死胎、木乃伊胎等。

3. 症状和病变　潜伏期一般为 5～7 天，根据临床症状可分为最急性型、急性型、慢性型和温和型四种类型。

(1)最急性型：病猪常无明显症状，突然死亡，一般出现在初发病地区和流行初期。

(2)急性型：病猪表现为突然发病，体温升高至 41～42℃，呈现稽留热，喜卧、弓背、寒战及行走摇晃。皮肤和结膜发绀、出血，出现精神沉郁，厌食，经 1 天至数天发生死亡。小猪可出现神经症状，表现磨牙、后退、转圈、强直、侧卧及游泳状，甚至昏迷等；亚急性型病猪同样可出现上述症状，不同之处是发病至死亡时间延长，其间可出现粪便干稀交替，眼睛周围见黏性或脓性分泌物，皮肤和黏膜以出血为主，多于发病后 14～20 天后死亡。

(3)慢性型:主要表现为消瘦、贫血、全身衰弱、常伏卧,行走时缓慢无力,时有轻热,食欲不振,便秘和腹泻交替。有的皮肤可见紫斑和坏死痂,病程可达1个月以上,最后衰弱死亡,死亡率极高。有的也能够自然康复。

(4)温和型:非典型和不明显猪瘟可归纳至温和型猪瘟范围内。主要发生于断奶后的仔猪及架子猪,表现症状轻微,不典型,病情缓和,病理变化不明显,病程较长体温稽留在40℃左右,皮肤无出血小点,但有淤血和坏死,食欲时好时坏,粪便时干时稀,病猪十分瘦弱,致死率较高,也有耐过的,但生长发育严重受阻。

母猪感染猪瘟病毒,在妊娠后期可出现流产、死胎、木乃伊胎和畸形胎。

病猪全身淋巴结肿胀、水肿和出血,呈现红白或红黑相间的大理石样变化;肾组织被膜下(皮质表面)呈点状出血;膀胱黏膜、喉、会厌软骨、肠系膜、肠浆膜和皮肤呈点或斑状出血;脾脏的梗死是猪瘟最有诊断意义的病变,它由毛细血管栓塞所致,稍高于周围的表面,以边缘多见,呈紫黑色。胆囊、扁桃体发生梗死;回盲瓣处淋巴组织扣状肿,若有继发感染,可见扣状溃疡;死胎仔猪出现明显的皮下水肿、腹水和胸腔积液。

4. 诊断 典型急性猪瘟暴发,根据流行病学、临床症状和病理变化可作出诊断。亚急性、慢性或温和型猪瘟,临床症状不明显,呈间歇性,或感染数月而不被觉察,因此必须进行实验室诊断。

(1)病原检查:扁桃体是首选病料,最常用的检查HCV抗原的方法是制备冰冻切片利用直接荧光抗体(FA)试验检测。PCR和动物接种试验(如兔体交互免疫试验)等方法也是目前实验室较常用的方法,

(2)血清学检查:抗体检测可以利用中和试验、ELISA等方法进行。

5. 防制 主要的预防措施包括:严格执行疫苗接种程序;加强免疫监测;及时淘汰隐性感染带毒种猪;坚持自繁自养,全进全出的饲养管理制度,做好猪场、猪舍的隔离、卫生、消毒和杀虫工作,减少猪瘟病毒的侵入。

一旦发生猪瘟疫情后要实行紧急措施,对可疑病猪要立即隔离或扑杀,其他有感染可能的猪只就地隔离观察,病猪接触的所有物品要充分消毒,扑杀的猪只应焚烧深埋,封锁疫点、疫区,受威胁区进行紧急免疫接种。

二、猪繁殖与呼吸综合征

猪繁殖和呼吸综合征(porcine reproductive and respiratory syndrome,PRRS)又称"蓝耳病",是由猪繁殖和呼吸综合征病毒(porcine reproductive and respiratory syndrome virus,PRRSV)引起猪的一种繁殖障碍和呼吸道的传染病。以成年猪生殖障碍、早产、流产、死产和产木乃伊胎及仔猪呼吸异常为主要特征。

1. 病原　猪繁殖与呼吸综合征病毒属于动脉炎病毒科(Arteriviridae)、动脉炎病毒属(Arterivirus)。病毒粒子呈卵圆形，直径 50～65 nm，二十面体对称，是一种有囊膜的单股正链 RNA 病毒。

病毒目前有 2 个血清型，即美洲型和欧洲型，我国分离到的毒株均为美洲型。

PRRSV 对酸、碱都较敏感，尤其很不耐碱，一般的消毒剂对其都有作用，但在空气中可以保持 3 周左右的感染力。病毒在 −70℃ 可保存 18 个月，4℃ 保存 1 个月，37℃ 48 h，56℃ 45 min 完全失去感染力。

2. 流行病学　感染动物仅见于猪，不同年龄、性别和品种的猪均可感染，但以母猪和仔猪易感，症状也较严重。其他动物未见发病。

病猪和带毒猪是本病的主要传染源。感染母猪有明显排毒，如鼻分泌物、粪便、尿均含有病毒。耐过猪可长期带毒和不断向体外排毒。公猪感染后 3～27 天和 43 天所采集的精液中均能分离到病毒。

本病传播迅速，传播途径为直接接触和空气(风)传播，经呼吸道感染。当健康猪与病猪接触，如同圈饲养、频繁调运、高度密集都容易导致本病发生和流行。本病也可垂直传播。

3. 症状和病变　本病人工感染潜伏期 4～7 天，自然感染一般为 14 天。临床表现为病猪拒食，母猪流产和仔猪出生后呼吸困难。繁殖母猪发病通常高热达 40～41℃，厌食和嗜睡，呼吸迫促呈腹式呼吸或过度呼吸。少数母猪(1%～5%)耳朵、乳头、外阴、尾部和腿发绀，尤以耳部最明显(因此称蓝耳病)。妊娠晚期发生流产、早产、死胎、弱仔和产木乃伊胎；感染仔猪主要表现呼吸困难，呈腹式呼吸，肌肉震颤，共济失调。刚出生仔猪，耳朵和躯体末端皮肤发绀。以 2～28 日龄仔猪感染后症状最明显，死亡率高达 80%，耐过仔猪因体质弱或易继发感染而很难继续饲养；公猪感染表现为咳嗽、厌食和嗜睡，呼吸急促和运动障碍；育肥猪发病率低，仅 2%，有时达 10%。主要表现为高热、咳嗽、气喘、腹泻。

本病病理变化不特征，PRRS 造成的组织学损伤主要取决于病毒感染的程度以及继发感染的出现情况。常见的病变为局限性间质性肺炎，有时还可观察到其他组织损伤，如淋巴细胞性心肌炎、鼻炎及脾炎。

4. 诊断　本病根据流行病学、临床症状和病理变化可做出初步诊断，确诊需进一步做实验室检查。

(1)病原分离鉴定：可采集流产死胎、新生仔猪的肺、心、脑、肝、肾、扁桃体、脾、外周血白细胞、支气管外周淋巴结、胸腺和骨髓制成匀浆用于病毒分离。分离出的病毒采用特异性抗血清免疫染色来进行鉴定病毒。也可将病料处理后，接种猪肺泡巨噬细胞、CL-2621 或 Marc-145 细胞进行病毒的分离。还可用 RT-PCR 方法直接检测病料中的PRRSV。

(2)血清学试验：免疫过氧化物酶单层试验(易于操作，最为常用)、ELISA(适用于大规模普查，已有商品化的试剂盒)、免疫荧光试验、血清中和试验等。

5. 防制措施　疫苗免疫是控制本病的有效途径。此外，引进猪时要进行严格检疫，防止本病传入，禁止从疫区引进种猪；定期对种母猪、种公猪进行本病的血清学检测，及时淘汰可疑病猪。一旦感染发病应按照相关规定，采取严格控制、扑灭、防止扩散的措施。对受感染威胁猪场或发病猪场可紧急接种疫苗控制疫情。

三、猪圆环病毒病

猪圆环病毒病(porcine circovirus infection)是由猪圆环病毒(porcine circovirus，PCV)引起猪的一种新的传染病。主要感染8～13周龄猪，以体质下降、消瘦、腹泻、呼吸困难为主要特征。该病发病率高，传播迅速，易引发继发感染，已成为影响养猪业的重要疾病之一。

1. 病原　猪圆环病毒属于圆环病毒科(Circoviridae)、圆环病毒属(Circovirus)。PCV是迄今为止发现的一种最小的动物病毒，病毒粒子直径为14～25 nm，呈二十面体对称，无囊膜，基因组为单股环状DNA。现已知PCV有两个血清型，即PCV-1和PCV-2。PCV-1为非致病性的病毒，PCV-2为致病性的病毒，它是断奶仔猪多系统衰竭综合征(PMWS)的主要病原。

PCV能在PK_{15}和ST细胞增殖。该病毒可长期持续污染PK_{15}，细胞不出现CPE。PCV不能在原代胎猪肾细胞、恒河猴肾细胞、BHK-21细胞上生长。PCV对外界的抵抗力较强，对氯仿不敏感，在pH 3.0的酸性环境中可很长时间不被灭活，70℃可以存活15 min。应用0.3%过氧乙酸、3%火碱、2 %威力碘、0.5%强力消毒灵等消毒效果较好。

2. 流行病学　猪是PCV的自然宿主，主要感染断奶后仔猪，哺乳猪很少发病。自然环境中PCV分布很广，猪群血清阳性率可达20%～80%。PCV-2对猪有较强的易感性，可经口腔、呼吸道感染不同年龄的猪。怀孕母猪感染后，可经胎盘垂直传播感染仔猪。公猪感染后也可经精液排出病毒。育肥猪场的大多数猪在2～4月龄时对PCV-2血清转阳，说明猪之间的水平传播也非常明显。PCV-2病毒在猪群中存在的长期性，给本病的控制带来了极大的困难，特别是PRRSV、PPV、HCV、PRV等混合感染，促进了本病的发生流行。饲养条件差、通风不良、饲养密度高、不同日龄猪混养等应激因素，也均可加重病情的发展。

3. 症状和病变　PCV与仔猪断奶后多系统衰竭综合征(PMWS)、猪皮炎与肾炎综合征(PDNS)、PCV-2相关性繁殖障碍等疫病有关。

(1)PMWS:主要是2～4月龄的猪发病,发病率和死亡率与猪场的类型、生产管理模式等因素相关。一般发病率在4%～30%(个别可高达50%以上),病死率为70%～80%,死亡率因猪场不同在4%～20%之间。病猪表现为生长不良或停滞、呼吸困难、淋巴结肿大、腹泻、皮肤苍白、黄疸,有时有咳嗽、发热、中枢神经障碍、突然死亡。特征性组织学病变表现为淋巴器官的肉芽肿和不同程度的淋巴细胞缺失。大体解剖可见肺斑点状出血、胃溃疡。

(2)PDNS:通常发生在保育和生长期的猪,成年猪散发。3月龄及以上的猪发病后病死率达100%。急性病例在临床症状出现后几天内死亡。主要表现为皮肤发生圆形或不规则形的隆起,呈现红色或紫色,中央为黑色的丘疹,丘疹常融合成带状或斑块状,随后发展成黑色结痂。病灶通常在后躯、后肢和腹部,有时亦扩展到胸肋和耳。发病较轻的猪体温正常、行为无异、常可在7～10天自动康复,发病严重的可表现跛行、发热、厌食、精神沉郁、俯卧、步态僵硬等。特征性组织学病变表现为全身性坏死性脉管炎和纤维蛋白坏死性肾小球肾炎,这种病变是Ⅲ型过敏反应的特征,属于免疫介导性障碍,由免疫复合物在脉管和肾小球微血管的管壁上沉淀所致。大体解剖可见肾肿大、苍白(常被出血点覆盖)。

(3)繁殖障碍:PCV-2目前也被认为是引起繁殖障碍的病因,临床主要表现为流产、死胎、木乃伊胎增多、断奶前死亡率升高。特征性组织学病变表现为非化脓性到坏死性或纤维素性心肌炎大体解剖可见心脏肥大和多处心肌变色。

有些病例也可能表现为不同程度的肌肉萎缩;皮肤苍白;有20%的病猪出现黄疸的现象;淋巴结异常肿胀,切面苍白;肺脏、肝脏有不同程度的萎缩;脾脏肿肉变;盲肠和结肠黏膜充血或淤血。

4. 诊断　根据临床症状和淋巴组织、肺、肝、肾特征性病变和组织学变化,可以作出初步诊断,确诊需进行病毒分离鉴定。

(1)病毒分离鉴定:可采取病死猪的脾淋巴结,制成悬液接种PK-15等细胞,PCV在细胞培养中通常不产生细胞病变,因此需借助特异性抗体来证实病毒的复制,也可以利用PCR方法检测细胞培养物中是否存在特异性DNA。

(2)血清学检查:可以采用间接免疫荧光试验和ELISA方法检测PCV抗体。

5. 防制　目前PCV可以采用疫苗进行控制,还要注意加强饲养管理和兽医防疫卫生措施。一旦发现可疑病猪及时隔离,并加强消毒,切断传播途径,杜绝疫情传播。

四、猪伪狂犬病

伪狂犬病(pseudorabies)是由伪狂犬病病毒(pseudorabies virus,PRV)引起多

种家畜和野生动物的一种急性传染病。感染猪的临床特征为体温升高，新生仔猪表现神经症状，还可侵害消化系统。成年猪常为隐性感染，妊娠母猪感染后可引起流产、死胎及木乃伊胎。

1. 病原　伪狂犬病病毒属于疱疹病毒科（Herpesviridae）、猪疱疹病毒属。病毒粒子呈圆形，直径为150～180 nm，核衣壳直径为105～110 nm，有囊膜和纤突。基因组为线状双股DNA。

PRV只有一个血清型，但不同毒株在毒力和生物学特征等方面存在差异。该病毒能在多种组织培养细胞内增殖，产生核内包涵体，其中以兔肾和猪肾细胞最为敏感，并引起明显的细胞病变，细胞肿胀变圆，开始呈散在的灶状，随后逐渐扩展，直至全部细胞圆缩脱落，同时有大量多核巨细胞形成。细胞病变出现快，当病毒接种量大时，在18～24 h后即能看到典型的细胞病变。虽然鸡胚对伪狂犬病毒不很敏感，但应用鸡胚绒毛尿囊膜接种是最早用于病毒增殖和传代的方法。

伪狂犬病毒是疱疹病毒科中抵抗力较强的一种。在37℃下的半衰期为7 h，8℃可存活46天，而在25℃干草、树枝、食物上可存活10～30天，但短期保存病毒时，4℃较－20℃冻结保存更好。病毒在pH 4～9之间可保持稳定。5%石炭酸经2 min灭活，但0.5%石炭酸处理32天后仍具有感染性。0.5%～1%氢氧化钠可迅速使其灭活。对乙醚、氯仿等脂溶剂以及福尔马林和紫外线照射敏感。

2. 流行病学　伪狂犬病毒呈世界性分布，自然感染可发生于猪、牛、绵羊、犬和猫，另外，多种野生动物、肉食动物也易感。实验动物中家兔最为敏感，小鼠、大鼠、豚鼠等也能感染。猪是伪狂犬病毒的贮存宿主，病猪、带毒猪以及带毒鼠类为本病重要传染源，病毒主要从病猪的鼻分泌物、唾液、乳汁和尿中排出，有的带毒猪可持续排毒一年。

该病主要是通过直接或间接接触，还可经呼吸道黏膜和破损的皮肤发生感染。妊娠母猪感染本病可经胎盘侵害胎儿，泌乳母猪感染本病的1周左右乳中有病毒出现，可持续3～5天，此时仔猪可因哺乳而感染本病。伪狂犬病的发生具有一定的季节性，多发生在寒冷的季节，但其他季节也有发生。

3. 症状和病变　临床症状随年龄增长表现出明显差异。2周龄以内哺乳仔猪，病初发热，呕吐、下痢、厌食、精神不振，呼吸困难，呈腹式呼吸，继而出现神经症状，共济失调，最后衰竭而死亡，发病死亡率有时可达100%；3～4周龄猪主要症状同上，病程略长，多便秘，病死率可达40%～60%。部分耐过猪常有后遗症，如偏瘫和发育受阻；2月龄以上猪，症状轻微或隐性感染，表现一过性发热、咳嗽、便秘，有的病猪呕吐，多在3～4天恢复；怀孕母猪表现为咳嗽、发热、精神不振。随着发生流产、产木乃伊胎、死胎和弱仔，弱仔猪1～2天内出现呕吐和腹泻，运动失调，痉挛，角弓反张，通常在 24～36 h 内死亡。

本病剖检一般无特征性病变。眼观主要见肾脏有针尖状出血点，其他肉眼病变不明显。可见不同程度的卡他性胃炎和肠炎，中枢神经系统症状明显时，脑膜明显充血，出血和水肿，脑脊髓液量过多，肝、脾等实质脏器常可见灰白色坏死病灶，肺充血、水肿和坏死点。子宫内感染后可发展为溶解坏死性胎盘炎。组织学病变主要是中枢神经系统的弥散性非化脓性脑膜脑炎及神经节炎，有明显的血管套及弥散性局部胶质细胞坏死。在脑神经细胞内、鼻咽黏膜、脾及淋巴结的淋巴细胞内可见核内嗜酸性包涵体和出血性炎症。有时可见肝脏小叶周边出现凝固性坏死。肺泡隔核小叶质增宽，淋巴细胞、单核细胞浸润。

4. 诊断　根据本病的临诊症状，结合流行病学分析，可做出初步诊断，确诊必须进行实验室检查。

(1)病原分离鉴定：病猪的脑、心、肝、脾、肺、肾、扁桃体等组织均可用于病毒分离，但以脑组织和扁桃体最为理想。可将病料处理后直接接种敏感细胞，如猪肾传代细胞(PK-15 和 IBRS-2)、仓鼠肾传代细胞(BHK-21)或鸡胚成纤维细胞(CEF)，接种后 24～72 h 内可出现典型的细胞病变，初步分离物再用特异性阳性血清做中和试验加以鉴定。也可将处理的病料接种家兔或小鼠，根据家兔或小鼠的临诊表现做出判定，家兔比小鼠更敏感。此外，直接免疫荧光试验、PCR 等也都可以用于 PRV 的抗原检查。

(2)血清学检查：包括血清中和试验、乳胶凝集试验、琼脂免疫扩散试验、补体结合试验、荧光抗体试验及 ELISA 试验等。

5. 防制　疫苗免疫接种是预防和控制伪狂犬病的根本措施，目前国内外已研制成功伪狂犬的常规弱毒疫苗、灭活疫苗以及基因缺失疫苗，这些疫苗都能有效地减轻或防止伪狂犬病的临诊症状，从而减少该病造成的经济损失。本病目前无特效治疗药物进行治疗，对感染发病猪可注射猪伪狂犬病高免血清，可在一定程度上降低死亡率，对断奶仔猪效果较为明显，同时对未发病受威胁猪进行紧急免疫接种。

五、猪传染性胃肠炎

猪传染性胃肠炎(transmissible gastroenteritis，TGE)是由猪传染性胃肠炎病毒(transmissible gastroenteritis virus，TGEV)引起猪的一种高度接触性肠道传染病。以病猪呕吐、严重腹泻和脱水为主要特征。各种年龄都可感染发病，但以 2 周龄以内的仔猪发病率和病死率高。

1. 病原　猪传染性胃肠炎病毒属于冠状病毒科(Coronaviridae)、冠状病毒属

(*Coronavirus*)。病毒粒子形态多样,呈圆形、椭圆形和多边形,直径为 60～160 nm,有囊膜,表面有一层棒状纤突,长 12～25 nm。基因组为单股 RNA。

本病毒能在猪肾、猪甲状腺、猪睾丸等细胞上很好增殖。对牛、猪、豚鼠及人的红细胞没有凝集或吸附作用。对氯仿、乙醚、去氧胆酸钠、次氯酸盐、氢氧化钠、甲醛、碘、碳酸以及季铵化合物敏感。不耐热,56℃ 45 min,65℃ 10 min 即被杀死。在阳光下曝晒 6 h 也可被灭活,紫外线亦能使病毒迅速失活。

2. 流行病学　自然情况下感染动物为猪,各种年龄都易感,但以 2 周以内的仔猪发病率和病死率高,随年龄的增大死亡率稳步下降。狗、猫、狐狸等可带毒排毒,但通常不发病。

病猪和带毒猪是本病的主要传染来源。病毒存在于病猪和带毒猪的粪便、乳汁及鼻分泌物中,病猪康复后可长时间带毒,有的带毒期长达 10 周。本病主要经消化道、呼吸道传播。感染母猪可通过乳汁排毒感染哺乳仔猪。

本病的发生和流行具有明显的季节性,多见于冬季和初春。多呈地方性流行,新发区可呈暴发性流行。

3. 症状和病变　本病潜伏期仔猪为 12～24 h,成年猪为 2～4 天。仔猪的典型临床表现是突然的呕吐,接着出现急剧的水样腹泻,粪水呈黄色、淡绿色或发白色。病猪迅速的脱水,体重下降,精神委靡,被毛粗乱无光。吃奶减少或停止吃奶、战栗、口渴、消瘦,于 2～5 天内死亡,1 周龄以下的哺乳仔猪死亡率可高达 50%～100%。病愈仔猪增重缓慢,生长发育受阻,甚至成为僵猪。肥猪及成年猪症状较轻,主要是食欲减退或消失,水样腹泻,粪水呈黄绿、淡灰或褐色,混有气泡,消瘦,有时呕吐;哺乳母猪泌乳减少或停止,3～7 天病情好转随即恢复,很少发生死亡。

本病主要病变在胃和小肠,表现急性肠炎变化,胃内充满凝乳块,胃底黏膜充血,有时有出血点,小肠肠壁变薄,肠内充满黄绿色或白色液体,含有气泡和凝乳块,绒毛肠系膜淋巴结充血、肿胀。

4. 诊断　根据流行病学、临床症状和病理变化进行综合判定可以作出初步诊断,确诊必须进行实验室检查。

病原检查:可取病猪的病料接种猪肾细胞进行病毒的分离鉴定,还可用荧光抗体法检查肠组织中的病毒抗原。

血清学检查:抗体检测可用病毒中和试验和 ELISA 试验等。

5. 防制　采用检疫、消毒、配合使用疫苗进行预防。发现病猪应及时淘汰,死猪应进行无害化处理,污染的场地、用具等应严格消毒。

六、猪丹毒

猪丹毒(swine erysipelas)是由猪丹毒杆菌(*Bacillus rhusiopathiae suis*)引起的一种急性、热性传染病。急性型呈现高热、急性败血症，亚急性型在皮肤上出现特异性紫红色疹块，慢性型常发生心内膜炎和非化脓性关节炎。

1. 病原　猪丹毒杆菌也称红斑丹毒丝菌(*Eryssipelothrix rhusiopathiae*)，属于丹毒杆菌属(*Eryspelothrix*)，是一种纤细的小杆菌，形状为直形或稍弯，革兰氏染色阳性，不产生芽孢，无荚膜，不能运动。本菌为微需氧菌，在血琼脂或血清琼脂上生长较佳。在固体培养基上培养 24 h 长出的菌落，一般可分为光滑型、粗糙型和中间型，三者可相互转变。

本菌对盐腌、烟熏、干燥、腐败和日光等自然因素的抵抗力较强，在盐腌或熏制的肉内能存活 3～4 个月，在掩埋的尸体内能活 7 个多月，在土壤内能存活 35 天。但对消毒药的抵抗力较弱，2%福尔马林、1%漂白粉，3%来苏儿、1%火碱、1%漂白粉都能很快将其杀死。本菌耐酸性亦较强。

2. 流行病学　本病分布较广，感染动物主要为猪，不同年龄和品种的猪均易感，但以 3～6 月龄青年猪发病率最高。也偶发于牛、绵羊、马、犬、鼠、家禽及鸟类。

病猪及带菌猪是主要传染源，其他带菌动物也可能是潜在的传染源。病原体随粪、尿、唾液和鼻分泌物等排出体外，污染土壤、饲料、饮水等，通过消化道和损伤的皮肤而引起感染。也可能通过吸血昆虫而传播。

本病一年四季均可发生，以夏季炎热、多雨季节流行最盛，5～9 月是流行高峰，多呈地方流行性和散发性发生。

3. 症状和病变　人工感染潜伏期 1～7 天，多为 3～5 天。本病在临床上一般可分为急性型、亚急性型和慢性型三型。

(1)急性型：又称败血型，以突然暴发为主，死亡率高达 80%以上。常见病猪精神不振、体温升高达 42～43℃、虚弱、卧地、不食、有时呕吐、结膜充血。初期粪干结，后期出现下痢，耳、颈下、胸前及背皮肤潮红发紫，指压退色。病程 3～4 天，不死者转为疹块型或慢性型。哺乳仔猪和刚断奶仔猪可表现神经症状，抽搐，倒地而死，病程常不超过 1 天。主要病变以全身急性败血症变化和体表皮肤出现丹毒红斑为特征，皮肤有红斑或弥漫性红色。脾肿大，呈樱红色或紫红色，质松软。淋巴结充血、肿大呈紫红色，切面多汁，有出血点。肾脏淤血、肿大、呈暗红色，皮质部有多量小出血点。胃及十二指肠发炎有出血点。肺充血肿大。

(2)亚急性型，又称疹块型，症状较败血型轻，其特征是胸侧、背部、颈部至全身出现界限明显，圆形、四边形，有热感的疹块，俗称“打火印”。初期充血，指压退色，后期淤血，呈紫黑色，压之不退。体温升高但很少超过42℃。疹块发生后，体温逐渐下降，病猪多自行康复，也有不少病猪在发病过程中，症状恶化而转变为败血型致死。病程为1～2周。亚急性型以皮肤疹块为特征病变，疹块内血管扩张，皮肤及皮下组织水肿浸润，压迫血管可使疹块中央变为白色，仅周围呈现红色。内脏变化略轻于败血型。

(3)慢性型：单独较少发生，多由急性或亚急性转化而来。以关节炎（多见于腕、跗关节）或心内膜炎，或两者并发为主要症状。少数病猪有皮肤坏死症状，多发生于背、耳、肩、蹄、尾等处。病变特征为关节炎、心内膜炎和皮肤坏死。可见一个或多个关节肿胀、变形，关节囊增生肥厚，不化脓，切开关节囊，流出多量浆液性、纤维素性渗出液，黏稠常带有红色。慢性心内膜炎常为溃疡性或由肉芽组织和纤维素性凝块形成花椰菜样疣状赘生物，主要见二尖瓣，其次为主动脉瓣等处。

4. 诊断　本病可根据流行病学、临床症状及病理变化等综合分析作出诊断，必要时进行病原学检查确诊。

(1)病原学检查：急性型采集病猪的肾、脾；亚急性采集疹块部的渗出液；慢性型采取心内膜组织和患病关节液，制成抹片进行染色镜检，如发现革兰氏阳性纤细杆菌，可作初步诊断。确诊可进行血琼脂培养结合生化检查进行。

(2)血清学检查：目前常用的方法有血清平板凝集试验和全血平板凝集试验（可用于血清抗体检测和免疫水平评价）、SPA协同凝集试验和琼脂免疫扩散试验（可用于该菌的鉴别和菌株分型）、荧光抗体可用作快速诊断，直接检查病料中的本菌。

5. 防制　要加强饲养管理，做好疫苗免疫接种工作。猪栏、用具等经常保持清洁，做到定期消毒。加强交通检疫、屠宰检疫及农贸市场的检查，如发现病猪或带菌产品，应立即进行隔离消毒，处理产品，杜绝病原传播。

七、猪水疱病

猪水疱病（swine vesicular disease，SVD）是由猪水疱病病毒（swine vesicular disease virus，SVDV）引起的一种急性、热性接触性传染病。本病流行性强，发病率高，以病猪蹄部、口部、鼻端和腹部、乳头周围皮肤和黏膜发生水疱为主要特征。本病在症状上与口蹄疫极为相似，但牛、羊等家畜一般不发病。

1. 病原　猪水疱病病毒属于小核糖核酸病毒科（Picomaviridae）、肠道病毒属（Enterovirus）。病毒粒子呈球形，大小为22～30 nm，由裸露的二十面体对称的衣壳和含有单股RNA的核心组成，无囊膜。目前只有一个血清型。

SVDV可在原代仔猪肾细胞、猪肾细胞系（IBRS-2、PK-15）和人羊膜传代细胞系(FL 细胞)上生长,一般接种病毒后 30 h 左右就可产生明显的细胞病变,主要表现为细胞变圆,固缩而呈颗粒状,聚集成堆或散在。

SVDV 对环境和消毒药具有较强的抵抗力,经 50℃ 30 min 仍不失感染力,60℃经 30 min 和 80℃经 1 min 可被灭活,在低温中可长期保存。病毒在污染的猪舍内可存活 8 周以上。病猪的肌肉、皮肤、肾脏保存于 −20℃ 经 11 个月,病毒滴度未见明显下降。病毒对乙醚有抵抗力,对酸不敏感。消毒药以 5%氨水、10%漂白粉液、3%福尔马林和 3%的热氢氧化钠溶液效果较好。

2. 流行病学　在自然流行中,本病仅发生于猪,不分年龄、性别、品种的猪只均可发生感染。牛、羊等家畜通常不发病。

传染源病猪、潜伏期的猪和病愈带毒猪是本病的主要传染来源,通过粪、尿、水疱液、奶排出病毒。本病主要通过直接接触和消化道途径传播。

本病的发生无明显的季节性,多呈地方流行性。由于传播不如口蹄疫病毒快,所以流行较缓慢,不呈席卷之势。

3. 症状和病变　潜伏期 2～4 天,长可至 7～8 天。病初体温升高至 40～42℃,在蹄冠、趾间、蹄踵出现一个或几个黄豆至蚕虫大的水疱,继而水疱融合扩大,充满水疱液,经 1～2 天后,水疱破裂形成溃疡,真皮暴露,颜色鲜红。由于蹄部受到损害,病猪行走出现跛行。有些病例由于继发细菌感染,局部化脓,可造成蹄壳脱落,不能站立。在蹄部发生水疱的同时,有的病猪在鼻端、口腔和母猪乳头周围出现水疱。一般经 10 天左右可以自愈,但初生仔猪可造成死亡。水疱病发生后,约有 2%的猪发生中枢神经系统紊乱,表现向前冲,转圈运动,用鼻摩擦猪舍用具,有时有强直性痉挛。

本病特征性病变在蹄部、鼻盘、唇、舌面、乳房出现水疱。个别病例在心内膜有条状出血斑。水疱破裂,水疱皮脱落后,暴露出创面有出血和溃疡。其他内脏器官无可见病变。组织学变化为非化脓性脑膜炎和脑脊髓炎病变,大脑中部病变较背部严重。脑膜含有大量淋巴细胞,多数为网状组织细胞。脑灰质和白质发现软化病灶。

4. 诊断　本病根据临床症状(与口蹄疫相似)、特征性病变(蹄部、口腔、鼻盘和母猪乳头周围发生水疱)可进行初步诊断,确诊需要进行实验室检查。

(1)病毒分离鉴定:取病猪未破溃或刚破溃的水疱皮,经无菌处理后接种敏感细胞系(如 IBRS-2 细胞)进行分离,可利用血清学试验或 PCR 方法进行鉴定。也可接种敏感实验动物进行分离,处理的病料颈部皮下接种 2～3 日龄的乳鼠。一般在最初 1～2 代内即可引起感染,小白鼠发病死亡。初代分离如呈阴性结果,应继续盲传 2～3 代,分离毒可用猪水疱病抗血清中和后,再次接种 2～3 日龄乳鼠进行分离毒鉴定。如猪水疱病免疫血清中和组小鼠健活，病毒对照或用各型口蹄疫免疫血清中和对照的乳鼠发病死亡，则被检病料为猪水疱病病毒，而不是口蹄疫病毒。

(2)血清学检查：抗体检测可以利用琼脂免疫扩散试验、中和试验以及 ELISA 方法等进行。

5.防制　预防本病的重要措施是防止本病传入。在引进猪和猪产品时，必须严格检疫。做好日常消毒工作，对猪舍、环境、运输工具用有效消毒药进行定期消毒。本病常发地区进行免疫预防，亦可利用猪水疱病高免血清进行被动免疫。

一旦发生本病时，要及时对可疑病猪进行隔离，对污染的场所、用具要严格消毒，粪便、垫草等堆积发酵消毒。疫点、疫区实行紧急封锁，并控制猪及猪产品出入。必须出入疫区的车辆和人员等要严格消毒。扑杀病猪并进行无害处理。对疫区和受威胁区的猪，可进行紧急免疫接种。

八、猪痢疾

猪痢疾(swine dysentery)又称黑痢、血痢或黏液性出血性下痢等，是由致病性的猪痢疾蛇形螺旋体(*Serpulina hyodysenteriae*)引起猪的一种肠道传染病。以大肠黏膜发生卡他性出血性炎症或纤维素坏死性炎症，黏液性或黏液出血性下痢为主要特征。

1.病原　猪痢疾蛇形螺旋体革兰氏染色阴性，菌体长 6～8.5 μm，宽 0.3～0.37 μm，通常有 4～6 个弯曲，两端尖锐，呈缓慢旋转的螺丝线状，能自由运动。

猪痢疾蛇形螺旋体对外界环境具有较强的抵抗力，在粪便中 5℃存活 61 天，25℃存活 7 天，在土壤中 4℃能存活 102 天。对消毒药抵抗力不强，普通浓度的过氧乙酸、来苏儿和氢氧化钠均能迅速将其杀死。

2.流行病学　自然流行中，本病仅发生于猪，各种年龄的猪均可感染，但以 7～12 周龄的猪较为常见，哺乳仔猪发病较少。

病猪和带菌猪是主要传染源，康复猪带菌可长达数月，经常从粪便中排出大量菌体，污染周围环境、饲料、饮水或经饲养员、用具、运输工具的携带而传播。主要传染途径是经消化道传播，健康猪吃下污染的饲料、饮水而感染。运输、拥挤、寒冷、过热，或环境卫生不良等诱因都是本病发生的应激因素。

本病发生没有明显的季节性，一年四季均可发生，但 4～5 月、9～10 月发生相对较多。流行缓慢，持续期长，最初群中一部分猪只发病，续而同群猪陆续发病。

3.症状和病变　潜伏期 3 天至 2 个月以上，自然感染多为 1～2 周。一般可分为最急性型、急性型和慢性型三型。

(1)最急性:暴发初期多为急性型,往往突然死亡。病初精神稍差,食欲减少,粪便变软,表面附有条状黏液。以后迅速下痢,粪便黄色柔软或水样。重病例在1～2天间粪便充满血液和黏液。随着病程的发展,病猪精神沉郁,体重减轻,迅速消瘦,弓腰缩腹,起立无力,极度衰弱,最后死亡。病程约1周。

(2)亚急性和慢性:病情较轻,下痢,黏液及坏死组织碎片较多,血液较少,病期较长。病程长者进行性消瘦,病死率低,生长发育不良。不少病例能自然康复,但在一定的间隔时间内,部分病例可能复发甚至死亡。病程为1个月以上。

病变主要局限于大肠、回盲结合处。大肠黏膜肿胀,并覆盖着黏液和带血块的纤维素。大肠内容物软至稀薄,并混有黏液、血液和组织碎片。当病情进一步发展时,黏膜表层坏死,形成假膜,呈麸皮或豆腐渣样外观,有时,黏膜上只有散在成片的薄而密集的纤维素,剥去假膜露出浅表糜烂面。其他脏器无明显病变。

4.诊断　根据临床症状和病理变化可做出初步诊断,确诊需进一步进行实验室检查。

(1)病原学检查:一般取急性病例的猪粪便和肠黏膜制成涂片,染色镜检,每个视野发现有3～5条蛇形螺旋体,可以作为初步的诊断依据,确诊还要进行猪痢疾蛇形螺旋体的致病性鉴定,通常做肠致病性试验,若有50%的感染猪发病,即表示该菌株有致病性。

(2)血清学检查:可以选择试管凝集试验、玻片凝集试验、间接免疫荧光试验、ELISA等进行血清学检查,其中凝集试验和ELISA应用相对较多。

5.防制　应坚持自繁自养的原则,防止本病传入健康猪群;引进种猪时实行隔离检疫;平时加强管理和防疫消毒工作;发现本病时,可根据情况进行隔离消毒,对发病猪群实行全群投药,对无病猪群要进行预防给药,并减少各种应激因素的刺激。

九、猪萎缩性鼻炎

猪萎缩性鼻炎(swine atrophic rhinitis,AR)又称猪传染性萎缩性鼻炎(swine infectious atrophic rhinitis),是由支气管败血波氏杆菌和产毒素多杀性巴氏杆菌引起的猪的一种慢性呼吸道传染病,临床上以鼻甲骨(尤其是下卷曲部分)萎缩、颜面部变形、慢性鼻炎、生长迟缓等为特征。

1.病原　支气管败血波氏杆菌(*Bordetella bronchiseptica*,*Bb*)和产毒素多杀性巴氏杆菌(*Pasteurella multocida*,*Pm*)是猪萎缩性鼻炎主要的原发性感染因子。

*Bb*为革兰氏阴性球杆状细菌,大小为(0.2～0.3 μm)×1.0 μm,呈散在或成

对排列，偶呈短链，不产生芽孢，有的有荚膜，有周鞭毛，能运动，需氧。在葡萄糖中性红琼脂平板上，菌落中等大小，呈透明烟灰色。鲜血琼脂上产生 β 溶血。在马铃薯培养基上生长茂盛，使马铃薯变黑，菌落黄棕而微带红色。该菌有三个菌相，其中病原性强的菌相是有荚膜的球形或短杆状的 I 相菌。本菌抵抗力不强，常用消毒剂对其都可致死。

Pm 是一种两段钝圆，中央微突的短杆菌或球杆菌，大小为(0.6～2.5 μm)×(0.25～0.6 μm)，不形成芽孢，不运动，无鞭毛，革兰氏染色阴性的需氧兼性厌氧菌。本菌在添加血清或血液的培养基上生长良好，在普通琼脂上形成细小透明的露珠状菌落，在血琼脂上生成灰白色、湿润而黏稠的菌落，不溶血。本菌的抵抗力不强，在直射阳光和干燥的情况下迅速死亡，60℃ 10 min 可杀死，一般消毒药在几分钟或十几分钟内可杀死。

2. 流行病学　自然条件下本病只见猪发生，任何年龄的猪都可感染，但以幼猪的易感性最高，发病率一般随年龄增长而下降。1 月龄内感染常在数周后发生鼻炎并引起鼻甲骨萎缩，断奶后感染，一般只产生轻微病变。

病猪和带菌猪是主要传染源，其他带菌动物也能作为传染源使猪感染发病。传播方式主要是通过飞沫传染，病猪或带菌猪通过接触经呼吸道把病原传给幼年猪。没有临床症状的带菌母猪，从呼吸道排菌可以感染它的全窝仔猪，所以特别危险。该病传播缓慢，多为散发或地方流行性。

3. 症状和病变　多见于 6～8 周龄仔猪，病猪表现鼻炎，喷嚏、流涕和吸气困难，有浆液性鼻液、黏液性分泌物。摇头不安，鼻痒拱地，前肢抓鼻、奔跑。鼻甲骨发病后 3～4 周开始萎缩，致使鼻腔和面部变形，是该病特征性症状。两侧鼻甲骨病损相同时，外观鼻短缩，若一侧鼻甲骨萎缩严重，则使鼻弯向另一侧。体温一般正常，病猪生长停滞，难以育肥，有的成为僵猪。

病变一般局限于鼻腔和邻近组织，病的早期可见鼻黏膜及额窦有充血和水肿，有多量黏液性、脓性甚至干酪性渗出物蓄积。最特征的病变是鼻腔的软骨和鼻甲骨的软化和萎缩，特别是下鼻甲骨的下卷曲最为常见。鼻甲骨上下卷曲及鼻中隔失去原有的形状，弯曲或萎缩。鼻甲骨严重萎缩时，使腔隙增大，上下鼻道的界限消失，鼻甲骨结构完全消失，常形成空洞。

4. 诊断　本病主要根据临床症状和病理变化进行诊断，根据病猪表现频繁喷嚏、吸气困难，鼻黏膜发炎、生长停滞和鼻面部变形易于作出现场诊断。有条件可进行 X 射线检查，也可取病料涂片染色镜检。

5. 防制　加强饲养管理，改善环境条件，进行化学治疗和预防接种的联合措施是治疗萎缩性鼻炎的有效方法。对于已存在本病的猪场，应实行严格检疫，有明显症状和可疑症状的猪只要进行淘汰以根除传染源。应用药敏试验选择敏感药物进行预防性给药有利于减少猪群发病。

十、猪支原体肺炎

猪支原体肺炎（mycoplasmal pneumonia of swine）又称猪地方流行性肺炎（swine enzootic pneumonia），俗称猪气喘病，是由猪肺炎支原体（*Mycoplasma hyopneumoniae* 或 *M. suipneumoniae*）引起猪的一种慢性呼吸道传染病，以咳嗽、气喘，肺的尖叶、心叶、中间叶和膈叶前缘呈肉样或虾肉样实变为特征。

1. 病原　猪肺炎支原体属支原体科（Mycoplasmataceae）、支原体属（*Mycoplasma*）。猪肺炎支原体无细胞壁，具多形性，有环状、球状、点状、杆状和两极状等。本菌不易着色，可用姬姆萨或瑞特氏染色。

猪肺炎支原体生长需求极为苛刻，分离相当困难，其在基本肉汤培养物中生长缓慢，经 3～30 天，培养物才产生轻微的混浊，并产酸使颜色发生变化。

猪肺炎支原体对自然环境抵抗力不强，圈舍、用具上的支原体，一般在 2～3 天失活，病料悬液中支原体在 15～20℃放置 36 h 即丧失致病力。常用的化学消毒剂均能达到消毒目的。

2. 流行病学　猪是本病的自然宿主，各种品种、年龄、性别的猪均可感染，尤其哺乳仔猪及幼龄猪最易感染。成年猪多呈慢性或隐性感染。妊娠后期母猪常急性发作，死亡率高。病猪和带菌猪是本病的传染源。病猪与健康猪直接接触，通过病猪咳嗽、气喘和喷嚏将含病原体的分泌物喷射出来，形成飞沫，经呼吸道而感染。

有些地区和猪场从外地引进猪只时由于未经严格检疫购入带菌猪，引起本病的暴发。本病一旦传入后，如不采取严密措施，很难彻底扑灭。该病流行时常出现继发感染，如继发巴氏杆菌病、胸膜肺炎、沙门氏杆菌病等，可使死亡率明显增加。

本病一年四季均可发生，但在寒冷、多雨、潮湿或气候骤变时较为多见。饲养管理和卫生条件是影响本病发病率和死亡率的重要因素，尤以饲料的质量，猪舍潮湿和拥挤、通风不良等影响较大。

3. 症状和病变　潜伏期通常为 11～16 天，长者可达 1 个月以上。根据发病经过，大致可分为急性型、慢性型和隐性型三个类型。急性型主要见于新感染的猪群或新疫区，病初精神不振，头下垂，病猪呼吸困难，严重者张口喘气，发出哮鸣声，有明显腹式呼吸。体温一般正常，如有继发感染则可升到 40℃以上。病程一般为 1～2 周，病死率也较高；慢性型一般由急性型转变而来，也有部分病猪开始时就呈慢性经过，常见于老疫区的架子猪、育肥猪和后备母猪。主要症状为咳嗽，站立不动，弓背，颈伸直，头下垂，严重时呈连续的痉挛性咳嗽。食欲变化不大，病势严重时减少或完全不食。病期较长的小猪，身体消瘦而衰弱，生长发育停滞。病程长，可拖延 2～3 个月，甚至长达半年以上；隐性型可由急性型或慢性型转变而成。有的猪只在较好的饲养管理条件下，感染后不表现症状，但用 X 线检查或剖解时发现肺炎病变，在老疫区的猪只中本型占相当大比例。

主要病变只见于肺、肺门淋巴结和纵隔淋巴结。急性死亡肺脏有不同程度的水肿和气肿。在心叶、尖叶、中间叶及部分病例的膈叶出现融合性支气管肺炎，以心叶最为显著，尖叶和中间叶次之，然后波及到膈叶。病变部的颜色多为淡红色或灰红色，半透明状，病变部界限明显，像鲜嫩的肌肉样，俗称肉变。随着病程延长或病情加重，病变部颜色转为浅红色、灰白色或灰红色，半透明状态的程度减轻，俗称胰变或虾肉样变。肺门和膈淋巴结显著肿大，有时边缘轻度充血。继发感染细菌时，可引起肺和胸膜的纤维素性、化脓性和坏死性病变，还可见其他脏器的病变。

4. 诊断　本病根据流行病学、临床症状和病理变化可作出诊断。本病仅发生于猪，以怀孕母猪和哺乳猪症状最为严重，病死率较高，在老疫区多为慢性和隐性经过。X 射线检查对本病的诊断有重要价值，对隐性或可疑患猪通过 X 线透视阳性可作出诊断。

血清学检查：琼脂免疫扩散试验、免疫荧光试验、补体结合试验、微量间接血凝试验、凝集试验、ELISA、核酸探针及 PCR 等这些方法也有助于本病的快速诊断。目前常用的方法为间接血凝试验及琼脂免疫扩散试验。

5. 防制　应坚持自繁自养的原则，防止购入隐性感染猪。确实需引进种猪时，应进行隔离检疫证明无疫病，方可混群饲养；严格采用"全进全出"的饲养方式；每批猪出栏后猪舍须经严格冲洗消毒，空舍一段时间后再转入新的猪群；进行疫苗免疫接种。

十一、猪流行性腹泻

猪流行性腹泻（porcine epidemic diarrhea，PED）是由猪流行性腹泻病毒（porcine epidemic diarrhea virus，PEDV）引起猪的一种急性、高度接触性肠道传染病，以呕吐、腹泻和脱水为基本特征。

1. 病原　猪流行性腹泻病毒属于冠状病毒科（Coronaviridae）、冠状病毒属（Coronavirus）。病毒粒子呈多形性，倾向于圆形，直径为 95～190 nm。基因组为线性单股正链 RNA，具有侵染性，大小为 27～33 kb。目前 PEDV 只有一个血清型。

PEDV 与鸡传染性支气管炎病毒（IBV）、犬冠状病毒（CCV）等冠状病毒之间没有明显的抗原相关性。不能凝集人、兔、猪、鼠、犬、马、羊、牛的红细胞。对外界抵抗力弱,对乙醚、氯仿敏感,一般消毒药物都可将其杀灭。病毒在60℃ 30 min,可失去感染力,但在50℃条件下相对稳定。

2.流行病学　本病仅发生于猪,各种年龄的猪都能感染发病。哺乳仔猪、架子猪或育肥猪的发病率很高,尤以哺乳仔猪受害最为严重,母猪发病率变化很大,在15%～90%间。病猪是本病主要传染源,病毒存在于肠绒毛上皮和肠系膜淋巴结,随粪便排出后,污染环境、饲料、饮水、交通工具及用具等而传染,主要感染途径是消化道。本病多发生于寒冷季节。

3.症状和病变　潜伏期一般为5～8天,人工感染为8～24 h。病猪表现呕吐、腹泻和脱水,与猪传染性胃肠炎相似,但程度较轻、传播稍慢。粪稀如水,呈灰黄色或灰色。呕吐多发生于吃食或吮乳后。少数病猪出现体温升高1～2℃,精神沉郁,食欲减退或不食,尤其是繁殖种猪。症状的轻重随年龄的大小而有差异,年龄越小,症状越重,1周内新生仔猪常于腹泻后2～4天内因脱水而死亡,病死率可达50%。断奶猪、肥育猪以及母猪常呈现沉郁和厌食症状,持续腹泻4～7天,逐渐恢复正常。少数猪恢复后生长发育不良。成年猪仅表现沉郁、厌食、呕吐等症状,如果没有继发其他疾病且护理得当,猪很少发生死亡。

本病病变主要在小肠,表现为小肠膨胀,内充满黄色液体,肠壁变薄,个别小肠黏膜有出血点,肠系膜充血,肠系膜淋巴结水肿,小肠绒毛缩短,重症者绒毛萎缩,甚至消失。其他实质性器官无明显病变。组织学变化可见空肠段上皮细胞的空泡形成和表皮脱落,肠绒毛显著萎缩。

4.诊断　本病在流行病学和临床症状方面与猪传染性胃肠炎无显著差别,只是病死率比猪传染性胃肠炎稍低,在猪群中传播的速度也较缓慢些。猪流行性腹泻通常发生于寒冷季节,各种年龄都可感染,年龄越小,发病率和病死率越高,病猪呕吐,水样腹泻和严重脱水,进一步确诊须依靠实验室诊断。

(1)病原学检查:常利用直接免疫荧光法检测PEDV抗原,取病猪小肠作冰冻切片或小肠黏膜抹片,风干后丙酮固定,加荧光抗体染色,水洗后盖片、镜检。腹泻后6小时空肠和回肠的荧光细胞检出率可高达90%～100%。利用ELISA方法从粪便中直接检查PEDV抗原应用也较为广泛。

(2)血清学检查:常用阻断ELISA或阻断免疫荧光试验检测血清中的PEDV抗体。

5.防制　对本病应采取综合性防制措施,加强对猪只的饲养管理,提高猪只抵抗力。搞好猪舍的清洁卫生和消毒,经常清除粪便,禁止从疫区引进仔猪。一旦发生本病,病猪应及时隔离,在隔离条件治疗。猪舍及用具用2%氢氧化钠或5%～10%石灰乳、漂白粉消毒。多发区易感猪群进行疫苗预防接种。

十二、猪脑心肌炎

猪脑心肌炎(porcine encephalomyocarditis,PEMC)又称猪病毒性脑心肌炎,是由猪脑心肌炎病毒(porcine encephalomyocarditis virus,PEMCV)引起的猪和多种动物的急性、致死性的传染病,以脑炎、心肌炎或心肌周围炎为主要特征。

1.病原　猪脑心肌炎病毒属于小 RNA 病毒科(Picornaviridae)、心病毒属(Cardiovirus)。病毒粒子呈圆形,大小为 27～30 nm,核衣壳呈 20 面立体对称,无囊膜。基因组为单股正链 RNA。

EMCV 可以在鸡胚内繁殖并引起鸡胚死亡。本病毒对小白鼠易感,能在鼠胚成纤维细胞和初生仓鼠肾细胞上生长繁殖。EMCV 对热有一定的抵抗力,60℃ 30 min 可灭活。

2.流行病学　宿主范围很广,除猪外,灵长类、鼠类、大象和松鼠都能感染,以哺乳仔猪的易感性最高,一旦发生,同窝和同圈的猪只都可感染死亡,病死率几乎可达 100%,断奶后的猪感染后,多呈亚临诊型,病死率较低。

病猪是主要的传染来源。种猪感染后,可经胎盘垂直传播给仔猪,也能通过乳传播给仔猪,鼠类作为本病的贮存宿主也是一种危险的传染源。

3.症状和病变　本病潜伏期 2～4 天,主要是感染仔猪发病,可表现出最急性型和急性型两种症状类型。最急性型仔猪常在几乎看不到任何前期症状的情况下突然死亡,或经短时间兴奋虚脱死亡;急性型病猪可见短时间的发热(41～42℃)、精神沉郁、减食或停食,有的猪表现震颤、步态蹒跚、呕吐、呼吸困难,或表现进行性麻痹。往往在吃食或兴奋时突然倒地死亡。断奶仔猪和成年猪多表现为亚临床感染。病死率以 1～2 月龄仔猪最高,可达 80%～100%。母猪在妊娠后期可发生流产、死产、产弱仔和木乃伊胎。

主要的病理变化为胸、腹部皮肤发绀,呈紫色。胸、腹腔和心包积液,并含有少量纤维蛋白。右心室扩张,有灰白色条纹或白恶斑点,纤维素性心外膜炎,心肌炎、肺水肿、肝肿大、肠系膜水肿、腹水等病变。组织学变化主要是心肌炎,可见心肌充血、水肿和心肌纤维变性、坏死,淋巴细胞、巨噬细胞浸润。

4.诊断　本病根据临床症状和病理变化,可做出初步诊断,确诊需进行实验室检查。

(1)动物接种:可作诊断参考用,取 10%组织悬液经脑内或腹腔内接种小鼠,经 4～7 天小鼠死亡,剖检可见心肌炎、脑炎和肾萎缩等变化。

(2)病原分离:采集可疑病料处理后,接种鸡胚尿囊腔或卵黄囊,感染鸡胚呈广泛性出血。也可利用鼠胚成纤维细胞和仓鼠肾细胞进行病毒的分离和培养,并可观察到细胞病变，再利用中和试验对初步分离物进行鉴定。

(3)血清学检查：可用血凝抑制试验来检测血清中的特异性抗体。

5. 防制　由于尚无有效的治疗药物和疫苗，本病主要靠综合性防制措施加以预防。首先应当注意防止野生动物，特别是啮齿类动物偷食或污染饲料与水源。猪群如发现可疑病猪时，应立即隔离消毒，病死动物要迅速做无害化处理，污染的圈舍场地应以彻底消毒。尽量避免使猪产生应激反应。

第五节　反刍动物主要传染病

一、牛病毒性腹泻-黏膜病

牛病毒性腹泻-黏膜病(bovine viral diarrhea-mucosal disease，BVD-MD)简称牛病毒性腹泻或牛黏膜病，是由牛病毒性腹泻病毒(bovine viral diarrhea virus，BVDV)引起的一种广泛传播的接触性传染病，以黏膜发炎、糜烂、坏死和腹泻为主要特征。

1. 病原　牛病毒性腹泻病毒又名黏膜病病毒(mucosal disease virus)，属于黄病毒科(Flaviviridae)、瘟病毒属(*Pestivirus*)的成员。病毒粒子圆形，有囊膜，核衣壳为非螺旋的双面体对称结构。BVDV 为单股正链 RNA 病毒。

BVDV 能在胎牛肾、睾丸、肺、皮肤、肌肉、鼻甲、气管、胎羊睾丸、猪胃等细胞培养物中增殖传代，也适应于牛胎肾传代细胞系。BVDV 与猪瘟病毒(HCV)和绵羊边界病毒(BDV)有密切的抗原关系。

BVDV 对乙醚、氯仿、胰酶等敏感，pH 3.0 以下易被破坏。56℃很快被灭活。多数毒株对低温稳定，血液和组织中的病毒，在－70℃可存活多年。

本病毒能在胎牛肾、睾丸、肺、皮肤、肌肉、鼻甲、气管、胎羊睾丸、猪肾等细胞培养物中增殖传代，本病毒与猪瘟病毒、边界病毒为同属病毒。

2. 流行病学　本病可感染黄牛、水牛、牦牛、绵羊、山羊、猪、鹿及小袋鼠，家兔可以实验感染。患病动物和带毒动物是本病的主要传染源，病牛的鼻漏、泪水、尿、粪便、乳汁以及精液等均含有病毒。直接或间接接触均可传染本病，主要通过消化道和呼吸道而感染，也可通过胎盘感染。本病常年均可发生，通常多发生于冬末和春季。

3. 症状和病变　潜伏期 7～14 天，人工感染 2～3 天。临床上分为急性和慢性经过。

急性病牛突然发病，体温升高至 40～42℃，持续 4～7 天，有的还有第二次升高。病畜精神沉郁，厌食，鼻眼有浆液性分泌物，可能有鼻镜及口腔黏膜表面糜烂，舌面上皮坏死，流涎增多，呼气恶臭。在口内损害之后常发生严重腹泻，开始水泻，以后带有黏液和血。有些病牛常有蹄叶炎及趾间皮肤糜烂坏死，从而导致跛行。急性病例恢复的少见，通常多死于发病后1～2周。

慢性病牛很少有明显的发热症状，但体温可能有高于正常的波动。最显著的症状是鼻镜上的糜烂，此种糜烂可在全鼻镜上连成一片。眼常有浆液分泌物。在口腔内很少有糜烂，但门齿齿龈通常发红。由于蹄叶炎及趾间皮肤糜烂坏死而致的跛行是最明显的症状。大多数患牛均死于2～6个月内。

母牛在妊娠期感染本病时常发生流产，或产下有先天性缺陷的犊牛。最常见的缺陷是小脑发育不全。患犊可能只呈现轻度共济失调或完全缺乏协调和站立的能力，有的可能盲目。

主要病变在消化道和淋巴组织。特征性损害是食道黏膜糜烂，呈大小不等形状，小的常呈直线排列。瘤胃黏膜偶见出血和糜烂，第四胃炎性水肿和糜烂。肠壁因水肿增厚，肠淋巴结肿大，小肠急性卡他性炎症，空肠、回肠较为严重，盲肠、结肠、直肠有卡他性、出血性、溃疡性以及坏死性等不同程度的炎症。在流产胎儿的口腔、食道、真胃及气管内可能有出血斑及溃疡。

4.诊断　一般根据临床症状和病理变化可作出初步诊断，最终确诊必须要通过分离病毒来确定。

(1)病毒分离鉴定：病牛急性发热期间采取血液、尿、鼻液或眼分泌物，也可采取脾、骨髓、肠系膜淋巴结等病料，人工感染易感犊牛或用乳兔来分离病毒；也可用牛胎肾、牛睾丸细胞分离病毒。

(2)血清学检查：目前应用最广的是血清中和试验，试验时采取双份血清(间隔3～4周)，滴度升高4倍以上者为阳性，本法可用来定性，也可用来定量。也应用补体结合试验、免疫荧光抗体试验、琼脂免疫扩散试验以及聚合酶链反应(PCR)等方法来诊断本病。

5.防制　采取疫苗免疫接种结合综合性预防措施来控制本病。平时预防要加强口岸检疫，从国外引进种畜时必须进行血清学检查，防止引入带毒动物。国内在进行牛只调拨或交易时亦要加强检疫，防止本病的扩大或蔓延。一旦发生本病，对病牛要隔离治疗或急宰。

二、牛传染性鼻气管炎

牛传染性鼻气管炎(infectious bovine rhinotracheitis，IBR)又称“坏死性鼻炎”、“红鼻病”，是由牛传染性鼻气管炎病毒(infectious bovine rhinotracheitis virus,IBRV)引起牛的一种接触性呼吸道传染病,临床表现为上呼吸道及气管黏膜发炎、呼吸困难、流鼻汁等症状,还可引起生殖道感染、结膜炎、脑膜脑炎、流产、乳房炎等多种病型。

1.病原　牛传染性鼻气管炎病毒又称牛疱疹病毒Ⅰ型(bovine herpesvirus Ⅰ),属于疱疹病毒科(Herpesviridae)、水痘病毒属(Varicellovirus)的成员。病毒粒子呈球形,有囊膜,成熟病毒粒子的直径150～220 nm,主要由核心、衣壳和囊膜三部分组成。核心由双股DNA与蛋白质缠绕而成,包含基因组的核衣壳为正20面体立体对称,外观呈六角形。本病毒只有一个血清型。

IBRV可在猪、羊、马、兔肾,牛胎肾细胞上生长,并可产生细胞病变,使细胞聚集,出现巨核合胞体,感染细胞用苏木紫伊红染色后均可见嗜酸性核内包涵体。病毒对乙醚和酸敏感,于pH7.0的溶液中很稳定,4℃保存30天感染滴度几乎无变化,－70℃保存的病毒,可存活数年。对很多消毒药敏感。

2.流行病学　本病主要感染牛,尤以肉用牛较为多见,其次是奶牛。以20～60日龄的犊牛最为易感,病死率也较高。

病牛和带毒牛为主要传染源,隐性带毒牛往往是最危险的传染源。常通过空气经呼吸道传染,交配也可传染;病毒也可通过胎盘侵入胎儿引起流产。

3.症状和病变　潜伏期一般为4～6天,长者可达20天以上,人工滴鼻或气管内接种可缩短到18～72 h。本病可表现多种类型。

(1)呼吸道型:急性病例可侵害整个呼吸道,病初发高热39.5～42℃,极度沉郁,拒食,有多量黏液脓性鼻漏,鼻黏膜高度充血,出现浅溃疡,鼻窦及鼻镜因组织高度发炎而称为“红鼻子”。有结膜炎及流泪。常因炎性渗出物阻塞而发生呼吸困难及张口呼吸。因鼻黏膜的坏死,呼气中常有臭味。呼吸数常加快,常有深部支气管性咳嗽。有时可见带血腹泻。乳牛病初产乳量即大减,后完全停止,病程如不延长经5～7天可恢复产量。主要病变为呼吸道黏膜高度发炎,有浅溃疡,其上被覆腐臭黏液脓性渗出物,包括咽喉、气管及大支气管。可能有成片的化脓性肺炎。呼吸道上皮细胞中有核内包涵体。第四胃黏膜常有发炎及溃疡。大小肠可有卡他性肠炎。

(2)生殖道感染型:一般由配种传染,潜伏期1～3天,可发生于母牛及公牛。病初发热,沉郁,无食欲。频尿,有痛感。产乳稍降。阴户联合下流黏液线条,污染附近皮肤,阴门阴道发炎充血,阴道底面上有不等量黏稠无臭的黏液性分泌物。阴门黏膜上出现小的白色病灶,可发展成脓疱,大量小脓疱使阴户前庭及阴道壁形成广泛的灰色坏死膜。生殖道黏膜充血,轻症1～2天后消退,继则恢复;严重的病例发热,包皮、阴茎上发生脓疱,随即包皮肿胀及水肿,公牛可不表现症状而带毒,从精液中可分离出病毒。

(3)脑膜脑炎型：主要发生于犊牛。体温升高达 40℃以上。病犊共济失调，沉郁，随后兴奋、惊厥，口吐白沫，最终倒地，角弓反张，磨牙，四肢划动，病程短促，多归于死亡。主要病变是脑膜脑炎的病灶呈非化脓性脑炎变化。

(4)眼炎型：一般无明显全身反应，有时也可伴随呼吸型一同出现。主要症状是结膜角膜炎，表现结膜充血、水肿，并可形成粒状灰色的坏死膜。角膜轻度混浊，但不出现溃疡。眼、鼻流浆液脓性分泌物。很少引起死亡。

(5)流产型：一般认为是病毒经呼吸道感染后，从血液循环进入胎膜、胎儿所致。胎儿感染为急性过程，7～10 天后以死亡告终，再经 24～48 h 排出体外。主要病变是流产胎儿肝、脾有局部坏死，有时皮肤有水肿。

4. 诊断　本病的典型病例有鼻黏膜充血、脓疱、呼吸困难、鼻腔流脓等特征性症状，结合流行病学可做出初步诊断，但确诊必须依靠实验室诊断，包括病毒分离鉴定和血清学试验。

(1)病毒分离鉴定：感染发热期采取病畜鼻腔洗涤物，流产胎儿可取其胸腔液接种牛肾细胞进行分离，通常接种后 3 天出现细胞病变(CPE)，典型变化是细胞圆缩，聚集成葡萄样群落，在单层细胞上形成空洞，有时会发现有数个细胞核的巨大细胞。初步分离物利用中和试验或荧光抗体试验来进行鉴定。

(2)血清学检查：检测血清中 IBRV 抗体的方法有病毒中和试验、间接血凝试验、琼脂免疫扩散试验以及酶联免疫吸附试验(ELISS)等。

5. 防制　防制本病最重要的措施是必须实行严格检疫，防止引入传染源和带入病毒(如带毒精液)。发生本病时，应采取隔离、封锁、消毒等综合性措施，由于本病尚无特效疗法，病畜应及时严格隔离，最好予以扑杀或根据具体情况逐渐将其淘汰。目前疫苗并不能阻止野毒感染，也不能阻止潜伏病毒的持续性感染，只能起到防御临床发病的效果。因此采用敏感的检测方法(如 PCR 技术)检出阳性牛并予以扑杀可能是目前根除本病的唯一有效途径。

三、牛传染性胸膜肺炎

牛传染性胸膜肺炎(Contagious bovine pleuropneumonia)也称牛肺疫，是由丝状霉形体引起的对牛危害严重的一种接触性传染病。渗出性纤维素性肺炎和浆液纤维素性胸膜肺炎为特征，常呈亚急性或慢性经过。

1. 病原　牛肺疫丝状霉形体属于支原体科(Mycoplasmataceae)、支原体属(*Mycoplasma*)，过去曾称星球丝菌。牛肺疫丝状霉形体细小，多形，但常呈球形，革兰氏染色阴性。多存在于病牛的肺组织、胸腔渗出液和气管分泌物中。

病原体对外界环境的抵抗力甚弱，暴露在空气中，特别是直射阳光下，几小时即失去毒力。干燥、高温迅速死亡，55℃ 15 min、60℃ 5 min 即可被灭活。乙醚、0.01%升汞、生石灰、1%石炭酸 3 min、0.5%福尔马林 30 s 灭活。可在冷冻的组织中存活很久，－20℃以下能存活数月。对苯胺染料和青霉素具有抵抗力。

2. 流行病学　在自然条件下主要侵害牛类，包括黄牛、牦牛、犏牛、奶牛等，其中 3～7 岁多发，犊牛少见。在常发地区多为慢性或隐性传染，呈散发；在新发地区可呈暴发或地方流行性。牛群转移、集聚、厩舍拥挤，冬春气候异常是诱发本病的重要因素。

传染源为病牛和带菌牛，隐性带菌者是主要传染来源。本病主要由于健康牛与病牛直接接触传染，病菌经咳嗽、唾液、尿液排出（飞沫），通过空气经呼吸道传播。适宜的环境气候下，病菌可传播到几千米以外。也可经消化道或生殖道感染。

3. 症状和病变　本病潜伏期平均 2～4 周，短者 7 天，长者可达数月之久。临床表现为急性型、亚急性型和慢性型三型。急性型病牛病初体温升高至 40～42℃，鼻孔扩张，鼻翼扇动，有浆液或脓性鼻液流出。呼吸高度困难，呈腹式呼吸，有吭声或痛性短咳。前肢张开，喜站。反刍迟缓或消失，可视黏膜发绀，臀部或肩胛部肌肉震颤。脉细而快，每分钟 80～120 次。前胸下部及颈垂水肿。胸部叩诊有实音，痛感；听诊时肺泡音减弱；病情严重出现胸水时，叩诊有浊音。若病情恶化，则呼吸极度困难，病牛呻吟，口流白沫，伏卧伸颈，体温下降，最后窒息而死。病程 5～8 天；亚急性型病牛的症状与急性型相似，但病程较长，症状不如急性型明显而典型；慢性型病牛消瘦，常伴发癌性咳嗽，叩诊胸部有实音且敏感。在老疫区多见牛使疫力下降，消化机能紊乱，食欲反复无常，有的无临床症状但长期带毒，故易与结核相混，应注意鉴别。病程 2～4 周，也有延续至半年以上者。

本病主要特征性病变在呼吸系统，尤其是肺脏和胸腔。肺的损害常限于一侧，初期以小叶性肺炎为特征。中期为该病典型病变，表现为浆液性纤维素性胸膜肺炎，病肺呈紫红、红、灰红、黄或灰色等不同时期的肝变而变硬，切面 呈大理石状外观，间质增宽。病肺与胸膜粘连，胸膜显著增厚并有纤维素附着。胸腔有淡黄色并夹杂有纤维素之渗出物。支气管淋巴结和纵膈淋巴结肿大、出血。心包液混浊且增多。末期肺部病灶坏死并有结缔组织包囊包裹，严重者结缔组织增生使整个坏死灶瘢痕化。

4. 诊断　依据典型临床症状（高热稽留兼有浆液性纤维素胸膜肺炎之症状）和病理变化（肺呈多色彩的大理石样变；肺间质明显增宽、水肿，肺组织坏死；浆液纤维素性胸膜肺炎）可做出初步诊断，确诊需进一步做实验室检查。

（1）病原分离鉴定：通常采取病牛鼻汁或肺组织、胸腔渗出液，进行病菌分离鉴定。

(2)血清学检查:补体结合试验(只适合群体检测)、竞争酶联免疫吸附试验、被动血凝试验(可做筛选试验)均可用于检测。

5.防制 老疫区宜定期进行疫苗免疫;发现病牛应隔离、封锁,必要时宰杀淘汰;污染的牛舍、屠宰场应用3%来苏儿或20%石灰乳消毒;非疫区勿从疫区引牛,如果必须购买种牛时,应就地进行补体结合反应试验,证明为阴性并接种牛传染性胸膜肺菌苗产生免疫保护后方可运回。本病早期治疗可达到临床治愈。病牛症状消失,肺部病灶被结缔组织包裹或钙化,但长期带菌,应隔离饲养以防传染。

四、牛流行热

牛流行热(bovine epizootic fever,BEF)又称三日热(three day fever)或暂时热(ephemeral fever),是由牛流行热病毒(bovine epizootic fever virus,BEFV)引起牛的一种急性热性传染病,其临床特征为突发高热、流泪、有泡沫样流涎,鼻漏,呼吸促迫,后躯僵硬,跛行,一般呈良性经过,发病率高,病死率低。

1.病原 牛流行热病毒,又名牛暂时热病毒(bovine ephemeral virus),属弹状病毒科(Rhabdoviridae)水疱病毒属。病毒粒子呈子弹形或圆锥形,有囊膜,基因组为单股RNA。

BEFV可在牛肾、牛睾丸、牛胎肾细胞以及仓鼠肾原代细胞和传代细胞(BHK-21)上繁殖,并产生细胞病变。在绿猴肾传代细胞(vero)上也能繁殖。本病毒对外界环境的抵抗力不强,不耐酸、不耐碱、不抗高温,对乙醚、氯仿和去氧胆酸盐等脂溶剂敏感,但耐低温,-70℃下可长期保持毒力。

2.流行病学 本病主要侵害黄牛和奶牛,水牛较少感染。以3～5岁牛多发,1～2岁及6～8岁牛次之,犊牛及9岁以上牛少发。本病传播迅速,传染力强,发病率高,短期内可使很多牛发病,呈流行性或大流行性,但死亡率通常较低。

病牛是本病主要传染源,病毒主要存在于病牛血液和呼吸道分泌物中。在自然条件下,可通过吸血昆虫叮咬,经皮肤感染。因此本病的流行有明显的季节性,一般在夏末到秋初、高温炎热、多雨潮湿、蚊蠓多生的季节流行。

3.症状和病变 本病潜伏期3～7天,常发病突然,体温升高达39.5～42.5℃,维持2～3天。体温升高的同时,病牛流泪、畏光、眼结膜充血、眼睑水肿。呼吸促迫,患牛发出哼哼声,食欲废绝,咽喉区疼痛,反刍停止。多数病牛鼻炎性分泌物成线状,随后变为黏性鼻涕。口腔发炎、流涎,口角有泡沫。全身肌肉和四肢关节疼痛,步态僵硬、不稳,呆立,跛行,故又名“僵直病”。发热期尿量减少,尿液呈暗褐色,混浊,妊娠母牛可发生流产、死胎、泌乳量下降或停止。多数病例为良性经过。病程 3～4 天，很快恢复。少数严重者可于 1～3 天内死亡，但病死率一般不超过 1%。

急性死亡的自然病例，可见有明显的肺间质气肿，还有一些牛可有肺充血与肺水肿。肺气肿的肺高度膨隆，间质增宽，内有气泡，压迫肺呈捻发音。肺水肿病例胸腔积有多量暗紫红色液，两侧肺肿胀，间质增宽，内有胶冻样浸润，肺切面流出大量暗紫红色液体，气管内积有多量的泡沫状黏液。淋巴结充血、肿胀和出血。实质器官混浊肿胀。真胃、小肠和盲肠呈卡他性炎症和渗出性出血。

4. 诊断　本病根据临床症状（大群发生，传播快速，有明显的季节性，发病率高、病死率低，病牛表现高热稽留，鼻镜干而热，羞明流泪，走路不稳，常爱生跛行和瘫痪，呼吸加快，头颈伸直，张口吐舌，有明显的鼾声）和剖检变化（急性死亡病牛可见肺膨大，显著水肿和气肿，病程较长而死亡的一般呈败血症变化），易于做出初步诊断，但确诊需进行实验室检查。

（1）病原分离鉴定：以母牛血毒脑内接种初生乳鼠或仓鼠，可分离出病毒。也可接种敏感细胞进行分离。

（2）血清学检查：可以利用中和试验、补体结合试验、琼脂扩散试验、免疫荧光法、酶联免疫吸附试验等进行检验。

5. 防制　本病的发生有明显的季节性，在流行季节到来之前应及时进行疫苗免疫接种。流行区除做好人工免疫接种外，还必须加强消毒，扑灭蚊、蠓等吸血昆虫，切断本病的传播途径。发生本病时，要对病牛及时隔离，及时治疗，对假定健康牛群及受威胁牛群可采用高免血清进行紧急预防接种。

五、羊梭菌性疾病

羊梭菌性疾病（clostridiosis of sheep）是由梭状芽孢杆菌属（*Clostridium*）中的微生物所致的一类疾病，包括羊快疫（braxy）、羊猝击（struck）、羊肠毒血症（enterotoxaemia）、羊黑疫（black disease）、羔羊痢疾（lamb dysentery）等病。其特点是发病快，病程短，死亡率高，对羊的危害较大。

（一）羊快疫

羊快疫是由腐败梭菌引起羊的一种急性传染病，主要发生于绵羊，以羊突然发病，病程极短，真胃黏膜呈出血性炎性损害为特征。

1. 病原　腐败梭菌是革兰氏阳性的厌氧大杆菌，菌体正直，两端钝圆。在动物体内外均可产生芽孢，不形成荚膜，可产生多种毒素。用死亡羊的脏器，特别是肝被膜做触片，经染色后镜检，见到无关节长丝状的形态是腐败梭菌极突出的特征，具有重要的诊断意义。

2.流行病学　发病羊多为6～18月龄的绵羊，山羊较少发病，主要经消化道感染。

3.症状和病变　羊突然发病，往往未表现出临床症状即倒地死亡，常常在放牧途中或在牧场上死亡，也有早晨发现死在羊圈舍内。有的病羊离群独居，卧地，不愿意走动，强迫其行走时，则运步无力，运动失调。腹部臌胀，有疝痛表现。体温有的升高到41.5℃，有的体温正常。发病羊以极度衰竭、昏迷至发病后数分钟或几天内死亡。病羊新鲜尸体的主要损害为真胃出血性炎症变化显著。真胃黏膜常有大小不等的出血斑块，其表面发生坏死，出血坏死区低于周围的正常黏膜；黏膜下组织常水肿。胸腔、腹腔、心包有大量积液，暴露于空气易于凝固。心内膜下和心外膜下有多数点状出血。肠道和肺脏的浆膜下也可见到出血。

4.诊断　根据临床症状只能初步诊断，确诊需进行细菌学检验。

(1)触片镜检：用死羊肝脏的被膜触片、染色、镜检，可见到无关节的长丝状菌体。

(2)病原分离鉴定：常用葡萄糖血琼脂和肉汤分离病菌后作生化试验。也可将新鲜病料肌肉注射小鼠或豚鼠，常在24 h内引起死亡，立即采脏器做触片镜检。

5.防制　本病的病程短促，往往来不及治疗，因此必须加强平时的防疫措施。发生本病时，将病羊隔离，对病程较长的病例试行对症治疗。当本病发生严重时，转移牧地，可收到减少和停止发病的效果。加强饲养管理，防止受寒感冒，避免羊只采食冰冻饲料，早晨出牧不要太早。常发地区应定期接种菌苗。

(二)羊猝击

羊猝击是由C型魏氏梭菌引起的一种毒血症，临床上以急性死亡、腹膜炎和溃疡性肠炎为特征。

1.病原　C型魏氏梭菌产β主要毒素和α次要毒素。本菌可在10%血琼脂培养基上进行厌氧培养。

2.流行病学　本病发生于成年绵羊，以1～2岁的绵羊发病较多。常发生于冬春季节，主要经消化道感染。呈地方性流行。

3.症状和病变　病程短促，常未及见到症状即突然死亡。有时发现病羊掉群、卧地，表现不安、衰弱，痉挛，眼球突出，在数小时内死亡。病变主要见于消化道和循环系统。十二指肠和空肠黏膜严重充血、糜烂，有的区段可见大小不等的溃疡。胸腔、腹腔和心包大量积液，可形成纤维素絮块。浆膜上有小点出血。肌肉出血，有气性裂孔。

4.诊断　根据临床表现和病理变化可初步诊断，确诊需进行微生物学和毒素检查。

(1)病原分离鉴定:是从体腔渗出液、脾脏取材进行C型魏氏梭菌的分离和鉴定。

(2)毒素检查:利用小肠内容物的离心上清液静脉接种小鼠,检测有无β毒素。

5.防制　本病的防制方法同羊快疫。

(三)羊肠毒血症

羊肠毒血症又称"软肾病"或"类快疫",是由D型魏氏梭菌等在羊肠道内大量繁殖产生毒素引起的主要发生于绵羊的一种急性毒血症。本病菌以急性死亡,死后肾组织易于软化为特征。

1.病原　D型魏氏梭菌,少数为A型和C型。

2.流行病学　本病多呈散发,绵羊发生较多,山羊较少。2～12月龄的羊最易发病,发病的羊多为膘情较好的。本菌在肠道内大量繁殖,产大量E原毒素,经胰蛋白酶的作用下转变成E毒素,引起肠毒血症。因此,病羊作为传染源的意义有限。羊肠毒血症的发生表现出明显的季节性和条件性。

3.症状和病变　本病的特点为突然发作,很少能见到症状。病状可分为两种类型:一类以搐搦为其特征,病羊倒毙前,四肢出现强烈的划动,肌肉颤搐,眼球转动,磨牙,口水过多,随后头颈显著抽缩,往往死于2～4 h内。另一类以昏迷和静静地死去为其特征,病程不太急,其早期症状为步态不稳,以后卧倒,并有感觉过敏,流涎,上下颌"咯咯"作响,继以昏迷,角膜反射消失,有的病羊发生腹泻,通常在3～4 h内静静地死去。

病变常限于消化道、呼吸道和心血管系统。真胃含有未消化的饲料。回肠呈急性出血性炎性变化,心包常扩大,内含灰黄色液体和纤维素絮块,左心室的心内外膜下有多数小点出血。肺脏出血和水肿。胸腺常发生出血。肾脏比平时更易于软化。

4.诊断　依据本病发生的情况和病理变化可初步诊断,确诊本病需依靠实验室检验。

(1)病原学检查:采集小肠内容物、肾脏及淋巴结等作为病料。病料涂片染色镜检可于肠道发现大量的有荚膜的革兰氏阳性大杆菌,同时于肾脏等脏器也可检出魏氏梭菌。本菌虽为专性厌氧菌,但厌氧条件不苛刻,较易培养,常用厌气肉肝汤和鲜血琼脂分离培养,纯分离物进行生化鉴定。也可利用小肠内容物滤液接种小鼠或豚鼠进行毒素检查和中和试验,以确定毒素的存在和菌型。

5.防制　常发地区应定期进行疫苗免疫。加强饲养管理,农区、牧区春夏之际抢青、抢茬,秋季避免采食过量结籽物草。发病时及时转移至高燥牧地草场。

(四)羊黑疫

羊黑疫又名传染性坏死性肝炎(infectious necrotic hepatitis),是由B型诺维氏梭菌引起绵羊、山羊的一种急性高度致死性毒血症。本病以肝实质发生坏死性病灶为特征。

1.病原　诺维氏梭菌为革兰氏阳性大杆菌,严格厌氧,能形成芽孢,不产生荚膜。

2.流行病学　本菌能使1岁以上的绵羊感染,以2～4岁的绵羊发生最多。发病羊多为营养良好的肥胖羊只,山羊也可感染,牛偶可感染。实验动物中以豚鼠为最敏感,家兔、小鼠易感性较低。本病主要在春夏发生于肝片吸虫流行的低洼潮湿地区。

3.症状与病变　本病在临床上与羊快疫、肠毒血症等极其类似。病程十分急促,绝大多数情况是未见有病而突然发生死亡。少数病例病程稍长,可拖延1～2天。病畜掉群,不食,呼吸困难,体温41.5℃左右,呈昏睡俯卧,并保持在这种状态下毫无痛苦地突然死去。

病羊尸体皮下静脉显著充血,其皮肤呈暗黑色外观(黑疫之名即由此而来)。胸部皮下组织经常水肿。浆膜腔有液体渗出,暴露于空气易于凝固,液体常呈黄色,但腹腔液略带血色。左心室心内膜下常出血。真胃幽门部和小肠充血和出血。肝脏充血肿胀,从表面可看到或摸到有一个到多个凝固性坏死灶,坏死灶的界限清晰,灰黄色,不整圆形,周围常为一鲜红色的充血带围绕,坏死灶直径可达2～3 cm,切面呈半圆形。羊黑疫肝脏的这种坏死变化是很有特征的,具有很大的诊断意义。

4.诊断　在肝片吸虫流行的地区发现急死或昏睡状态下死亡的病羊,剖检见特殊的肝脏坏死变化,有助于诊断。必要时可进行细菌学检查和毒素检查。

5.防制　流行本病的地区应搞好控制肝片吸虫感染的工作。多发区进行疫苗免疫。发生本病时,应将羊群移牧于高燥地区。对病羊可用抗诺维氏梭菌血清进行治疗。

(五)羔羊痢疾

羔羊痢疾是由B型魏氏梭菌引起初生羔羊的一种急性毒血症,以剧烈腹泻和小肠发生溃疡为其特征。

1.病原　B型魏氏梭菌。

2.流行病学　本病主要危害7日龄以内的羔羊,其中又以2～3日龄的发病最多,7日龄以上的很少患病。传染途径主要是通过消化道,也可能通过脐带或创伤。羔羊痢疾的发生和流行具有明显的规律性。

3.症状和病变　自然感染的潜伏期为1～2天，病初精神委顿，低头弓背，不想吃奶。不久就发生腹泻，粪便恶臭，有的稠如面糊，有的稀薄如水，到了后期，有的还含有血液，直到成为血便。病羔逐渐虚弱，卧地不起。若不及时治疗，常在1～2天内死亡。以神经症状为主者，四肢瘫软，卧地不起，呼吸急促，口流白沫，最后昏迷，头向后仰，体温降至常温以下，常在数小时到十几小时内死亡。

尸体脱水现象严重。最显著的病理变化是在消化道。第四胃内往往存在未消化的凝乳块。小肠（特别是回肠）黏膜充血发红，溃疡周围有一出血带环绕；有的肠内容物呈血色。肠系膜淋巴结肿胀充血，间或出血。心包积液，心内膜有时有出血点。肺常有充血区域或淤斑。

4.诊断　在常发地区，依据流行病学、临床症状和病理变化一般可以作出初步诊断。确诊需进行实验室检查，以鉴定病原菌及其毒素。

5.防制　应综合采取加强饲养管理、增强孕羊体质、合理哺乳、消毒隔离、预防接种和药物防治等措施才能有效地予以防制。

第五章 寄生虫病

第一节 寄生虫病概论

寄生虫病是养殖业中一大类很常见的疾病，会造成重大经济损失。在这一节中，将概要介绍寄生虫学中的一些重要概念、寄生虫的危害、寄生虫病的诊断和防治方法。

一、寄生虫与宿主

(一)寄生虫

寄生虫是指暂时或永久地寄生在宿主体内或体表，并从宿主身上取得它们所需要的营养物质的动物。如长期寄生在猪肠道的猪蛔虫和只有在吸血时才在鸡身上寄生的皮刺螨都属于寄生虫。

根据寄生部位不同，可将寄生虫分为内寄生虫与外寄生虫。内寄生虫是指寄生在宿主体内的寄生虫，如寄生于消化道的线虫、绦虫、吸虫等；外寄生虫是指寄生在宿主体表的寄生虫，如寄生于皮肤表面的蜱、螨、虱子等。寄生虫寄生部位不同，其防治方法往往也有所不同，如消化道寄生虫多用内服驱虫药物的方法进行驱虫，而外寄生虫可用药浴或喷杀虫剂的方法进行防治。

根据发育过程需要的宿主数量，可以将寄生虫分为单宿主寄生虫与多宿主寄生虫。发育过程中仅需要一个宿主的寄生虫叫单宿主寄生虫(也叫土源性寄生虫)，如蛔虫、钩虫等。发育过程中需要多个宿主的寄生虫，叫多宿主寄生虫(也叫生物源性寄生虫)，如绦虫、吸虫、焦虫等。在流行特点上，土源性寄生虫和生物源性寄生虫存在一些区别，如在圈养饲养方式条件下，由于大多数生物源性寄生虫的传播途径被切断，生物源性寄生虫很少在圈养动物中流行，而很多土源性寄生虫则可以流行。

(二)宿主

宿主是指体内或体表有寄生虫暂时或长期寄生的动物。其中，寄生虫成虫(性成熟阶段)或有性生殖阶段虫体所寄生的宿主叫终末宿主；寄生虫幼虫或无性生殖阶段所寄生的宿主叫中间宿主，如细粒棘球绦虫的成虫寄生在犬肠道内，其幼虫

(棘球蚴)寄生在牛羊等动物及人的脏器中,因此,犬是细粒棘球绦虫的终末宿主,牛羊等动物及人是该虫的中间宿主。

寄生虫的发育过程往往比较复杂。寄生虫生长、发育和繁殖的一个完整循环过程,叫作寄生虫的发育史或生活史。根据寄生虫发育史是否需要中间宿主,可分为两种类型:一种是不需中间宿主的发育史,称为直接发育型生活史;一种是需要中间宿主的发育史,称为间接发育型生活史。寄生虫的生活史可以分为若干个阶段,每个阶段的虫体有不同的形态特征和生物学特征(如寄生部位、致病作用),了解寄生虫的生活史特征对寄生虫病的诊断和防治有重要意义。在寄生虫的多个发育阶段中,不是每个阶段都具有感染性,往往只有在特定的发育阶段才具有感染性,能使动物机体感染的寄生虫发育阶段称感染性阶段。

寄生虫病的流行必须具备三个基本环节,即传染源、传播途径和易感动物。这三个环节在某一地区同时存在并相互关联时,就会构成寄生虫病的流行。寄生虫的虫卵、幼虫或虫体会通过宿主的粪、尿、痰、血液以及其他分泌物、排泄物排出体外,在环境中经过发育,经一定的感染方式或途径感染易感动物,从而引发寄生虫病。寄生虫的感染途径主要包括经口感染、经皮肤感染、接触感染、经节肢动物感染和经胎盘感染等。寄生虫种类不同,其感染途径也可能不同;可能是某种单一途径,也可能是多种途径。

二、寄生虫的危害

在很多情况下,寄生虫感染宿主后往往不表现出明显的临床症状,但会给宿主的饲料转化率、增重、产品的品质和产量造成不良影响,影响经济效益,这种影响是长期的、隐蔽的,所造成的经济损失是巨大的;有些寄生虫会严重危害畜禽健康,甚至引起畜禽死亡;另外,有些寄生虫病(人畜共患寄生虫病)除危害畜禽外,还会对人体健康造成一定影响。总体而言,寄生虫对宿主的危害主要有以下几个方面:

(一)掠夺宿主营养

寄生虫生长、发育、繁殖所需的营养主要来源于宿主。寄生在消化道的寄生虫(如蛔虫)多数以宿主体内的消化或半消化的食物营养为食;吸血性寄生虫(如蜱)直接吸取宿主血液;也有的寄生虫(泰勒虫)则可破坏红细胞或其他组织细胞,以血红蛋白、组织液等作为自己的食物;由于寄生虫对宿主营养的这种掠夺,使宿主长期处于贫血、消瘦和营养不良状态。

(二)机械性损伤

虫体以吸盘、小钩、口囊等器官附着在宿主的寄生部位,造成局部损伤;幼虫在移行过程中,损伤组织;虫体在肠管、胆管、支气管、血管内寄生聚集,引起堵塞、梗阻、破裂。如大量蛔虫积聚在小肠所造成的肠堵塞，细粒棘球蚴在肝脏中压迫肝脏，都会造成严重的后果。

(三)虫体毒素和免疫损伤作用

寄生虫在寄生发育过程中排出的代谢产物、分泌的物质及虫体崩解后的物质，可引起宿主中毒或免疫病理反应，导致宿主组织及机能的损伤。如蜱产生的毒素可使动物瘫痪。

(四)继发感染

某些寄生虫侵入宿主体时，可以把一些其他病原体(细菌、病毒等)带入宿主体内；另外，寄生虫感染宿主体后，破坏了机体组织屏障，降低了抵抗力，也使得宿主易继发感染其他一些疾病。

寄生虫的种类、数量、寄生部位和致病作用的不同，对宿主的危害和影响也各有差异，其表现是复杂的和多方面的。

三、寄生虫病诊断方法

与细菌病、病毒病不同，病原体(虫卵、幼虫或成虫)检查是寄生虫病最常用的确诊方法。一般而言，在有临床症状的发病动物中，无论是检出粪便中的虫卵，还是检出组织内不同阶段的虫体，只要能够发现其一，便可确诊。

(一)消化道与呼吸道寄生虫病的诊断

寄生于消化道与呼吸道的绝大多数线虫、吸虫和绦虫所产的虫卵、幼虫或孕节(绦虫)会随粪便排出体外，通过检查粪便中有无这些线虫、吸虫和绦虫所产的虫卵或孕节可以确定畜禽是否感染这些寄生虫。此外，寄生于消化道的大多数原虫的卵囊(如球虫)、包囊或滋养体(如小袋纤毛虫)也会随粪便排出体外，通过粪检也可作出诊断。

粪便中寄生虫虫卵、幼虫、卵囊、包囊或滋养体鉴别的主要依据是形态特征，进行形态观察时一般需要借助显微镜。由于陈旧粪便中的寄生虫虫卵、幼虫、卵囊、包囊或滋养体可能会发生变化，影响鉴定，粪便检查时，一定要用新鲜粪便。

1. 粪便中各类寄生虫虫卵的形态特征

(1)线虫卵：光学显微镜下可以看见卵壳由两层组成，壳内有卵细胞。但有的线虫卵排到外界时，其内已含有幼虫(多呈线状)。各种线虫卵的大小和形态不同，常呈椭圆形、卵圆形或近圆形；卵壳表面多数光滑，有的凸凹不平(如蛔虫)，色泽可从无色到黑褐色。不同线虫卵卵壳的厚薄不同。蛔虫卵卵壳最厚，其他多数较薄。

(2)吸虫卵：多数呈卵圆形或椭圆形。卵壳由数层膜组成，比较厚而坚实。大部分吸虫卵的一端有卵盖，少数没有(如日本血吸虫)；有的吸虫卵卵壳表面光滑，有的有一些突出物(如结节、小刺、丝等)。新排出的吸虫卵内一般含有较多的卵黄细胞及其所包围的胚细胞;有的则含有成形的毛蚴。吸虫卵常呈黄色、黄褐色或灰色,内容物较充满。

(3)绦虫卵:圆叶目绦虫卵呈圆形、方形或三角形。其虫卵中央有一椭圆形具有三对胚钩的六钩蚴(胚胎),它被包在内胚膜内,内胚膜外是外胚膜,内外胚膜呈分离状态,中间含有或多或少的液体,并有颗粒状内含物。有的绦虫卵内胚膜上形成突起,称之为梨形器(灯泡样结构)。各种绦虫卵卵壳的厚度和结构有所不同。绦虫卵大多数无色或灰色,少数呈黄色、黄褐色。

2. 常用的粪便检查方法

(1)肉眼观察:寄生于动物消化道的绦虫会不断随宿主粪便排出呈断续面条状(白色)的孕卵节片;另外,其他一些消化道寄生虫有时也可随粪便排出体外。可直接挑出虫体,判明虫种或进一步鉴定。

(2)直接涂片法:直接涂片法是取50%甘油水溶液或普通水1~2滴放于载玻片上,镊取黄豆大小的被检粪块与之混匀,剔除粗粪渣,加上盖玻片镜检虫卵。此法最为简便,但检出率较低。

(3)虫卵漂浮法:常用饱和盐水进行漂浮,主要用于检查线虫卵、绦虫卵及球虫卵囊等,以建立生前诊断。可取大约10 g粪便弄碎,放于一容器内,加入适量饱和盐水搅匀后,过滤后,静置0.5 h左右后,蘸取表面液膜,抖落于载玻片上,加盖片后镜检。

(4)虫卵沉淀法:取一定量的粪便(5~10 g)捣碎后,放于一容器内,加5~10倍量清水搅匀后,经40~60孔铜筛滤去大块物质后,让其自然沉淀约20 min,后将上清液倒掉,再加入清水搅匀,再沉淀,如此反复进行2~3次,至上清液清亮为止。最后倾倒掉大部分上清液,留约为沉淀物1/2的溶液量,用吸管吹吸均匀后,吸取少量于载玻片上,加盖玻片镜检。此法主要用于检查粪便中的吸虫卵。

(二)外寄生虫病的诊断

寄生于动物体表的寄生虫主要有蜱、螨、虱等。对于它们的检查,可采用肉眼观察和显微镜观察相结合的方法。

1. 虱子、蜱的检查方法　寄生于动物体表的虱子、蜱,个体较大,通过肉眼观察即可发现,进行进一步鉴别时需取虫体在显微镜下根据虫体形态特征进行鉴别。

2. 疥/痒螨的检查方法　螨个体较小,常需刮取皮屑,于显微镜下寻找虫体或虫卵,根据虫体形态特征进行鉴别。在宿主皮肤患部与健康部交界处,用外科凸刃小刀,在酒精灯上消毒,使刀刃与皮肤表面垂直,反复刮取表皮,直到稍微出血为止。为了避免刮下的皮屑掉落,刮时可将刀子蘸上甘油或甘油与水的混合液。将刮下的皮屑集中于培养皿或试管内,密封,带回供检查。

可将刮下的皮屑,放于载玻片上,滴加50%甘油溶液,覆以另一张载玻片。搓压玻片使病料散开,置显微镜下检查。

可采用浓集法提高检出率。先取较多的病料,置于试管中,加入10%氢氧化钠溶液。浸泡过夜(如亟待检查可在酒精灯上煮数分钟),使皮屑溶解,虫体自皮屑中分离出来。而后待其自然沉淀(或以每分钟2 000 r的速度离心沉淀5 min),虫体即沉于管底,弃去上层液,吸取沉渣检查。

四、寄生虫病防治

寄生虫生活史往往比较复杂,寄生虫病的防治往往需要采取综合防治措施,才能取得较好的防治效果。

1.控制和消灭感染源　在寄生虫病防治中,控制和消灭感染源的最重要措施是要有计划地进行定期预防性驱虫。即按照寄生虫病的流行规律,在计划的时间内投药,而不论其发病与否。如肉仔鸡饲养中,把抗球虫药作为添加剂加入饲料中使用(休药期除外)。驱虫有两个目的:一是杀灭或驱除宿主体内或体表的寄生虫,使宿主康复;二是杀灭寄生虫,减少病原体向自然界的散布,防止其他动物被感染。

进行药物驱虫时,药物的选择原则是高效、低毒、广谱、价廉、使用方便。药物选择后,驱虫时间的确定非常重要。一定要依据对当地寄生虫病流行病学的调查了解来进行,否则会事倍功半。一般要在"虫体成熟前驱虫",防止性成熟的成虫排出虫卵或幼虫对外界环境的污染。或采取"秋冬季驱虫",此时驱虫有利于保护畜禽安全过冬;另外,秋冬季外界寒冷,不利于大多数虫卵或幼虫存活发育,可以减轻对环境的污染。驱虫应在专门的、有隔离条件的场所进行。驱虫后排出的粪便应统一集中,用"生物热发酵法"(即堆肥发酵)进行无害化处理。在驱虫药的使用过程中,一定要注意正确合理用药,避免频繁地连续几年使用同一种药物,尽量延缓抗药性的产生。

除药物驱虫外,还可利用生物控制技术和免疫学方法来对寄生虫病原体进行防治。寄生虫病的免疫预防尚不普遍,已经在生产中使用的寄生虫疫苗主要有:蠕虫病中,牛肺线虫的致弱苗使用历史较长;牛血吸虫病的致弱苗尚处于试用阶段。原虫病中,鸡球虫有强毒苗和致弱苗;兔球虫有个别虫种的早熟减毒苗;牛泰勒原虫和巴贝斯原虫有致弱虫苗或裂殖体胶冻细胞苗;近几年,还有几种基因工程苗进入了临床应用或中试,如微小牛蜱、细粒棘球绦虫、猪囊虫、鸡球虫等的基因工程重组苗。

此外，搞好环境卫生是减少或预防寄生虫感染的重要环节。环境卫生有两方面的内容：一是尽可能地减少宿主与感染源接触的机会，例如，逐日清除粪便，打扫厩舍，便可以减少宿主与寄生虫虫卵或幼虫的接触机会，也减少了虫卵或幼虫污染饲料或饮水的机会；另一方面是设法杀灭外界环境中的病原体，例如，粪便堆肥发酵，利用生物热杀灭虫卵或幼虫；也包括清除各种寄生虫的中间宿主或媒介等。

2.切断传播途径　利用寄生虫的某些流行病学特点来切断其传播途径，避免寄生虫的感染。例如，调查绵羊某种线虫的幼虫在夏季牧场上需要多长时间发育到感染性阶段。假设是7天，那么便可以让羊群在第6天离开，转移到新的牧场；原来的牧场可以放牧马，因为绵羊的线虫不感染马。如果知道那些绵羊线虫的感染幼虫在夏季牧场上只能保持感染力一个半月，那么一个半月后，羊群便可返回牧场。

寄生虫的中间宿主和媒介是较难控制的，可以利用它们的习性，设法回避或加以控制。如羊莫尼茨绦虫和马裸头绦虫的中间宿主是地螨。地螨畏强光，怕干燥，潮湿和草高而密的地带数量多，黎明和日暮时活跃。据此可采取回避措施，以减少绦虫的感染。

3.增强畜禽体抗病力　实行科学化养殖。加强日常饲养管理。饲料保持平衡全价，使能获得足够的氨基酸、维生素和矿物质；减少应激因素，使动物能获得舒服而有利于健康的环境，提高易感动物对寄生虫病的抵抗力。对于孕畜和幼畜应给予精心的护理。

第二节　鸡重要寄生虫病

一、鸡球虫病

鸡球虫病是集约化养鸡业最为多发、危害最为严重的寄生虫病，多危害15～50日龄的雏鸡，发病率高达50%～70%，死亡率为20%～30%，严重者高达80%。在美国，每年因球虫病引起的直接和间接经济损失高达20亿～30亿美元。

(一)流行特点

鸡球虫有7个公认种，均属于艾美耳球虫，在生产中多为一个以上种球虫混合感染。球虫病一般暴发于3～6周龄的雏鸡，毒害艾美耳球虫常危害8～18周龄的鸡。

鸡球虫发育过程包括孢子生殖、裂殖生殖和配子生殖三个阶段。其中孢子生殖在体外完成，裂殖生殖和配子生殖在体内完成。在鸡肠道中形成的卵囊随粪便排出体外，在合适的条件下经数天发育为孢子化卵囊。鸡食入饲料、饮水或垫料中的孢子化卵囊而被感染，卵囊在胃肠道破裂，释出子孢子，侵入肠上皮细胞进行裂殖生殖，破坏肠组织；经数代裂殖生殖后，最后一代裂殖子侵入上皮细胞进行配子生殖，最后形成卵囊排出体外。

病鸡排出卵囊达数月之久，是主要传染源。鸡通过摄入有活力的孢子化卵囊遭受感染，被粪便污染过的饲料、饮水、土壤或器具等都有卵囊的存在；其他动物、尘埃和管理人员，都可成为球虫病的机械传播者。卵囊对恶劣的外界环境条件和消毒剂具有很强的抵抗力，在土壤中可以存活 4～9 个月。温暖潮湿的地区有利于卵囊的发育。

饲养管理条件差和营养缺乏能促使本病的发生。拥挤、潮湿或卫生条件恶劣的鸡舍易发病。本病多在温暖潮湿的季节流行。在我国北方，4～9 月份为流行季节，以 7～8 月份最为严重。而舍饲的鸡场中，一年四季均可发病。

(二)形态特征、寄生部位、症状和病理变化

鸡球虫是宿主特异性和寄生部位特异性都很强的原虫，鸡是其唯一天然宿主。鸡 7 种球虫的寄生部位和致病性各不相同，分述如下：

1. 柔嫩艾美耳球虫(*Eimeria tenella*)

(1)形态：多为宽卵圆形，少数为椭圆形，大小为(19.5～26.0 μm)×(16.5～22.8 μm)，平均为 22.0 μm×19.0 μm；原生质呈淡褐色，卵囊壁为淡黄绿色。

(2)寄生部位：主要寄生于盲肠及其附近区域，是致病力最强的一种球虫。常在感染后第 5 天及第 6 天引起盲肠严重出血和高度肿胀，后期出现干酪样肠芯，因此柔嫩艾美耳球虫又称盲肠球虫。

(3)症状：对 3～6 周龄的雏鸡最易发。病初食欲不振，后出现下痢，血便，甚至排出鲜血。病鸡战栗，拥挤成堆，体温下降；食欲废绝，严重时死亡。严重感染时，死亡率高达 80%。

(4)病埋变化：病变主要在盲肠。急性发病病鸡剖检后可见盲肠高度肿大，肠腔中充满血凝块和脱落的黏膜碎片；盲肠中的血液和脱落黏膜逐渐变硬，形成红色或红、白相间的肠芯。轻度感染时，病变较轻，无明显出血，黏膜肿胀，从浆膜面可见脑回样结构。严重感染者，黏膜的损伤难以完全恢复，会影响鸡只的饲料转化率。

2. 毒害艾美耳球虫(*E. necatrix*)

(1)形态:卵囊为卵圆形,大小为(13.2～22.7 μm)×(11.3～18.3 μm),平均为20.4 μm×17.2 μm;卵囊壁光滑、无色。

(2)寄生部位:其裂殖生殖阶段主要寄生于小肠中1/3段,尤以卵黄蒂前后最为常见,严重时可扩展到整个小肠,其致病性仅次于盲肠球虫。第2代裂殖子向小肠后部移动,在盲肠的上皮细胞内进行配子生殖。

(3)症状和病理变化:致病性较强。通常发生于2月龄以上的中雏鸡,患鸡精神不振,翅下垂,下痢和脱水。小肠中部高度肿胀或气胀,有时可达正常时的2倍以上,这是本病的重要特征。肠壁充血、出血和坏死,黏膜肿胀增厚,肠内容物中含有多量的血液、血凝块和坏死脱落的上皮组织。感染后第5天出现死亡,第7天达高峰,死亡率仅次于盲肠球虫。病程可延续到第12天。

3. 堆型艾美耳球虫(*E. acervulina*)

(1)形态:卵囊卵圆形,大小为(17.7～20.2 μm)×(13.7～16.3 μm),平均为18.3 μm×14.6 μm。卵囊壁淡黄绿色。

(2)寄生部位:主要寄生于十二指肠和空肠,偶尔延及小肠后段。

(3)症状和病理变化:有较强的致病性,病变主要集中于十二指肠。轻度感染时,病变局限于十二指肠袢,呈散在局灶性灰白色病灶,横向排列呈梯状。严重感染时可引起肠壁增厚和病灶融合成片。病变可从浆膜面观察到,病初黏膜变薄,覆以横纹状白斑,外观呈梯状;肠道苍白,含水样液体。

4. 布氏艾美耳球虫(*E. brunetti*)

(1)形态:卵囊大小为(20.7～30.3 μm)×(18.1～24.2 μm),平均大小为18.8 μm×24.6 μm。

(2)寄生部位:寄生于小肠后部、盲肠近端和直肠。第1和第2代裂殖生殖主要在十二指肠后段、空肠和回肠中进行,其中以空肠和回肠居多。第2代裂殖子出现后,移行至小肠后1/5处。第3代裂殖生殖、配子生殖和卵囊形成主要在空肠、回肠和盲肠近端进行,其中以回肠和盲肠居多。

(3)症状和病理变化:具有较强的致病性。每只鸡感染0.5万个卵囊即可明显影响鸡只增重,感染10万～20万卵囊/只可导致的10%～20%的死亡率。病变主要发生于小肠至直肠部位,浆膜面可见肠系膜血管和肠壁血管充血,肠道变细,肠壁变薄,呈粉红色至暗红色,肠黏膜出血,肠内容物以黏液和少量血液为主。感染后第5～7天,整个小肠呈现干酪样的侵蚀,粪便中有凝固的血液和黏膜碎片。

5. 巨型艾美耳球虫(*E. maxima*)

(1)形态:卵囊大,是鸡球虫中最大的。卵圆形,一端圆钝,一端较窄。大小为

(21.75～40.5 μm)×(17.5～33.0 μm)，平均为 30.76 μm×23.9 μm。卵囊黄褐色，囊壁浅黄色。

(2)寄生部位：寄生于小肠，以中段为主。

(3)症状：该虫种具有中等程度的致病力。临床常见严重的消瘦、苍白、羽毛蓬松、食欲不振和下痢。感染 20 万个卵囊可引起死亡。

(4)病理变化：剖检可见肠腔胀气、肠壁增厚，肠道内有黄色至橙色的黏液和血液。无性繁殖阶段虫体寄生于小肠上皮细胞的浅层，对组织的损伤较轻微；在感染后 5～8 天，有性繁殖阶段在肠壁深部进行，引起肠壁充血、水肿，形成淤斑，严重者肠黏膜脱落。

6. 和缓艾美耳球虫(*E. mitis*)

(1)形态：小型卵囊，近球形。卵囊大小为(11.7～18.7 μm)×(11.0～18.0 μm)，平均大小为 15.6 μm×14.2 μm；卵囊壁为淡黄绿色，初排出时的卵囊，原生质团呈球形，几乎充满卵囊。

(2)寄生部位：寄生于小肠前半段，病变一般不明显，但现已证明，该虫种对增重具有潜在的致病作用。

(3)症状和病理变化：有较轻的致病性，可引起增重不良和失去色素，近年来的研究表明，本种所引起的亚临床型球虫病对增重和饲料转化率有较大的影响。但缺乏特征性病变，故往往被忽略或误诊。剖检病鸡时，可见小肠下段苍白。作黏膜涂片，在显微镜下可见大量小型卵囊，根据其卵囊的形态特点即可与其他球虫区别。

7. 早熟艾美耳球虫(*E. praecox*)

(1)形态：卵囊呈卵圆形或椭圆形，大小为(19.8～24.7 μm)×(15.7～19.8 μm)，平均为 21.3 μm×17.1 μm。原生质无色，囊壁呈淡绿色。

(2)寄生部位：寄生于小肠前 1/3 部位。致病性不强，病变不明显，但严重感染时可引起饲料转化率的降低。

(三)诊断

可用饱和盐水漂浮法和直接涂片法检查粪便中的卵囊。由于鸡的带虫现象非常普遍，所以仅在粪便和肠壁刮取物中检获卵囊，不足以作为鸡球虫病的确诊依据。必须根据粪便检查、临床症状、流行病学调查和病理变化等多方面因素加以综合判断。根据病变位置、特征和卵囊的大小、形状等可初步鉴定虫种。

(四)治疗

鸡场一旦暴发球虫病，应立即进行治疗。常用的治疗药如下：

(1)磺胺类，如磺胺二甲基嘧啶(SM_2)、磺胺喹噁啉(SQ)等，按一定比例混入饲料或饮水给药。

(2)氨丙啉(amprolium),按0.012%～0.024%混入饮水,连用3天。

(3)百球清(baycox)2.5%溶液,按0.002 5%混入饮水,连用3天。

(五)预防

目前所有集约化养鸡场都必须对球虫病进行预防。传统的方法主要是药物预防,即在饲料中连续添加抗球虫药,但由于抗药性和药物残留问题,近年来人们愈加重视免疫预防。下面分别介绍药物预防和免疫预防。

(1)药物预防:预防用的抗球虫药有数十种,以下是几种主要药物:

①氨丙啉,按0.012 5%混入饲料,鸡的整个生长期都用药。

②尼卡巴嗪(nicarbazinum),按0.012 5%混入饲料,休药5天。

③马杜拉霉素(maduramycin),按0.005%～0.007%混入饲料,无休药期。

④拉沙里菌素(lasalocid),按0.007 5%～0.012 5%混入饲料,休药3天。

⑤莫能菌素(monensin),按0.000 1%混入饲料,无休药期。

⑥盐霉素(salinomycin),按0.005%～0.006%混入饲料,无休药期。

⑦地克珠利(diclazuril),按0.001%混入饲料,无休药期。

各种抗球虫药连续使用一定时间后,都会产生不同程度的抗药性。通过合理使用抗球虫药,可以减缓抗药性的产生、延长抗球虫药的使用寿命,而且可以提高防治效果。对肉鸡常采用下列两种用药方案来防止抗药性的产生:

穿梭用药——在开始时使用一种药物,至生长期时使用另一种药物。常常是将化药和离子载体类药物穿梭应用。

轮换用药——合理地变换使用抗球虫药,在不同的季节使用不同的抗球虫药,或不同批次的鸡用不同的抗球虫药。

(2)免疫预防:药物预防球虫病为养鸡业的发展做出了很大贡献,但随着球虫抗药性的不断产生和肉蛋产品中的药物残留问题,许多发达国家更是对药物的残留有苛刻的规定,使得药物预防越来越受到限制。为了避免药物残留对环境和食品的污染以及抗药虫株的产生,免疫预防愈来愈受到重视。目前已有数种球虫疫苗,主要分为两类:活毒虫苗和早熟弱毒虫苗。其中国际上已有数种商品化疫苗大量使用,如Coccicox(美国)、Immucox(加拿大)、Paracox(英国)、Livacox(捷克)以及国内生产的鸡球虫病活疫苗,这些疫苗包括由未致弱的活卵囊制成的活虫苗和早熟虫株制成的弱毒虫苗。目前已在生产中得到较好的预防效果。

二、鸡外寄生虫病

鸡外寄生虫种类很多,主要有螨虫、虱子、软蜱等。其中以皮刺螨和北方羽螨危害最严重。在英国,蛋鸡场和种鸡场鸡螨虫的发病率高达 60%,鸡螨虫可以使产蛋率下降 5%~15%,每年给欧盟的养鸡业造成的经济损失超过 1.3 亿欧元。

(一)鸡螨虫病

1. 鸡皮刺螨　皮刺螨(*Dermanyssus gallinae*,又叫红螨、栖架螨)是蛋鸡和种鸡养殖中最常见、危害最严重的外寄生虫病,呈世界性分布,广泛流行于亚热带和温带地区的鸡场。据调查,瑞典 60%~70%的蛋鸡场存在皮刺螨感染,英国 60%的蛋鸡场存在皮刺螨感染。我国地处亚热带和温带地区,是皮刺螨流行的主要地区,皮刺螨广泛流行于我国蛋鸡场和种鸡场,据调查,我国有 1/3 以上的蛋鸡场或种鸡场存在皮刺螨,对我国养鸡业危害较严重。

(1)形态特征:皮刺螨体长一般为 0.45~1.45 mm,背腹扁平,虫体分为假头和躯体两部分。成虫 4 对足。头盖骨呈长舌状,前端尖。螯肢长,呈鞭状或剪状。螯钳很小。盾板一般仅 1 块,少数 2 块,后方较小。气门沟细长,一般都超过足基节Ⅲ。雌螨腹面有几块几丁质板,其中生殖板和腹板常愈合为生殖腹板;胸板常具 2~3 对刚毛,肛板呈三角形,具 3 对刚毛。雄螨腹面的几丁质板往往愈合成为 1 整块。雌螨的生殖孔位于胸板后方,而雄螨生殖孔位于胸板前缘。

(2)生活史:发育过程包括卵、幼虫、第 1 期若虫,第 2 期若虫和成虫 5 个阶段。在适宜环境,20~25℃时,雌螨吸饱血后约经 12~24 h 开始在墙缝、鸡笼架等栖息处产卵,每次能产卵 10 多粒,一生产卵 40~50 粒。虫卵经 2~3 天孵出幼螨。第 1 期若虫吸血后,经 3~4 天蜕皮发育为第 2 期若虫。第 2 期若虫再经半天至 4 天蜕皮发育为成螨。从卵发育到成螨约需 7 天。

(3)习性及危害:皮刺螨是一种以吸血为生的外寄生虫,白天主要栖息在栖架下、鸡舍的墙缝、产蛋箱、鸡窝缝隙、鸡笼的焊接处、饲料渣及粪块下面等处,严重时白天也可在鸡体上找到皮刺螨;晚上爬到鸡体上吸血,吸饱血后离开鸡体返回栖息地。皮刺螨繁殖周期短,在适宜条件下,可在 7~10 天内完成其整个生活史。皮刺螨繁殖力较强,雌螨一生可产卵 40~50 枚。皮刺螨存活时间长,在不采食情况下可存活 4~5 个月之久。

皮刺螨一旦传入鸡场,难以根治,是蛋鸡场和种鸡场中最为常见的外寄生虫。皮刺螨可引起鸡只贫血、体重减轻、产蛋下降、甚至死亡。除了直接危害鸡健康以外,皮刺螨还可能是多种疾病病原的传播者,如人畜共患东方马脑炎病毒、鸡痘病毒、新城疫病毒,鸡大肠杆菌、鸡白痢沙门氏菌、鸡伤寒沙门氏菌、鸡副伤寒沙门氏菌和巴氏杆菌等病原体。

2. 北方羽螨　北方羽螨与皮刺螨相似,主要区别如下:

北方羽螨形态与皮刺螨相似;螯肢发达,背板后端突然变细,肛门板多呈椭圆形。

一般长期在鸡上寄生，很少离开宿主；主要寄生在肛门周围的羽毛上，严重感染时，羽毛变黑，肛门周围的皮肤结痂龟裂；影响产蛋量，可使肉种鸡产蛋量减少7.7枚；还可使种公鸡精子质量下降。

北方羽螨的其他生物学特征与皮刺螨相似。

(1)传播方式：北方羽螨和皮刺螨的传播方式为接触传播。传染来源主要有受螨虫侵袭的孵化场和中雏鸡供应场；装运被螨虫感染的鸡的工具（如车、箱子）；人员、设备或鸡蛋分装器和箱子；野禽（如麻雀）也是鸡螨虫的宿主，可传播鸡螨虫。

(2)防治：对鸡舍所有鸡和设备进行监测，每周监测1次，减少由人员、蛋盘、后备鸡及活物运输设备而引起鸡场间螨虫传播。如在运输设备上发现螨虫，可以用热水的喷洒消毒，或用杀虫剂进行喷雾。鸡舍腾空时清除鸡粪便和其他杂物，彻底冲洗，喷洒药物。对鸡舍外墙喷洒药物，当鸡舍内无鸡时，螨虫可爬行至室外。从没有螨虫的鸡场引进鸡只，对引进的螨虫阳性鸡只喷洒药物进行防治。墙壁、天花板、栖架、产蛋箱、地面垫料，禽体表面用杀虫剂进行喷雾。

可以用有机磷类杀虫剂（如敌百虫、敌敌畏）、菊酯类药物（如氯菊酯、高效氯氰菊酯）等药物。马拉硫磷：0.5%马拉硫磷水溶液进行喷洒；25%速灭杀酊（又称敌虫菊酯）按1∶5 000进行喷雾；2.5%溴氰菊酯（又名敌杀死）按1∶5 000进行喷雾。

皮刺螨喷雾重点在环境，北方羽螨喷雾重点在鸡体，对鸡体进行喷雾时需使鸡皮肤保持潮湿，环境也需喷雾。几乎所有药物对虫卵均无效，需要5～7天后重复给药一次，防止螨虫病复发。

3. 鸡新棒恙螨病　鸡新棒恙螨（*Neoschongastia gallinarum*）主要形态特征为幼虫呈卵圆形或椭圆形、囊状，而若虫和成虫的躯体中段有腰缢呈葫芦状。幼虫体毛稀疏可数，而成虫和若虫体毛长而稠密，状如绒球。口器刺吸式，须跗节着生于须胫节腹面，呈拇指状，可与须爪对握夹持食物。躯体背面前部中央有盾板，板中央有1对感器；幼虫盾板大，外围有盾板毛；而成虫盾板小呈心状，外围无毛。幼虫营寄生生活，而成虫和若虫营自由生活。

鸡新棒恙螨的幼虫寄生于鸡及其他鸟类的翅内侧、胸两侧和腿内侧的皮肤上。以散养的雏鸡最易受侵害。幼虫在禽类体表吸血，局部形成痘脐形病灶，患部奇痒。大量寄生时，病鸡贫血，消瘦，不食，严重者可引起死亡。

其防治参照皮刺螨和北方羽螨防治方法。

三、鸡绦虫病

鸡绦虫病主要由戴文科(Davaineidae)的戴文属(*Davainea*)和赖利属(*Raillietina*)的绦虫所引起。主要致病虫种有四角赖利绦虫(*R. tetragona*)、棘沟赖利绦虫(*R. echinobothrida*)、有轮赖利绦虫(*R. cesticillus*)和节片戴文绦虫(*D. proglottina*),其中前三种寄生于鸡和火鸡的小肠中,节片戴文绦虫寄生于鸡、鸽、鹌鹑的十二指肠内。呈世界性分布,散养鸡和笼养鸡均可发,对鸡危害严重。

1. 病原形态　节片戴文绦虫(*D. proglottina*)成虫短小,仅有 0.5～3.0 mm 长,由 4～9 个节片组成。头节小,顶突和吸盘上均有小钩,但易脱落。生殖孔规则地交替开口于每个体节的侧缘前部。雄茎囊长,可达体节宽的一半以上。睾丸 12～15 个,排成两列,位于体节后部。孕节子宫分裂为许多卵袋,每个卵袋只含一个虫卵。虫卵大小为 28～40 μm。寄生于鸡、鸽、鹌鹑的十二指肠内。

四角赖利绦虫(*R. tetragona*)虫体长可达 25 cm,是鸡最大的绦虫。头节较小,顶突上有 1～3 圈小钩,数目为 90～130 个。吸盘椭圆形,上有 8～10 圈小钩。成节的生殖孔位于一侧。孕节中每个卵袋含 6～12 个虫卵,虫卵直径为 25～50 μm。寄生于鸡和火鸡的小肠后半部。

棘沟赖利绦虫(*R. echinobothrida*)大小和形状颇似四角赖利绦虫。但其顶突上有两圈小钩,数目为 200～240 个。吸盘呈圆形,上有 8～10 圈小钩。生殖孔位于节片一侧的边缘上,孕节内的子宫最后形成 90～150 个卵袋,每一卵袋含虫卵 6～12 个。虫卵直径 25～40 μm,寄生于家鸡和火鸡的小肠。

有轮赖利绦虫(*R. cesticillus*)虫体较小,一般不超过 4 cm,偶可达 15 cm。头节大,顶突宽而厚,形似轮状,突出于前端,上有两圈共 400～500 个小钩。吸盘上无小钩。生殖孔在体侧缘上不规则交替排列。孕节中有许多卵袋,每个卵袋内仅有一个虫卵。虫卵直径 75～88 μm。寄生于鸡的小肠内。

2. 流行特点　戴文绦虫分布广泛,其发育过程分别需要蚂蚁、甲虫和陆地螺作为中间宿主,而这些中间宿主在散养鸡场或鸡舍内普遍存在,给本病的流行创造了条件,加大了本病的防治难度。鸡通过啄食了中间宿主而遭受感染,常为几种绦虫混合感染。

3. 症状和病变　戴文绦虫是对幼禽致病性最强的一类绦虫。虫体头节钻入肠黏膜深层,引起肠炎,病禽食欲减退,贫血,消瘦,羽毛蓬乱,呼吸困难,行动迟缓,严重者可死亡。剖检可见肠道黏膜增厚,出血,内容物中含有大量脱落的黏膜和虫体。

赖利绦虫为大型虫体,大量感染时虫体积聚成团,导致肠阻塞,甚至肠破裂而引起腹膜炎;虫体以小钩和吸盘固着肠黏膜,引起损伤,出血发炎,影响消化机能。虫体吸收大量营养并产生代谢产物,患鸡营养不良,有时出现神经中毒症状。剖检可见肠道黏膜增厚,出血,黏膜上附着虫体。

临床常见粪便稀,且有黏液,食欲下降,饮水增多,行动迟缓,羽毛蓬乱,头颈扭曲,蛋鸡产蛋量下降或停产,最后衰竭死亡。

4.诊断　根据鸡群的临床表现,粪便查获虫卵或节片,剖检病鸡肠道内发现虫体便可确诊。

5.治疗　丙硫咪唑:10～20 mg/kg,口服。硫双二氯酚:80～100 mg/kg,口服。氯硝柳胺 80～100 mg/kg,口服。

6.预防

(1)消灭中间宿主。根据中间宿主的生活习性,对鸡舍内外中间宿主进行扑杀,以减少中间宿主的滋生。

(2)对雏鸡进行定期驱虫,及时清除鸡粪并做无害化处理。

(3)定期检查鸡群,治疗病禽;新购入的鸡应驱虫后再合群。

四、鸡血液原虫病

(一)组织滴虫病

组织滴虫病是由火鸡组织滴虫(*Histomonas meleagridis*)寄生于禽类的盲肠和肝脏引起的疾病,又称盲肠肝炎或黑头病。多发于火鸡和雏鸡,也可感染珠鸡、孔雀、鹌鹑等野禽。

1.形态特点　火鸡组织滴虫为多形性虫体,大小不一,近圆形或变形虫形。盲肠腔中虫体的直径为 5～16 μm,常见一根鞭毛;虫体内有一小盾和一个短的轴柱。在肠和肝脏组织中的虫体无鞭毛,初侵入者 8～17 μm,生长后可达 12～21 μm。

2.流行特点　火鸡组织滴虫以二分裂法繁殖。自然感染情况下,火鸡最易感,尤其是 3～12 周龄的雏火鸡。鸡和火鸡的易感性随年龄而变化,4～6 周龄鸡易感性最强,火鸡 3～12 周龄的易感性最强。许多鹑鸡类都是火鸡组织滴虫的宿主。

火鸡组织滴虫感染禽类后,多与肠道细菌协同作用而致病,单一感染时,致病力不强。死亡率常在感染后第 17 天达高峰,第 4 周末下降。火鸡饲养在高污染区的发病率较高,人工感染的死亡率可达 90%。鸡的组织滴虫死亡率较低,也有死亡率超过 30%的报道。鸡常常作为组织滴虫的隐性宿主,可以散播组织滴虫给其他更易感的禽类,如火鸡,引起发病。

寄生于盲肠的火鸡组织滴虫被鸡异刺线虫吞食,进入异刺线虫卵内,当异刺线虫排出时，组织滴虫存在其中，得到虫卵的保护，能在虫卵及其幼虫中存活很长时间。当鸡感染异刺线虫时，同时感染组织滴虫。

3. 症状和病变　本病是由组织滴虫侵入盲肠壁繁殖后进入血流和寄生于肝脏引起的。潜伏期 7～12 天，最短 5 天，常发生于第 11 天。以雏火鸡易感性最强。病禽呆立，翅下垂，步态蹒跚，眼半闭，头下垂，畏寒，下痢，食欲缺乏。疾病末期，有些病禽因血液循环障碍，鸡冠、肉髯发绀，呈暗黑色，因而有“黑头病”之称。病程 1～3 周，病愈鸡的体内仍有组织滴虫，带虫者可长达数周或数月。成年鸡很少出现症状。

病变主要在盲肠和肝脏，引起盲肠炎和肝炎。剖检见一侧或两侧盲肠肿胀，肠壁肥厚，内腔充满浆液性或出血性渗出物，渗出物常发生干酪化，形成干酪状的盲肠肠芯，间或盲肠穿孔，引起腹膜炎。肝脏肿大，紫褐色，表面出现黄绿色圆形、下陷的坏死灶，直径可达 1 cm，单独存在或融合成片状。

4. 诊断　根据流行病学和病理变化，发现本病的典型病变，可作出初步诊断。刮取盲肠黏膜或肝脏组织检查，发现虫体即可确诊。

当并发有球虫病、沙门氏菌病、曲霉菌病或上消化道毛滴虫时，需进行鉴别诊断，找出病原。

5. 防治

(1)由于鸡异刺线虫在传播组织滴虫中起重要作用，因此减少和杀灭异刺线虫虫卵是有效的预防组织滴虫病的措施。利用阳光照射和干燥可最大限度地杀灭异刺线虫卵。成禽应定期驱除异刺线虫。

(2)鸡和火鸡隔离饲养；成年禽和幼禽分开饲养。

(3)对鸡组织滴虫病可选用下列药物进行防治：

①痢特灵：治疗用剂量为 0.04%混饲，连用 7 天；预防用 0.011%～0.022%混饲，休药 5 天。

②甲硝唑：治疗按 250 mg/kg 比例混于饲料中，每日 3 次，连用 5 天；预防用 200 mg/kg 比例混于饲料中，休药 5 天。

③洛硝哒唑：预防按 500 mg/kg 的比例混于饲料中，休药 5 天。

(二)鸡住白细胞原虫病

住白细胞原虫病是由疟原虫科住白细胞虫属(*Leucocytozoon*)的原虫寄生于鸡的血液细胞和内脏器官的组织细胞内所引起的一种原虫病。在我国南方的福建、广东等地区呈地方性流行。近年来，山东、河北等北方地区也广泛流行。对蛋鸡和育成鸡危害严重，影响生长发育及产蛋性能，严重时可引起大批死亡。对雏鸡危害也十分严重，症状明显，发病率高，能引起大批死亡。

1. 病原　已知的病原主要有两种，即卡氏住白细胞虫（*Leucocytozoon caulleryi*）和沙氏住白细胞虫（*L. sabrazesi*）。

卡氏住白细胞虫在鸡体内的配子生殖阶段分为五个时期：

Ⅰ期：在血液抹片或组织印片中，虫体游离于血浆中，呈紫红色圆点状或似巴氏杆菌两极着色状，亦有3～7个或更多成堆排列着，大小为0.89～1.45 μm。

Ⅱ期：其大小、形状和颜色与第一期相似，不同之处是虫体已侵入宿主血细胞内，多位于宿主细胞核一端的胞浆内，每个血细胞内多为1～2个虫体。

Ⅲ期：常见于组织印片中，虫体明显增大，其大小为10.87 μm×9.43 μm，呈深蓝色，近圆形，充满宿主细胞的整个胞浆，把细胞核挤向一边，虫体的核大小为7.97 μm×6.53 μm，中间有一深红色的核仁，偶有2～4个核仁者。

Ⅳ期：已可区分出大小配子体。大配子体呈圆形或椭圆形：大小为13.05 μm×11.6 μm；细胞质较丰富，呈深蓝色；核居中较透明，红色，呈肾形、菱形、梨形或椭圆形，大小为5.8 μm×2.9 μm，核仁多为圆点状。小配子体呈不规则圆形，大小为10.9 μm×9.42 μm；细胞质少，呈浅蓝色，核几乎占去虫体的全部体积，大小为8.9 μm×9.35 μm，浅红色，呈哑铃状或梨状，核仁紫红色，呈杆状或圆点状。被寄生的细胞也增大（17.1 μm×20.9 μm）呈圆形，细胞核被挤压成扁平状。

Ⅴ期：其大小及染色情况与第Ⅳ期没有多大差别，不同点为宿主细胞核与胞浆均消失。此期虫体在末梢血液涂片中容易找到。

沙氏住白细胞虫的成熟配子体为长形，宿主细胞呈纺锤形，细胞核呈深色狭长的带状，围绕于虫体一侧。大配子体22 μm×6.5 μm，着色深蓝，色素颗粒密集，褐红色的核仁明显，小配子体20 μm×6 μm，着色淡蓝，色素颗粒稀疏，核仁不明显。

2. 流行特点　住白细胞虫的传播媒介为蠓和蚋。蠓为小型昆虫，体长1～3 mm，灰黑色，刺吸式口器，翅上无鳞片，但有的部位有翅斑。其嗅觉灵敏，飞翔速度快，多在外界气温20℃以上开始出现，且低压、闷热的天气最猖狂。一般以日出前1～2 h及日落前1～2 h最为活跃，常在鸡舍门、窗上空成群飞翔，称“群舞”，此时雄雌交配。成蠓一般在阴暗、潮湿处栖息，雄蠓不吸血，交配后死亡；只有雌蠓才吸血，饱血后产卵，雌蠓以Ⅳ龄幼虫或卵的形式越冬，但吸血后雌蠓也可在温暖缝隙或洞穴内生存。

本病发生有一定的季节性，这与库蠓和蚋活动的季节性相一致。当气温在20℃以上时，库蠓和蚋繁殖快，活力强，而分别由它们传播的卡氏住白细胞原虫和沙氏住白细胞原虫的发生和流行也就日益严重。热带和亚热带地区全年都可发生该病。在山东，本病多发生于6～11月份，其中以7、8、9月份及10月份中旬前发病率最高。福建及广州地区多发于4～10月份，严重发病见于4～6月份，最高峰为5月份。据福建报道，沙氏住白虫病在福建多发生于5～7月及9月下旬至10月份。鸡年龄与鸡住白细胞虫的感染率成正比，而和发病率却成反比。一般童鸡(2～4月龄)和中鸡(5～7月龄)的感染率和发病率都较严重，而8～12月龄的成鸡或一年以上的种鸡，虽感染率高，但发病率不高，血液中虫数较少，大多数呈无病的带虫者。

3.症状及病变　自然感染的潜隐期为6～10天。由于虫体的寄生破坏了各器官组织微血管内皮细胞，引起机体广泛性出血。雏鸡和仔鸡的临床症状明显，死亡率高。感染12～14天后，突然因咯血、呼吸困难而死亡，有的呈现鸡冠苍白，食欲不振，羽毛松乱，伏地不动，1～2天后因出血而死亡。轻症病鸡，发烧，卧地不动，食欲下降，下痢，精神不振，1～2天内死亡或康复。本病的特征性症状是死前口流鲜血，贫血，鸡冠和肉垂苍白，常因呼吸困难而死亡。青年鸡和成年鸡感染后一般死亡率不高。病鸡呈现鸡冠苍白、消瘦、拉水样的白色或绿色稀粪。中鸡和成年鸡病情较轻，死亡率较低，主要表现是中鸡发育受阻，成鸡产蛋率下降，甚至停止。

剖检见到的特征是：全身性出血，肝脾肿大，血液稀薄，尸体消瘦。白冠；全身皮下出血，肌肉尤其是胸肌、腿肌、心肌有大小不等的出血点，各内脏器官肿大出血，尤其是肾、肺出血最严重；胸肌、腿肌、心肌及肝脾等器官上有灰白色或稍带黄色的、针尖至粟粒大与周围组织有明显分界的小结节。将这些小结节挑出涂片、染色，可见许多裂殖子散出。

4.诊断　根据流行病学、临床症状和剖检病变作出初步诊断。病原检查需要对血液涂片或脏器涂片进行姬姆萨染色，在显微镜下发现虫体，即可确诊。

5.治疗　本病尚无有效的治疗药物，防治的重点在于预防。目前认为较有效的药物是：

(1)泰灭净：为目前普遍认为治疗住白细胞虫病的特效药，其成分为磺胺间甲氧嘧啶，预防时用$(25\sim75)\times10^{-6}$拌料，连用5天停2天为一疗程。治疗时可按100×10^{-6}拌料连用2周或0.5%连用3天再0.05%连用2周，视病情选用。

(2)磺胺二甲氧嘧啶(SDM)：又名制菌磺，预防用$(25\sim75)\times10^{-6}$。混于饲料或饮水。治疗用0.05%饮水2天，然后再用0.03%饮水2天。

(3)磺胺喹噁啉(SQ)：预防用50×10^{-6}，混于饲料或饮水。

(4)乙胺嘧啶：预防用1×10^{-6}，混于饲料。治疗时用乙胺嘧啶4×10^{-6}，配合磺胺二甲氧嘧啶40×10^{-6}，混于饲料连续服用1周后改用预防剂量。

(5)痢特灵:预防用 100×10^{-6} 混于饲料。治疗用 250×10^{-6} 混于饲料连续服用。

(6)克球粉:预防用 $(125\sim250)\times10^{-6}$ 混于饲料。治疗用 250×10^{-6} 混于饲料连续服用。

磺胺类药物连续服用时,个别鸡因食入药量过大,可能会发生中毒现象。为了防止药物中毒,可连续用药5天,停药2～3天,然后再服用。在同一鸡场,连续多年使用同一药物,可能产生抗药性,可改用另一种药物或同时使用两种有效药物,即可获得良好效果。

6. 预防　可采取如下综合措施:

(1)防止库蠓进入鸡舍

①鸡舍建筑应在高燥、向阳、通风的地方,远离垃圾场、污水沟、荒草坡等库蠓滋生、繁殖的场所。

②在流行季节,鸡舍的门、窗、风机口、通风口等要用100目以上的纱布封起来,以防库蠓进入鸡舍。

③库蠓出现的季节,鸡舍周围堆放艾叶、蒿枝、烟秆等闷烟,以使库蠓不能栖息。

(2)消灭库蠓

①净化鸡舍周围环境,清除垃圾、杂草,填平废水沟,雨后及时排除积水。

②流行季节,对鸡舍环境用0.1%敌杀死、0.05%辛硫磷或0.01%的速灭杀丁定期喷雾,可每3～5天一次。

③在每日库蠓出现的时间(早晨6～7点,黄昏18～20点),对鸡舍内部墙壁、门窗及笼具等用 50×10^{-6} 敌杀死喷雾带鸡消毒,也可在黄昏时用黑光灯诱杀库蠓。

(3)淘汰病鸡　住白细胞虫需要在鸡体组织中以裂殖体的形式越冬,故可在冬季对当年患病鸡群予以彻底淘汰,以免来年再次发病,扩散病原。

(4)药物预防　采用治疗中所涉及的几种药物,在流行季节到来之前预防使用,注意药物要轮换使用,以防耐药性产生。

(5)免疫学预防　国外有人研究发现,卡氏住白细胞虫感染鸡后7～13天,取脾脏匀浆给鸡接种,再采用一定数量的住白细胞虫子孢子攻击,结果发现有部分鸡只可不受感染。说明病鸡脾脏匀浆有一定的抗原性,可激发机体产生特异性免疫保护力。

第三节　猪重要寄生虫病

一、猪胃肠道线虫病

(一)蛔虫病

蛔虫病是由猪蛔虫(*Ascaris suum*)寄生于猪小肠引起的一种寄生虫病,感染普遍,世界性流行,集约化饲养的猪和散养猪均广泛发生。猪蛔虫病是猪的常见寄生虫病,据调查,我国猪群的感染强度为17%～80%,平均感染强度为20～30条。主要引起仔猪发育不良,生长发育速度可下降30%;严重时生长发育停滞,形成"僵猪",甚至造成死亡,对养猪业的危害非常严重,是造成养猪业损失最大的寄生虫病之一。

1.病原体形态　是一种大型线虫。新鲜虫体为淡红色或淡黄色。虫体呈中间稍粗,两端较细的圆柱形。头端有3个唇片,排列成品字形。雄虫比雌虫小,体长15～25 cm,宽约0.3 cm。尾端向腹面弯曲,形似鱼钩。泄殖孔距尾端较近。有交合刺1对,一般等长,长0.2～0.25 cm。雌虫长20～40 cm,宽约0.5 cm。虫体较直,尾端稍钝。受精卵和未受精卵的形态有所不同。受精卵为短椭圆形,大小为(50～75 μm)×(40～80 μm),黄褐色;卵壳厚,由四层组成,最外一层为凹凸不平的蛋白质膜;刚随粪便排出的虫卵,内含一个圆形卵细胞,卵细胞与卵壳之间的两端形成新月形空隙。未受精卵较受精卵狭长,平均大小为90 μm×40 μm,多数没有蛋白质膜,或有而甚薄,且不规则。整个卵壳较薄,内容物为很多油滴状的卵黄颗粒和空泡。

2.生活史　猪蛔虫的发育不需要中间宿主。虫卵随粪便排出体外,在适宜的温度、湿度和充足空气的条件下,首先可在卵内发育为第1期幼虫,进一步蜕化发育,经13～18天,卵内形成第2期幼虫,此时的虫卵尚无感染力,须在外界经过3～5周的发育成熟,成为感染性虫卵才具有感染性。

猪吞食感染性虫卵后,幼虫在小肠内释出。幼虫钻入肠壁,进入血管,随血流进入肝脏;在肝脏内进行第2次蜕化,形成第3期幼虫。第3期幼虫随血流达到肺,再经毛细血管进入肺泡,在肺泡内进行第3次蜕化变成第4期幼虫,继续发育成为幼虫。虫体离开肺泡,经细支气管和支气管上行至气管,随黏液到咽部,再经食道、胃重返小肠。虫体在小肠进行最后一次蜕化,变为第5期幼虫(童虫),继续发育为成虫。猪从吞食感染性虫卵到在小肠内发育为成虫需2～2.5个月。虫体在小肠内以黏膜表层物质和肠内容物为食,在猪体内可生存7～10个月,然后自行随粪便排出。

3. 流行特点 一般在饲养管理不良和环境卫生条件差的猪场，蛔虫病的发病率较高，尤其3～5月龄的仔猪最容易大量感染蛔虫，症状也较为严重，常发生死亡。其主要原因除了蛔虫生活史简单外，还包括蛔虫繁殖力强和虫卵对外界因素有较强的抵抗力这两个因素。寄生在猪小肠中的一条雌虫每天平均可产卵10万～20万个，产卵旺盛时期可达100万～200万个。由于虫卵卵壳厚，表面有一层凸凹不平的蛋白膜，对外界环境具有很强的抵抗力，虫卵能够在外界长期存活，大大增加了感染性虫卵在自然界的累积，有报道猪蛔虫卵能在外界生存长达3～5年。此外，虫卵还具黏性，容易借助食粪甲虫、鞋靴等传播。

4. 症状及病变 幼虫和成虫阶段引起的症状和病理变化各不相同。

幼虫在体内移行可造成器官和组织的损伤，主要是对肝脏和肺脏的危害较大。当幼虫移行至肝脏时，引起肝组织出血、变性和坏死，肝脏表面形成云雾状的蛔虫斑，也称"乳斑"，直径约1 cm。当幼虫移行至肺时，造成肺脏的小点出血和水肿，严重的病例，继发细菌或病毒感染，引起肺炎。临床表现为精神沉郁，食欲减退，异嗜，营养不良，贫血，黄疸；感染严重时表现体温升高、咳嗽、呼吸增快、呕吐和腹泻等症状。病猪伏卧在地，不愿走动。幼虫移行时还引起嗜酸性白细胞增多，出现荨麻疹和某些神经症状之类的反应。

成虫寄生在小肠对机体的危害亦较大。首先是夺取宿主大量的营养，影响猪的发育和饲料转化。大量寄生时，猪被毛粗乱、无光、消瘦，常是形成"僵猪"的一个重要原因。成虫还可机械性地刺激肠黏膜，引起腹痛。蛔虫数量多时常聚集成团，堵塞肠道，严重时因肠破裂而致死。蛔虫具有异位游走特性，在饥饿、驱虫等应激条件下，蛔虫可进入胆管，造成胆管堵塞，导致黄疸、贫血、呕吐、消化障碍、剧烈腹痛等症状，严重者可导致死亡。

5. 诊断 尽管蛔虫感染会出现上述一些病症，但确诊需作实验室检查。对两个月以上的仔猪，可用漂浮法检查虫卵。由于猪感染蛔虫相当普遍，1 g粪便中虫卵数达1 000个以上时，方可诊断为蛔虫病。

幼虫寄生期可用血清学方法或剖检的方法诊断。目前已研制出特异性强的ELISA检测法；肝脏和肺脏的病变有助于诊断；用贝尔曼法或凝胶法分离肝、肺或小肠内的幼虫也可确诊。

6. 治疗 治疗可用下列药物：

(1)左咪唑：10 mg/kg，喂服或肌内注射。

(2)甲苯咪唑：10～20 mg/kg，混在饲料内喂服。

(3)氟苯咪唑：30 mg/kg 混饲，连用5天；或5 mg/kg 一次口服。

(4)丙硫咪唑：10 mg/kg，口服。

(5)硫苯咪唑：(芬苯哒唑)3 mg/kg，连用 3 天。

(6)伊维菌素：针剂，0.3 mg/kg，一次皮下注射；预混剂，每天 0.1 mg/kg，连用 7 天。

(7)多拉菌素：针剂，0.3 mg/kg，一次肌肉注射。

7.预防　要定期按计划驱虫，例如我国某些地区对散养育肥猪，在 3 月龄和 5 月龄各驱虫一次。国外专家推荐，对于断奶仔猪，选用抗蠕虫药进行一次驱虫，并且在 4～6 周后再驱虫一次。怀孕母猪在其怀孕前和产仔前 1～2 周进行驱虫。对引进的种猪进行驱虫。

规模化饲养场，首先要对猪全部驱虫；以后公猪每年至少驱虫两次；母猪产前 1～2 周驱虫一次；仔猪转入新圈群时驱虫一次；后备猪在配种前驱虫一次；新引进的猪须驱虫后再和其他猪并群。注意猪舍的清洁卫生，产房和猪舍在进猪前都需进行彻底清洗和消毒。母猪转入产房前要用温肥皂水清洗全身。

为减少蛔虫卵对环境的污染，尽量将猪的粪便和垫草在固定地点堆积发酵。有报道证实猪蛔虫幼虫能引起人的内脏幼虫移行症，因此杀灭虫卵不仅能减少猪的感染压力，而且对公共卫生也有裨益。

(二) 食道口线虫病(结节虫病)

由食道口线虫(*Oesophagostomum* spp.)寄生在猪的结肠内所引起的一种寄生虫病。在猪体内寄生的食道口线虫共有 3 种，分别为有齿食道口线虫(*O. dentatum*)、长尾食道口线虫(*O. longicaudum*)和短尾食道口线虫(*O. brevicaudum*)。食道口线虫的幼虫能在宿主肠壁上形成结节，又称结节虫，故本病也称结节虫病。本病虽感染较为普遍，但虫体的致病力较轻微，严重感染时可引起结肠炎，是目前我国规模化猪场流行的主要线虫病之一。

1.病原体形态　食道口线虫口囊呈小而浅的圆筒形，其外周为一显著的口领。口缘有叶冠。有或无颈沟，某些种类其前部的表皮膨大形成头泡。颈乳突位于食道附近两侧。其位置形态随虫种不同而异。有或无侧翼。雄虫的交合伞发达，有 2 对等长的交合刺。雌虫阴门位于肛门附近前方，排卵器发达，呈肾形。虫卵较大。有齿食道口线虫 *O. dentatum* 虫体乳白色。寄生于猪结肠。雄虫长 8～9 mm，交合刺长 1.15～1.30 mm。雌虫长 8.0～11.3 mm；尾长 0.35 mm。长尾食道口线虫 *O. longicaudum* 虫体呈灰白色。寄生于猪盲肠和结肠。雄虫长 6.5～8.5 mm，交合刺长 0.9～0.95 mm；雌虫长 8.2～9.4 mm；尾长 0.4～0.46 mm。短尾食道口线虫 *O. brevicaudum* 寄生于猪结肠。雄虫长 6.2～6.8 mm，交合刺长 1.05～1.23 mm。雌虫长 6.4～8.5 mm，尾长仅 0.081～0.12 mm。

2.生活史　虫卵随粪便排出，在外界适宜的条件下，发育为披壳的感染性幼虫（第3期幼虫）。猪只经口感染后，幼虫在小肠内脱壳，感染后1～2天移行至结肠侵入黏膜深部，形成1～6 mm的结节；在感染后6～10天，幼虫在结节内蜕化，形成第4期幼虫；之后返回大肠肠腔，再次蜕化形成第5期幼虫。感染后1～2个月发育为成虫。

3.流行特点　感染性幼虫可以越冬，虫卵和幼虫对干燥和高温的耐受性较差，潮湿的环境有利于虫卵和幼虫的发育和存活。猪在采食或饮水时吞进感染性幼虫而发生感染。集约化方式饲养的猪和散养的猪都有发生，成年猪被寄生的较多。

4.症状及病变　幼虫对大肠壁的机械刺激和毒性物质的作用，可使肠壁上形成粟粒状的结节。初次感染很少发生结节，但经3～4次感染后，由于宿主产生了组织抵抗力，肠壁上可产生大量结节。结节破裂后形成溃疡，引起顽固性肠炎。如结节在浆膜面破裂，可引起腹膜炎；在黏膜面破裂则可形成溃疡，继发细菌感染时可导致弥漫性大肠炎。患猪表现腹痛、不食、拉稀，日见消瘦和贫血。

成虫的寄生会影响增重和饲料转化。其致病作用只有在高度感染时才会出现，由于虫体对肠壁的机械损伤和毒性物质作用，引起渐进性贫血和虚弱，严重时可引起死亡。

5.诊断　用漂浮法检查有无虫卵。虫卵呈椭圆形，卵壳薄，内有胚细胞，但常与红色猪圆线虫卵混淆，须采用粪便培养至第3期幼虫才可鉴别。食道口线虫幼虫短而粗（600 μm），尾鞘长；而红色猪圆线虫幼虫长而细（800 μm），尾鞘短。

6.防治　参见猪蛔虫病，常用的驱线虫药对成虫均有效，但对组织中幼虫有效的药物很少。母猪分娩前1周用药，仔猪产后1个月驱虫，可有效的防止仔猪感染。

（三）毛首线虫病（鞭虫病）

本病是由毛首科（Trichuridae）毛首属（*Trichuris*）的猪毛首线虫（*T. suis*）寄生于猪的大肠（主要是盲肠）引起的一种寄生虫病。虫体前端细长像鞭梢，内为单细胞的食道；后端粗短像鞭杆，内为肠管及生殖器官，故又称鞭虫。世界性分布，全国各地均有报道。集约化饲养的猪及散养的猪均有发生。主要危害仔猪，严重感染时可导致死亡。

1.病原体形态　虫体前端很细，后端很粗；具典型的毛尾线虫型食道（捻珠状，中间为细管腔），卵两端有塞雄虫长20～52 mm，交合刺鞘短而膨大成钟形，上布满小刺。雌虫长39～53 mm，1根交合刺。食道部占虫体全长的2/3。虫卵（52～61 μm）×（27～30 μm）。

2.生活史　虫卵随粪便排出体外，在适宜的温度和湿度条件下，经3～4周发育为内含第1期幼虫的感染性虫卵。感染性虫卵经口感染猪,第1期幼虫在小肠内释出,钻入肠绒毛间发育,然后移行至盲肠和结肠内,钻入肠腺内,在其中进行4次蜕皮,发育为童虫。成虫寄生在肠腔,以头部固着于肠黏膜上发育。潜隐期为6～7周。成虫的寿命为4～5个月。

3.症状 轻度感染不显症状,严重感染时,虫体布满盲肠黏膜,引起消瘦和贫血;虫体吸血而损伤肠黏膜,使粪便带血和脱落的黏膜,出现顽固性下痢,还容易继发细菌及结肠小袋虫感染。

4.诊断 生前用漂浮法检查发现虫卵,由于鞭虫产卵极少,故粪便虫卵计数的意义不大。虫卵呈腰鼓形(或称橄榄状),棕黄色,两端有卵塞。剖检在盲肠上发现病变或虫体也可确诊。

5.防治 参见猪蛔虫病,但大部分驱虫药对猪毛首线虫不如对猪蛔虫的效果好。羟嘧啶为驱除鞭虫的特效药,可按2 mg/kg体重拌料或口服。

二、猪疥螨病

由猪疥螨寄生于猪皮肤内引起的一种以皮肤病变为主的寄生虫病。

1.病原体形态 多为浅黄色,圆形;躯体分为头部和胸腹部;4对足,分节,有角质化的支条;雌螨:(0.25～0.51 mm)×(0.24～0.39 mm);雄螨:(0.19～0.25 mm)×(0.14～0.29 mm)。卵:椭圆形,黄白色,大小155 μm×84 μm。

2.发育史 疥螨发育为不完全变态,整个发育过程经过卵、幼螨、若螨和成螨4个阶段。疥螨在宿主表皮挖掘隧道,以角质层组织和渗出的淋巴液为食,在隧道进行发育和繁殖。雌螨在隧道内产卵,一生可产40～50枚卵。卵呈椭圆形,黄白色,长约150 μm。卵经数天孵出幼螨,幼螨有6条腿,离开隧道爬到皮肤表面,再钻入皮内掘穴,在其中蜕化成若螨;若螨有8条腿,但体型较小,且生殖器官未完全发育成熟。若螨进一步发育为成螨,然后雌、雄成螨交配产卵,雄螨交配后不久死亡,雌螨寿命4～5周。整个发育过程为8～22天,平均15天。

3.流行特点 猪疥螨的幼虫、稚虫(若虫)和成虫均寄生于皮肤内,生活史都是在皮肤内完成的。我国几乎所有的猪场都有猪疥螨感染,感染率极高。在阴湿寒冷的冬季,因猪被毛较厚,皮肤表面湿度较大,利于疥螨发育,病情常较严重。在夏季,猪体表绒毛脱落,且天气干燥,空气流通,阳光充足,大多螨虫死亡,病势即随之减轻,但感染猪仍为带虫者,有少数螨可在耳壳、尾根、腹股沟等处潜伏,从而引起本病的散播。

4.症状及病变 猪疥螨感染通常起始于头部、眼下窝、面颊及耳部,以后蔓延到背部、躯干两侧及后肢内侧,尤以仔猪的发病最为严重。患猪局部发痒,常就墙角、饲槽、柱栏等处摩擦。可见皮肤增厚,粗糙和干燥,表面覆盖灰色痂皮,并形成皱褶。极少数病情严重者,皮肤的角化程度增强,皮肤干枯,有皱纹或龟裂,龟裂处有血水流出。病猪逐渐消瘦,生长缓慢,成为僵猪。

5. 诊断　对有临床症状表现的猪只,刮取病变交界处的新鲜痂皮直接检查。或放入培养皿中,置于灯光下照射后检查。虫体较少时,可将刮取的皮屑放入试管中,加入10%氢氧化钠(或氢氧化钾)溶液,浸泡 2 h,或煮沸数分钟,然后离心沉淀,取沉渣镜检虫体。

6. 治疗　敌百虫、蝇毒磷、辛硫磷、二嗪农、双甲脒、溴氢菊酯等杀虫剂体表喷雾或伊维菌素、多拉菌素、爱比菌素等皮下或肌肉注射、口服或浇泼均有效,一般情况下需反复用药才能彻底治疗。

伊维菌素或爱比菌素注射液:0.3 mg/kg,一次皮下注射,7～14 天后再给药一次;饲料预混剂:每天 0.1 mg/kg,连用 7 天。

多拉菌素注射液:0.3 mg/kg,一次肌肉注射。

7. 预防　要定期按计划应用上述治疗药物,例如在规模化养猪场,首先要对全场猪全部用药,以后公猪每年至少用药两次,母猪产前 1～2 周应用伊维菌素、多拉菌素或爱比菌素,仔猪转群时用药一次,后备猪于配种前用药一次,新进的猪用药后再和其他猪并群。注意猪舍的清洁卫生,产房和猪舍在进猪前都需进行彻底清洗和消毒。

近年来,由于阿维菌素类药物的广泛应用,猪疥螨的危害性正逐渐地减少。

三、猪球虫病

猪球虫病是指由等孢属(*Isospora*)的猪等孢球虫(*I. suis*)引起的仔猪球虫病。新生仔猪球虫病呈世界性分布,可发生于集约化饲养的任何猪场。是初生仔猪最重要的原虫病。德国调查结果表明 76%的猪场存在等孢球虫感染。

1. 病原体形态　卵囊呈球形或亚球形,无色;大小为(18.7～23.9 μm)×(16.9～20.1 μm);卵囊内含 2 个孢子囊,每个含 4 个子孢子。

2. 生活史　猪等孢球虫的生活史与鸡球虫的生活史类似,可分为 3 个阶段:孢子生殖阶段、脱囊阶段和内生性发育阶段。孢子生殖是粪便中排出的未孢子化、非感染性卵囊发育为感染性卵囊(对环境不利因素有抵抗力)的过程。孢子化过程需要合适的温度和湿度。猪等孢球虫卵囊在 20～37℃温度下能迅速孢子化。母猪产房内为新生仔猪提供的 32～35℃温度条件有利于猪等孢球虫的迅速孢子化(在 12 h 内)。未孢子化卵囊和孢子化过程中的卵囊很容易被杀灭。但一旦卵囊完成孢子化过程,孢子化球虫卵囊便对大多数消毒剂有抵抗力。卵囊进入胃后,卵囊壁破裂，胆汁盐和消化酶激活子孢子。被激活的子孢子离开孢子囊和卵囊，侵入肠细胞内，开始增殖的内生性发育阶段。猪等孢球虫的内生性发育阶段在整个小肠细胞的细胞浆内进行，其中大部分阶段在空肠和回肠中完成。

猪等孢球虫的内生性发育阶段存在两个不同的无性生殖阶段。子孢子进入肠上皮细胞后变成双核的Ⅰ型裂殖体。Ⅰ型裂殖体在24 h内通过内二分裂方式进行分裂，每个裂殖体产生2个Ⅰ型裂殖子。Ⅰ型裂殖子的特点是2个裂殖子的边缘紧紧挨在一起。由于猪艾美耳球虫中没有任何一种是通过内二分裂方式进行分裂的，所以这一特点在猪等孢球虫的诊断中很有意义。猪等孢球虫可以进行好几代内二分裂生殖，因此肠细胞中含有许多Ⅰ型裂殖子。Ⅱ型裂殖体是多核的，并且形成Ⅱ型裂殖子，Ⅱ型裂殖子最早在接种后(PI)1天即可见到。Ⅱ型裂殖子比Ⅰ型裂殖子小。有性生殖阶段包括能产生带2根鞭毛小配子的小配子体和单核的大配子体。小配子与大配子受精，最后形成卵囊。有性生殖可见于感染后的第4天，而粪便中最早出现卵囊的时间是感染后第5天(极少数在第4天可见卵囊)。

3. 流行特点　研究结果表明，母猪不是仔猪等孢球虫感染的主要来源。至今仍不清楚猪等孢球虫感染是如何在一猪场中建立起来的。一旦感染被建立，它能迅速传播到整个产房。产房中的温度(32～35℃)和湿度有利于猪等孢球虫的迅速孢子化。曾经感染猪等孢球虫的仔猪恢复后对攻击感染有抵抗力，被攻击感染后，仔猪仅排出少数(与初次感染相比)甚至不排出球虫卵囊，并且不出现临床症状，说明猪已产生很强的免疫保护力。母猪初乳中的猪等孢球虫抗体不能有效保护仔猪，防止其出现临床球虫病。在对猪等孢球虫感染和发病的敏感性上，不同日龄的仔猪存在个体差异。感染相同数量的球虫卵囊，1～2日龄的仔猪比2～4日龄的仔猪发病严重。

4. 临床症状　临床症状见于7～11日龄、以前临床健康的哺乳仔猪。黄色至灰白色腹泻是主要的临床症状。开始时粪便呈疏松、糊状，随着病程发展变为液体状。仔猪可黏附上粪便，使得仔猪看起来很潮湿，发出腐败酸奶的臭味。仔猪通常仍能继续吃乳，但会出现被毛粗乱、脱水和体重减轻。产房内不同窝仔猪的临床症状不尽相同，即使是同一窝仔猪，受影响的程度也不尽相同。本病发病率较高，死亡率一般中等。但如果并发其他细菌、病毒和寄生虫病，则可导致极高的死亡率，并且使诊断复杂化。

有时在刚断奶的仔猪粪便中也可出现等孢球虫卵囊，部分仔猪还会出现腹泻。然而这只表明仔猪存在猪等孢球虫感染，但据此不能确定猪等孢球虫就是引起腹泻的原因，因为在断奶时还存在多种因素可引起仔猪腹泻，如饲料变更、管理措施改换。有关于猪等孢球虫引起5～6周龄仔猪腹泻的报道，仔猪在断奶后4～7天出现腹泻,发病率很高(80%~90%),但基本没有出现死亡。猪等孢球虫不会引起育肥猪或后备种猪发病。

5.病理变化　人工感染试验表明,猪等孢球虫发病的严重程度取决于仔猪摄入等孢球虫孢子化卵囊的数量。给仔猪感染 200 000 个或更多的孢子化卵囊通常会引起严重的发病和中等程度至严重的死亡率。感染少量的猪等孢球虫卵囊一般会引起以腹泻为主的临床症状,但死亡率很低,甚至不出现死亡。

新生仔猪球虫病大体病变的特征是空肠和回肠出现纤维素坏死膜,但这种病变只见于严重感染的仔猪中。即使在极为严重的自然感染仔猪和人工感染大剂量球虫卵囊的仔猪中也不出现出血。

对与猪等孢球虫并发感染的细菌或病毒所起的作用进行了试验研究。普通猪和悉生猪对猪等孢球虫和轮状病毒的反应相似。与单一病原相比,同时接种 2 种病原体的猪出现的临床症状更严重。轮状病毒和猪等孢球虫均在小肠绒毛中部或末端的肠上皮细胞中发育,因此,这两种病原对合适宿主细胞的竞争被认为是引起临床症状和显微病变加重的原因。猪等孢球虫的感染会干扰鼠伤寒沙门氏菌的感染。肠蠕动频率的增加和肠细胞的破坏会干扰细菌在肠黏膜上繁殖能力。

6.诊断　新生仔猪感染猪等孢球虫后出现的临床特征是:7~14 日龄仔猪出现腹泻,并且这种腹泻不受抗生素治疗的影响。猪等孢球虫病应与可引起猪肠道疾病的其他病原,如大肠杆菌、传染性胃肠炎病毒、轮状病毒、C 型产气荚膜梭菌、蓝氏类圆线虫,所引起的疾病进行鉴别诊断。

猪等孢球虫病确诊的最好方法是对有临床症状的仔猪粪便进行检查,看是否存在卵囊。这是现有诊断方法中最快的诊断方法。由于腹泻开始于卵囊排出的前一天,而卵囊的高峰期出现在临床症状出现后 2~3 天,用粪便涂片法或粪便漂浮对多窝仔猪粪便检查球虫卵囊时,应在临床症状出现后 2~3 天时进行。仔猪可在好几个阶段排出卵囊,而在此期间粪便卵囊检查可能呈阴性。与液状粪便相比,糊状粪便中可能含更多的卵囊。猪等孢球虫卵囊在卵囊壁和孢子体之间存在被称之为“模糊体”的特征性结构。可以用葡萄糖饱和食盐水(将 500 g 葡萄糖溶解于 1 000 mL 饱和食盐水中)作为漂浮液。

黏膜涂片中各个发育阶段的球虫虫体也可用来进行猪等孢球虫的诊断。用手术刀片或载玻片刮取肠黏膜,刮取时应用足够的压力以保证将肠黏膜刮下,应将刮取物置于载玻片上涂制成一涂片。然后用任何一种血细胞染色剂对涂片进行染色。

涂片中成对的Ⅰ型裂殖子具有诊断意义。猪等孢球虫无性生殖阶段(如双核的Ⅰ型裂殖体或Ⅱ型裂殖体和裂殖子)和有性生殖阶段(小配子体和大配子体)也可能存在于涂片中，但它们确认起来更困难，不是诊断的必要依据。

7. 防治　母猪似乎不是哺乳仔猪的主要感染源。因此，往母猪饲料中添加抗球虫药物对控制新生仔猪球虫病意义不大。往仔猪饮水中添加抗球虫药物或将药物混于口服的铁制剂中可能是有用的，但这无法保证每头仔猪都获得治疗或预防球虫病所需的药量，至今也尚无试验证实这种方法的有效性。个体给药是保证每头仔猪获得所需药量的最佳方法。

百球清是一种均三嗪类抗原虫药物，它有望提供一种有效防治仔猪球虫病的方法，但该药在美国没有注册使用。在 5 个有球虫病的猪场，给 3～6 日龄的仔猪一次口服 20～30 mg/kg 体重的百球清（Baycox 5% 混悬液），治疗仔猪球虫病的发病率从 71%下降至 22%。此外，用百球清治疗的仔猪球虫卵囊排出量降低、腹泻症状减轻。人工感染试验表明，给 3 日龄的仔猪接种猪等孢球虫，5 日龄时单剂量给予 20 mg/kg 的百球清，能有效减轻球虫病症状，减少球虫卵囊排出量。百球清有如此优良的抗球虫效果，也许是因为它既能杀灭有性生殖阶段的球虫虫体，又能杀灭无性生殖阶段的球虫虫体，而且它能从治疗动物的组织中缓慢释放出来。

迄今为止，在哺乳仔猪中进行的对照试验仍未能确定一种有效的抗球虫药物。氨丙啉、呋喃唑酮和莫能菌素均不能有效防治新生仔猪的球虫病。

重视环境卫生是迄今减少由新生仔猪球虫病引起的损失的最好方法。一个好的卫生方案应包括：彻底将产房中的组织碎片清除，用漂白粉（浓度不低于 50%）或氨水复合物消毒几个小时或过夜和进行熏蒸。消毒时，猪圈应该是空置的。为了防止工作人员吸入过多的漂白粉、氨蒸气，应进行充分通风或让工作人员戴上防生化口罩。应限制饲养人员进入产房，以防止由鞋子、衣服携带的卵囊在产房间传播。同样，应防止宠物进入产房，因为宠物的爪子可携带卵囊从而导致卵囊在产房中散布。为了防止鼠类机械传播卵囊应采取灭鼠措施。

每次分娩后应对猪圈进行消毒，养殖者应认识到尽管临床型球虫病已得到控制，但在以后暴发球虫病的可能性还是存在的。在一些病例中，在已消毒的、首次分娩的产房中也暴发了中等程度的临床型球虫病。

四、弓形虫病

弓形虫病是由刚第弓形虫（*Toxoplasma gondii*）寄生于宿主的多种有核细胞中引起的寄生虫病。除人外，弓形虫可感染包括 45 种哺乳动物、70 余种鸟类在内的共 190 多种动物，是一种严重的人兽共患寄生虫病。分布于除南极洲以外的世界各地，估计全球有 5 亿～10 亿人感染。

我国自从 1977 年在上海的“无名高热症”猪群中发现病原以来，每年都有很多猪弓形虫病的发生报道。

1.病原体形态　卵囊：卵囊在猫和其他猫科动物小肠绒毛上皮细胞内产生。粪中的卵囊未孢子化，球形；孢子化后为亚球形，大小(11～14 μm)×(9～11 μm)，无微孔、残体和极粒，含有2个椭圆形孢子囊，大小8.5 μm×6 μm，无斯氏体，但有孢残囊余体。子孢子大小8 μm×2 μm。速殖子：呈弓形、月牙形或香蕉形，一端尖，一端钝，大小(4～7 μm)×(2～4 μm)。经姬姆萨染液染色后，胞浆呈淡蓝色，有颗粒，核深蓝色。速殖子主要出现于急性病例。包囊：也称组织囊，见于慢性病例的多种组织，呈圆形，有较厚的囊膜，直径50～69 μm，可随虫体的繁殖而不断增大，达100 μm，可在感染动物体内长期存在。囊内虫体称慢殖子，数目由几十到几千。包囊形成是机体免疫力作用于虫体的结果，若免疫力消失，慢殖子从包囊中释放出来，可以侵入新的细胞，再度引起发病。

2.生活史　弓形虫生活史可分为肠内阶段和肠外阶段。肠内阶段只出现于终末宿主体内，肠外阶段可出现于终末宿主和中间宿主体内。

(1)中间宿主：种类很多，已报道的有200多种，包括肉食兽、食虫动物、啮齿动物、猪、草食兽、灵长类、人、其他哺乳动物和鸟类。

(2)终末宿主：为肉食科动物，已证明的有猫和其他一些野生猫科动物。

(3)寄生部位：几种类型的裂殖体和有性生殖阶段虫体可出现于猫和其他猫科动物小肠绒毛上皮细胞中。裂殖体和裂殖子可出现于中间宿主的多种细胞中，包括神经元细胞、小胶质细胞、内皮细胞、肝实质细胞、肺和腺上皮细胞、心肌和骨骼肌细胞、胎膜和白细胞。急性感染中，裂殖子可游离于血和腹腔渗出液中。

中间宿主吞吃了孢子化卵囊、孢子囊、速殖子、慢殖子或经胎盘感染后，子孢子通过淋巴和血液循环进入有核细胞，进行内二分裂增殖，形成速殖子和假囊，并引起急性疾病。当宿主很快产生免疫力时，虫体繁殖受阻，存留的虫体在一些脏器组织中，特别是脑组织中形成包囊，长期存在。

猫等终末宿主吞食了卵囊、孢子囊、速殖子、慢殖子等而感染，除了一部分虫体进入肠外阶段发育外，另一些进入肠上皮细胞进行球虫样肠内阶段发育。裂殖生殖的代数不详，但发现有5种类型。之后进入配子生殖阶段，再形成合子和卵囊。从感染到排出卵囊需3～5天时间，排卵囊高峰在5～8天之间。卵囊在外界环境中完成孢子化过程需1～5天。肠内和肠外阶段可在猫体内同时进行。

3.流行特点　弓形虫的感染在人和猪中很常见。出生后，人和猪通过摄入被弓形虫卵囊污染的食物或饮水或通过摄食含包囊的其他动物组织而感染。猫(以及其他猫科动物)是唯一的终末宿主，在弓形虫传播中起重要作用。包囊主要存在于被感染动物的可食组织中，内有以缓慢方式进行增殖的缓殖子。包囊在组织中可存活数年，且不会危及宿主的生命。被摄入的卵囊或缓殖子可通过胃而保持其活力。一旦进入肠道，子孢子或缓殖子进入快速增殖阶段——速殖子阶段。速殖子在肠道的固有层增殖，并最终传播到全身。如果母猪在怀孕期间被感染，仔猪也可能发生生前感染，母体血液中的速殖子可通过胎盘进入胎儿。速殖子可引起组织损伤，并最终发育为缓殖子、形成包囊。临床期患畜的唾液、痰、粪、尿、乳汁、腹腔液、眼分泌物、肉、内脏、淋巴结及急性病例的血液中都可能含有速殖子，如外界条件有利其存在，猪也可以受到传染。

病原体也可通过眼、鼻、呼吸道、肠道、皮肤等途径侵入猪体。

4.症状及病变　许多猪对弓形虫都有一定的耐受力，故感染后多不表现临床症状，在组织内形成包囊后转为隐性感染。包囊是弓形虫在中间宿主体内的最终形式，可存在数月甚至终生。故某些猪场弓形虫感染的阳性率虽然很高，但急性发病却很少。

弓形虫病主要引起神经、呼吸及消化系统的症状。急性猪弓形虫病的潜伏期为3～7天，病初体温升高，可达42℃以上，呈稽留热，一般维持3～7天，精神迟钝，食欲减少，甚至废绝。便秘或拉稀，有时带有黏液和血液。呼吸急促，每分钟可达60～80次，咳嗽。视网膜、脉络膜炎甚至失明。皮肤有紫斑，体表淋巴结肿胀。怀孕母猪还可发生流产或死胎。耐过急性期后，病猪体温恢复正常，食欲逐渐恢复，但生长缓慢，成为僵猪，并长期带虫。

剖检可见肝脏上有针尖大至绿豆大、米黄色的小坏死点。肠系膜淋巴结呈绳索状肿胀，切面外翻，有坏死点。肺间质水肿，并有出血点。脾脏有粟粒大丘状出血。

人、特别是孕妇受感染后，极易出现流产、死胎或早产，还有45%左右的婴儿会出现天然孔异常（如耳聋、失明等）、小头畸形、智力低下等毛病，是目前婚前体检的重要指标之一。

5.诊断

(1)直接镜检：取肺、肝、淋巴结作涂片，用姬姆萨氏液染色后检查；或取患畜的体液、脑脊液作涂片染色检查；也可取淋巴结研碎后加生理盐水过滤，经离心沉淀后，取沉渣作涂片染色镜检。此法简单，但有假阴性，必须对阴性猪作进一步诊断。

(2)动物接种：取肺、肝、淋巴结研碎后加10倍生理盐水，加入双抗后，室温放置1 h。接种前摇匀，待较大组织沉淀后，取上清液接种小鼠腹腔，每只接种0.5～1.0 mL。经1～3周，小鼠发病时，可在腹腔中查到虫体。或取小鼠肝、脾、脑作组织切片检查，如为阴性，可按上述方式盲传2～3代，从病鼠腹腔液中发现虫体也可确诊。

(3)血清学诊断:国内外已研究出许多种血清学诊断法供流行病学调查和生前诊断用。目前国内常用的有、IHA法和ELISA法。间隔2～3周采血,IgG抗体滴度升高4倍以上表明感染处于活动期;IgG抗体滴度不高表明有包囊型虫体存在或过去有感染。还可采用DT法(色素试验)诊断,这也是弓形虫的特异性的诊断方法,原理是新鲜的弓形虫滋养体和正常血清混合后,37℃ 1 h或室温数小时,大多滋养体由弓形变成圆形或椭圆形,用碱性美蓝染色时着色较深;而当滋养体与抗弓形虫血清混合后,由于抗体与虫体结合,使表膜破坏,故不能被碱性美蓝染色。由此可间接测定血清中抗体含量,一般在感染3～5天后可见猪血清抗体开始升高。

(4)PCR方法:提取待检动物组织DNA,以此为模板,按照发表的引物序列及扩增条件进行PCR扩增,如能扩出已知特异性片段,则表示待检猪为阳性,否则为阴性。但必须设阴、阳性对照管。

6. 治疗　急性病例使用磺胺类药物有一定的疗效,磺胺药与三甲氧苄氨嘧啶(TMP)或乙胺嘧啶合用有协同作用。亦可试用氯林可霉素。

(1)磺胺-6-甲氧嘧啶(SMM,又称制菌磺):60～100 mg/kg体重口服。

(2)磺胺-5-甲氧嘧啶(SMD):2 mg/kg体重肌内注射。

(3)磺胺嘧啶(SD):70 mg/kg体重口服;或增效磺胺嘧啶钠注射液20 mg/kg体重肌内注射。

7. 预防　防止饮水、饲料被猫粪直接或间接污染;控制或消灭鼠类;不用生肉喂猫,注意猫粪的消毒处理;家畜流产的胎儿及其一切排泄物,包括流产现场均需严格处理,对死于本病的可疑病畜也要严格处理。

第四节　牛羊重要寄生虫病

一、牛羊线虫病

(一)网尾线虫病

网尾线虫病是由胎生网尾线虫(*D. viviparus*)、丝状网尾线虫(*Dictyocaulus filaria*)分别寄生于牛、羊等反刍兽支气管和细支气管内引起的,由于虫体较大,又称大型肺线虫。本病多见于潮湿地区,常呈地方性流行。主要危害幼龄动物,在流行区,可引起患畜大批死亡。

1. 病原体形态　网尾线虫白色,细线状,口囊小;雄虫交合伞退化,交合刺短,呈颗粒状外观;雌虫阴门位于体中部,产含第1期幼虫的卵。丝状网尾线虫(*D. filaria*)虫体细线状,乳白色,肠管好像一条黑线穿行体内。雄虫长25～80 mm,

交合伞发达，后侧肋和中侧肋合二为一，只在末端稍分开，两个背肋末端有 3 个小分枝；交合刺靴形，黄褐色，为多孔性结构。雌虫长 43～112 mm，阴门位于虫体中部附近。虫卵(120～130 μm)×(80～90 μm)。寄生于绵羊、山羊、驼和一些反刍兽的支气管，有时见于气管和细支气管。胎生网尾线虫(*D. viviparus*)雄虫长40～50 mm，交合伞的中侧肋与后侧肋完全融合；交合刺黄褐色，为多孔性构造；引器椭圆形，为多泡性结构。雌虫长 60～80 mm，阴门位于虫体中央部分，其表面略突起呈唇瓣状。虫卵(82～88 μm)×(33～38 μm)。寄生于牛、驼和多种野生反刍兽的支气管和气管内。

2. 流行特点　羊感染时，雌虫产含幼虫卵于支气管内，羊咳嗽时，卵随黏液一起进入口腔，并被咽下，在消化道孵化出一期幼虫，并随粪便排到体外。在 20℃温度下，经 5～7 天，蜕化 2 次变为感染性幼虫。羊吃草或饮水时，摄入感染性幼虫，幼虫钻入肠壁，在肠淋巴结内发育蜕化，变为 4 期幼虫，经移行到达肺液，寄生在细支气管和支气管，从羊感染到发育为成虫，大约需要 18 天。感染后 26 天开始产卵。成虫在羊体内的寄生期限，随羊的营养、年龄有所不同，由 2 个月到 1 年不等。

丝状网尾线虫的幼虫对热和干燥敏感，可以耐低温。在 4～5℃时，幼虫就可以发育，并且可以保持活力达 100 天之久。被雪覆盖的粪便，虽在－40～－20℃气温下，其中的感染性幼虫仍不死亡。干粪中幼虫的死亡率比湿粪中的大得多。成年羊比幼年羊的感染率高，但对羔羊的危害严重。

胎生网尾线虫还可寄生于骆驼和多种野牛体内，广泛流行于我国西北、西南的许多地方，是放牧牛群，尤其是牦牛春乏死亡的重要原因之一。胎生网尾线虫病的流行病学与丝状网尾线虫的相似。幼虫在适宜的外界条件下发育为感染性幼虫时间比较短，只需 3 天左右。温度低时，可能延迟至 11 天。低于 10℃或高于 30℃不能发育到感染期。从感染起到雌虫产卵需要 1～4 个月，一般为 21～25 天。

3. 致病作用　感染初期，由于幼虫的移行，引起肠黏膜和肺组织的损伤，有细菌侵入时，引起广泛性肺炎。成虫寄生时，由于刺激，引起细支气管和支气管的炎症。大量虫体及其黏性、脓性、混有血丝的分泌物团块，可以阴塞细支气管，引起局部肺组织膨胀不全和周围的代偿性肺气肿。有虫体寄生的部位，肺表面稍隆起，呈灰白色，触诊时有坚硬感，切开时常有虫体。虫体分泌排物物的毒素作用可引起羊只的再生不良性贫血。肺组织中可见大量中性粒细胞、酸性粒细胞以及巨噬细胞、浆细胞的浸润。

4. 症状　感染的首发症状为咳嗽。最初为干咳、后变为湿咳，而且咳嗽次数逐渐频繁。中度感染时，咳嗽强烈而粗厉；严重感染时呼吸浅表，迫促并感痛苦。先是个别羊发生咳嗽，后常成群发作。羊被驱赶和夜部休息时咳嗽最为明显，在羊圈附近可以听到羊群的咳嗽声和拉风箱似的呼吸声。阵发性咳嗽发作时，常咳出黏液团块，镜检时见有虫卵和幼虫。患羊常从鼻孔排出黏液分泌物，干涸后在鼻孔周围形成痂皮；有时分泌物很黏稠，形成绳索状物，托悬在鼻孔下面。常打喷嚏。患羊逐渐消瘦，被毛枯干，贫血，头胸部和四肢水肿，呼吸加快和困难，体温一般不升高。羔羊症状较严重，可以引起死亡。感染轻微的羊和成年羊常为慢性，症状不明显。

5. 诊断　根据临床症状，特别是患畜咳嗽发生的季节和发生率，考虑是否为网尾线虫感染。用幼虫分离法检查粪便，发现一期幼虫即可确诊。丝状网尾线虫一期幼虫易于鉴别，较大，长为 550～585 μm，头端钝圆，有一纽扣状结节，尾端细而钝，体内有较多的黑色颗粒。剖检时在支气管和细支气管发现一定量的虫体和相应的病变时，即可确认为本病。

6. 治疗　可用左咪唑(8～10 mg/kg)、丙硫咪唑(10～15 mg/kg)口服，阿维菌素或伊维菌素(0.2 mg/kg)口服或皮下注射。

7. 预防　保持牧场清洁干燥，防止潮湿积水，注意饮水卫生；计划性驱虫以当地的具体情况而定，一般由放牧改为舍饲的前后进行一次驱虫，使羊只安全越冬，在 1 月至 2 月初再进行一次驱虫，以避免春乏死亡，驱虫时使羊群集中数天，以加强粪便管理，粪便应堆积发酵进行生物热处理，以消灭病原；成年羊与羔羊分群放牧，以保护羔羊少受感染，有条件的地方可以实施划地轮牧，以减少羊只的感染机会；接种致弱幼虫苗可增强免疫力。

(二)血矛线虫病

血矛线虫病是指由血毛属(*Haemonchus*)线虫引起的寄生虫病。血矛属最常见为捻转血矛线虫(*H. contortus*)，还有柏氏血矛线虫(*H. placei*)和似血矛线虫(*H. similis*)，寄生于牛羊等反刍动物的第四胃，偶见于小肠。其中以捻转血矛线虫危害最为严重。

1. 病原体形态　捻转血矛线虫也称捻转胃虫，寄生于宿主的真胃。虫体淡红色，头端细，口囊小，内有一矛状刺，一般有颈乳突。雄虫 15～19 mm 长；交合伞的背叶偏于一侧，背肋呈“人”字形；有两根等长的交合刺，刺近末端处有倒钩；导刺带为梭形。雌虫长 27～30 mm。肠管呈红色(吸血所致)，生殖器官呈白色，两者相互捻转，形成红白相间的麻花状外观。生殖孔处多数有一舌状结构——阴道盖。

2. 流行特点　雌虫产卵后，卵随粪便排出宿主体外，经孵化，逐渐发育到感染性幼虫(第 3 期幼虫)，再经口感染易感动物，然后到达寄生部位，渐发育为成虫。如捻转血矛线虫虫卵随粪排入外界大约 1 周，即可发育为感染性幼虫，其感染宿主到达真胃寄生部位后经 20 天左右，即可发育为成虫。

捻转血矛线虫感染流行甚广，各地普遍存在，多与其他毛圆科线虫混合感染。虫卵在北方地区不能越冬。第3期幼虫抵抗力强，在一般草场上可存活3个月；不良环境中，可休眠达一年；该期幼虫有向植物茎叶爬行的习性及对弱光的趋向性，温暖时活性增强。

3.致病作用　捻转血矛线虫矛状齿可刺破宿主胃黏膜，且分泌抗凝血酶，吸血，据统计2 000条虫体每天可吸血30 mL，重度感染易导致严重贫血。大量寄生可使胃黏膜广泛损伤，发生溃疡。另外还可分泌毒素，抑制宿主神经系统活动，使宿主消化吸收机能紊乱。

4.临床症状　急性型多见于羔羊，高度贫血，可视黏膜苍白，短期内引起大批死亡。亚急性型表现为黏膜苍白，下颌间、下腹部及四肢水肿，下痢便秘相交替。慢性型病程长，宿主表现为发育不良，渐进性消瘦。

5.诊断　生前诊断可采用饱和食盐水漂浮法检查虫卵，但除虫卵特征性不强，进一步鉴别，需做幼虫培养后，对第3期幼虫进行鉴定。死后诊断可剖检找虫体，在皱胃观察黏膜病变，如黏膜水肿、出血。需要指出的捻转血矛线虫病的确诊不仅依赖于病原学(即虫卵或虫体)诊断，而且还依赖于临床症状，即贫血症状；如果动物未出现贫血，即使查找出病原体也不能诊断为捻转血矛线虫病。

6.治疗　应结合对症、支持疗法，如补充营养，对于种畜等经济价值比较大的患畜可以进行输血。驱虫可以选用如下药物。左咪唑，牛、羊按6～10 mg/kg体重，一次口服。奶牛、奶羊的休药期不得少于3天。丙硫咪唑，10～15 mg/kg体重，一次口服。甲苯咪唑，10～15 mg/kg体重，一次口服。伊维菌素，0.2 mg/kg体重，一次口服或皮下注射。

7.预防　要根据当地的流行病学情况制订预防措施。加强饲养管理，提高营养水平，尤其在冬春季节应合理地补充精料和矿物质，提高畜体自身的抵抗力。注意饲料、饮水的清洁卫生，放牧牛、羊应尽可能避开潮湿地带，尽量避开幼虫活跃的时间，以减少感染机会。其次应进行计划性驱虫。给全群牛、羊计划性驱虫，传统的方法是在春、秋各进行一次。对于北方牧区，在每年的春节前后驱虫一次，可以有效地防止“春季高潮”(成虫高潮)的到来，避免春乏的大批死亡。第三，在流行区的流行季节，通过粪便检查，掌握牛、羊群的荷虫情况，并采取相应的驱虫措施，减少感染源，同时应对计划性或治疗性驱虫后的粪便集中管理，采用生物热发酵的方法杀死其中的病原，以免污染环境。第四，有条件的地方，可以实行划地轮牧或不同种畜间进行轮牧等，以减少牛、羊感染机会。第五，可以进行免疫预防，利用X射线或紫外线等，将幼虫致弱后接种牛、羊，在国外已获成功。

(三)食道口线虫病

食道口线虫分类上属于食道口科、食道口属(*Oesophagostomum*),寄生于反刍家畜的大肠,主要是结肠。由于某些种类的食道口线虫幼虫可钻入宿主肠黏膜,使肠壁形成结节病变,故又称结节虫病。

1.病原体形态　食道口属虫体特征:长 12～22 mm。口囊较小,口孔周围有1或2圈叶冠;有的尚有头泡、颈沟、颈乳突,有的还有侧翼膜。雄虫交合伞较发达,有1对等长的交合刺。雌虫生殖孔位于肛门前方不远处,排卵器呈肾形。各虫种主要根据叶冠的圈数;头泡、侧翼膜的有无;颈乳突的位置、形状及神经环的位置等进行区别。牛羊常见的种类有:哥伦比亚食道口线虫(*O. columbianum*)、辐射食道口线虫(*O. radiatum*)、微管食道口线虫(*O. venulosum*)、粗纹食道口线虫(*O. asperum*)和甘肃食道口线虫(*O. kansuensis*)等。

2.流行特点　卵随宿主粪便排出后,发育为感染性幼虫,经口感染易感动物。某些种类的食道口线虫幼虫进入宿主体后,钻入肠壁,刺激机体产生免疫反应,使肠壁形成结节,一部分虫体在其内蜕两次皮,后返回肠腔,发育为成虫。

从感染宿主到成虫排卵需 30～50 天。虫卵在低于 9℃时不发育,高于 35℃则迅速死亡。春末夏秋,宿主易遭受感染。

3.致病作用与临床症状　幼虫钻入宿主肠壁引起炎症,刺激机体产生免疫反应导致局部组织形成结节,进而钙化,使宿主消化吸收受到影响。初次感染,很少形成结节;结节主要是在成年动物形成,6个月以下羔羊等幼龄动物一般不能形成;另外,结节的形成和表现形式与虫种有关。此外,有时幼虫移行过程中,一部分会误入腹腔,引起腹膜炎。成虫寄生于肠道,分泌毒素,可重结节性肠炎的发生。重度感染可使羔羊发生持续性腹泻。粪便呈暗绿色,含有多量黏液,有时带血,严重时引起死亡。慢性病例表现为腹泻便秘相交替,渐进性消瘦。

4.诊断与防治　生前诊断可粪检虫卵,鉴别则需进行幼虫培养。剖检诊断可检查虫体,观察结节。防治同捻转血矛线虫病。

二、牛羊吸虫病

片形吸虫病是牛羊的主要寄生虫病之一,是由片形科片形属(*Fasciola*)的肝片吸虫(*F. hepatica*)和大片吸虫(*F. gigantica*)引起的。该病常呈地方性流行,能引起急性或慢性肝炎和胆管炎,危害很严重,可以引起幼畜和绵羊的大批死亡。在其慢性病程中,使牛羊消瘦、发育障碍,生产力下降,病肝成为废弃物。肝片吸虫病往往给畜牧业经济带来巨大损失。

1.病原体形态　肝片形吸虫,背腹扁平,外观呈树叶状,活时呈棕红色,固定后变为灰白色。大小为(21～41) mm×(9～14) mm。虫体前端有一三角形的锥突，在其底部有1对"肩"。肩部以后逐渐变窄。口吸盘呈圆形，位于虫体前端，直径约为1.0 mm。腹吸盘较口吸盘稍大，位于虫体前部。生殖孔位于口吸盘、腹吸盘之间。虫卵较大，(133～157 μm)×(74～91 μm)。呈长卵圆形，黄色或黄褐色，前端较窄，后端较钝，常有小的粗隆。卵盖不明显，卵壳薄而光滑，半透明，分两层。卵内充满卵黄细胞和一个胚细胞。

大片形吸虫与肝片形吸虫在形态上很相似。虫体呈长叶状，大小为(25～75) mm×(5～12) mm。体长与宽之比约为5∶1。虫体两侧缘比较平行，后端钝圆。"肩"部不明显。腹吸盘较口吸盘约大1.5倍。虫卵为黄褐色，长卵圆形，大小为(1 500～190 μm)×(75～90 μm)。

2.流行特点 片形吸虫的发育过程复杂，需要中间宿主。中间宿主为椎实螺科的淡水螺，在我国最常见的为小土窝螺，此外还有截口土窝螺、斯氏萝卜螺、耳萝卜螺和青海萝卜螺等。成虫寄生于牛羊的胆管内，虫卵在适宜的温度(25～26℃)、氧气和水分及光线条件下，经10～20天，孵化出毛蚴在水中游动，遇到适宜的中间宿主即钻入其体内。毛蚴在螺体内，经无性繁殖，发育为胞蚴、母雷蚴、子雷蚴和尾蚴几个阶段，最后尾蚴逸出螺体，这一过程需35～50天。侵入螺体内的一个毛蚴经无性繁殖可以发育形成数百个甚至上千个尾蚴。尾蚴在水中游动，在水中或附着在水生植物上脱掉尾部，形成囊蚴。终末宿主饮水或吃草时，连同囊蚴一起吞食而遭感染。囊蚴在十二指肠脱囊，童虫穿过肠壁，到达腹腔，由肝包膜钻入到肝脏，经移行到达胆管。牛羊自吞食囊蚴到发育为成虫(粪便内查到虫卵)需2～3个月，成虫的寄生期限为3～5年。

片形吸虫病呈世界性分布，是我国分布最广泛、危害最严重的寄生虫病之一。肝片吸虫存在于全国各地，尤以我国北方较为严重，大片吸虫在华南，华中和西南地区较常见。其宿主范围广泛，牛羊、猪、马属动物，兔及一些野生动物均可感染。患畜和带虫者不断地向外界排出大量虫卵，污染环境，成为本病的感染源。

片形吸虫病呈地方性流行，多发生在低洼、潮湿和多沼泽的放牧地区。牛羊最易感染，绵羊是最主要的终末宿主。舍饲的牛羊也可因采食从低洼、潮湿地割来的牧草而受感染。多雨年份，能促进本病的流行。

3.致病作用与临床症状 片形吸虫病临床症状的表现取决于虫体寄生的数量、毒素作用的强弱以及动物机体的状况。一般来说，牛体寄生有250条成虫，羊体内有50条成虫时，就会表现出明显的临床症状，但幼畜即使轻度感染，也可能表现出症状。家畜中以绵羊对片形吸虫最敏感，山羊、牛和骆驼次之，对幼畜的危害特别严重，可以引起大批死亡。

片形吸虫病的症状可分为急性型和慢性型两种类型。急性型主要发生在夏末和秋季,多发于绵羊,是由于短时间内随草吃进大量囊蚴(2 000 个以上)所致。童虫在体内移行时,造成"虫道"。引起移行路线上各组织器官的严重损伤和出血,尤其肝脏受损严重,引起急性肝炎和内出血。患羊食欲大减或废绝,精神沉郁,可视黏膜苍白,红细胞数和血红蛋白显著降低,体温升高,偶尔有腹泻,通常在出现症状后 3～5 天内死亡。

慢性型多发于冬、春季,是由于吞食 200～500 个囊蚴后 4～5 个月时发病,即成虫引起的症状。片形吸虫以宿主的血液、胆汁和细胞为食,每条成虫可使宿主每天失血 0.5 mL,加之其毒素具有溶血作用。因此患羊表现渐进性消瘦、贫血、食欲不振、被毛粗乱,眼睑、颌下水肿,有时也发生胸、腹下水肿。叩诊肝脏的浊音界扩大。后期,可能卧地不起,终因恶病质而死亡。

牛的症状多取慢性经过。成年牛的症状一般不明显,犊牛的症状明显。除了上述羊的症状以外,往往表现前胃弛缓、腹泻,周期性瘤胃鼓胀。严重感染者亦可引起死亡。

4.病变 片形吸虫病的急性病理变化包括肠壁和肝组织的严重损伤、出血、出现肝肿大。其他器官也因幼虫移行出现浆膜和组织损伤、出血,"虫道"内有童虫。慢性感染,由于虫体的刺激和代谢物的毒素作用,引起慢性胆管炎、慢性肝炎和贫血现象。肝脏肿大,胆管如绳索一样增粗,常凸出于肝脏表面,胆管壁发炎、粗糙,常在粗大变硬的胆管内发现有磷酸(钙、镁)盐等的沉积,肝实质变硬。

5.诊断 片形吸虫病的诊断要根据临床症状、流行病学资料、粪便检查及死后剖检等进行综合判定。粪便检查多采用反复水洗沉淀法和尼龙筛兜集卵法来检查虫卵,片形吸虫的虫卵较大,易于识别。急性病例时,可在腹腔和肝实质等处发现童虫,慢性病例可在胆管内检获多量成虫。

此外,免疫诊断法,如 ELISA,IHA 等近年来均有使用,不仅能诊断急性、慢性片形吸虫病,而且还能诊断轻微感染的患者,可用于成群家畜片形吸虫病的普查。

6.治疗 治疗片形吸虫病,应在早期诊断的基础上及时治疗患病家畜,方能取得较好的效果。需要注意的是,急性肝片吸虫病是由童虫引起,需要选用对童虫有效的药物;慢性肝片吸虫病是由成虫引起,需要选用对成虫有效的药物。

(1)硝氯酚(menichloropholan,Bayer 9015),只对成虫有效。粉剂:牛 3～4 mg/kg 体重,羊 4～5 mg/kg 体重,一次口服。针剂:牛 0.5～1.0 mg/kg 体重,羊 0.75～1.0 mg/kg 体重,深部肌肉注射。

(2)丙硫咪唑(albendazole,Zetal,抗蠕敏),牛 10 mg/kg 体重,羊 15 mg/kg 体

重,一次口服,对成虫有良效,但对童虫效果较差。

(3)溴酚磷(蛭得净),牛 12 mg/kg 体重,羊 16 mg/kg 体重,一次口服,对成虫和童虫均有良好的驱杀效果,因此,可用于治疗急性病例。

(4)三氯苯哒唑(trichobendazole,肝蛭净),牛用 10%的混悬液或含 900 mg 的丸剂,按 10 mg/kg 体重,经口投服,羊用 5%的混悬液或含 250 mg 的丸剂,按 12 mg/kg 体重,经口投服。该药对成虫、幼虫和童虫均有高效驱杀作用,亦可用于治疗急性病例。患畜治疗后 14 天肉才能食用,乳 10 天后才能食用。

(5)碘硝腈酚(nitroxynil),牛 10 mg/kg 体重,羊 15 mg/kg 体重皮下注射;或牛 20 mg/kg 体重,羊 30 mg/kg 体重一次口服。该药对成虫和童虫均有较好的驱杀作用,但在畜体内残留时间较长,用药 1 个月后肉、乳才能食用。

7. 预防 应根据该病的流行病学特点,制定出适合于本地区的综合性预防措施。

首先是预防性的定期驱虫。驱虫的时间和次数可根据流行区的具体情况而定。针对急性病例,可在夏、秋季选用肝蛭净等对童虫效果好的药物。针对慢性病例,北方全年可进行两次驱虫,第一次在冬末初春,由舍饲转为放牧之前进行,第二次在秋末冬初,由放牧转为舍饲之前进行。大面积的预防驱虫,应统一时间和地点,对于驱虫后的家畜粪便可应用堆积发酵法杀死其中的病原,以免污染环境。利用这种方法在 1~2 周内,不仅可以杀死片形吸虫卵,而且对其他寄生蠕虫卵和幼虫亦可杀灭。南方终年放牧,每年可进行 3 次驱虫。

其次应采取措施消灭中间宿主椎实螺。利用兴修兴利,改造低洼地,使螺无适宜的生存环境;大量养殖水禽,用以消灭螺类(但应注意防止禽吸虫病的流行,因为禽的许多吸虫的中间宿主也是螺类);亦可采用化学灭螺法,如从每年的 3~5 月份,气候转暖,螺类开始活动起,利用 1∶50 000 的硫酸铜或氨水,2.5 mg/L 的血防 67,或在草地上小范围的死水内用生石灰等。

第三是采取有效措施防止牛、羊、骆驼感染囊蚴。不要在低洼、潮湿、多囊蚴的地方放牧;在牧区有条件的地方,实行划地轮牧,可将牧地划分为 4 块,每月一块(从 3~11 月),这样间隔 3 月方能轮牧一次(从片形吸虫卵发育到囊蚴一般需 55~75 天),就可以大大降低牛羊感染的机会;保持牛羊的饮水和饲草水生,不要饮用停滞不流的沟渠、池塘有椎实螺及囊蚴滋生的水(应灭螺后饮用),最好饮用井水或质量好的流水,将低洼潮湿地的牧草割后晒干再喂牛羊等。

三、牛羊绦虫病

(一)棘球蚴病

棘球蚴病(echinococcosis),又名包虫病(hydatidosis),是由寄生于犬、狼、狐、狸等动物小肠的棘球绦虫(*Echinococcus*)中绦期——棘球蚴感染中间宿主而引起的一种严重的人兽共患病。在我国主要有细粒棘球绦虫(*E. granulosus*)和多房棘球绦虫(*E. multilocularis*)。棘球蚴寄生于牛、羊、猪、马、骆驼等家畜及多种野生动物和人的肝、肺及其他器官内。往往给人畜造成严重的病症,甚至死亡。在各种动物中,该病对绵羊和骆驼的危害最为严重。该病呈世界性分布。

1.病原体形态　细粒棘球绦虫为小型绦虫,长仅 2～7 mm,由头节和 3～4 个节片组成。顶突上有 36～40 个小钩。孕节的长度远大于宽度,约占虫体长度的一半。虫卵大小为(32～36 μm)×(25～30 μm)。中绦期为细粒棘球蚴,囊状构造,内含液体,其大小为黄豆大到 20 cm 以上,一般直径为 5～10 cm。生发层上可生成许多原头蚴,原头蚴上有小钩和吸盘。

多房棘球绦虫成虫与细粒棘球绦虫相似,虫体更小,长仅 1.2～4.5 mm,顶突上有 14～34 个小钩。虫卵大小为(30～38 μm)×(29～34 μm)。中绦期为多房棘球蚴,又称泡球蚴(*Alveococcus*),为圆形或卵圆形的小囊泡,大小由豌豆到核桃大,囊内含有许多原头蚴。

2.流行特点　细粒棘球绦虫寄生于犬、狼、狐狸的小肠,虫卵和孕节随终末宿主的粪便排出体外,中间宿主随污染的草、料和饮水吞食虫卵后而受到感染,虫卵内的六钩蚴在消化道孵出,钻入肠壁,随血流或淋巴散布到体内各处,以肝、肺最常见。经 6～12 个月的生长可成为具有感染性的棘球蚴。犬等终末宿主吞食了含有棘球蚴的脏器即得到感染,经 40～50 天发育为细粒棘球绦虫。成虫在犬等体内的寿命为 5～6 个月。多房棘球蚴寄生于啮齿类动物的肝脏,在肝脏中发育快而凶猛。狐狸、犬等吞食含有棘球蚴的肝脏后经 30～33 天发育为成虫,成虫的寿命为 3～3.5 个月。

细粒棘球蚴病为世界性分布,尤以放牧地区为多。我国有 23 个省(市)区有报道。西北地区、内蒙古、西藏和四川流行严重,其中以新疆最为严重。绵羊感染率最高,受威胁最大。其他动物,如山羊、牛、马、猪、骆驼、野生反刍兽亦可感染。犬、狼、狐狸是散布虫卵的主要来源,尤其是牧区的牧羊犬。

多房棘球蚴在新疆、青海、宁夏、内蒙古、四川和西藏等地亦有发生,以宁夏为多发区。国内已证实的终末宿主有沙狐、红狐、狼及犬等,中间宿主有布氏田鼠、长爪沙鼠、黄鼠和中华鼢鼠等啮齿类。在牛、绵羊和猪的肝脏亦可发现有多房棘球蚴寄生，但不能发育至感染阶段。

两种棘球蚴都可感染人，人的感染多因直接接触犬、狐狸，致使虫卵粘在手上而经口感染，或因吞食被虫卵污染的水、蔬菜等而感染，猎人在处理和加工狐狸、狼等的皮毛过程中，易遭受感染。

虫卵对外界环境的抵抗力较强，可以耐低温和高温，对化学物质亦有相当的抵抗力，但直射阳光易使之致死。

3. 症状与病变　由于蚴体生长力强，体积大，不仅压迫周围组织使之萎缩和功能障碍，还易造成继发感染，如果蚴体包囊破裂，可引起过敏反应。往往给人畜造成严重的病症，甚至死亡。症状的轻重取决于棘球蚴的大小、寄生的部位及数量。棘球蚴多寄生于动物的肝脏，其次为肺脏，机械性压迫可使寄生部位周围组织发生萎缩和功能严重障碍，代谢产物被吸收后，使周围组织发生炎症和全身过敏反应，严重者可致死。对人的危害尤为明显，多房棘球蚴比细粒棘球蚴对人的危害更大。人体棘球蚴病以慢性消耗为主，往往使患者丧失劳动能力。绵羊对细粒棘球蚴敏感，死亡率较高，严重者表现为消瘦、被毛逆立、脱毛、咳嗽、倒地不起。牛严重感染时，常见消瘦、衰弱、呼吸困难或轻度咳嗽，剧烈运动时症状加重，产奶量下降。各种动物都可因囊泡破裂而产生严重的过敏反应，突然死亡。剖检可见，受感染的肝、肺等器官有粟粒大到足球大，甚至更大的棘球蚴寄生。

成虫对犬等动物的致病作用不明显，一般无明显的临床表现。

4. 诊断　动物棘球蚴病的生前诊断比较困难。根据流行病学资料和临床症状，采用皮内变态反应、IHA 和 ELISA 等方法对动物和人的棘球蚴病有较高的检出率。对动物尸体剖检时，在肝、肺等处发现棘球蚴可以确诊。对人和动物亦可用 X 射线和超声波诊断本病。

5. 治疗　要在早期诊断的基础上尽早用药，方可取得较好的效果。对绵羊棘球蚴病可用丙硫咪唑治疗，剂量为 90 mg/kg 体重，连服两次，对原头蚴的杀虫率为 82%～100%，吡喹酮也有较好的疗效，剂量为 25～30 mg/kg 体重(总剂量为 125～150 mg/kg 体重)，每天服一次，连用 5 天。

对人的棘球蚴病可用外科手术摘除，也可用吡喹酮和丙硫咪唑等治疗。

6. 预防　关键是禁止用感染棘球蚴的动物肝、肺等组织器官喂犬；消灭牧场上的野犬、狼、狐狸，对犬应定期驱虫，可用吡喹酮 5 mg/kg 体重、甲苯咪唑 8 mg/kg 体重或氢溴酸槟榔碱 2 mg/kg 体重，一次口服，以根除感染源，驱虫后的犬粪，要进行无害化处理，杀灭其中的虫卵；保持畜舍、饲草、料和饮水卫生，防止犬粪污染；人与犬等动物接触或加工狼、狐狸等毛皮时，应注意个人卫生，严防感染。

四、牛羊原虫病

(一)巴贝斯虫病

牛羊的巴贝斯虫病是由巴贝斯科(Babesiidae)巴贝斯属(*Babesia*)的多种虫体寄生于牛、羊的血液引起的严重的寄生原虫病。我国已报道的牛羊巴贝斯虫有4种,其中牛的有3种:双芽巴贝斯虫(*B. bigemina*)、牛巴贝斯虫(*B. bovis*)和卵形巴贝斯虫(*B. ovata*)。前两者在我国流行广泛,危害较大。后者只在河南局部地区发现,为大型虫体,传播媒介为长角血蜱,危害较小。寄生于羊的一种为莫氏巴贝斯虫(*B. motasi*),只在四川甘孜州等地发现,为大型虫体。

1.流行特点　各种梨形虫,包括巴贝斯虫均需要通过两个宿主的转换才能完成其生活史,蜱是巴贝斯虫的传播者,且在蜱体内可以经卵传递。牛巴贝斯虫的传播者有硬蜱、扇头蜱等。带有子孢子的牛蜱叮咬牛时,子孢子随蜱的唾液进入牛体,虫体在牛的红细胞内以“成对出芽”的方式进行繁殖,产生裂殖子,当红细胞破裂后,虫体逸出,再侵入新的红细胞,反复分裂,最后形成配子体。当蜱吸血后,在蜱的肠内进行配子生殖,以后又在蜱的唾液腺等处进行孢子生殖,产生许多子孢子。

巴贝斯虫病的流行与传播媒介蜱的消长、活动相一致,蜱活动季节主要为春末、夏、秋,而且蜱的分布有一定的地区性。因此,该病具有明显的地方性和季节性。由于微小牛蜱在野外发育繁殖,因此,该病多发生在放牧时期,舍饲牛发病较少。不同年龄和不同品种牛的易感性有差别,两岁内的犊牛发病率高,但症状较经,死亡率低;成牛牛发病率低,但症状严重,死亡率高,尤其是老、弱及劳役过疫的牛,病情更为严重;纯种牛和从外地引入的牛易感性高,容易发病,且死亡率高,当地牛对该病有抵抗力。

2.致病作用与症状　由于虫体的出芽生殖,大量破坏红细胞,以及虫体的毒素作用,使牛产生较为严重的症状。双芽巴贝斯虫由于虫体较大,其症状往往比牛巴贝斯虫引起的症状要严重一些。

潜伏期为1～2周。病牛最初的表现为高热稽留,体温可升高到40～42℃,脉搏和呼吸加快,精神沉郁,喜卧地。食欲大减或废绝,反刍迟缓或停止,便秘或腹泻,有的病牛还排出黑褐色、恶臭带有黏液的粪便。乳牛泌乳减少或停止,怀孕母牛常可发生流产。病牛迅速消瘦、贫血,黏膜苍白和黄染。最明显的症状是由于红细胞大量破坏,血红蛋白从肾脏排出而出现血红蛋白尿,尿的颜色由淡红变为棕红色及至黑红色。血液稀薄,红细胞数降至100万～200万/mm^3,血红蛋白量减少到25%左右,血沉加快10余倍。红细胞大小不均,着色淡,有时还可见到幼稚型红细胞。白细胞在病初正常或减少，以后增到正常的 3～4 倍；淋巴细胞增加 15%～25%；嗜中性细胞减少；嗜酸性细胞降至 1%以下或消失。重症时如不治疗可在 4～8 天内死亡，死亡率可达 50%～80%。慢性病例，体温波动于 40℃上下持续数周，食欲减退，渐进性贫血和消瘦，需经数周或数月才能康复。幼年病牛，中度发热仅数日，心跳略快，略现虚弱，黏膜苍白或微黄。热退后迅速康复。

3.病变　剖检可见尸体消瘦，血液稀薄如水，血凝不全。皮下组织、肌间结缔组织和脂肪均呈黄色胶样水肿状。各内脏器官被膜均黄染。皱胃和肠黏膜潮红并有点状出血。脾脏肿大，脾髓软化呈暗红色，白髓肿大呈颗粒状突出于切面。肝脏肿大，黄褐色，切面呈豆蔻状花纹。胆囊扩张，充满浓稠胆汁。肾脏肿大，淡红黄色，有点状出血。膀胱膨大，存有多量红色尿液，黏膜有出血点。肺淤血、水肿。心肌柔软，黄红色；心内外膜有出血斑。

4.诊断　巴贝斯虫病的诊断要根据当地流行病学因素、临床症状与病理变化的特点以及实验室检查等综合进行。

流行病学因素主要应考虑该病的地区性和季节性，有无传播该病的蜱，病牛是否为纯种牛或从非疫区引入的等。临床症状包括高热稽留，严重的贫血、黄疸和血红蛋白尿等。病理变化包括血液稀薄，血凝不全，皮下组织、脂肪和内脏被膜黄染，膀胱积有红色尿液等。确诊有赖于实验室的检查。体温升高后 1～2 天，耳尖采血涂片检查，可发现少量圆形和变形虫样虫体；有血红蛋白尿出现时，在血涂片中可发现多量的梨籽形虫体。在病牛体上采集到蜱时，应对其鉴定，确定是否为该病的传播媒介，在传播媒介体内可以发现病原。也有应用免疫学方法诊断该病的报道，如 ELISA 和 IFAT 方法，主要用于染虫率较低的带虫牛的检出和疫区的流行病学调查。

5.治疗　要及时确诊，尽早治疗，方能取得良好的效果。同时，还应结合对症、支持疗法，如强心、健胃、补液等。常用的特效药有以下各种。

(1)咪唑苯脲(imidocarb，imizol)，对各种巴贝斯虫均有较好的治疗效果。治疗剂量为 1～3 mg/kg 体重，配成 10%溶液肌肉注射。动物用药后 28 天内不可屠宰供食用。

(2)三氮咪(diminazene，贝尼尔 Berenil)，剂量为 3.5～3.8 mg/kg 体重，配成 5%～7%溶液，深部肌肉注射。黄牛偶尔出现起卧不安，肌肉震颤等副作用，但很快消失。水牛对本药较敏感，一般用药一次较安全，连续使用易出现毒性反应，甚至死亡。

(3)锥黄素(吖啶黄，acriflavine)，剂量为 3～4 mg/kg 体重，配成 0.5%～1%溶液静脉注射，症状未减轻时，24 h 后再注射一次，病牛在治疗后的数日内，避免烈日照射。

(4)喹啉脲(quinuronium,阿卡普林 Acaprin),剂量为 0.6～1 mg/kg 体重,配成 5%溶液皮下注射。有时注射后数分钟出现起卧不安,肌肉震颤,流涎,出汗,呼吸困难等副作用(妊娠牛可能流产),一般于 1～4 h 后自行消失,严重者可皮下注射阿托品,剂量为 10 mg/kg 体重。

6. 预防　关键在于灭蜱。因此要了解当地蜱的活动规律,有计划地采取一些有效措施,消灭牛体上及牛舍内的蜱。巴贝氏虫病的传播媒介多为野外蜱,牛群应避免到大量滋生蜱的草场放牧,必要时可改为舍饲。也应杜绝随饲草和用具将蜱带入牛舍。牛只的调动最好选择无蜱活动的季节进行,调动前应用药物灭蜱。当牛群中出现个别病例或向疫区引入敏感牛时,可应用咪唑苯脲进行药物预防,对双芽巴贝斯虫和牛巴贝斯虫可分别产生 60 天和 21 天的保护作用。

(二)泰勒虫病

泰勒虫病是由泰勒科(Theileriidae)泰勒属(*Theileria*)的各种原虫寄生于牛羊和其他野生动物巨噬细胞、淋巴细胞和红细胞内所引起的疾病的总称。我国已报道的牛羊泰勒虫主要有 3 种。寄生于牛的有环形泰勒虫(*T. annulata*)和瑟氏泰勒虫(*T. sergenti*)。前者在我国,尤其北方广泛流行,危害较大。后者的传播媒介是血蜱属的蜱,我国已发现的为长角血蜱和青海血蜱(青海牦牛瑟氏泰勒虫病的传播者)。瑟氏泰勒虫病发病较少,其症状与环形泰勒虫病相似,但症状和缓,病程较长,死亡率较低。寄生于羊的为山羊泰勒虫(*T. hirci*),在我国四川、甘肃和青海等地呈地方性流行,对绵羊和山羊有较强的致病力,其传播媒介为青海血蜱。各种泰勒虫病的流行病学、症状与病理变化、诊断与防制有许多相似之处,以下重点介绍环形泰勒虫病。

环形泰勒虫病是一种季节性很强的地方性流行病,主要流行于我国西北、华北和东北地区。该病多呈急性经过,以高热稽留、贫血和体表淋巴结肿大为特征,发病率高,死亡率较高,对养牛业的危害很大。

1. 流行特点　该病的传播媒介是璃眼蜱属的蜱,在我国主要为残缘璃眼蜱。感染泰勒虫的蜱在牛体吸血时,子孢子随蜱的唾液进入牛体,首先侵入局部单核巨噬系统的细胞(如巨噬细胞、淋巴细胞等)内进行裂体生殖,形成大裂殖体。大裂殖体发育形成后,破裂为许多大裂殖子,又侵入其他巨噬细胞和淋巴细胞内,重复上述的裂体生殖过程。在这一过程中,虫体随淋巴和血液循环向全身扩散,并侵入其他脏器的巨噬细胞和淋巴细胞再进行裂体生殖。裂体生殖进行数代后,可形成小裂殖体,小裂殖体发育成熟后破裂,释放出许多小裂殖子,进入红细胞内发育为配子体。

幼蜱或若蜱在病牛身上吸血时，把带有配子体的红细胞吸入胃内，配子体由红细胞逸出并变为大小配子，二者结合形成合子，进而发育成为杆状的能动的动合子。当蜱完成其蜕化时，动合子进入蜱唾腺的腺泡细胞内变圆为合孢体（母孢子，sporont），开始孢子增殖，分裂产生许多子孢子。在蜱吸血时，子孢子被接种到牛体内，重新开始其在牛体内的发育和繁殖。

璃眼蜱在各地的活动时间有差异，因此，各地环形泰勒虫病的发病时间亦有所不同。在内蒙古及西北地区，本病主要流行在5～8月份。陕西关中地区在4月初就有病例发现，以6月下旬到7月中旬发病最多。璃眼蜱是一种圈舍蜱，因此，该病主要在舍饲条件下发生。

在流行区，该病多发于1～3岁的牛，患过本病的牛可获得很强的免疫力，一般很少发病，免疫力可持续2.5～6年。从非疫区引入的牛，不论年龄、体质，都易发病，而且病情严重。纯种牛和改良杂种牛，即使红细胞的染虫率很低（2%），亦可出现明显的临床症状。

由于虫体在单核巨噬系统细胞内的反复裂体生殖和虫体的毒素作用，病牛出现较为严重的症状和病理变化。

2.症状　该病多呈急性经过。潜伏期14～20天。初期病牛的第一个表现为高热稽留，体温上升到40～42℃，精神沉郁。接着出现体表淋巴结（肩前和腹股沟浅淋巴结）肿大，有痛感。淋巴结穿刺涂片镜检，可在淋巴细胞和巨噬细胞内发现裂殖体，即柯赫氏蓝体，或称石榴体。呼吸加快（80～110次/min），咳嗽，脉搏弱而频（80～120次/min）。食欲大减或废绝，可视黏膜、肛门周围、尾根、阴囊等皮肤薄处出现出血点或溢血斑。有的在颌下、胸前或腹下发生水肿。病牛迅速消瘦，严重贫血，红细胞减少至200万～300万/mm^3，血红蛋白降至20%～30%，血沉加快，红细胞染虫率随病程发展而增高，红细胞大小不均，出现异形红细胞。可视黏膜轻微黄染。病牛磨牙、流涎，排少量干黑的粪便，常带有黏液或血丝。最后卧地不起，多在发病后1～2周死亡，耐过的牛成为带虫者。

3.病变　剖检可见，全身皮下、肌间、黏膜和浆膜上均有大量的出血点和出血斑。全身淋巴结肿大，切面多汁，有暗红色和灰白色大小不一的结节。四胃黏膜肿胀，有许多针头至黄豆大、暗红色或黄白色的结节，结节部上皮细胞坏死后形成中央凹陷、边缘不整稍隆起的溃疡病灶，是该病的特征性病理变化，具有诊断意义。三胃内容物十分干固，黏膜脱落。小肠和膀胱黏膜有时也可见到结节和溃疡。脾脏明显肿大，被膜上有出血点，脾髓质软呈黑色泥糊状。肾脏肿大、质软，有粟粒大的暗红色病灶，外膜易剥离。肝脏肿大，质脆，色泽灰红，被膜有多量出血点或出血斑，肝门淋巴结肿大。肺脏有水肿和气肿，被膜上有多量出血点，肺门淋巴结肿大。

4. 诊断 该病的诊断与牛的巴贝斯虫病的诊断相似，在分析流行病学资料（发病季节和传播媒介）、考虑临床症状与病理变化（高热稽留、贫血、消瘦、全身性出血、全身性淋巴结肿大、四胃黏膜有溃疡斑等）的基础上，早期进行淋巴结穿刺涂片镜检，以发现石榴体，而后耳静脉采血涂片镜检，可在红细胞内找到虫体以确诊。

另外，红细胞染虫率的计算对该病的发展和转归很有诊断意义。如染虫率不断上升，临床症状日益加剧，则预后不良；如染虫率不断下降，食欲恢复，则预示治疗效果好，转归良好。

5. 治疗 治疗可用磷酸伯氨喹啉（primaquine，PMQ），0.75～1.5 mg/kg 体重，每日口服一次，连用 3 天。该药对环形泰勒虫的配子体有较好的杀灭作用，在疗程结束后 2～3 天，可使红细胞染虫率明显下降。

(1)三氮咪（贝尼尔 Berenil），7 mg/kg 体重，配成 7%的溶液肌肉注射，每日一次，连用 3 天，如红细胞染虫率不降，还可再用药 2 次。

(2)新鲜黄花青蒿，每日每牛用 2～3 kg，分 2 次口服。用法：将青蒿切碎，用冷水浸泡 1～2 h，然后连渣灌服。2～3 天后，染虫率可明显下降。

国内有用青蒿琥酯治疗该病的报道。国外有用长效土霉素（20 mg/kg 体重，肌肉注射）、Parvaquone 和常山酮治疗该病的报道。

对症治疗和支持疗法包括强心、补液、止血、健胃、缓泻等，还应考虑应用抗菌素以防继发感染，对严重贫血的病例可进行输血。由于目前尚无治疗该病的特效药，因此，精心护理，对症治疗和支持疗法就显得比较重要。

6. 预防 该病和其他梨形虫病一样，关键在灭蜱。残缘璃眼蜱是一种圈舍蜱，在每年的 9～11 月份和 3～4 月份向圈舍内的墙缝喷洒药液，或用水泥等将圈舍内离地面 1 m 高范围内的缝隙堵死，将蜱闭在洞穴内；采取措施，在蜱的活动季节，消灭牛体上的蜱，如人工捉蜱或在牛体上喷洒药液灭蜱。

还应采取措施防止蜱接触牛体。如在有条件的地方，可定期离圈放牧（4～10 月份），以各地蜱活动的情况而定，就可避免蜱侵袭牛。在引入牛时，防止将蜱带入无蜱的非疫区，以免传播病原。

在该病的流行区，可应用环形泰勒虫裂殖体胶冻细胞苗对牛进行预防接种。接种后 20 天即可产生免疫力，免疫持续时间为 1 年以上。

五、牛羊外寄生虫病

（一）螨病

螨病是由疥螨科和痒螨科的螨类寄生于牛羊的表皮内或体表所引起的慢性皮肤病，以接触感染、能引起患畜发生剧烈的痒觉以及各种类型的皮肤炎为特征。牛羊的螨病由疥螨科的疥螨属(*Sarcoptes*)、痒螨科的痒螨属(*Psoroptes*)和足螨属(*Chorioptes*)的螨引起,以疥螨属和痒螨属的螨危害大。常可引起大面积发病,严重时可引起大批死亡,给畜牧业带来巨大损失。

1.病原体形态 疥螨多为浅黄色,圆形或椭圆形;成虫龟形,背隆,腹平。雌螨:(0.25~0.51) mm×(0.24~0.39) mm;雄螨:(0.19~0.25) mm×(0.14~0.29) mm;背面有横纹、锥突、鳞片和刚毛;4 对足,较短;口器短。痒螨形态与疥螨相似,淡褐色,呈长圆形,体长(0.3~0.9) mm×(0.2~0.52) mm,4 对足,长而粗,口器长,呈圆锥形。

2.生活史 疥螨和痒螨的全部发育过程均在动物体上渡过,包括卵、幼虫、若虫、成虫 4 个阶段,其中雄螨为 1 个若虫期,雌螨为 2 个若虫期。

疥螨寄生于宿主的表皮内,以角质层组织和渗出的淋巴液为食。雌螨在表皮内产卵,一生可产 40~50 个卵,卵经 3~8 天孵化出幼虫,幼虫 3 对足,蜕化变成若虫。若虫 4 对足,若虫的雄虫经 1 次蜕化、雌虫经 2 次蜕化变为成虫。疥螨的整个发育过程为 8~22 天,平均为 15 天。疥螨病通常始发于皮肤薄、被毛短而稀的部位,以后病灶逐渐扩大,虫体总是在病灶边缘活动,可波及全身皮肤。疥螨病多发生于山羊。

痒螨寄生于皮肤表面,以组织细胞和体液为食。整个发育过程都在体表进行。雌螨一生可产约 40 个卵,寿命约 42 天,整个发育过程需 2~3 周。痒螨病通常始发于被毛长而稠密之处,以后蔓延至全身,绵羊、牛多发。

足螨亦寄生于皮肤表面,采食脱落的上皮细胞,如屑皮、痂皮等,其生活史可能与痒螨相似。常见的有牛足螨(*C. bovis*)、绵羊足螨(*C. ovis*)、山羊足螨(*C. caprae*)等。

3.流行特点 螨病的传播方式为接触感染,既可由患病动物与健康动物直接接触感染,也可因间接接触由螨及其虫卵污染的畜舍、用具及活动场所等而感染。此外,亦可由工作人员的衣服、手及诊断治疗器械传播病原。

螨对外界环境有一定的抵抗力。疥螨在 18~20℃和空气湿度为 65% 时经 2~3 天死亡,而在 7~8℃时则经过 15~18 天才死亡。卵在离开宿主 10~30 天仍可保持发育能力。痒螨对外界不利因素的抵抗力超过疥螨,如在 6~8℃和 85%~100%空气湿度条件下,在畜舍内能存活 2 个月,在牧场上能活 25 天,在 −12~−2℃ 经 4 天死亡,在 −25℃经 6 h 死亡。

螨病主要发生于秋末、冬季和初春。因为这些季节,日光照射不足,家畜被毛增厚,绒毛增生,皮肤温度增高,这些因素很适合螨的发育繁殖。尤其在畜舍潮湿、阴暗、拥挤及卫生条件差的情况下,极容易造成螨病的严重流行。夏季家畜绒毛大量脱落，皮肤表面常受阳光照射，皮温增高，经常保持干燥状态。这些条件均不利于螨的生存和繁殖，大部分虫体死亡，仅有少数螨潜伏在耳壳、系凹、蹄踵、腹股沟部以及被毛深处，这种带虫家畜没有明显的症状，但到了秋冬季节，螨又重新活跃起来，不但引起疾病的复发，而且成为最危险的感染来源。

幼龄动物易患螨病，发病也较严重，成年家畜有一定的抵抗力。体质瘦弱、抵抗力差的家畜易受感染，体质健壮、抵抗力强的家畜则不已感染。但成年体质健壮的家畜的"带螨现象"往往成为该病的感染源，这种情况应该引起高度的重视。

4. 症状与病变　牛、羊等动物患螨病时，不论病原是疥螨还是痒螨，它们都因分泌毒素，刺激神经末梢，引起动物的剧痒，而且剧痒贯穿于螨病的整个过程。当患病动物进入温暖场所或运动后皮温增高时，痒觉更加剧烈。这是由于螨随周围温度的增高而活动增加的结果。剧痒使患病动物到处用力擦痒或用嘴啃咬患处，其结果不仅使局部损伤、发炎、形成水泡或结节，并伴有局部皮肤增厚和脱毛，而且向周围环境散播大量病原。局部拭破、溃烂、感染化脓、结痂。痂皮被拭破后，创面有多量液体渗出及毛细血管出血，又重新结痂。发病一般都以局部开始，往往波及全身，使患病动物终日啃咬、擦痒，严重影响采食和休息，使胃肠的消化、吸收机能减退。患病动物日渐消瘦，有时继发感染，严重时可引起死亡，尤以羊的死亡率为高。

以上是动物螨病的共同特点。由于螨的种类和牛、羊的种类的不同，症状上亦有一定区别。

疥螨病和痒螨病虽然都可发生于牛和羊，但疥螨病多发于山羊，痒螨病多发于绵羊和牛(包括水牛)。疥螨病和痒螨病的初发部位不同:疥螨病多发于皮肤薄、被毛短而稀少的地方，如眼圈、鼻梁、嘴巴周围、耳部等处;痒螨病多发于被毛长而稠密之处，如颈前、背部、臀部等处，尤其绵羊是如此。此外，疥螨病患部渗出物少，痒螨病患部渗出物多;痒螨病比疥螨病更易引起脱毛;痒螨病患部皮肤皱褶形成不明显，而疥螨病患部由于皮肤增厚严重，皱褶形成明显，甚至有时形成龟裂。

牛羊足螨病发生较少，其危害比疥螨病和痒螨病小。牛足螨病常发于尾根、肛门附近及蹄部;绵羊足螨病常发于蹄部及腿外侧;山羊足螨病常发于颈、耳及尾根等处。

5. 诊断　根据发病季节(秋末、冬季和初春多发)和明显的症状(剧痒和皮肤病变)以及接触感染，大面积发生等特点可以作出初步诊断。确诊需从健康与病患交界的皮肤处采集病料，疥螨病患畜还应用凸刃刀片在病灶的边缘处刮取皮屑至微出血，将病料带回实验室检查，发现虫体才能确诊(参照病原学诊断方法)。在诊断的同时，应避免人为地扩散病原。

除螨病外，钱癣（秃毛癣）、湿疹、过敏性皮炎，蠕形螨病以及虱的寄生等也有不同程度的皮炎、脱毛和痒觉等，应注意鉴别。

6. 治疗　治疗螨病的药物较多，方法有皮下注射、局部涂擦、喷淋及药浴等，以患病动物的数量、药源及当地的具体情况而定。常用的有：3%的敌百虫溶液患部涂擦；500 mg/kg 双甲醚涂擦、喷淋或药浴；500 mg/kg 溴氰菊酯喷淋或药浴；200 mg/kg 巴胺磷药浴；500 mg/kg 辛硫磷药浴；250 mg/kg 二嗪农（螨净）喷淋或药浴；0.2 mg/kg 体重伊维菌素或阿维菌素皮下注射等。

治疗螨虫病时需要注意以下几点：1）螨虫病是一种传染性很强的群发性疾病，用药时要全群给药，不管动物有没有明显的临床症状，如有动物遗漏，将很可能会复发。2）绝大多数杀螨虫药物对虫卵无效，因此对于短效药剂，应在第一次给药后 7～14 天内重复给药一次。

7. 预防　螨病的防制重在预防。发病后再治疗，常常十分被动，往往造成很大损失。螨病的预防应做好以下工作。

定期进行畜群检查和灭螨处理。在牧区常用药浴的方法，药浴要彻底，同一区域内的羊只应集中同时进行，不得漏浴，对护羊犬也应同时药浴。

畜舍要经常保持干燥清洁，通风透光，不要使牛、羊过于拥挤。畜舍及饲养管理用具要定期消毒。引入牛、羊时应事先了解有无螨病存在，引入后应隔离一段时间，详细观察，并做螨病检查，必要时进行灭螨处理后再合群。

经常注意牛、羊群中有无发痒、脱毛现象，及时检出可疑患畜，并及时隔离治疗。同时，对同群未发病的其他牛、羊也要进行灭螨处理，对圈舍也应喷洒药液、彻底消毒。做好螨病牛、羊皮毛的处理，以防止病原扩散，同时要防止饲养人员或用具散播病原。

（二）牛皮蝇蛆病

牛皮蝇病是由皮蝇属（*Hypoderma*）的牛皮蝇（*H. bovis*）和纹皮蝇（*H. lineatum*）等的幼虫寄生于牛的背部皮下组织而引起的一种慢性外寄生虫病。牛皮蝇偶尔也能寄生于人、马、驴、羊和其他野生动物。该病在我国西北、东北和内蒙古地区广泛流行。

1. 病原体形态　牛皮蝇体长 15 mm。体表有长绒毛，复眼不大，触角芒简单，无分枝，口器退化，不采食。第 3 期幼虫：体长可长达 28 mm，棕褐色。有许多结节和小刺。体分节，有 2 个后气孔，气门板呈漏斗状。纹皮蝇与牛皮蝇相似。成蝇体长约 13 mm，第 3 期幼虫长可达 26 mm。气门板浅平。

2. 流行病学　牛皮蝇和纹皮蝇的发育基本相似，属完全变态，都要经过卵、幼虫、蛹及成虫 4 个阶段，整个发育过程大约需时 1 年。成蝇于每年 4 月末至 5 月初开始出现。成蝇不叮咬牛只,不采食,仅存活 5～6 天。雌雄蝇交配后,雄蝇死去,雌蝇产完卵后也死去。每一只雌蝇一生可产 400～800 枚卵。牛皮蝇产卵多在牛的四肢上部、腹部、乳房及体侧被毛上;纹皮蝇产卵多在牛的后腿球节附近以及前腿部。卵经 4～7 天孵出 1 期幼虫,幼虫由毛囊钻入皮下。牛皮蝇的 2 期幼虫,沿外围神经的外膜组织移行 2 个月后到椎管硬膜的脂肪组织中,在此停留约 5 个月。而后从椎间孔爬出,到腰背部皮下(少数到臀部或肩部皮下)发育为 3 期幼虫,在皮下形成指头大瘤状突起,上有一个 0.1～0.2 mm 的小孔。3 期幼虫在其中逐步长大成熟,在第二年春天离开牛体入土中化蛹,蛹期 1～2 个月,羽化为成虫。在内蒙古地区流行的主要是纹皮蝇,其发育和牛皮蝇基本相似,但 2 期幼虫寄生在食道壁上。

除了牛皮蝇和纹皮蝇外,在我国尚报道有中华皮蝇(*H. sinense*)寄生于耗牛,鹿皮蝇(*H. diana*)寄生于鹿。

3.症状与病变　成蝇虽不叮咬牛,但在夏季的繁殖季节,成群围着牛飞翔,尤其雌蝇产卵时引起牛只的惊慌不安,影响牛的采食和休息,使牛逐渐消瘦。有时牛只因狂奔造成外伤,孕牛可发生流产。

幼虫钻入皮肤时,引起局部痛痒,精神不安。幼虫在体内移行时,造成移行各处组织的损伤。3 期幼虫在背部皮下等处寄生时,引起局部结缔组织增生和发炎,当继发细菌感染时,可形成化脓性瘘管。幼虫成熟落地后,瘘管愈合形成瘢痕,严重影响皮革质量。幼虫分泌物的毒素作用,对牛的血液和血管有损害作用,可引起贫血。患牛消瘦,肉的品质下降,奶牛产奶量下降。个别患牛,因幼虫移行伤及延脑或大脑,可引起神经症状。严重的病牛可引起死亡。

4.诊断　幼虫出现于背部皮下时,皮肤上有结节隆起,隆起的皮肤上有小孔与外界相通,孔内通结缔组织囊,囊内有幼虫,用力挤压,挤出虫体,即可确诊。剖检时可在相关部位找到幼虫。纹皮蝇 2 期幼虫在食道壁寄生时,应与肉孢子虫相区别,其幼虫是分节的。此外,该病在当地的流行情况,患牛的症状及发病季节等有重要的参考价值。

5.防治　消灭尚未到达牛背部皮下的幼虫:用敌百虫、倍硫磷、皮蝇磷、蝇毒磷、伊维菌素注射或浇泼。给药时间 4～11 月。12 月至翌年 3 月不宜全身给药。

消灭牛背部皮下的幼虫:用敌百虫、蝇毒磷涂搽或喷洒。一般于 3 月中旬至 5 月底进行,每隔 30 天处理一次,共处理 2 次。

在蚊蝇活动季节一结束,用伊维菌素、爱比菌素或埃普利诺菌素,0.2 mg/kg,一次皮下注射可有效地预防牛皮蝇蛆病。

第六章　中毒与营养代谢病

第一节　动物中毒病概述

一、基本概念

(一)毒物与中毒

毒物的概念是相对的。许多种物质，在合理使用时，对动物是有益的，但如果进入体内的途径或者数量发生某些改变，就可能会成为毒物。如人和动物都离不开的食盐、水、维生素等，适量时是机体必须的营养物质，过量时即为毒物。

最早的毒物定义为“以很小的剂量内服或以任何方式应用于有机体，能损害健康或完全毁坏生命的任何物质”(Orfila，1821)。目前，已经将此概念扩大为，某种物质，在一定数量和一定条件下，无论以何种方式进入动物体，如果能使动物体产生一系列病理变化(包括生理机能障碍，生物机能障碍，生物化学、免疫功能改变，组织形态学损伤)甚至死亡，这类物质称为毒物。由毒物所引起的病理状态称为中毒。

中毒病是由毒物引起的疾病总称。需要阐明的是，毒物可以是从自然环境进入机体内的物质，如蜜蜂蜇伤动物后由蜂刺进入体内的蜂毒，称为外源性毒物。也可以是在动物体内形成的毒物，如糖尿病时代谢紊乱，发展到严重阶段后，脂肪分解加速，酮体生成增多、增快，当超出机体内各组织所能利用的限度时，血液中酮体就会在动物体内积聚，此时的酮体也引起中毒，产生酮血症，此类称为内源性毒物。一般中毒病主要指外源性中毒。

(二)表示毒物毒性的常用指标

描述某样物质的毒性大小时，常使用以下指标：

1. 致死量(lethal dose，LD)　即引起实验动物急性中毒死亡的使用毒物剂量。
2. 绝对致死量(LD_{100})　引起全组实验动物全部死亡的毒物最小剂量。
3. 半数致死量(LD_{50})　引起全组实验动物中一半动物死亡时的毒物剂量。
4. 最小致死量(MLD)　能引起实验动物群中个别动物死亡的毒物剂量。

二、影响毒物作用的因素

影响毒物对机体毒害效果的因素很多，包括机体的机能状态，毒物进入机体的途径，毒物的浓度及作用时间，毒物的化学结构及理化性质等等，可以从动物和毒物两个方面来考虑。

(一)动物方面的因素

1.种类及个体差异　不同种类的动物对毒物的反应性差别很大，这主要是因为同一种毒物在不同种类动物体内代谢有差异，即各种动物对毒物的吸收和排泄不同，血浆蛋白结合毒物的能力不同，组织对毒物的亲和力不同，所以反映出敏感性的差异来。另外，生物转化酶的质和量不同是导致这种差异的一个很重要的原因。同品种动物不同个体之间，对毒物的敏感性也存在差异。

2.性别与激素　同种动物因性别不同而对毒物的敏感性存在差异(即雌性与雄性)。一般来说，雌性动物对毒物的敏感性较高，尤其在达到初情期后的动物更为明显，但也有些毒物对雄性动物的毒性较强，如乙醇，麦角等。这与不同性别体内的性激素和代谢功能有很大关系。

另外，除性激素外，其他激素的不平衡也可改变动物对毒物的敏感性，如甲状腺机能亢进，胰岛素分泌过多等，均可改变对某些毒物的耐受性。

3.年龄　新生动物和生长中的幼龄动物较成年动物对毒物的敏感性要高。这是因为，新生动物一般缺乏毒物代谢酶，这种情况可能要维持到1～2月龄；同时，幼畜的生物膜(特别是血脑屏障)的通透性较强，如铅、汞在幼龄动物脑内分布高于成年动物；同时，幼年动物肝、肾对毒物的清除率较成年动物低。

另外，新生动物的中枢神经系统发育不全，对中枢神经系统抑制性毒物比较敏感，如DDT对新生大鼠的半数致死量(LD_{50})大于成年大鼠20倍。但并不是所有的毒物对幼龄动物的毒性作用都较成年动物大，如新生动物对中枢神经系统兴奋性毒物比成年动物反应迟钝。

老龄动物对毒物的敏感性增加，这主要是由肝脏合成蛋白质的功能下降，肾脏对毒物的排泄能力减退等因素造成。

4.营养状况及健康状况　当机体缺乏必需的脂肪酸，蛋白质和其他有关物质时，即影响了毒物在机体内的生物转化，从而使解毒能力下降。在疾病状态下，毒物在体内的代谢，解毒和排泄过程受到影响而使毒物的毒性增强。

(二)毒物方面的因素

1.染毒的途径　某个毒物，通过消化道、呼吸道还是其他途径进入体内，其产生的效果有区别。

2. 毒物的剂量和接触毒物时间　毒物引起的生物学反应的程度与接毒量和接触毒物时间关系特别密切，存在剂量-效应和剂量-反应关系。大多数毒物的毒性强弱以半数致死量（LD_{50}或ED_{50}）来判断。

3. 毒物的接触次数　大多数毒物一次性大剂量接毒所引起的毒性反应大于多次较小剂量的接触，但是，对那些能在体内蓄积或有蓄积作用的毒物，接受多次小剂量要比一次大剂量更为有害。

4. 毒物的理化性质，包括溶解度、稳定性等　水溶性和溶解度大的化合物一般毒性较强。

三、中毒病的基本诊断与治疗

相比较于动物的其他疾病，由于某些中毒病具备群发性（集约化饲养模式下），一些毒物会在短时间内引起动物急性死亡，造成巨大经济损失，所以，对于中毒病的诊断，尤其要求"准确"和"快速"。其诊断主要包括病史调查，临床检查，病理学和组织学检查，毒物的实验室分析，动物实验等几个步骤。在初步诊断的基础上，可以先进行治疗性诊断，它具有进一步验证初步诊断和尽早获得治疗的双重意义。

中毒病治疗的总体原则是"及时，有效"。首先使动物远离毒源，再进行一般性急救。在中毒早期，使用催吐和洗胃等方式尽量除去动物体内毒源，然后结合特殊的解毒治疗。同时，针对不同种毒物引发的不同症状，采取相应的措施，缓解动物的病情。

四、中毒病的危害

中毒病的危害可以是直接或者间接的，主要包括：

（1）导致动物直接死亡，造成经济损失。

（2）引发家畜生长迟缓，产奶、产蛋量下降，生殖不良，生产性能降低，间接造成经济损失。

（3）中毒后畜禽抵抗力和免疫力降低，使某些疫苗免疫力下降，诱发传染病，进一步引发经济损失。

（4）有些毒物的毒性在环境中长期存在，造成2次或多次中毒，且毒性通过食物链的蓄积作用，最终造成动物产品毒力增强，破坏生态系统平衡，影响人类健康。

五、中毒病的分类

一般根据毒源来分类，将不同性质的毒物引起的中毒病分开。

（1）饲料中毒：如亚硝酸盐，氢氰酸中毒。

(2)真菌毒素中毒:甘薯黑斑病,霉玉米,黄曲霉毒素,赤霉菌素,麦角中毒等。

(3)有毒植物中毒:醉马草,乌头,木贼,蓖麻,毒芹,紫云英,萱草根,棘豆草,青杠树叶,白苏等属于此类。

(4)动物毒中毒:如蛇毒,蟾蜍毒素中毒等。

(5)农药与灭鼠药、药物中毒。

(6)化肥中毒。

(7)有毒气体中毒。

(8)其他中毒,如过敏性,辐射,感光物质中毒等。

第二节　农药与灭鼠药中毒

一、有机磷中毒

(一)基本概念

由于有机磷化合物进入动物体内,抑制胆碱酯酶的活性,导致乙酰胆碱大量蓄积,引起以流涎、腹泻和肌肉痉挛等为特征的中毒性疾病。其临床主要特点有,动物瞳孔缩小,分泌物增多,肺水肿,呼吸困难,肌肉震颤。

(二)发病原因

有机磷农药中毒是由于动物接触、吸入或采食了某种有机磷制剂,如误食被有机磷污染的饲料、饲草,或者饮用了被污染的水源引起。

(三)毒理

正常机体中,乙酰胆碱是胆碱能神经末梢所分泌的一种神经传导介质,借助这种物质,可使组织器官产生一系列的生理活动。正常动物体内,胆碱能神经末梢释放的乙酰胆碱,在胆碱酯酶作用下分解。中毒时,有机磷可与胆碱酯酶结合,引起乙酰胆碱大量蓄积,使胆碱能神经受到持续冲动,导致先兴奋后抑制的一系列毒蕈碱样、烟碱样和中枢神经系统等症状。

(四)临床症状

中毒症状随有机磷的种类、毒性、摄入量及动物的品种、年龄等而异,按病情程度人为分三种:

(1)轻度中毒时动物精神沉郁、不安,食量减少或废绝。猫、犬等单胃动物发生呕吐,反刍动物的反刍行为停止,流涎,微出汗,肠音亢进,拉稀等。

(2)中度中毒的动物上述症状严重,一般瞳孔明显缩小,腹痛、腹泻,肌肉震颤、痉挛,继而肢体麻痹,因呼吸肌麻痹窒息死亡。

(3)重度中毒时以中枢神经系统症状为主。体温升高,全身振颤、抽搐,短时间兴奋后,倒地昏睡,瞳孔缩小呈细线状,大小便失禁,心动过速,很快死亡。

(五)诊断与治疗

依据病史和特有症状进行诊断,需要详细了解病史,必要时到动物饲养现场进行调查。初步进行治疗性诊断,再通过治疗后的效果进一步判断。

治疗原则是首先使动物离开毒源,在除去尚未吸收的有机磷类农药的基础上,尽快使用特效解毒剂,特效解毒剂包括胆碱酯酶复活剂和阿托品。常用的胆碱酯酶复活剂有解磷定、氯磷定、双复磷和双解磷等。应及时给动物催吐和洗胃,配合对症治疗。

(六)预防

健全对农药的管理,规范化使用各类农药。放牧时注意避开刚喷洒过农药的区域。

二、华法令中毒

(一)基本概念

动物误食华法令(Warfarin)后引起的以自发性大面积出血或创伤、手术或针刺后出血不止为特点的疾病。

(二)发病病因

华法令不仅是一种目前广泛使用的灭鼠药,还是治疗静脉炎和冠状动脉时可能用到的防止血栓形成的抗凝剂。所以,临床发生的华法令中毒有些是因为误食灭鼠药或者被华法令杀死的老鼠(二次中毒),也可能是因为使用该药物用量过大或时间过长,但前者更为常见。

(三)毒理

华法令是双香豆素类抗凝血杀鼠药。进入机体后,阻碍维生素 K 的形成和活化,从而诱发维生素 K 缺乏症。主要影响维生素 K 依赖性凝血因子Ⅱ(凝血酶原)、因子Ⅶ、因子Ⅸ、因子Ⅹ在肝脏里的生成和羧化,未经羧化的凝血因子,无凝血活性,从而导致了出血倾向。

(四)临床症状

急性中毒的动物,可无任何症状而突然死亡。

亚急性中毒时,从接触毒物到死亡一般有 2～4 天时间。主要表现为精神极度沉郁,食欲减退,贫血,虚弱,机体内外出血。内出血发生在胸腹腔时,出现呼吸困难;发生在大脑、脊椎时,出现神经症状。皮下及黏膜下出血,皮下出血可引起皮炎和皮肤坏死,严重时鼻孔、直肠等天然孔出血。病程很长时可出现黄疸。后期心力衰竭，末期可出现痉挛昏迷而死亡。

(五)诊断与治疗

根据接触该类灭鼠药或误食死老鼠的历史，广泛性出血的临床症状，可初步诊断。确诊需要检验血液的凝血时间、凝血酶原时间和进行毒物含量测定。

维生素 K 是治疗华法令中毒的特效解毒药。发病早期尽量催吐，及时使用维生素 K。在恢复期，注意加强饲养管理。

(六)预防

合理存放和使用灭鼠药。在大规模灭鼠后杜绝动物接触到死老鼠。

三、磷化锌中毒

(一)基本概念

动物直接或间接食入灭鼠药磷化锌后发生的急剧性病理变化，甚至死亡，称为磷化锌中毒。

(二)发病病因

磷化锌为剧毒级灭鼠药，干燥情况下比较稳定，在空气里暴露后缓慢分解，散发出似蒜臭味的磷化氢气体，老鼠喜好这种气体，故被用来调配上食物作为灭鼠诱饵。动物因误食含有磷化锌或被磷化锌污染的饲料中毒。也可因食用被毒死的老鼠而中毒。

(三)毒理

磷化锌进入动物体内后，在胃液盐酸作用下，迅速分解产生氯化锌和磷化氢。磷化氢被吸收后分布于肝、心、肾和骨骼肌等处，抑制组织细胞色素氧化酶，影响细胞内代谢过程，使组织细胞发生变性，坏死。肝脏和血管受到损伤导致广泛性出血，直至限于休克和昏迷。氯化锌也具有强烈的腐蚀性，刺激胃黏膜，引起充血、出血和溃疡。

(四)临床症状

首先是动物食欲明显减退，开始呕吐和出现弓腰等腹痛表现。呕吐物有蒜臭味，粪便中混有血液。动物逐渐衰弱，呼吸困难，心率缓慢，节律不齐。可视黏膜黄染，尿色发黄，并出现蛋白尿，血尿和管型。后期动物感觉过敏，甚至痉挛，呼吸极度困难，昏迷死亡。

(五)诊断与治疗

根据病史和临床表现进行初步判断。对死亡的动物病理剖检，嗅闻胃内容物有蒜臭味，内容物放于暗处，有磷光。对可疑的饵料进行毒物分析后确诊。

无特效解毒药。发现中毒后立即灌服 0.5%～1%硫酸铜溶液，硫酸铜既有催吐作用，且能与磷化锌生成不溶性磷化铜沉淀，从而阻止吸收而降低毒性；如果发现中毒较早，立即洗胃，结合辅助治疗。

(六) 预防

完善对灭鼠药的保管和使用制度，同时加强对动物的管理。

四、有机氟中毒

(一) 基本概念

有机氟化物主要有氟乙酰胺(FAA)、氟乙酸钠(SFA)等药效高、残效期较长、使用方便的剧毒农药。中毒后以突然发病，痉挛、鸣叫，疾速奔跑和迅速死亡为特征。

(二) 发病病因

动物多因误食被有机氟处理或污染了的植物、种子、饲料、毒饵或误饮污染水源而中毒。犬、猫等常因食用被氟乙酰胺毒死的鼠尸、鸟尸中毒，家禽啄食被毒杀的昆虫后引起中毒，这是由于有机氟在体内代谢、分解和排泄较慢，再被其他动物采食后引起所谓“二次中毒”。

(三) 毒理

氟乙酰胺在体内脱胺形成氟乙酸，氟乙酸经乙酰辅酶 A 活化并在缩合酶的作用下，与草酰乙酸缩合，生成氟柠檬酸。氟柠檬酸的结构同柠檬酸相似，是柠檬酸的拮抗物，即与柠檬酸竞争顺乌头酸酶而使其活性受抑制，三羧酸循环中断。柠檬酸不能转化为异柠檬酸，组织和血液内的柠檬酸蓄积(可达数倍)而 ATP 生成不足，破坏了组织细胞的正常功能。这一毒性在能量代谢需求旺盛的心、脑组织出现得最快、最严重，从而出现痉挛、抽搐等神经症状。此外，氟柠檬酸对中枢神经可能有一定的直接刺激作用。

(四) 临床症状

摄入氟乙酰胺后 30 min 左右即可出现症状，吞食鼠尸 4～10 h 后发作，一旦出现症状，发展迅速。主要表现兴奋、狂奔、号叫，心动过速、心律不齐、呼吸困难，可在数分钟至几小时内因循环和呼吸衰竭而死。

(五) 诊断与治疗

依据病史，有神经兴奋和心律失常为主的临床症状，可初步诊断。确诊尚需测定血液内的柠檬酸含量，并采取可疑饲料、饮水、呕吐物、胃内容物、肝脏或血液，进行羟肟酸反应或薄层层析，以证实氟乙酰胺的存在。

立即脱离现场，更换可疑的饲料。经皮肤中毒者，使用清水冲洗。经口腔中毒者，犬、猫可用硫酸铜催吐或用高锰酸钾洗胃，然后灌服鸡蛋清。氟乙酰胺中毒时特效解毒药是解氟灵(50%乙酰胺),应立即给予动物肌肉注射。同时进行强心补液、镇静、兴奋呼吸中枢等对症治疗。

(六)预防

禁止用被氟乙酰胺喷洒过的植物做饲料。如果使用过该类农药,植物必须经过60天以上的排毒期后才能作为饲料。

第三节 饲料中毒

一、亚硝酸盐中毒

(一)基本概念

动物因食用含多量硝酸盐或亚硝酸盐的饲料而引起的中毒,以可视黏膜发绀,呼吸困难,迅速窒息死亡为特征。临床上以猪为常见,依次为牛、羊、马、鸡也可发病。

(二)发病病因

青绿饲料放置过久或调制不当,硝酸盐转化成亚硝酸盐,动物食用了这类饲料;误食该类化肥;误饮大量含有硝酸盐和亚硝酸盐的水。

(三)毒理

亚硝酸盐进入血液,使血红蛋白氧化成高铁血红蛋白,失去携氧功能,动物缺氧。亚硝酸盐还与自然界里的仲胺起作用,生成致癌物亚硝胺,引发癌症。

(四)临床症状

动物突然发病(进食30 min至24 h),病程短促。最急性者可能稍显不安,站立不稳,即倒地而死。

主要表现为呕吐、流涎,走路摇摆、呼吸加快发展为呼吸困难,张口伸舌,可视黏膜蓝紫,体温下降。严重者卧地不起,四肢抽搐痉挛或全身抽搐。血液呈黏稠黑褐色,不易凝固,如酱油状。

(五)诊断与治疗

依据病史调查和皮肤、黏膜蓝紫色等症状初步诊断,有条件时可以进行病理剖检,结合饲料中的亚硝酸盐含量检测确诊。

美蓝(亚甲蓝)和甲苯胺蓝是特效解毒剂。维生素C也具备一定的解毒功能,但疗效不及美蓝。注意对症治疗。

(六)预防

注意饲喂青绿饲料的方法。青绿饲料切忌堆积放置和高温焖煮。提倡生料喂猪。

二、氢氰酸中毒

(一)基本概念

动物采食的大量生氰糖甙类饲料，在脂解酶的作用下生成氢氰酸，引起动物的急慢性中毒。

一般多见于牛和羊，马、猪偶尔发生。

(二)发病病因

采食富含氰甙的植物是动物氰化物中毒的主要原因。如高粱和玉米幼苗，尤其是再生幼苗；亚麻，主要是亚麻叶、亚麻籽及亚麻籽饼；木薯，特别是木薯嫩叶和根皮部分等等。

(三)毒理

氰甙本身无毒，水解后形成氢氰酸(HCN)。氢氰酸与细胞色素氧化酶的Fe^{3+}结合，生成氰化高铁细胞色素氧化酶，使细胞色素丧失传递电子的能力，线粒体内的氧化磷酸化过程受阻，呼吸链中断，导致组织缺氧。由于氧相对过剩，静脉血富含氧合血红蛋白而呈鲜红色，中毒动物的可视黏膜鲜红色。由于中枢神经系统对缺氧极为敏感，呼吸中枢和血管运动中枢首先遭受损害，动物短时间内即可死亡。

(四)临床症状

发病突然，采食15～20 min内出现症状。动物呼吸困难，可视黏膜鲜红色，有兴奋敏感症状，表现为腹痛。后期精神沉郁，全身衰弱，卧地不起，体温下降，头颈弯曲，呻吟。渐变为呼吸微弱，麻痹，死亡。整个病程重剧。

(五)诊断与治疗

有明显的采食特殊植物的病史，发病急，可视黏膜鲜红等是该病诊断的依据。尽早实施特效解毒疗法，使用亚硝酸钠、大剂量美蓝和硫代硫酸钠。配合对症的支持疗法。

(六)预防

少给或不给动物食用氰甙类含量高的植物，放牧时注意看护，防止误食。

三、尿素中毒

(一)基本概念

以尿素作为蛋白质来源补充时使用不合理或者动物偷食、误食了尿素引起的中毒病。多发生于牛、羊，其他动物偶有发生。

(二)发病病因

尿素是蛋白质分解的终末产物。反刍动物瘤胃内的微生物可将尿素或胺盐中的非蛋白氮转化为蛋白质，因此它被用作反刍动物的蛋白质来源补充。尿素添加不当或者过量使用即会发生中毒，其他偶见于因尿素保管不善，被动物误食或偷食。

（三）毒理

动物摄入过量尿素后，在瘤胃内被分解产生大量的氨。氨是水溶性的，不带电荷，很容易通过瘤胃壁被吸收进入血液，并进入肝脏。进入肝脏的氨超出了其解毒能力，即发生门静脉血液中的氨进入外周血液中。当外周血液中的氨超出一定量，动物出现中毒症状，且中毒的严重程度与血液中氨的浓度密切相关。氨中毒的主要机理可能与抑制柠檬酸循环有关。

（四）临床症状

牛会在摄入过量尿素后 30～60 min 出现症状。初期病畜表现沉郁，随后出现不安，腹痛，瘤胃臌胀，共济失调。继而抽搐，强直性痉挛，呼吸困难，心跳加快，口鼻流出泡沫状液体。后期瞳孔散大，大出汗，最后窒息，死亡。

（五）诊断与治疗

根据采食尿素的历史，结合强直性痉挛和呼吸困难等症状，做出初步诊断。测定血氨浓度利于确诊，也便于判断病情的发展。

无特效治疗药物。早期可灌服大量的食用醋或稀醋酸等弱酸类溶液，以抑制瘤胃中脲酶的活性，并中和尿素的分解产物氨，减少氨的吸收。对症治疗，如使用药物抑制痉挛等。

（六）预防

妥善保管尿素，杜绝误食。用尿素补饲要循序渐进，合理使用。除了反刍动物和马属动物外，不给家禽和其他动物饲喂尿素。

四、食盐中毒

（一）基本概念

是动物因食入过量的食盐，同时饮水又受限制时所产生的以消化紊乱和神经症状为特征的中毒现象。主要见于猪和家禽，其次为牛、马、羊和犬等。

（二）发病病因

饮水不足，钠离子的毒性与饮水量直接相关。误投大量食盐或饲料中盐块搅拌不匀、不正确地利用腌制食品或乳酪加工后的高盐分含量的废水、残渣及酱渣等饲喂动物。对长期缺盐饲养或“盐饥饿”的家畜突然加喂食盐，特别是喂用含盐饮水，未加限制。机体水盐平衡的状态，可直接影响对食盐的耐受性，夏季炎热多汗，对食盐的耐受量降低。全价饲养，特别是日粮中钙、镁等矿物质充足时，动物对过量食盐的敏感性降低。维生素 E 和含硫氨基酸等营养成分的缺乏,也可使畜禽对食盐的敏感性增高。

(三)毒理

表现在 2 个方面,即氯化钠对胃肠道的局部刺激和钠离子潴留对组织,尤其是脑组织的损害作用。高浓度的食盐进入消化道后,刺激胃肠黏膜而引起炎症。经消化道吸收入血的食盐,在血液中解离出钠离子,造成高钠血症。

Na^+使脑膜和脑血管吸引嗜伊红细胞,在其周圈积聚浸润,连接皮质与白质间的组织连续出现分解和空泡形成,发生脑皮质深层及相邻白质的水肿、坏死或软化损害,称为"嗜伊红细胞性脑膜炎"。

(四)临床症状

主要表现为神经症状和消化紊乱,因动物品种不同有一定差异。

病猪主要表现为神经症状。不安、兴奋、转圈、前冲后退,肌肉痉挛、身体震颤,不断发生磨牙。有的表现为吻突、上下颌和颈部肌肉不断抽搐,口角出现少量白色泡沫。口渴,常找水喝,直至意识扰乱而忘记饮水。同时眼和口黏膜充血,少尿。后来躺卧,四肢做游泳状动作 ,呼吸迫促,脉搏快速,皮肤黏膜发绀,最后倒地昏迷。

家禽口渴,精神委顿,运动失调,两脚无力或麻痹,食欲废绝。嗉囊扩张,口和鼻流出黏液性分泌物。常发生下痢,呼吸困难。最后因呼吸衰竭而死亡。

(五)诊断与治疗

有过饲食盐、限制饮水的病史,结合癫痫样发作等突出的神经症状进行初步诊断。进一步可进病理形态学检查。确诊可测定血清及脑脊液中的钠离子浓度。

无特效解毒药。发现中毒,立即停喂食盐。对尚未出现神经症状的病畜给予少量多次的新鲜饮水,以利于血液中的钠经尿排出;已出现神经症状的动物,严格限制饮水,以防加重脑水肿。治疗要点是促进食盐排除,恢复阳离子平衡和对症治疗。

(六)预防

严格控制饲料中的食盐添加量,限制饲喂腌菜水等。给予充足饮水。

五、棉籽饼中毒

(一)基本概念

因长期连续饲喂或过量饲喂棉籽饼,致使摄入过量的棉酚而引起的以全身水肿、出血性胃肠炎、血红蛋白尿、肺水肿、肝脏和心肌变性坏死为特征的中毒性疾病。

(二)发病病因

长期使用没有脱毒的棉籽饼，或单纯以棉籽饼饲喂畜禽。饲料中缺乏蛋白质，铁，钙，维生素 A，过度劳役等可促进中毒。

(三)毒理

含有游离棉酚、棉酚绿、棉酚紫等十多种有毒衍生物，棉酚色素环丙烯酸脂肪酸具有嗜细胞性，嗜血管性，嗜神经性。可造成胃肠炎，使血管渗透性改变。可破坏铁，造成缺铁性贫血；可溶于磷脂中，出现神经症状。环丙烯酸脂肪酸能导致母鸡卵巢和输卵管萎缩，产蛋量下降，蛋黄绿染。

猪、禽体内很难将游离棉酚转化为结合棉酚，容易引起中毒；而反刍动物(尤其是成年动物)瘤胃消化过程中可使游离棉酚与可溶性蛋白结合，将游离棉酚转变为结合棉酚，几乎不引起中毒。

(四)临床症状

棉籽饼中毒的共同特点是食欲下降，体重减少。动物呼吸困难，心脏功能障碍。同时还可见由于代谢紊乱引起的尿石症和维生素 A 缺乏症。急性毒性相对较少见到，一般为慢性经过。

(五)诊断与治疗

根据饲喂棉籽饼的历史，胃肠炎，视力障碍等临床表现及病理剖检，可作出诊断。

本病重在预防，中毒只能采取一般解毒措施，进行对症治疗。首先改善饲养方式，立即停喂棉籽饼，禁饲 2～3 天，给予青绿多汁饲料和充足的饮水。排除胃肠内容物。对出现出血性胃肠炎的病畜，可用止泻剂和黏浆剂。为了保护胃肠黏膜，可内服藕粉、面粉等。同时抗菌消炎，对症治疗。

(六)预防

限量饲喂棉籽饼。牛每天喂量不超过 1～1.5 kg，猪不得超过 0.5 kg。对棉籽饼进行脱毒处理。并注意在日粮中补充足量的矿物质和维生素。

六、反刍动物乳酸中毒

(一)基本概念

由于大量饲喂含碳水化合物丰富的谷物饲料，引起瘤胃乳酸蓄积，使瘤胃微生物活性下降，引起消化机能紊乱的疾病。特点是精神兴奋或抑制，瘤胃 pH 值下降，血液 CO_2 结合力下降，脱水，消化机能紊乱。

(二)发病病因

大量饲喂或突然增加碳水化合物饲料，如玉米、大麦、小麦等。家畜一次性偷食大量精料，或者突然变换精料。有些动物是因为长期饲喂酸度较大青贮饲料，使瘤胃 pH 值下降。

(三)毒理

碳水化合物在瘤胃中通过乳酸杆菌及溶淀粉链球菌迅速发酵，形成大量乳酸。乳酸使瘤胃蠕动能力降低，在几小时内造成食物积滞，同时破坏了瘤胃微生物菌群。乳酸值上升后，CO_2 结合力下降，瘤胃 pH 下降，血液 pH 随之下降，瘤胃黏膜损伤发炎、出血。乳酸可提高瘤胃渗透压，体液进入瘤胃，机体脱水，动物少尿。当瘤胃 pH 值下降到 5 以下时，乳酸发酵加速。pH 降到 4 以下后，动物精神沉郁，食欲废绝，瘤胃蠕动停止，体温升高。

(四)临床症状

较轻时，食欲降低，瘤胃蠕动减少，产奶量下降。发展到中等程度时，往往伴有消化机能紊乱，表现胃肠炎症状，脱水，酸中毒，呼吸加快，另外还表现出兴奋，视力障碍，转圈运动。重症的主要表现为可视黏膜发绀，精神高度沉郁，休克，死亡。

(五)诊断与治疗

有过食精料的历史，临床主要表现为严重脱水，瘤胃 pH 值下降，瘤胃蠕动废绝，结合血液 CO_2 结合力下降等特点来确诊。

治疗原则是中和瘤胃内容物，缓解脱水，增强心脏功能，结合对症治疗。

(六)预防

控制精料饲喂量，加强管理，防止偷食。给动物转换饲料时要有合理过程。

第四节　矿物质元素中毒

一、铜中毒

(一)基本概念

动物因一次摄入大剂量铜化合物，或长期摄入含过量铜的饲料或饮水，引起腹痛、腹泻、肝功能异常和溶血危象，称为铜中毒。绵羊最为敏感，其次为牛，单胃动物对铜有较大的耐受量。

(二)发病病因

急性铜中毒，多因一次性误食或注射大剂量可溶性铜盐等意外事故引起。慢性铜中毒常见于：环境污染或土壤中铜含量太高；长期用含铜较多的猪粪、鸡粪给牧草施肥；猪、鸡饲料中添加较高量的铜未予拌匀；某些植物，如千里光、天芥菜等可引起肝脏对铜的亲和力增加，铜在肝内蓄积。

(三)毒理

大量铜盐对胃肠黏膜产生刺激作用,引起急性胃肠炎、腹痛、腹泻。

高浓度铜引起红细胞膜变性、溶血。肝脏是体内铜贮存的主要场所,大量铜可聚集在肝细胞的细胞核,线粒体及肝细胞浆内,损伤亚细胞结构,在溶血现象发生前几周出现肝功异常,当肝内铜浓度达相当的程度(一般在6个月左右),在诱因(如应激,营养状况下降,泌乳过程等)作用下,可使肝细胞内铜迅速释放入血,血浆铜离子浓度升高,红细胞变性,海蒽次氏小体(Heinz)生成。溶血后,出现血红蛋白尿,动物死亡。

有些动物在出现溶血危象前,临床上表现健康,一旦溶血后,多因急性贫血和血红蛋白尿,肾炎而在48 h内死亡。

另外,肾脏也是铜贮存和排泄器官之一。早期,肾损伤不明显,溶血危象出现后,产生肾小管坏死,肾衰。

(四)临床症状

急性中毒,主要表现严重的胃肠炎。羊急性铜中毒时,有明显的腹痛、腹泻,惨叫,频频排出稀水样粪便,有时排出淡红色尿液,猪、犬可出现呕吐,粪及呕吐物中含绿色至蓝色黏液,呼吸增快,脉搏频数,后期体温下降、虚脱、休克,在3~48 h内死亡。

(五)诊断与治疗

根据病史,结合腹痛、腹泻、红细胞压积值下降而做出初步诊断。结合饲料、饮水中铜含量测定可以确诊。

治疗时首先停止铜的供给。急性中毒的羊,可用三硫(或四硫)钼酸钠溶液静脉注射。对亚临床铜中毒按每日日粮中补充100 mg钼酸铵和1 g无水硫酸钠或0.2%的硫黄粉,拌匀饲喂,连续数周,可减少死亡。

(六)预防

在高铜草原上放牧的羊,可在精料中添加钼7.5 mg/kg,锌50 mg/kg和0.2%的硫。避免动物采食有毒植物。

二、钼中毒

(一)基本概念

由于动物摄入过量钼而引起的以持续性腹泻和被毛褪色为特征的继发性铜缺乏症。又称为继发性或条件性铜缺乏。常见于反刍动物,牛比羊易感,马和猪一般不表现临床症状。

(二)发病病因

土壤中钼含量直接影响牧草钼含量水平。高钼土壤或者在钼矿及其冶炼厂附近地区,由于排放含钼废水的污染,形成高钼土壤,所生长的植物中钼含量偏高。动物采食了这类饲料而引起中毒。

(三)毒理

钼是动物体内必需的一种微量元素,是黄嘌呤氧化酶、醛氧化酶、硫酸还原酶等多种酶的组成部分。在新陈代谢中起着主要作用。但钼在体内干扰铜的吸收,摄入过量钼后,干扰铜在肝脏中的贮存并引起继发性铜缺乏症。

(四)临床症状

动物采食高钼饲料1～2周即可出现中毒症状。牛钼中毒的特征是严重的持续性腹泻,排出粥样或水样便,并且混有气泡。同时表现为有色被毛褪色、跛行、受胎率下降、贫血、发育不良等症状。

(五)诊断与治疗

根据持续性腹泻、消瘦贫血、皮毛褪色、皮肤发红等临床症状,脱离污染区自行痊愈等发病规律,可初步诊断。同时采用硫酸铜治疗,若有良效,即可基本确诊。有条件时,应对土壤、牧草、动物血液中的钼含量进行分析测定,用于确诊。

对于已经中毒的动物,立即停止给予钼含量多的牧草,试投硫酸铜,进行治疗性诊断,如果效果明显,就确诊为钼中毒。但硫酸铜制剂使用要慎重,过多的给予铜制剂,有可能引起铜中毒。

(六)预防

首先,应对本地区土壤、饲料钼含量应有所了解,当已确知钼含量较高的地区,应采取相应的防制措施。如在饲料中增加铜化合物,使铜含量增加到5 mg/kg,可达到控制钼中毒的发生。对于因污染而引起的土壤中钼含量偏高,需要积极治理污染。

第五节　有毒植物中毒

一、夹竹桃中毒

(一)基本概念

动物误食夹竹桃后发生的、以心律不齐和出血性胃肠炎为特征的疾病。主要发生在牛、羊等家畜,家禽也有发生。

(二)发病病因

家畜多因误食而中毒。动物一般不主动采食夹竹桃,但在夹竹桃树下采食时或准备饲料过程中,可能混入夹竹桃叶子。某些家畜因为啃咬夹竹桃树皮,或者饮用了漂过夹竹桃叶的水而引起中毒。

(三)毒理

夹竹桃植物在我国南北各地均有栽植,有红花、白花和黄花多种,其中以红花夹竹桃毒性最强。夹竹桃的叶子,树皮、根及种子含有强心甙,作用与洋地黄相同。强心甙对胃肠黏膜强烈的刺激,引起出血性胃肠炎。

(四)临床症状

主要以心律不齐、出血性胃肠炎和各组织器官出血为特征。突然食欲不振或废绝,反刍停止。粪便初期稀薄,后带有黏液和血液,到后期完全是黏液和血液。腹痛,呻吟,弓背,头颈伸直,后肢踢腹,或卧地不起。病畜心律失常,初期心搏动徐缓,发展后出现间歇,随着心搏动减慢,心音减弱。呼吸困难。

(五)诊断与治疗

根据心脏节律不齐和出血性下痢的临床特点和病因调查,初步进行诊断。确诊需要病理解剖(多个组织器官出血)和化验胃内容物中强心甙的含量。

治疗原则是调节心脏机能、消炎止血,镇痛,医疗条件许可时,给动物输氧。

(六)预防

不要在夹竹桃生长区放牧,准备饲料时防止混入夹竹桃叶子。

二、有毒萱草根中毒

(一)基本概念

动物采食了有毒的小萱草根引起的一种脑脊髓白质软化和视神经变性为主的全身性中毒病。俗称“瞎眼病”。

主要发生于放牧的山羊和绵羊,偶见于牛和马。以瞳孔散大,全身瘫痪,膀胱麻痹,双目失明为临床特征,所以民间称为“瞎眼病”。

(二)发病病因

小萱草又称红萱,其花蕾可供食用,称金针菜或小黄花菜,其根毒性很大,动物采食后可引起中毒。本病自然发病有明显的季节性与地方性,北方均在每年的冬春枯草季节,因为牧草缺乏,表层土壤解冻后,萱草根适口性很好,动物刨食而发生中毒。春季移栽或者翻地刨出有毒萱草根后,动物捡拾也可引起发病。

(三)毒理

一些萱草属植物含有毒成分——萱根素,是一种双萘结构的酚类物质,对全身各器官均有毒性作用。其中,以神经系统、泌尿系统、实质器官和消化系统的损害严重,视神经和视网膜对这种毒素的侵害尤其敏感。

(四)临床症状

绵羊和山羊一般在采食萱草根后2～3天发病,临床表现以双目失明、瞳孔散大、全身瘫痪为特征。中毒轻者可以恢复,而双目失明及瞳孔散大者一般不能康复。

食入萱草根的数量不同,症状出现的时间和严重程度有很大差异。

轻度中毒的病羊,一般采食后3～5天发病。病初精神稍沉郁,1～2天内双侧瞳孔散大,失明。尿橙红色。失明初期表现不安,盲目行走,易惊恐或行走谨慎,四肢高举或转圈运动。随后,除失明外,其他恢复如常。

重度中毒的羊,发病十分迅速。表现低头呆立,或头抵墙壁,胃肠蠕动加强,粪便变软,不断呻吟,空口咀嚼,眼球水平颤动,双目瞳孔散大、失明。行走无力,继之四肢麻痹,卧地不起,哀叫,终因昏迷,呼吸麻痹而死亡。

(五)诊断与治疗

可依据特征临床症状,如双目失明,肢体瘫痪,结合采食萱草根的病史做出初步诊断。必要时可进行病理剖检和毒物分析,进行萱草根素的定性检验。

无特效解毒药物。发现后及时将动物牵离中毒环境,并进行一般的对症治疗。由于该毒素引起的失明是不可逆性的,所以可及早淘汰动物。

(六)预防

因为尚无有效的解毒办法,主要是做好预防。移栽或废弃的小黄花菜根不要扔在地头或田间,应收集后销毁处理。放牧时避开生长小黄花菜的田埂、地头或草地。

第六节 霉菌毒素中毒

一、黄曲霉毒素中毒

(一)基本概念

由黄曲霉毒素引起的以全身出血、消化机能紊乱、腹水、神经症状等为临床特征,以肝细胞变性、坏死、出血、胆管和肝细胞增生为主要病理变化的中毒病。幼年动物比成年动物敏感,雄性动物比雌性动物(怀孕期除外)敏感。

(二)发病病因

黄曲霉毒素(Aflatoxin,AFT),是黄曲霉一系列代谢产物的总称。这些产毒霉菌广泛存在于自然界中，主要污染玉米、花生、豆类、棉籽、麦类、大米、秸秆及其副产品，在最适宜的繁殖、产毒条件时产生大量 AFT 。饲料水分越高，产 AFT 的数量就越多。动物采食被上述产毒霉菌污染的饲料而发病。

（三）毒理

AFT 被胃肠吸收后，主要分布于肝脏，血液中含量极少，肌肉中几乎检测不到。AFT 有致癌、致畸、致突变的作用。可直接作用于核酸合成酶而抑制信使核糖核酸（mRNA）合成作用，并进一步抑制 DNA 合成，而且对 DNA 合成所依赖的 RNA 聚合酶有抑制作用，或者因 AFT 与 DNA 结合，改变了 DNA 的模板结构，因而使蛋白质、脂肪的合成和代谢障碍，线粒体代谢以及溶酶体的结构和功能发生变化。通过对蛋白质合成的影响而抑制机体的免疫活性。

（四）临床症状

畜禽的品种、性别、年龄、营养状况及个体耐受性、毒素剂量大小等的不同，AFT 中毒程度和临床表现也有显著差异。有急性和慢性中毒之分。主要表现为精神沉郁、食欲不振、生长发育缓慢、肝脏和其他器官受损（黄疸、出血、腹水等），免疫反应性降低。

（五）诊断与治疗

根据饲喂发霉饲料的病史，结合临床表现和病理变化等，可做出初步诊断。必要时对可疑饲料进行产毒霉菌的分离培养，饲料中 AFT 含量测定。

（六）预防

防止饲料霉变是预防 AFT 中毒的根本措施。阻断霉菌滋生和产毒的条件，用防霉剂如丙酸盐熏蒸防霉。对重度发霉饲料应坚决废弃，尚可利用的饲料应进行脱毒处理。

二、马霉玉米中毒

（一）基本概念

以狂暴或沉郁为特征的真菌毒素中毒性疾病，又称为“马脑白质软化症”。多发于马属动物，驴发病率最高。

（二）发病病因

由饲喂霉败的玉米引起，从霉败玉米中分离到的致病性真菌有串珠镰刀菌和串珠镰刀菌胶孢变种，产生的毒素是串珠镰刀菌毒素，这是一种水溶性毒素。串珠镰刀菌培养物可以引起马霉玉米中毒的发生，但其代谢产物不仅仅限于串珠镰刀菌毒素。

本病多发于东北、华北、西北等玉米多产区，具备明显季节性，多发生于秋季和春季,适宜的温度和相对湿度是各种镰刀菌生长繁殖和产毒的重要条件。

(三)毒理

马属动物摄入霉败的玉米后,毒素主要作用于大脑,早期使灰质软化,临床表现为狂暴型;后期使白质软化,出现沉郁型临床表现。

(四)临床症状

通常分为兴奋性(狂暴型)和沉郁型两种临床表现,少数病例两种类型交替出现。

(1)兴奋型(狂暴型):多属极性病例。突发神经性兴奋、狂暴,两眼视力相继减弱、失明。盲目地乱走乱跑,步态踉跄,或猛向前冲,直至遇到障碍物被迫停止;或以头抵住障碍物;有的挣断缰绳,盲目走动。被迫卧地后,四肢仍作游泳状划动。全身肌肉颤搐,角弓反张,眼球震颤,大小便失禁。多数病例由于心力衰竭而死亡。耐过的病例,转为慢性。

(2)沉郁型:多属慢性病例。精神高度沉郁,饮食欲减退或废绝。头低耳耷,流涎,视力减退,甚至失明。由于吞咽障碍,咀嚼困难,患畜呆立,全身或局部肌肉震颤,运动不协调。肠蠕动音减弱或消失,经数小时或数日后死亡。有些病例昏睡后逐渐恢复。

(五)诊断与治疗

采食霉败玉米的历史,典型的临床表现,是初步诊断的依据。确诊需要采集可疑饲料进行霉菌的分离和鉴定,必要时进行动物实验。本病和马乙型脑炎临床表现很相似,需要进行鉴别诊断。

无特效解毒药物,只能结合具体病情给予对症治疗,治疗原则是保护大脑皮层、增强并恢复中枢神经系统的调节功能。中毒较轻的动物,有一定治愈可能,但中毒严重的动物,治疗效果差。

(六)预防

应改善饲养管理条件,停止饲喂霉败玉米,改喂优质草料。

三、麦角中毒

(一)基本概念

动物采食了麦角菌寄生的麦类和禾本科植物而引起的以中枢神经系统机能扰乱和末梢组织坏疽为特征的疾病。各种家畜都可发生,但牛、猪和家禽较多发,马属动物发病力低。

(二)发病病因

麦角是麦角菌侵入谷壳内形成的黑色和轻微弯曲的菌核,菌核是麦角菌的休眠体。采食了麦角菌寄生的植物是中毒的主要原因,少数动物因为使用麦角类药物过量而中毒。麦角菌在潮湿、多雨和温暖的季节里容易生长,新鲜的麦角菌毒性最大。麦角成分复杂,有毒成分是有旋光性的同质异构生物碱,包括麦角毒碱、麦角胺和麦角新碱。前 2 种毒性较强。

(三)毒理

有毒成分对胃肠黏膜有强烈的刺激作用,引起胃肠炎。麦角毒碱、麦角胺、麦角新碱量大时,引起子宫平滑肌有节律收缩,血管收缩,血压上升。慢性则损伤血管内皮细胞,血流缓慢,血栓形成,导致干性坏死。

(四)临床症状

分为中枢神经兴奋型和末梢组织坏死型 2 种。

急性麦角中毒,较为少见,多属兴奋型,表现为无规则的阵发性痉挛。病牛表现过度兴奋,肌肉运动不协调,震颤,失明以及致死性惊厥等症状。有的妊娠母牛,采食了混有麦角的饲草料后,可在不同时期发生流产。

慢性麦角中毒,比较多见。多数为坏疽型。病初牛腹泻,跛行,四肢下端关节僵直,四肢发冷和失去知觉,后期出现干性坏疽。严重病例长期发生腹泻和被迫横卧地上,病变皮肤干燥,局部萎缩变黑紫色,并与健康组织分离剥脱,往往没有痛性反应。

(五)诊断与治疗

根据饲料被麦角寄生情况、流行病学、中毒症状等进行初步诊断;最终诊断,需要做麦角检验和动物试验。

无特效解毒药,首先将病畜转移到温暖的厩舍中,停止饲喂可疑饲料。再进行导泻和洗胃,随后进行对症治疗。

(六)预防

用于制备饲料的谷类,在制备前必须严格检查,发现麦角立即清除掉。对可疑的粉料或切碎的饲草,应进行检验,如确认混有麦角时,应立即停喂。

第七节　动物毒素中毒

一、蛇毒中毒

(一)基本概念

动物被毒蛇咬伤后,其毒液进入体内引起的局部和全身中毒症状。

家畜被咬伤的部位常见于跗关节或球关节附近,犬、猫多见于四肢和鼻唇部。

咬伤部位越接近中枢神经系统及血管丰富的部位，症状越严重。猪由于皮肤厚及皮下脂肪丰富，毒素吸收慢，中毒症状出现较慢。

（二）发病病因

家畜在放牧时被咬伤或者犬猫等在野外活动时被毒蛇攻击而引起中毒。国内一般多发于长江以南地区。

（三）毒理

蛇毒是蛋白质，由多种氨基酸组成，不同毒蛇的毒液生物学活性有所不同。最常见的蛇毒可分为3类：一是神经毒素，如金环蛇、银环蛇毒素。各种蛇毒中神经毒的理化性质与作用都不同。银环蛇的蛇毒主要作用是能干扰乙酰胆碱的释放。眼镜蛇毒是对乙酰胆碱的合成有抑制作用，但二者都可阻断神经接头间的冲动传导，致使骨骼肌麻痹。同时两者都可抑制颈动脉窦化学感受器缺氧反射呼吸中枢的兴奋作用，使机体缺氧情况逐渐加重，导致呼吸衰竭。眼镜蛇及银环蛇毒尚可透过血脑屏障进入脑组织中，抑制延脑呼吸中枢。二是血循毒素，如竹叶青蛇毒素，它使心肌细胞发生不可逆性去极化，引起心肌变性坏死；激活凝血酶原，引起溶血、出血。第三种是混合毒素类，既含有神经毒素，又含有血循毒素，如蝮蛇毒素等。

（四）临床症状

神经毒类毒素中毒：局部反应不明显，但被眼镜蛇咬伤后，局部组织坏死、溃烂，伤口长期不愈。全身症状主要表现为，首先是四肢麻痹而无力，由于心脏及呼吸中枢、血管运动中枢麻痹，动物呼吸困难，瞳孔散大，吞咽困难，最后全身抽搐，呼吸肌麻痹，血压下降，休克以至昏迷，死亡。

血循毒类毒素中毒：伤口及其周围很快出现肿胀、发硬、剧痛和灼热，并且不断蔓延，并有淋巴结肿大，压痛，皮下出血，有的发生水泡、血泡、组织溃烂及坏死。全身发抖，继而发热，心动加速，脉搏加快。重症动物血压下降，呼吸困难，不能站立，最后倒地，由于心脏麻痹而死亡。

混合毒素中毒后，表现为对神经系统和血液循环系统两个方面的损害，但以神经系统毒的症状为主。

（五）诊断与治疗

根据动物生活的环境，通过调查发病过程，结合外伤检查，如看到伤口有2个针尖大的牙痕，局部水肿、渗血和全身症状，可基本诊断。必要时使用单价特异抗蛇毒素，用酶联免疫吸附法测定伤口渗出液、血清、脑脊液和其他体液中的特异蛇毒抗原，诊断中毒的蛇毒种类。

治疗时首先采取急救措施，结合现场条件进行应急处理，如在伤口的向心段进行捆扎。治疗原则是防止蛇毒扩散，尽快施行排毒和解毒，并配合对症治疗。抗蛇毒血清是中和蛇毒的特效解毒药，有条件时应尽早使用，尽量在 20～30 min 内静脉注射最好。

(六)预防

掌握当地毒蛇的活动规律及其特性，及时清理饲养场周围的杂草、乱石等；畜舍内灭鼠，减少毒蛇出没的和藏身的机会。家畜避免在毒蛇活动的时间放牧。

第八节　动物营养代谢病概述

一、基本概念

营养代谢病是动物营养缺乏和新陈代谢障碍疾病的总称，是指因糖、蛋白质、脂肪、矿物质、水和维生素等营养物质的缺乏或代谢障碍而引起的疾病。在实际生产中，营养的缺乏和机体代谢紊乱紧密相关，所以一般视为一类疾病。

营养代谢疾病分为先天性和后天性两种，先天性代谢病偶见于一些遗传缺陷动物，后天性代谢疾病对畜牧业影响很大。随着畜牧业结构的调整，养殖方式的改变，营养代谢病所导致的生长发育缓慢、生产性能降低等带来了巨额经济损失，及时诊断和合理治疗群发性营养代谢病对养殖业具有重要意义。

二、营养代谢病的特点

营养代谢病发生的机理很复杂，但总体而言，营养的缺乏或不平衡与动物的饲养管理方式、动物的生产性能、所处的生理状态、动物品种等都有很大关系。

(1)群发性，但无传染性。集约化饲养在相同条件下的同种动物，在发生营养代谢病时，症状有很多相似之处。但它和传染病不同之处是，传染病是由于病原微生物入侵动物机体引起，一般体温有升高的过程，可以通过控制病原微生物来治疗传染病；营养代谢病大多数在无继发感染时体温并不升高，主要通过调节营养和代谢进行治疗。

(2)与生理阶段、生产性能有关。动物处于不同的生理阶段，对营养物质的需求会有所不同。如缺铁性贫血主要发生于仔猪；高产奶牛对微量元素和维生素的需求量高于普通奶牛，需要额外补充。

(3)有地方流行性。这与地球化学有关，动物的饲草、饮水等来源于地球的供给，如某个地区的地质缺乏某类矿物质时，生活在该地区的动物如果不额外补充该类矿物质，就会出现相似的营养缺乏症。如局部地区的硒缺乏症。

(4)一般发病缓慢，以营养不良和生产性能低下为常见症状。但马肌红蛋白尿症发病迅速。

三、常见发病原因

(1)营养物质摄入不足或过剩或摄入不均衡。不足可见于饲喂日粮总量偏低，日粮中某些营养成分缺乏，动物因疾病等食欲不振而摄入总量不足等。营养过剩见于片面追求高产量而提供过多高营养的饲料，动物无法合理利用。营养摄入不均衡，见于日粮中某类物质过多，影响了对其他物质的吸收和利用。

(2)畜禽对营养物质的需要量增加而供给不足。在动物的妊娠、泌乳、产蛋和生长发育阶段，对各类营养物质的需要量明显增加，此时如果得不到合理补充即发生营养代谢病。

(3)营养物质的消化吸收不良。如胃、肠、肝、肾、脾、胰等器官出现机能障碍，影响营养物质的吸收和合成代谢。

(4)饲料和饲养方式以及环境发生了改变。动物对于饲料、饲养方式、环境的更换需要一个适应过程，如果仓促进行，易导致本病。

四、诊断

各类营养代谢病的病因各异，发病机理极为复杂，除一般表现为生长发育缓慢、生产性能下降外，有时在临床上缺乏特异性的症状，所以容易和其他类型疾病，如寄生虫病等混淆。在诊断时，首要注重调查病史，包括观察、询问饲养管理条件，仔细检查饲料来源及加工程序等。其次注意对动物的品种、年龄生长阶段及生产性能的了解。对各类症状仔细识别，进行病理剖检时，抓住特征性病理变化。对可疑饲料、饮水、动物的血液、尿液、毛发等等进行实验室检查，辅助诊断。还可以进行治疗实验。

五、治疗

对于明确诊断的病例，及时进行相应药物的使用，调整饲料中的营养成分，纠正错误的饲养管理方式。如患有酮病的奶牛，及时减少饲料中蛋白质、脂肪的用量，增加碳水化合物的使用；患有佝偻病的幼畜，每天增加在阳光下运动的时间。营养代谢病种类很多，病情复杂，对于不同类型病例，在对症治疗的基础上，及时发现病因并加以有的放矢地治疗，是动物能否康复的关键所在。对于某些无治疗价值的病畜，有时采取淘汰。本类疾病，通过定期监测，强化饲养管理，能做好预防

六、分类

一般根据营养代谢病的发生原因，将其分为糖、脂肪、蛋白质代谢障碍、常量元素代谢障碍、微量元素代谢障碍和维生素代谢性疾病等几类。在每一类下，又包括多种疾病，如糖代谢异常就有低血糖、酮病等等。不同类间又有关联，如微量元素硒的代谢和维生素 E 之间，维生素 D 和常量元素钙磷之间关系密切。

第九节　糖、脂肪及蛋白质代谢障碍

一、酮病

(一)基本概念

反刍动物由于脂肪、糖代谢障碍，血糖含量下降，酮体蓄积于血液和组织内，以出现酮尿症、酮乳症及消化、神经机能紊乱为特征的一种营养代谢疾病的总称。特征为酮血症、酮尿症、酮乳症，低血糖症。

本病主要见于高产奶牛，尤其在舍饲条件下，在产后 6 周内发病最多。其次是乳山羊、绵羊、兔和豚鼠。猫、犬和人在患糖尿病时，也可发生类似症状。

(二)发病原因

脂肪大量分解，糖供给不足，致使酮体在体内大量产生，是酮病的主要原因。反刍动物的能量和葡萄糖，主要来自瘤胃微生物酵解大量纤维素生成的挥发性脂肪酸，包括乙酸、丙酸和丁酸，其中丙酸是生糖物质，经糖异生途径转化为葡萄糖。凡是引起瘤胃内丙酸生成减少，而乙酸和丁酸生成增加的因素，都可诱发奶牛酮病。

母牛产后的早期泌乳阶段，泌乳高峰出现最快，约在产犊后 40 天达到高峰，此时对能量和葡萄糖的需求量增加。但各种原因引起产后采食量减少，此时如饲料中碳水化合物供给不足，或精料过多，粗纤维不足即导致原发性酮病。

丙酸经糖异生合成葡萄糖必须有维生素 B_{12} 参与，钴缺乏时，维生素 B_{12} 的合成受阻，丙酸的代谢转化减弱，导致酮病产生。

肝脏是反刍动物糖异生的主要场所，肝脏原发性或继发性疾病，都可能影响糖异生作用而诱发酮病。产后胎衣不下、创伤性网胃炎，前胃弛缓等导致的消化功能下降也是酮病的诱发因素。

(三)发病机理

酮体包括乙酰乙酸、丙酮和 β-羟丁酸，是脂肪酸氧化的中间产物，主要来源于乙酸和丁酸的部分代谢产物乙酰辅酶A。

反刍动物采食的各种类型碳水化合物饲料，作为葡萄糖而被吸收的很少，其能量来源主要依靠酵解大量纤维素生成的挥发性脂肪酸，包括乙酸、丙酸和丁酸。其中丙酸用于生糖，而乙酸和丁酸大部分在转变到乙酰辅酶A后进入三羧酸循环而供能，少部分转变为乙酰乙酸和β-羟丁酸(酮体)。正常机体内，体内生成的少量酮体，可被肝外组织如骨骼肌、心肌所利用，亦可在皮下合成脂肪或在乳腺内生成乳脂，不引起酮体蓄积。

乙酸和丁酸利用为能量时，须消耗葡萄糖先质"草酰乙酸"，而丙酸又是草酰乙酸的先质。当体内糖消耗过多、消耗速度过快，引起糖供给和糖消耗间不平衡时，一方面，瘤胃微生物发酵所产生的丙酸用于生糖增多，使乙酸和丁酸被利用为能量受阻，转为生酮途径；另一方面，当糖供给不能满足糖需求时，引起血糖浓度下降，于是迅速动员体脂肪和体蛋白加速糖元异生，同时也加速了酮体的生成。而组织利用酮体时需消化草酰乙酸，在草酰乙酸先质丙酸缺乏的情况下，酮体利用率降低，最后出现低血糖症和高酮血症。

(四) 临床症状

多在产后几天至几周出现，以消化紊乱(消耗性)和神经症状(神经型)为主。但有些病牛消耗症状和神经症状同时存在。

(五) 诊断与治疗

本病根据临床症状(尿液、呼出气体有酮的气味)并结合病史可进行初步诊断，血酮、乳酮及尿酮含量的变化有确诊意义。当血清酮体含量在1 700～3 400 μmol/L时为亚临床酮病的指标；大于3 400 μmol/L以上时为临床酮病指标。乳酮超过516 μmol/L，应注意酮症可能。

多数病例经合理治疗能痊愈。治疗原则是以解除机体酸中毒、补糖、提高酮体利用率为主，配合调整胃肠机能；继发性酮病以根治原发病为主。治疗时首先调整饲料组成，增加碳水化合物饲料比例和优质牧草。

(六) 预防

本病是奶牛业的常见和重要疾病，大多由于饲养管理不当引起，以预防为主。注意妊娠后期增加母牛能量供给，但又不能使母牛过肥，要保持粗粮与精料有一定比例。产奶盛期容易引起糖分不足，所以在按照奶量给予精料的同时，应避免给予质量低劣的青贮，特别是丁酸发酵的青贮。

二、仔猪低血糖症

(一) 基本概念

新生仔猪出生后血糖含量大幅度低于正常值，而导致的中枢神经系统机能活动障碍性疾病。多发于1周龄内仔猪，有时呈整窝发病。多发于冬春季节，夏秋季节少见。

临床主要表现为走路步态不稳，平衡失调，肌肉颤抖，严重者全身绵软，呈现昏睡状态甚至死亡。

（二）发病原因

母猪无乳或乳量不足；仔猪因多种原因吮乳不足，如仔猪无法接近乳头，体质弱小等；仔猪在母体内发育不良，体内贮存的脂肪酸和葡萄糖不足等原因都可导致本病发生。另外，环境寒冷，仔猪糖原消耗量增加，也诱发该病发生。

（三）发病机理

仔猪出生后7天内，体内糖元异生能力差，血糖主要来源于母乳和胚胎期储存的肝糖原的降解，所以，出生后通过母乳获得的糖过少和胎儿时期糖原储存不足，都会导致仔猪低血糖。当仔猪体内血糖浓度低于50 mg/100 mL（正常80～90 mg/100 mL）时，即影响到脑组织的机能活动，出现一系列神经症状，严重时机体陷入昏迷状态，最终死亡。

（四）临床症状

主要以神经症状为主。

仔猪出生后一般于第2天突然发病，也有在3～5天出现症状者。初期精神不振，四肢软弱无力，走路步态不稳，不愿吮乳，离群伏卧或钻入垫草呈嗜睡状。体表发凉，皮毛竖起，皮肤苍白。后期卧地不起，多出现神经症状，表现为痉挛或惊厥、空嚼、流涎、肌肉颤抖、眼球震颤、角弓反张或四肢呈游泳状划动。感觉迟钝或完全丧失，心跳缓慢，病猪体温下降到37～36℃，瞳孔散大，休克甚至死亡。一般病程不超过36 h。

（五）诊断与治疗

根据发病年龄在几日龄内，结合对母猪和环境诱因的检查，病猪对葡萄糖治疗有立竿见影反应这些特点，以及实验室检查血糖下降的结果进行确诊。

治疗时立即给仔猪腹腔注射5%葡萄糖，可以隔4～6 h重复进行一次，同时给仔猪保暖。好转后辅助口服葡萄糖，配合使用促进糖元异生药物。

（六）预防

加强怀孕母猪后期饲养，给予全价饲料，保证产后有奶。秋冬季节注意厩舍保暖，将新生仔猪安置于环境温度35℃左右的猪舍里。

三、黄脂病

(一)基本概念

是以脂肪组织发生严重炎症和脂肪细胞内沉积蜡样质色素为特征的营养性疾病。因脂肪呈柠檬黄色,具有鱼腥臭味,又称“黄膘病”,主要发生于猪,也可发生于水貂、狐狸、猫等动物。

(二)发病原因

主要由于饲料中不饱和脂肪酸含量过高或者生育酚含量不足。

本病主要与饲料有关,给猪饲喂了不饱和脂肪酸含量过高的饲料,如油渣、蚕蛹、鱼粉、鱼类加工废弃物等。维生素 E 相对不足或绝对不足时,也可发生。也有研究为,添加高铜配方的饲料中,高铜使饲料中的油脂氧化酸败导致黄脂,这是因为,维生素 E 添加量处于临界状态时,高铜导致饲料氧化加快,加大了维生素 E 需要量。此外,有时是因为饲喂含天然色素的饲料,色素在体内代谢不全,也引起黄染,这些饲料主要有南瓜,胡萝卜,黄玉米,紫云英等,胡萝卜素和叶红素含量较高。

(三)发病机理

脂肪组织中的不饱和脂肪酸易被氧化生成蜡样质,据报道,蜡样质为 2～40 μm 的棕色或黄色小滴或无定形小体,不溶于脂肪溶剂,在抗酸性染色中呈很深的复红色,这种抗酸色素沉积到脂肪细胞中,它是使脂肪组织变黄的根本原因。维生素 E 是一种抗氧化剂,能阻止或延缓不饱和脂肪酸的自身氧化作用,促使脂肪细胞把不饱和脂肪酸转变为脂肪存储,但是当不饱和脂肪酸过量和维生素 E 缺乏时,不饱和脂肪酸氧化增强,蜡样质在脂肪组织中沉积加快,脂肪组织发生炎症反应导致脂肪变黄,形成黄膘肉。

(四)临床症状

临床症状不明显,生前无特殊表现。大多数病猪食欲不振,精神倦怠,被毛粗糙,增重缓慢,可视黏膜色淡。严重者血红蛋白水平降低,低色素性贫血,个别病猪突然死亡。剖检切开皮肤后,有腥臭味。

(五)诊断与治疗

主要通过猪死后尸体剖检或者屠宰时发现脂肪黄染,散发鱼腥臭味来诊断,但要与黄疸病猪肉做鉴别诊断。黄膘病猪的骨骼肌和心肌呈灰白色,质脆;肝脏因脂肪变性为黄褐色;肾脏呈灰红色,胃肠道黏膜充血。

因生前无法确诊,主要以预防为主。

(六)预防

调整日粮成分,控制不饱和脂肪酸的含量在 10%之内,至少在屠宰前 1 个月停喂;在日粮中添加含维生素 E 的米糠、野菜、青饲料等;必要时以 500～700 mg/头的剂量每天在病猪日粮中添加维生素 E。

四、马麻痹性肌红蛋白尿症

(一)基本概念

一种主要发生于壮年营养良好马的代谢性疾病,以糖代谢障碍、体内蓄积大量乳酸、后躯肌肉麻痹和排出红褐色肌红蛋白尿为主要特征。

多发于马,母马多于公马、骟马。

(二)发病原因

有关本病发生的原因目前主要有以下几种观点。

首先,与饲养管理有关。给予壮龄营养好的马或骡子长期饲喂含糖多的谷物饲料,在动物休息几天时仍不减料。其次,可能与内分泌有关,根据临床观察,青年母马和成年母马,尤其是神经质或易兴奋的母马比青年公马发病多。还可能与后肢肌肉的血液循环被限制、水盐代谢紊乱、硒和维生素 E 缺乏、应激及寒冷等因素有关。

(三)发病机理

本病又称氮尿病、劳累性横纹肌溶解病、假日病或周一早晨病。主要由于糖代谢紊乱造成。

5～12 岁的壮龄马,休闲时仍不减少饲喂标准,肌糖元大量蓄积。骨骼肌特别是后肢肌肉糖元蓄积多,一旦重新恢复劳役或强迫运动后,肌肉内无氧化过程迅速进行,产生大量乳酸,乳酸蓄积到一定量时,肌纤维变性,坏死,使大的肌肉产生疼痛性肿胀,臀及腿部肌肉因含糖原最多,损伤也最严重。坏死肌纤维释放肌红蛋白,溢出至血液,随血液到尿液,生成肌红蛋白尿。此外,寒冷、紧张等应激因子,也引起交感神经高度活动,β-肾上腺素能受体额外兴奋,增强了肌糖元的分解和乳酸生成作用。也有观点认为运动期间骨骼肌血液供应不足与本病的发生具有关。

(四)临床症状

临床上以后躯运动障碍,臀、股部肌肉肿胀、僵硬及排红褐色肌红蛋白尿为特征。

通常马在休息 2 天及数天后,突然使役几分钟到 1～2 h 后出现大量出汗,呼吸、脉搏加快,步态强拘不愿走动,肌肉颤抖。如让病马立即完全休息,可在几小时内症状消失者预后良好。严重者出现犬坐姿势,局部肌肉变得僵硬,缺乏弹性,有时肿胀,对疼痛反应迟钝;出现红褐色尿液。后躯麻痹不能站立者,严重时形成局部压迫性坏死,褥疮,败血症或肌红蛋白尿性肾病和尿毒症而引起死亡。不死亡者，在损伤严重部位出现肌肉萎缩。

（五）诊断与治疗

通过病史调查，根据发病特点，结合实验室检查时血清中指示骨骼肌损伤的酶活性以及乳酸含量显著升高确诊。病马血清中乳酸含量明显升高，血浆 CO_2 结合力下降。尿液肌红蛋白定性试验呈阳性，定量试验肌红蛋白含量大于 0.4 g/L。

本病的治疗原则为制止进一步肌肉损伤，纠正水盐代谢紊乱及缓解肌肉疼痛。对没有并发肌肉痉挛的轻症病例，进行牵遛行走等轻度活动，可促进疾病恢复。已有明显运动障碍者，应避免使其进一步运动。不能站立者，垫上厚褥草，勤翻马体，防止褥疮。能勉强站立的，吊马带辅助站立。

（六）预防

在休息期间减少谷物饲料，如减少高粱、玉米等富含碳水化合物饲料，多喂干草。长期休闲后使役时要渐进性开始。

五、家禽痛风

（一）基本概念

家禽的一种蛋白质代谢障碍引起的高尿酸血症。没有及时排出的尿酸盐在体内沉积，据沉积部位分为内脏型和关节型痛风。临床表现为运动迟缓，腿、翅关节肿胀，厌食，腹泻，衰弱。

多发于鸡，火鸡、水禽、鸽子等也有发生。

（二）发病原因

包括使尿酸生成过多、尿酸排泄障碍的所有因素。

1. 食物源性　饲料中蛋白质尤其是核蛋白和嘌呤碱比例过高。饲喂大量动物蛋白，如动物内脏；在蛋白质饲料缺乏时，在鱼粉、豆饼及配合饲料里掺入尿素过多。

2. 内源性　肾脏受到损伤后，肾功能异常导致尿酸排泄障碍。包括家禽长期消化紊乱，维生素 A 缺乏，泌尿系统内某些药物结晶，患有传染病、寄生虫病等（如传染性法氏囊病、传染性支气管炎和鸡球虫病），任何引起肾损害的因素。

（三）发病机理

目前有观点认为肾脏的原发性损伤是痛风的基础。家禽肝脏不含精氨酸酶，不能通过鸟氨酸循环使精氨酸水解为鸟氨酸和尿素，只能在肝内合成为尿酸，尿酸在水中的溶解度小，易与钠和钙以盐的形式在肾小管、关节腔或内脏表面等处沉积下来。富含核蛋白和嘌呤碱的蛋白质在机体内最终被分解为尿酸。当尿酸在体内来源大大增加后，超过了家禽排泄能力，或者肾功能不全，尿酸不能被有效地排出体外，造成高尿酸盐血症，最终引起尿酸盐沉积于体内。

（四）临床症状

一般症状表现为食欲差、消瘦，鸡冠苍白，排泄物中含有大量的白色尿酸盐，有些病鸡皮肤出现瘙痒。

(1)内脏型痛风：除一般症状外，病禽腹泻，有的突然死亡。死后剖检时可见内脏表面有大量灰白色盐状物质出现，主要在胸膜、腹膜、心脏、肝、脾、肾等处。

(2)关节型痛风：除一般症状外，跛行，运动障碍，不能站立。关节肿胀，初期病灶界限不清，后期变硬无痛，界限清楚，形成坚硬的结石。病久，结节软化破溃，流出白色干酪样物质。

（五）诊断与治疗

根据病因、病史、特征性症状和病理变化即可诊断。必要时采集病禽血液检测尿酸含量，以及采取肿胀关节的内容物进行化学检查。

无特效治疗方法，主要根据病因采取相应的预防措施。治疗原发性疾病，部分关节型痛风，可用手术摘除关节沉积的“痛风石”。

（六）预防

调配使用营养均衡的日粮。注意其中蛋白的来源，控制日粮中的蛋白质水平在合理尺度，特别是动物性蛋白质的含量。增加维生素 A 等多种维生素的含量。给以充足的饮水，笼养鸡适当增加运动。

第十节 常量与微量元素代谢障碍

一、佝偻病和维生素 D 缺乏症

（一）基本概念

佝偻病是以生长中动物钙化的缺陷为特征，表现为软骨持续增生，骨骺增大，钙化不足的骨骼受压而弯曲变形的一种营养代谢病。

佝偻病是幼年动物的维生素 D 缺乏及钙磷障碍所致。本病常见于犊牛、羔羊、仔猪等，雏鸡有时也发生。

（二）发病原因

幼年期维生素 D 缺乏是发生佝偻病的主要原因。

维生素 D 属固醇类衍生物，与动物骨营养密切相关的天然维生素 D 主要有维生素 D_2、维生素 D_3。维生素 D_2 来源于植物性饲料中的麦角固醇，经紫外线照射后转化为麦角钙化固醇（维生素 D_2）。维生素 D_3 来源于动物皮肤中的 7-脱氢胆固醇，经阳光照射后转化为胆钙化醇（维生素 D_3）。所以，母畜长期采食未经太阳晒过的干草，麦角固醇不能转化为可以被利用的维生素 D_2，导致母乳中维生素 D 来源不足；仔畜皮肤没有接受到充足的阳光照射，这二者是维生素 D 缺乏导致佝偻病的主要原因。

此外，日粮中钙和磷的比例失调，特别是伴有轻度维生素 D 不足时容易发生佝偻病。一般认为，仔畜日粮中钙：磷约为（1～2）：1 较为合理。

仔畜胃肠道功能失调，患有肝脏、肾脏等其他疾病等，都可以影响维生素 D 的吸收和钙磷代谢，发生佝偻病。

（三）发病机理

维生素 D 不具有生理活性，在动物体内通过肝肾的羟化作用转变成维生素 D_3 等活性物后，才具有生理活性。有活性的维生素 D 能促进小肠对钙、磷的吸收，钙的吸收增加后，肠内磷酸盐形成减少，从而间接促进了磷的吸收。维生素 D 还能促进肾小管对钙磷的重吸收。在正常情况下，维生素 D 与甲状旁腺激素和降钙素互相配合后维持动物体内血钙浓度的相对恒定。维生素 D 缺乏和钙、磷代谢失调时，发育中骨的骨机质钙盐沉积不足，引发佝偻病。

（四）临床症状

各种动物临床表现较为类似，主要是食欲下降，异嗜，被毛凌乱、消瘦，生长发育受阻。负重长骨变为“O”形、“S”形等，关节粗大，常见前肢腕关节屈曲，呈下趴状态。动物易骨折。

（五）诊断与治疗

根据幼年发病，异嗜、骨骼变形等典型的临床症状，结合饲养管理条件和饲料成分的分析确诊本病。对骨骼变形动物使用维生素 AD 合剂进行肌肉注射。调整饲料中微量元素和维生素的配比，让动物充分接受光照。

（六）预防

给集约化饲养动物饲喂维生素 D 和钙磷含量合理的日粮，对怀孕、哺乳等特殊生理阶段的动物加强管理，以及保证动物能在阳光下进行一定的活动是预防佝偻病的关键。同时加强饲养管理，减少幼畜胃肠道疾病的发生。

二、骨软症

（一）基本概念

成年动物软骨内骨化作用完成后，由于钙磷代谢紊乱而发生的以骨组织进行性脱钙，骨骼中的钙、磷重新动员入血液，动物骨质疏松，骨骼变形为特征的一种骨营养不良性疾病。

各种动物皆可发生，但主要发生于牛、羊和猪，尤其是怀孕和泌乳期母畜发病率较高。

(二)发病原因

饲料中钙、磷缺乏或二者比例不恰当，或维生素 D 缺乏而发生骨软症。

首先可见于钙磷的绝对量不足或比例失调，如放牧于干旱地区时，植被中钙多磷少，而在涝洼地区，植被中磷多钙少。其次，钙磷需要量的增加造成相对不足，如饲料中脂肪过多时，高脂肪饲料通过非水溶性金属盐的形式增加了钙从粪便中的排出；动物处于怀孕和泌乳期时对钙磷需要量剧增。另外，胃肠机能紊乱，肝肾功能异常也影响了消化道对钙磷的吸收。动物接受光照不足、缺乏运动，造成维生素 D 不足，也严重影响钙磷的吸收和沉积。

(三)发病机理

发生于成年动物，多发于成年牛羊。成年动物骨骼钙化完全后，由于机体钙磷代谢紊乱，血钙含量下降到一定程度后，刺激甲状旁腺激素的分泌，骨骼中钙盐重新释放入血液以维持血钙的水平。骨组织进行性脱钙，骨质疏松，同时又被过度形成的未钙化的骨样基质所代替，骨骼脆弱，变形，易发生骨折。

(四)临床症状

各类动物的骨软症在临床上基本都以消化机能紊乱、异嗜癖、跛行、骨骼变形、骨质疏松为特征。

牛初期表现为食欲下降，轻度跛行，步态僵硬，有明显的异食癖。后跛行加重，犄角和蹄壳易脱落，脊柱下凹或弓背，易骨折。重者卧地不起，站立困难。猪于产后出现腰下塌，母猪瘫痪。

(五)诊断与治疗

骨软症时动物出现的消化机能紊乱、异嗜癖、跛行、骨骼变形、骨质疏松等特征是初步诊断的依据。对可疑动物进一步进行 X 线检查、血清钙磷含量和碱性磷酸酶活性的测定，同时对饲料进行矿物质分析。

治疗时可以静脉注射钙磷制剂，配合使用维生素 D。改善饲养条件，延长动物日光照射时间；饲喂易消化的含钙磷及维生素较多的饲料，并补饲骨粉等。

(六)预防

平时注重饲养管理，注意日粮搭配。对于怀孕及泌乳期母畜及时补充钙磷含量较高、二者比例合适的饲料，如黑豆、骨粉等。给予动物适当的日照时间。

三、青草搐搦

(一)基本概念

反刍动物因血镁降低所致的以感觉过敏，精神兴奋，惊厥或阵发性痉挛为特征的高度致死性、急性代谢性疾病。以奶牛，绵羊多见，尤其常见于高产奶牛。本病主要发生于晚春、夏季。

(二)发病原因

主要由于牧草和饲料中镁的浓度过低引起。一般幼嫩多汁的青草中，含镁、钙较低，而钾、磷较多；局部地区土壤中镁缺乏、钾过多，如大量使用钾肥后的土壤中长出的牧草会低镁。其次见于动物对饲料中镁的吸收率下降。动物胃肠道疾病、胆道疾病、甲状旁腺功能降低或者甲状腺功能亢进等，都可引起镁的吸收效率降低。

(三)发病机理

镁是生物机体内重要的阳离子，是调节细胞内外钙、钾、钠平衡的重要离子。镁参与了生物机体内所有的能量代谢，作为 ATP 酶所必需的辅助因子，能催化或激活 300 多种酶体系。缺镁会导致一系列生理功能紊乱，如影响酶的代谢，改变细胞膜的通透性，加速钠、钾、钙依赖泵能量的消耗，加快细胞内钙的贮存，导致细胞坏死等。反刍动物发生本病是由于极为复杂的一系列无机物代谢异常引起。

(四)临床症状

本病在临床上以低血镁性痉挛为特征性症状。依据病程，分为急性、亚急性和慢性 3 种临床类型。

急性发作时，奶牛突然停止采食，哞叫，甩头，肌肉震颤，在放牧地狂走，步态蹒跚。倒地，后阵发性痉挛。体温升高到 40℃以上，心音亢进，呼吸、脉搏加快。在 1 h 左右即可出现瞳孔散大，心力衰竭，死亡。有些动物未来得及表现症状即死亡。

亚急性发作的奶牛，病程一般 3～5 天，开始时食欲下降到废绝，泌乳量下降。渐渐表现出精神不安，对外界声响敏感。行走时步态强拘，肌肉震颤。当收到强烈刺激时，发生惊厥。

慢性病例，初期食欲下降，目光呆滞，反应迟钝。数周后，上唇、四肢等部位肌肉震颤。渐渐出现感觉过敏，后期则感觉消失，瘫痪。

(五)诊断与治疗

感觉敏感、惊厥等典型症状是怀疑本病的重要依据。最终诊断需测定血镁含量，当其小于 0.14 mmol/L 时诊断为低血镁。同时需要测定血液中钙和钾浓度，发病动物血钙含量会缓慢下降，血钾升高。

钙、镁制剂同时应用对牛低血镁搐搦具有良好的治疗效果。应同时配合对症治疗，如动物兴奋不安、狂躁时，可先应用药物镇静，使动物安静后再进行其他药物治疗。

(六)预防

放牧前可在牧草上喷洒镁盐;低镁地区,多施用镁肥,少用钾肥。还可以给放牧牛投服在体内缓慢释放的镁制剂。平时注意强化动物的饲养管理。

四、铜缺乏症

(一)基本概念

是指动物体内由于铜的不足而引起的以贫血、腹泻、神经机能紊乱、运动障碍以及被毛褪色等为特征的疾病。

(二)发病原因

铜是动物机体所必需的微量营养元素。原发性铜缺乏症主要由于局部地区土壤中缺铜而导致所生长出的植物里含铜量较低,动物采食这类植物后铜摄入量不足。一般认为,饲料中铜低于 3 μg/g 为临界值,10 μg/g 以上才能满足动物需要。

继发性缺铜见于动物通过饲草或添加剂摄入钼或硫过多,妨碍了铜的吸收和利用。

(三)发病机理

首先,铜参与动物的造血过程,铜在血浆中主要以铜蓝蛋白的形式存在,参与调控铁的利用。缺铜后细胞可用铁减少,网织细胞中血红蛋白的合成受到影响而发生贫血。其次,铜是赖氨酸氧化酶和单胺氧化酶的辅基,缺铜时,酶的活力降低,骨中胶原交叉连接不良,影响胶原成熟,降低了骨胶原的稳定性和强度。导致骨质脆弱,容易发生骨折、骨骼畸形和骨质疏松。铜还是细胞色素氧化酶的辅基,起着电子传递作用,保证 ATP 的合成。缺铜时,ATP 生成减少,导致磷脂合成障碍,髓磷脂合成也受到抑制,造成神经系统脱髓鞘。铜也是酪氨酸酶的辅基,铜缺乏时酪氨酸酶活力下降,酪氨酸转化成黑色素的过程受阻,动物皮肤、被毛褪色。此外,铜缺乏时引起多种心血管疾病,与含铜酶的活力下降有关。

(四)临床症状

由于和地球化学有关,铜缺乏症常见于地方流行性和大规模发生。绵羊和山羊最为易感,牛、猪、马、骆驼等动物也可发生。

铜缺乏时主要的临床表现包括被毛变化,骨骼异常,运动障碍和贫血。

动物被毛稀疏,粗糙,缺乏光泽,颜色变浅。骨骼弯曲,关节僵硬和肿大,容易发生骨折。运动障碍是羔羊的主要症状,又称为摆腰病,主要发生于1～2 月龄的羔羊。早期表现为两后肢"八"字形站立,被驱赶后后肢运动失调,极易摔倒。严重者转圈运动。另外,腹泻是牛羊继发性铜缺乏症的症状之一,患病动物排出黄绿色或黑色水样粪便。

(五)诊断与治疗

根据本病的特点:地方流行、贫血、被毛颜色改变、运动障碍等进行初步判断,进一步诊断需要测定饲料和动物组织和血液中含铜酶的活性,结合病理学检查和治疗效果的观察来确诊。

因为铜缺乏已经使神经系统和心肌受到严重损伤的经济动物可以淘汰。治疗时给动物口服硫酸铜,可以在日粮中添加。

(六)预防

可以在饲料中预先添加硫酸铜,最低铜水平为牛 10 μg/g,羊 5 μg/g。也可以经口投服长效含硒铜钴的微量元素缓释胶囊。在低铜草地上,施用含铜肥料。牛和羊还可用矿物质添加剂制成的舔砖,让其舔舐。

五、硒和维生素 E 缺乏症

(一)基本概念

由于微量元素硒或维生素 E 单独缺乏或共同缺乏而引起畜禽器官或组织变性,坏死的一类疾病。主要表现为骨骼肌的变性、坏死、肝营养不良以及心肌纤维变性。本病在世界范围内广泛发生。就我国而言,主要分布在由东北到西南大面积缺硒地带。

(二)发病原因

土壤中缺硒导致作物中缺硒,在贫硒土壤中生长出的谷物硒缺乏,饲料中硒含量低于 0.05 ppm 是警戒值。饲料保存时间过长时,维生素 E 被大量破坏。饲料中某种元素含量过高影响硒的利用。

维生素 E 和其他抗氧化物质以及不饱和脂肪酸的含量也是重要的影响因素和条件。

(三)发病机理

硒是谷胱甘肽过氧化物酶(GSH-Px) 的组成成分,GSH-Px 是分解脂质过氧化物和其他过氧化物的主要酶类。低硒营养状态下,GSH-Px 活性下降,机体正常代谢过程中产生的一些过氧化物不能被还原,导致多种组织细胞脂质膜遭受过氧化损害,而发生变质性病变。肌组织,胰腺、肝脏、某些淋巴器官的微血管是遭受损害的主要部位,引起相应的机能紊乱,表现相应的临床症状,甚至死亡。维生素 E 也具有抗脂质过氧化的作用,但维生素 E 主要是在自由基发挥破坏作用之前清除它,硒是在自由基发挥破坏作用之后清除其产物。两者作用互补;硒可代替维生素 E 的作用,但维生素 E 不可代替硒的作用。

(四)临床症状

共同特点是机体衰弱,消化机能紊乱,运动障碍,出现跛行。

心脏功能不良,白肌病,有时造成心力衰竭,甚至猝死。白肌病又称为营养性肌营养不良,是幼畜的一种以骨骼肌、心肌纤维以及肝组织等发生变性、坏死为特征的硒缺乏症,病变部位肌肉色淡,颜色苍白,心肌、肝组织变性坏死、仔猪、幼禽、羔羊、犊牛多发。

动物消化不良,持续性腹泻。贫血,生长迟缓,精神沉郁。

不同动物临床表现也有差异。仔猪表现为肝营养不良,心功能异常,心房心室淤血,心脏内外膜出血,心脏形状变圆或倒置锥形。小鸡渗出性素质,胸部、腹部皮下血管充盈轻微紫红色,后腹腔积液,心脏内外膜出血,胸部、腹部皮下出现淡蓝绿色水肿样变化。幼年马以消化不良和顽固性腹泻为特征,成年马以后躯麻痹、运动障碍为主要症状。

(五)诊断与治疗

测定日粮、动物血液和组织中硒和维生素 E 的含量是确诊本病的依据,病史调查和临床症状有一定的初步诊断意义,谷胱甘肽过氧化物酶(GSH-Px)活性的测定有助于本病的诊断。

对已经确诊发病的动物肌肉或皮下注射亚硒酸钠和维生素 E 进行治疗。

(六)预防

在土壤中硒含量较低地区补充亚硒酸钠或硒肥。在动物饲料中添加硒,给怀孕期的动物补充硒,配合使用维生素 E。

第十一节　维生素代谢疾病

一、维生素 A 缺乏症

(一)基本概念

指动物体内维生素 A 或前体胡萝卜素不足或缺乏所引起的以上皮角化障碍、视觉异常、骨形成缺陷、繁殖机能障碍为特征的营养代谢病。各种动物均可发生,主要见于犊牛和幼禽。

(二)发病原因

原发性维生素 A 缺乏症主要由于饲料中维生素 A、胡萝卜素长期缺乏导致动物摄入不足引起。一般青绿饲料如青草、胡萝卜及黄玉米中,胡萝卜素含量丰富,而谷类(黄玉米除外)及其加工副产品如麦麸、米糠、饼粕、劣质干草中含量较少。

某些饲料在储存加工的过程中破坏了胡萝卜素。如果长期单一使用配合饲料作日粮或者饲喂加工不合理的饲料，又不补加青绿饲料或维生素A时，极易引起发病。原发性维生素A缺乏症也可因为动物体对维生素A需要量增加，引起的维生素A相对缺乏。

继发性缺乏主要见于虽然饲料中维生素A、胡萝卜素充足，但动物因为采食量降低或者消化、吸收、代谢环节异常，而最终导致维生素A没有被利用上。

(三)发病机理

维生素不是动物的能源物质，但维生素A是机体所需的重要营养元素之一，维生素A不能满足机体需要而缺乏时，会对动物视色素(对牛影响视紫红质，对禽类影响视紫蓝质)的正常代谢、骨骼发育、消化机能、呼吸机能、胚胎发育、繁殖机能、铁的动员和利用产生影响，导致动物免疫水平低下等。具体表现在以下几个方面。

正常动物视网膜中的维生素A在酶的作用下氧化，转变为视黄醛。当维生素A缺乏时，视黄醛合成减少，视紫红质合成受阻，导致对暗光适应能力减弱，发生视力减弱或夜盲。

维生素A缺乏时，蛋白质合成减少，矿物质利用受阻，肝内糖原、磷脂、脂质合成减少，内分泌(甲状腺、肾上腺)机能紊乱，抗坏血酸、叶酸合成障碍，导致动物发育受阻，生产性能下降。

维生素A缺乏时，成骨细胞活性增高，导致骨皮质内钙盐沉积过度，软骨内骨的生长和造型破坏，成形失调，主要表现在颅骨、脊椎和管骨，发育不均匀，骨管腔和孔隙变狭小。

维生素A缺乏还可导致胚胎生长发育受阻，胎儿成形不全，先天性缺损，尤以脑和眼的损害最为多见。公畜精子生成减少，母畜卵巢，子宫上皮组织角质化生，受胎率下降。

维生素A缺乏时，上皮组织完整性被破坏，抵抗微生物侵袭力下降，同时白细胞吞噬活性减弱，抗体生成减少，免疫生物学反应降低，防卫机能减弱，抵抗力低下，极易继发感染。

(四)临床症状

维生素A是维持上皮组织结构完整的重要营养成分。各种动物维生素A缺乏的症状相似。缺乏维生素A可引起上皮组织干燥，过度角化及脱屑，其中以眼、呼吸道、消化道、泌尿道及生殖道影响最为严重。临床上出现干眼、夜盲；皮肤表皮、皮脂腺、汗腺和毛囊上皮角化而表现为干燥、脱皮、皮炎；动物咳嗽、消化不良、尿石形成、禽类出现痛风；动物因颅内压升高而出现惊厥，共济失调等。

（五）诊断与治疗

根据长期缺乏青绿饲料的病史，结合干眼、夜盲、皮肤角质化、繁殖受阻等典型临床表现，进行初步诊断。动物血浆、肝脏里维生素 A 和胡萝卜素含量的测定利于确诊。

对于确诊的病例，立即使用维生素 A 制剂进行治疗，治疗剂量为每日需要量的 10～20 倍，一般常用 440 IU/kg 体重（133 μg/kg）皮下注射，对于慢性病例，尽早淘汰。

（六）预防

给动物提供青绿饲料和胡萝卜。如果直接在日粮中添加维生素 A，注意不要过量。

二、B 族维生素缺乏症

（一）基本概念

缺乏一种或几种 B 族维生素而引起的动物代谢病称为 B 族维生素缺乏症。

维生素 B 族是一组多种水溶性维生素，共 9 种，分别为 B_1（硫黄素）、B_2（核黄素）、B_3（泛酸）、B_4（胆碱）、B_5（烟酸或尼克酸）、B_6（吡哆醇、吡哆醛、吡哆胺）、B_7 或维生素 H（生物素）、B_{11}（叶酸）、B_{12}（钴胺素）。B 族维生素在动物体内分布大体相同，在提取时常互相混合，在生物学上作为一种连锁反应的辅酶，统称复合维生素 B。它们的化学结构和生理功能都是互不相同的，主要是组成某些辅酶或辅基的成分。

（二）发病原因

原发性 B 族维生素缺乏常见于长期饲喂单一饲料的单胃动物。维生素 B 在青绿饲料、酵母、麸皮、米糠及发芽的种子中含量最高，但有些饲料中缺乏一种或几种维生素，如玉米中维生素 B_1、维生素 B_2、泛酸、烟酸、胆碱等 B 族维生素含量极低。家禽、猪和其他一些单胃动物对 B 族维生素的依赖程度大于反刍动物。反刍动物出生后从 8 日龄开始，瘤胃微生物逐渐发育，到 2 月龄时可合成较大数量的 B 族维生素，通过消化吸收后可有效地被利用。单胃动物肠道也能合成 B 族维生素，但主要在肠道后段合成，吸收较少。瘤胃发育完全的反刍动物利用自己合成和饲料供给的维生素 B，一般不会发生缺乏。但在特殊条件下，如瘤胃发育异常，动物处于应激状态等，反刍动物也需要补饲硫胺素和烟酸等。

B 族维生素缺乏还可见于动物患慢性胃肠病，长期腹泻或患有高热等消耗性疾病，维生素 B 族吸收减少，消耗增加；长期、大量应用抑制维生素 B 合成的抗生素等药物；处于代谢旺盛期的动物，如妊娠、哺乳期母畜，生长育肥期的仔畜，维生素 B 需求增加。

(三)发病机理

由于不同种类 B 族维生素的作用机理不同,所以各自缺乏症的发生机理也不同。

硫胺素(维生素 B_1):在高等动物体内能合成焦磷酸硫胺素,是细胞糖代谢过程中所必需的物质。它参与糖代谢过程中 α-酮酸(丙酮酸,α-酮戊二酸)的氧化脱羧反应,是 α-酮酸脱氢酶系中的辅酶。在正常情况下,神经组织所需的能量主要靠糖氧化供给。当缺乏维生素 B_1 时,丙酮酸不能被氧化,而造成神经组织中丙酮酸和乳酸的堆积,同时能量供应也减少,最终影响神经组织及心肌的代谢机能。临床上动物表现为多发性神经炎。

核黄素(维生素 B_2):是黄素单核苷酸(FMN)和黄素腺嘌呤二核苷酸(FAD)辅酶的组成成分,参与细胞呼吸,又称为黄素蛋白。核黄素在生物组织中分布很广,其大部分与蛋白质结合成黄素酶类。黄素酶是细胞的重要氧化还原酶。催化蛋白质、脂肪、糖代谢的氧化-还原过程,因而可影响体内多种组织的代谢,特别是神经血管机能。它具有提高蛋白质在体内的沉积,促进生长发育,提高饲料利用率的作用。缺乏时,引起一系列病理表现。

(四)临床症状

维生素 B_1 缺乏时,表现为消化不良、厌食、多发性神经炎。在家禽,当病变继续发展时,腿、翅膀和颈部骨骼肌发生麻痹,病鸡呈“观星”姿势。猪表现为严重的消化不良,呕吐,腹泻。

维生素 B_2 缺乏时,动物生长阻滞,皮炎,但在不同种动物发病时临床表现有所区别。禽类脚爪卷缩,飞节着地。母鸡的产蛋量下降,蛋白稀薄,蛋孵化率降低。火鸡除发生上述症状外,脚、小腿、口角、眼睑等部位皮炎。雄火鸡生长缓慢,喙交叉,慢性者两肢发炎,腿关节水肿,有时皮下出血。猪生长缓慢,经常腹泻,被毛粗乱无光,并有大量脂性渗出,鬃毛脱落,跛行,眼结膜损伤,眼睑肿胀,甚至晶体混浊、失明。母猪缺乏维生素 B_2,仔猪出生后不久容易死亡。犊牛表现为厌食、生长不良、腹泻、流涎、流泪、掉毛、口角炎,但眼疾不明显。马表现为羞明流泪,视网膜和晶状体浑浊,视力障碍。

(五)诊断与治疗

依据病史和临床表现进行初步诊断。进一步诊断可以结合病理剖检,依据特征性变化帮助诊断。实验室诊断时可测定硫胺素和核黄素在血浆和尿液中的含量。

病畜可以给予维生素 B_1 和维生素 B_2 的制剂注射。也可以使用复合维生素 B

制剂注射。

(六)预防

加强饲养管理,多喂青绿饲料,谷类籽实等。根据动物的生理需要在饲料中适时适量添加B族维生素。

三、维生素K缺乏症

(一)基本概念

动物体内由于维生素K缺乏而引起的以出血为特征性临床表现的疾病。血液中凝血酶原和凝血因子减少,血液凝集过程障碍,血凝时间显著延长,动物表现为体躯和内脏出现出血点或出血斑。多见于家禽和猪。

(二)发病原因

动物对维生素K的需要可以通过采食自然饲料(维生素K_1)和由胃肠道微生物合成(维生素K_2)得到满足,后者对于反刍动物尤其重要,一般情况下日粮中不用添加维生素K。但在规模化集中饲养模式下,畜禽很少或无法直接采食自然绿色饲料,可引起维生素K缺乏。当饲料中混有维生素K拮抗物时,如饲喂腐败变质草木樨,由于在腐败过程中产生的双香豆素类化合物与维生素K有拮抗作用,可致维生素K缺乏。长期投服大量水杨酸盐和抗生素类药物、某些疾病造成动物胃肠道合成维生素K不足;脂溶性维生素K的吸收利用必须有日粮中脂肪的参与,影响脂肪的消化吸收和利用的因素,都会影响维生素K的消化、吸收。

(三)发病机理

维生素K是一组萘醌衍生物,其中活性强的有叶绿醌(维生素K_1)和甲基萘醌(维生素K_2)两种,前者多存在自然界的青绿植物中,特别是紫花苜蓿里;后者多存在动物肝脏和鱼粉中。维生素K是维持动物血液凝固系统功能不可缺少的组成部分,它参与凝血酶原和凝血因子Ⅶ、Ⅸ、Ⅹ的激活,维生素K的缺乏将显著降低血液凝固的正常速度,延长凝固时间。维生素K缺乏使动物的凝血酶原含量下降而导致血液凝固时间延长,动物表现为易出血,贫血等。正常动物体内凝血酶原转化时间为17～20 s,而维生素K严重缺乏时会明显延长,如病鸡的这一时间将延长到5～6 min或更长。

(四)临床症状

反刍动物瘤胃微生物能合成大量的维生素K,一般不发生缺乏。但在采食含有维生素K拮抗物的植物后,会出现轻微创伤后出血不易止住,甚至因出血而死亡,且幼年动物受到影响较快。奶牛的泌乳性能明显下降。

生长育肥猪缺乏维生素K时,出现出血综合征,皮下出血、血尿、贫血、呼吸异常等;还可引起肌肉退行性变化,正常横纹肌被纤维性组织代替。母猪缺乏维生素K时,易发生流产或产生的仔猪步态僵硬,体质弱,易诱发贫血。有些病猪甚至会出现全身充血性肿胀,耳部血肿。

鸡的维生素K缺乏症一般在3周左右出现症状。雏鸡发病较多,表现为冠、肉垂、皮肤苍白干燥,生长发育迟缓,腹泻、怕冷,常发呆站立或久卧不起,皮下组织有出血点,尤其是胸部、腿部、腹膜、翅膀处明显。腹腔、胃肠道也发生出血,严重时全身代谢紊乱。

(五)诊断与治疗

一般通过病史调查、特征性临床症状观察等进行初步诊断。对本病的确诊,必须借助实验室检验进行,需要测定凝血时间是否延长等。

采用维生素 K_3 制剂肌肉注射,配合其他支持疗法进行治疗。

(六)预防

在饲料中添加维生素K,一般为维生素 K_3。同时配合使用适量青绿饲料、鱼粉、肝脏等富含维生素K及其他维生素和无机盐的饲料。

参考文献

[1] 佘锐萍. 动物病理学. 北京:中国农业出版社,2007.

[2] 陈怀涛,许乐仁. 兽医病理学. 北京:中国农业出版社,2005.

[3] 高丰,何文琦. 动物病理解剖学. 北京:科学出版社,2008

[4] 赵德明. 兽医病理学 . 北京:中国农业大学出版社,1998.

[5] 马学恩. 家畜病理学. 4 版. 北京:中国农业出版社,2007.

[6] 农业部兽药典委员会. 中国兽药典. 2005 年版. 北京:化学工业出版社,2008.

[7] 沈建忠,谢联金. 兽医药理学. 2 版. 北京:中国农业大学出版社,2005.

[8] 朱模忠. 兽药手册. 北京:化学工业出版社,2002.

[9] Y. M. Saif. 禽病学. 11 版. 苏敬良,高福,索勋主译. 北京:中国农业出版社,2005.

[10] 吴清民. 兽医传染病学. 北京:中国农业出版社,2002.

[11] 陆承平. 兽医微生物学. 北京:中国农业出版社,2001.

[12] 辛朝安. 禽病学. 北京:中国农业出版社,2003.

[13] 甘孟侯. 中国禽病学. 北京:中国农业出版社,1999.

[14] Urquhart G. , Armour M. , Duncan J. L. , et al. Veterinary Parasitology. Longman Scientific&Technical England,1987.

[15] 陈天铎,张毅强,韩宇. 实用兽医昆虫学. 北京:中国农业出版社,1996.

[16] 邓国藩,王郭清,顾以铭,等. 中国经济昆虫志,蜱螨亚纲,皮刺螨总科. 北京:科学出版社,1993.

[17] 孔繁瑶,索勋. 寄生虫学. 北京:中国农业大学出版社,1998.

[18] 孔繁瑶,周源昌,汪志楷,等. 家畜寄生虫学. 北京:中国农业大学出版社,1997.

[19] 汪明. 动物寄生虫学. 北京:中国农业出版社,2003.

[20] 忻介六. 应用蜱螨学. 上海:复旦大学出版社,1998.

[21] 赵辉元. 畜禽寄生虫与防制学. 长春:吉林科学技术出版社,1996.

[22] 黄有德,刘宗平. 动物中毒与营养代谢病学. 兰州:甘肃科学技术出版社,2001.

[23] 王小龙. 兽医内科学. 北京:中国农业大学出版社,2004.

[24] 王宗元. 动物营养代谢病与中毒病学. 北京:中国农业出版社,1997.